U0054084

組織行為管理學

作者：Henry L. Tosi, Neal P. Mero,
John R. Rizzo
譯者：李茂興‧陳夢怡

弘智文化事業有限公司

Managing Organizational Behavior

Henry L. Tosi, Neal P. Mero, John R. Rizzo

Copyright © 2000

by Henry L. Tosi, Neal P. Mero, John R. Rizzo

All RIGHTS RESERVED

No parts of this book may be reproduced or
transmitted in any form or by any means,
electronic or mechanical, including photocopying,
recording, or any information storage and
retrieval system, without permission, in writing,
from the publisher.

Chinese edition copyright © 2004
By Hurng-Chih Book Co.,LTD.
for sales in Worldwide

ISBN 957-0453-77-X

Printed in Taiwan, Republic of China

目　錄

第九章　團體的程序與效能／343

第一章

組織行為簡介

由歷史觀點檢視當代的組織行為

組織理論

組織行為

當代的潮流及挑戰

管理組織績效

本書的計畫

課前導讀

研讀本章之前,請你先回想生活中的兩個組織,例如工作場所、就讀學校,或者教會。接下來,請你回想這兩個組織之成員的行為表現。以下問題,可作為思考的參考方向:

1. 參加組織活動時,成員如何穿著打扮?

2. 組織成員如何互相介紹?他們用頭銜稱呼對方?還是以姓氏互稱?有沒有其他慣用的稱呼方式呢?

3. 組織對成員是否有所規範?這些規範是以書面方式公布?還是以其他方式讓成員知悉?

4. 組織的目標為何?這個目標是否亦為組織成員的目標?

現在,回顧並比較你為這兩個組織整理出的行為清單。

1. 它們的同異之處為何?

2. 你可以提出一個理論,來解釋你所發現的這些差異嗎?

2　　　　Bell & Howell公司夙以生產高品質的視聽設備著稱，卻在1980年代末期陷入嚴重困境。在1990年，這家因幾年前的收購決策而負債高達七億五千萬美元的公司，仍然試圖轉型至電子及線上出版的資訊系統領域。這就是William White就任董事長暨執行長時的處境，他要克服的不僅是技術及財務問題，還包括人事問題（管理階層及員工皆然）。於是，White開始著手致力減低成本、增加銷售、以及更重要的改善人際與組織的問題。他的成功關鍵在於對紅利制度與公司文化的改革，前者使得幫助公司達成目標的行為能得到獎勵，後者則讓公司內部較低階的經理人也能得到授權。到1996年，William White已經逆轉了Bell & Howell當年的局面。

　　　　這本書所討論的主題，大致上就類似Bell & Howell在組織績效管理上，所面臨的人際問題。顯然地，為了管理組織的績效及組織中的個人，你必須了解工作的技術面、財務面、經濟面，也就是管理情境可能出現的難題及突發狀況。但是，優秀的經理人還要懂得「人際技巧」，也就是了解整個組織、組織的工作、以及組織裡的人。優秀的經理人都知道，「人際問題」是他們所面臨的最困難問題之一，而「人際技巧」正是未來經理人必備的技能。

　　　　有些人認為，人際技巧不過是一種「常識」。但問題是，常識往往不如我們想像的那麼普遍，甚至還常常相互矛盾。舉個例子，「Out of sight, out of mind.」（離久情疏）跟「Absence makes heart grow fonder.」（小別勝新婚）那一句說得對呢？事實上，正如隨堂練習所指出的，常識往往會導致對人類行為的錯誤結論。在隨堂練習中，你可以想想，自己是否同意題目所舉列的論述，並解釋同意與否的原因。你可以將答案與參考頁所列的研究結果相互對照。

組織行為的領域

　　組織行為的研究範疇，正是能讓管理者變得更有效能的人際技巧。組織行為以系統化、科學化的方式，分析個人、團體、及組織。其研究目的在於了解、預測、並改善個人績效，最終目的則是希望提高組織的工作績效。組織行為應用了心理學、社會學、以及管理方面的理論與研究成果，使我們更了解如何應用組織行為的知識，來提升組織效能。

3

　　有些人覺得，認為人類行為的理論與研究結果可以解決工作問題，未免太過「學院派」了，只有教授才搞那一套；經理人必須務實，因為他們必須解決現實、而非假設性的問題。基本上，這兩種看法都沒錯，因為每個人在管理或影響別人時，其實都依據自己的一套理論而行動。舉例來說，每個教授都各有一套自己的教學理論，也許是最簡單的「給學生具挑戰性的教材，多考試，即刻給予正確的回饋，這樣學生就能學到東西」。而經理人也可能有一套自己的管理理論：「以績效計酬，會使員工更賣力表現。」無論經理人或教授，都可能在累積幾年的經驗後，發展出一套屬於自己的理論。

　　學生成績或員工表現，都可能取決於其他要素。在教授的理論中，具挑戰性的作業就是決定的因素之一；而在經理人的理論中，決定因素之一可能是「依員工表現來決定薪資」。教授或經理人可以操縱這些因素，以影響學生或員工的表現。例如，課業的挑戰性高低可由指定作業的難易度決定，薪資也可因工作績效而有所增減。在研究上，我們稱這些可操縱的因素為獨立變項，例如課業的挑戰性與薪資，將結果稱為依賴變項。

4

3

隨堂練習

與組織中的人們相處時，「常識」會告訴你什麼？

先讀完下列八個論述，每個論述都是我們接下來會討論的主題（參見原文書頁碼，示於內文的空白處，如左上角的3）。如果你同意該論述，請以＋號表示，否則請以－號表示。

	贊成/反對	參閱頁
1. 受高度激勵的員工，在工作上總會有最佳表現。	☐	123
2. 女性經理人的表現，與男性經理人不分軒輊。	☐	108
3. 經理人的領導風格應該始終如一，否則會降低團隊績效，並使團隊失去對領導者與公司的信心。	☐	461
4. CEO這類攀至組織高峰的經理人，主要是因為受到成功與成就的激勵。	☐	138
5. 奇魅型的領導者是天生的，這種與生俱來的技巧，無法經由後天的訓練培養。	☐	475
6. 在危機時刻，由賢達人士組成的危機處理小組，通常正是決策品質的保證。	☐	328
7. 大型商業組織的重要決策，往往是為了追求企業績效最大化的謹慎分析、評估之成果。	☐	314
8. 婚姻對男女兩性之薪資的影響是相同的。	☐	111

理論指一組相關的概念、定義、以及概念之間暫時性的相互關　4
係。其中，暫時性的相互關係就是所謂的假說，也就是兩個概念或變
項間的條件式預測。學術研究必須以假說為基礎，以進一步驗證、改
進理論。

　　為了驗證研究者提出的理論（以假說的形式），我們要看理論是
否具備預測力。研究人員必須設計研究方法與研究器材、蒐集分析資
料、並得出假說之效度的結論。研究結果可能會支持或駁回假說。如
果研究的執行過程沒有瑕疵，而且結果支持假說，研究人員就可以將
假說保留在理論裡；如果假說被駁回，而且後續研究也得到相同的結
果，研究人員就必須修正理論。

　　組織行為研究理論的最終考驗，正在於理論或研究結果是否能夠
提升生產力、滿意度、降低曠職率、更好的留職率與學習、以及成員
的福祉。在書中的各個章節，尤其是第六章及第十六章，我們會介紹
許多有效且重要的理論應用實例。例如：

- 目標設定理論與研究，使我們能有效地運用目標管理
  （Management by Objectives, MBO），進而提升效能。（原文書
  167頁）
- 正面增強理論，已成功地導致令人驚豔的生產力改善。（原文
  書170頁）
- 全面品質管理（Total Quality Management, TQM）的計畫，成
  功地提昇企業的產品與服務品質。（原文書179頁）
- 許多公司成功地轉變為高參與度的組織（High involvement
  organizations, HIO）。（原文書176頁）

　　經理人與研究人員（理論家）之間的差異，並不在於研究者對理
論及研究感興趣，而經理人對理論不感興趣。重點是：他們做事情的

方法不一樣。事實上，經理人與研究人員的興趣是一致的：如何改善工作績效。大致來說，他們都用同樣的方法來發展自己的理論：先驗證人類行為的相關假設，再找出影響工作績效的因素。唯一的差別只是：他們用不同的方法進行「研究」，研究人員依照科學方法進行研究，而經理人則在置身其中的同時進行研究。為了驗證他們的理論，

5　他們在做觀察及下結論時，都必須要有條理，謹慎行事，且深思熟慮其他的情境變數。

由歷史觀點檢視當代的組織行為

人們的組織與管理早已不是新鮮的議題，從人類文明肇始就已與我們同在。過去和現在的差別僅在於，早期的思維與著作，大多基於政治學、軍事理論、或宗教上的需要。在過去，很少人會注意到商業

6　活動的管理，這也許是因為當時從事商業活動的人口，不像軍事、政治和宗教組織那麼多。約莫到17世紀初，經濟學和管理方面的研究才開始發展。對西方管理學者來說，工業革命以及亞當史密斯的政治經濟著作，正是關鍵性的分界點。雖然，學者對於西方世界何時開始關切管理問題的時間點仍有爭議，但很清楚地，隨著全世界的經濟活動規模日趨複雜龐大，管理方面的問題也日益重要。

現代組織行為學的前身

雖然要到1950年代末與1960年代初期，組織行為才開始正式分化成專業的研究與學術領域（專業化）。但其發展可以回溯至19世紀末與20世紀初，而其概念也可溯源至管理學的四大取向。

5

全球化專題：管理理論的普及性

Geert Hofstede，一位探討文化對組織及管理之影響的重要作者，對管理學的研究、理論及建議，提出了以下的警訊：

> 當代的管理，其實是一種美國式的發明。在世界的其他角落，不僅實務，可能連整體的管理概念也會有所差異。在美國被視為常態且必須的理論，可能在其他國家必須經過調整。

舉例來說，美式的領導理論就無法在日本派上用場，因為日本人已經為其行之以久的團體控制情境，建立出一套模式；而美式的激勵策略在荷蘭也不管用；美國普遍使用的矩陣式組織結構，在法國成功的機率可能十分渺茫；在中國的美商已經與傳統的美式企業漸行漸遠。

他進一步說明，美式理論有三點明顯的特徵，與其他國家的管理方式無法互通：

1. 強調市場程序
2. 強調個人
3. 著重經理人，而非員工

他希望將管理理論國際化，使這些理論能夠廣泛的運用。

- 你覺得如何呢？
- 他是對的嗎？
- 為什麼？
- 你會怎麼做？

資料來源：改編自 Hofstede（1993）

1. 科學管理取向
2. 行政管理理論
3. 產業心理學
4. 人際關係觀點

　　組織行為領域的第一股重要思潮，就是**科學管理取向**。科學管理的焦點是組織中最基本的層級－老闆與員工。而其基本問題，就是「如何將工作流程設計得更有效能？」雖然還有許多其他的研究者也投入該取向之發展，但最重要的，正是人稱「科學管理之父」的 Frederick. W. Taylor。

　　Taylor雖然出身費城的富裕家庭，卻因視力問題，無法完成大學學業。1878年，Taylor還只是Midvale鋼鐵公司的見習生，到1884年，年紀僅28歲的他卻已扶搖直上，成為總工程師。鑑於自身的經驗與探討，Taylor開發出許多提高工作效率的方法，連其他公司都慕名前來請益。而且他的點子與實務結合後，的確能大量提高生產力。在有名的鏟子實驗中，他發現，最適合處理物料的鏟子大小，大約可以鏟起21磅的原料。這使得他能夠將鏟料工的人數，從500人降到140人，同時還將每日鏟料總量從16噸提高到59噸。這些現象，在管理科學的應用上十分常見，也因此掀起一股科學管理的風潮。由於Taylor首倡工作之分析與再設計的方法，在工業界的應用如此廣泛，而使得社會歷史學家Bell，在1970年寫道：

　　　現代工作的先知，非手執碼錶權杖的 Frederick. W. Taylor 莫屬了。如果我們能將社會變遷歸因於單一人物，那麼，Taylor正是使講求效率的概念，融入生活的這號人物。自從1893年Taylor制定「科學管理」的方法後，人類就將過去不精確的計算方式拋在腦後，向分秒為單位的世界邁進。

6

專題：管理學的歷史

　　如果你是午夜播出影片的老電影迷，也許你已經看過【Cheaper by the Dozen】這部片子。這部喜劇片描述科學管理史上兩位重要人物的家庭生活－Frank及 Lillian Gilbreth。雖然這部片沒有在科學管理的發展上多加著墨，但的確讓我們對這股思潮有了更深的體悟。Frank Gilbreth（由 Clifton Webb 所飾）與妻子 Lillian（由 Vryna Loy 所飾）一起致力於工作分析的方法與設計，以提高工作效率。

　　他們提出了一個重要的工業工程及管理之概念：therblig（倒過來唸就是他們的姓氏）。Therblig 意指標準的人類動作，例如拿取、分類、安置、固定。由於每個動作都需要固定的時間，因此只要知道工作的動作順序，就能夠估算該工作所需的標準時間。

　　這套方法可以使員工的生產力急遽增加，舉例來說，Frank Gibreth 將疊磚的動作由 16 減到 5 後，使疊磚工的生產力由每小時 130 塊升至 350 塊。在倫敦的一場英日聯展中，Gibreth 注意到一位貼標籤最具效率的女性員工，她 40 秒可以貼 24 張標籤。當她採用 Gibreth 提出的新方法後，第一次就締造 24 秒處理 24 個箱子的佳績，第二次嘗試時，竟然只要 20 秒就能完成 24 個箱子的作業。

　　在 1920 年代末期之前，出現了另一種管理的觀點，許多作者開始分析經理人的工作，希望了解經理人的基本功能，並以之發展提高管

理效率的指導方針，這即是**行政管理理論**。

管理功能意指經理人執行的整體或部分的活動。行政管理學者將管理功能分析為規劃、組織及控制三大部份。

- **規劃**意指執行活動之前，要先定出能達成目標的要素。規劃的功能，在於定義目標，並決定所需的資源。
- **組織**意指為達目標去獲取資源，並依資源間的正確相互關係，去組合資源的功能。
- **控制**意指保證活動能依規劃進行，並達成目標。

管理原則是一種通則，讓經理人在面臨組織設計、決策、人際交涉方面的問題時，知道該如何處理。管理原則遍及管理工作的所有層面，包括：領導、目標、授權、指令的統一、公平性及職權。這些通則歸納自現實世界的經驗，目的是促進工作績效。當然，這些原則往往也是良好的行動方針，提供經理人一個面對問題的起點，並且的確有助於找出解答。

8

大約1900年，科學管理運動開始注入新動力，也就是**產業心裡學**。產業心理學的開路先鋒Huge Munsterberg，致力於發掘人力與物力資源間，最有效、且最具生產力的關係。

Munsterberg的產業心理學與Taylor的提議直接相關，並包含三大部分（1）最佳的可能人選、（2）最佳的可能工作、（3）最佳的可能效應。Munsterberg提出的論點包括：工作人員的甄選測驗、學習理論在產業人事訓練的運用、激勵員工及減輕倦怠之心理技巧的學習。

Taylor等人當年早已預見心理學家在人類行為研究方面的可能貢獻，Munsterberg的論點不但填補了科學管理的理論架構，

還觸及科學管理的倫理層面：（1）對個體的重視；（2）對效率的強調；（3）因科學方法而衍生的社會福祉。（Wren, 1972）

　　美軍在第一次世界大戰中的人才遴選，正是產業心理學的早期成功實例。面對高達百萬人次的徵用及安置問題，美軍向美國心理協會求助。以Walter Dill Scott為首的科學家（Ling, 1965）遂發展出Alpha測驗，據言「該測驗在義務役之安置上極具價值，據估計，同時也為軍方省下了……數以百萬美元計的經費。」（Miner, 1969）

　　第二次世界大戰，則對產業心理學造成另一次重大衝擊。雖然第一次世界大戰的用人與安置問題仍在，但心理學家已有更精巧的改善過程之方法。舉例來說，心理學家運用篩選設備，來預測人員通過各種軍事訓練的成功率。此外，由於大戰徵用了大批人力來生產防禦工事的材料，因此業界也必須發展出更多訓練員工的新技巧。

　　1920年晚期，在Western Electronics公司進行的霍桑實驗，提出一個全新的行為觀點：人際關係的觀點（Roethlisberger and Dickson, 1939）。在人力潛能的開發上，這是第一個被廣泛認可的理論。霍桑實驗的地點在西部電子的霍桑廠，是AT&T位於伊利諾州西塞羅地區的關係企業。研究始於1927年，奠基於該公司工程師於1924年到1927年間所進行的一項實驗，這些出身科學管理傳統的工程師們，透過研究，試圖解決產業難題。

　　在這個該領域最著名的實驗中，研究者要觀察的是，照明度對員工績效的影響。研究人員改變了一組員工的工作照明，而另一組則維持原狀。結果發現，照明度的增加，的確提昇了員工的生產力；但若將照明度降低，員工生產力仍然繼續上升，即使照明度已弱如月光亦然。由於結果相互矛盾，這些工程師便進一步檢討其他可能影響結果的因素。結果發現，由於員工自覺受到外界的注意，因此便依照他們

9

認為實驗者的期望方向來表現，這使研究人員做出一個結論：人們感受到的對待方式，會影響其績效表現。明顯地，受試者的表現並不是受到照明度變化的影響，而是因為實驗本身及他們參與的程度，這就是我們所熟知的霍桑效應。

許多後續研究，都證實了領導實務及工作團隊壓力，對員工滿意度及績效的重要性。這些研究指出，一般人往往高估了金錢獎勵對員工激勵的影響。同時，研究人員強調，經理人應該要體認，員工的反應往往基於許多複雜的因素，而非單一因子的直接產物。

當代組織行為

當代組織行為，源自1950年代晚期至1960年代初期。除了上述的著述之外，包括心理學家、社會學家、人類學家及社會科學家，都在1960年前，就已由行為層面開始，研究員工與管理方面的問題。到1960年後，這些知識與思路漸漸地統整出當代組織行為的雛形。

由之前的研究工作，研究者整理出兩個相關的研究取向：

1. **組織理論**，以組織為研究重心，並做為分析時的基本單位，較不著重個人與團體。
2. 組織行為將個人與團體視為研究的重心，組織所佔的比重較輕。

本書將兼顧上述的兩大觀點。

組織理論所關心的是 為了使組織的運作能更有效率，並達成目標，所需要的「理想」組織建構與設計方式。組織理論的支持者，從組織的角度，而非個體的角度來看問題。德國社會學家Max Weber的

著作，正反映了這種巨觀的角度，韋柏在組織研究方面發表了不少影響深遠的論述，並提出科層體制，在他的分析中，組織是更大社會的一部份。對韋柏來說，科層體制強調的是行為與成果的可預測性，而且在時間的考驗下，更能顯現其高度的穩定性。他認為，所有的組織必然要向該「理想形式」演進。

　　Chester Barnard（1938）也對組織理論造成了深遠影響。他使　　10『非正式組織』的觀念更形完備，並補充諸如『冷漠區域』（the zone of indifference）及『權威的接受理論』（the acceptance theory of authority）等概念。

　　James March 及 Herbert Simon 在所著的《組織》一書中（Organizations, 1958）將 Barnard 的概念與心理學、社會學、及經濟學理論相結合，並進一步延伸至社會制度的層面。繼 Barnard 之後，他們提出了一個比科學管理及行政管理理論更詳盡的激勵理論，該取向著重的正是個人決策。

　　另一個重要的組織研究取向則是『權變理論』，其基本概念是：組織建構與管理取向都必須因應情境來調整。在過去，科學管理及行政管理理論都因為主張只有一個「最佳管理方式」，而受到批評。評批者雖然正確地點出了「因時制宜」的大方向，但卻未能說明該如何「因時制宜」，以發展更好的管理策略。Tennessee Valley 的研究，正是解答這個問題的開端。《TVA, and the Grass Roots》（Selznick, 1949）這本書，說明了組織架構如何受到外在之限制因素的影響，而發展出正式及非正式的系統，來幫助組織本身適應外在環境，並得以生存。

　　1961 年，Burns 及 Stalker 出版了對英國公司的研究報告，發現這些公司結構的差異性，可以追溯到使用技術的本質以及其主攻的市場（Perrow, 1970）：

- 若技術與市場面都帶有不確定性，而且會急速變遷，就會產生鬆散的有機組織。
- 若環境穩定且可預測，傳統的科層組織就能展現效能上的優勢。

Burns 及 Stalker較前人更精確地點出，在特定環境下可能產生的組織內部結構。

Lawrence 及 Lorsch （1969），研究生產技術及方法之變革速度、與環境之不確定性，對於組織結構的影響，並得到兩大結論：

1. 在穩定的環境中，詳盡的作業程序及集權式的決策過程，會使組織展現較高效能。
2. 在不穩定的環境中，分權、參與以及對規範及標準程序的適度放鬆，能使組織較具效能。

組織行為 當代組織行為的早期貢獻者包括：Douglas McGregor、Chris Argyris、Rensis Likert及Lyman Porter。雖然其他人亦有貢獻，但這些研究者特別值得一提。在《企業的人性面》（The Human Side of Enterprise, 1960）一書中，Douglas McGregor提到，大部分經理人都對員工抱持一個錯誤的基本假設，也就是所謂的X理論。X理論假設人是懶惰的，而且其個人目標必然與組織相違，因此必須加強施加外在控制，這意味著「嚴密管理＝高工作績效」的職場氣氛。Y理論的基本假設則建立在對人的信賴之上，與X理論相較，Y理論中的人類模型較為成熟、自動自發，並具較高的自制力。McGregor並不認同剛性組織與人際面控制措施的重要性。

歧異性專題：Mary Parker Follett-1900年代初的女性管理大師

在管理暨組織行為領域的發展上，Lillian Gilbreth（【專題：管理學的歷史】中曾提及）並不是唯一的一位女性，Mary Parker Follett 正是另一個例子。生於美國南北戰爭爆發後不久的 Mary（卒於1933年），原本是波士頓的社工人員，在年屆六十歲時，她集結了個人管理職業輔導中心的經驗，在1920年代開始從事演講與著作，為企業界提供經驗及想法。

許多重要的管理學作者，諸如 Peter Drucker，Lyndall Urwick Warren Bennis 等人，都肯定 Mary 為管理領域做出的早期貢獻，但這些貢獻卻往往被其他重要的管理學家所忽略，她的許多主張（我們將在本書陸續介紹）常被歸類為其他作者的貢獻（通常是男性）。舉例來說，她曾提出兩個論述：

1. 藉由協同合作，尋求統整性解決方案，遠比強勢的提出解決方案，更能夠使衝突轉而提高生產力。人們可以用不同的方法，使事情往正面的方向進行。
2. 威權可能會導致負面的效果。威權不是上對下的產物，而是程序與知識擁有者的互動結果。

她的著作也強調，參與式的問題解決過程、高績效團隊、共同責任制、企業在社會中扮演的角色……等等的重要性。時至今日，這些仍是我們關心的議題。

她的作品究竟有多麼先進？領導課題的重要論述者，

Warren Bennis，在拜讀過她的部分作品後說：「如果你和我一樣，在寫下這些關於領導的文章後，卻發現同樣的觀念，早在四十年前就已有人提及，相信你一樣也會不寒而慄。」

Mary Parker Follett 的作品，對早期的管理學者未造成強大衝擊，可能的原因如下：也許是因為她身為女性，卻試圖在一個向來為男性主宰的領域中有所貢獻；也許因為她的社工員經歷，以及她強調協同合作，而非當時企業文化盛行的威權與權力取向，使得她並未被當代學者正視。

資料來源：改編自Walsh（1995）and Nelton（1997）

12　　　Chris Argris（1957, 1964）為說明降低組織控制的必要性，提出了一個強力論點。他相信，組織架構加諸於人類身上的限制，往往反而在效能與效益上，與組織目標背道而馳。他與Mcgregor之論點都強調，科層組織的形式，與健康個人的基本需求並不一致，而且往往將基層成員視如小兒，這會孳養出成員的依賴心，並導致更高層人性需求的挫折。這種挫折感，會展現在工作參與感的缺乏，以及反組織的行為上，例如怠工。

　　在1961年，心理學家Rensis Likert出版了《管理新風貌》（New Patterns of Management）一書，對管理上的人際問題之思考，造成了極大的衝擊。Likert（1961）相信，「美國企業界與政府中的最佳管理者，正朝著遠較現在更有效率的管理體系前進。」他認為，支持性取向的領導者（經理人）會具備較高的效率。所謂的支持性取向意指，創造優良的工作環境，使每個人在這個環境中能「將個人經驗（價值觀、目標、期望、抱負……）視為造就並維繫個人價值與重要

性的因素。」Likert並對這類經理人與組織作了更詳細的描述。

　　Lyman Porter（1964）記錄了一股始於1960年代的重要研究路線，這些研究檢查了經理人的需求、態度、滿意度，與組織大小、架構、個人職位本質間的相關關係。Porter研究的價值在於，其引起學界對工作情境的注意，同時也向大眾示範了，這些問題可以用系統化、科學化的方法來研究。

　　這些論述（無論我們是否將在本書中提到）都十分重要，因為他們擴展了傳統行為研究的視野，同時也引介了科學管理學派與行政管理學派未曾注意的關鍵要素。

組織行為的當代潮流與挑戰

　　在組織行為四十年前首次出現後，組織運作的大環境已有若干變化，其中某些變遷頗具戲劇性。首先，由於世界各國的經濟體質日趨強健，競爭力也因之提昇，因此美國產業自第一次世界大戰後的領先地位已開始動搖。其次，越戰及越戰後的期間造成了政治上的重大影響。由於1970年代的高度通貨膨脹，參戰本身並未經過良好的財政考量。美國人不再那麼熱衷於戰事，某些分析家認為，敗壞傳統工作價值的自我放縱年代即源於此（Dyer and Dyer, 1984）。第三點，在1970年代，女性及少數族群的地位改變了，他們開始進入職場，也要求大眾停止過去以來的歧視。雖然到1980年代初期，仍有一段經濟持續成長的好時光，然而越戰的殘存效應卻造成了國家貿易及預算赤字，也使經濟持續不振至1990年代。不過，從1990年代初期，由於美國經濟持續成長，因而抵銷了這些赤字。

　　上述正是造成今日問題與挑戰的部份社會與文化力量，接下來，

13

我們將著重未來經理人必須面對的挑戰，這些挑戰來自經濟、勞動
力、組織結構與管理方式上的重大變遷。

變化中的經濟

在美國，近年來的最重大變化之一，就是製造部門的改變。第二
次世界大戰後，位於美國中西部的鋼鐵、重金屬、汽車等基本產業，
構成了強健經濟的基本骨架。第二次世界大戰期間，這些產業正是世
界經濟的主導者。然而，到了1965年，其生產力開始嚴重下滑。大量
的老舊生產設備失去生產效益，即使採用新機器，在效益上也無法與
戰後另建新廠的新興外國公司相比。美國工廠的廠房設備更新的牛步
化，部分理由是因為，國外的競爭者向來不是威脅。

由於製造部門的衰退，工會的權力與角色也隨之減色。儘管如
此，在工會工作漸減的局面下，暗潮仍然洶湧。面對在採用減輕勞力
密集度之設備的同時，仍要提昇生產力的壓力，管理階層必須更加積
極，這同時改變了管理遊戲的權力平衡點。許多公司開始在工作規則
與工資的協商上，要求工會讓步，這股風潮至今尤存。

然而，製造業的蕭條，卻被服務業的成長給抵銷。Hudson 機構
估計，在2000年，製造業的產值將由1980年晚期的21%國民所得
（GNP, Gross national product），跌至17%（Johnston and Packer,
1987）。同一時間內，服務業則由國民所得的69%昇高至75%。這樣
的改變意味著小型企業之員工人數的實質成長（Johnston and Packer,
1987），也暗示了兼職工作人數的增加。雖然這會導致薪資與福利成
本的直接下降，但也迫使政府要制定更多醫療與福利方案，以代替員
工過去在大型製造業裡享有的權益。

最後，我們要討論企業的全球化。現代企業不但在全球市場以不

同的方式競爭，而且競爭的本質也改變了。在過去，不同的國家代表
截然不同的生產者及市場。產品與產品元件在母國製造後，再輸出至　14
外國市場。舉例來說，本田汽車都在日本製造，然後再運往美國；相
同地，美國的產品與零件也一定在美國本土製造，然後輸出。但到了
今天，德國的克萊斯勒在美國生產Mercedes，奇異電子在遠東地區建
廠生產小型家電，新力公司也在美國設廠。跨國企業將要面臨的挑戰
是，如何將差異（通常是文化差異）極大的單位，整合成為具有效率
的組織。

　　這些改變，導致業界必須進行重大的重組。透過市場力量或經理
人、員工、投資者三者間的通力合作下，許多問題獲得了解決。美國
生產力的跌幅不但已經緩解，同時在資本報酬率與勞動生產力上，還
能領先日、德等主要競爭者。

勞動力的變化

　　在1960年代，勞動力的相對同質性較高。白種的盎格魯・撒克遜
男性主宰了管理工作的市場，而薪資較高的製造業，同樣是白種男性
的天下，但由於二十世紀最初的二十年內的歐洲移民，因此仍有民族
上的前異。往後的勞動力則全然不同，除了性別、民族、人種的變化
之外，還有其他的改變，例如勞動力的年齡組成，下列的說明，至少
在2005年前還必須修訂過。

- 勞動力人口仍會增加，但是成長率會較過去緩慢。
- 35歲以下的年輕員工數量比例，會從50%降至38%。
- 嬰兒潮時出生的一代，現在年齡大約35到45歲間，在勞動力
  的組成中，會從1985年的38%，上升到50%以上。

  • 由於壽命增長，65歲以上的人口也會大幅增加。

　　適齡工作人口的下降，可能會導致勞力短缺，以及一些有趣的挑戰。舉例來說，通常25歲到45歲間正是事業衝刺的階段，但如果組織規模變小，組織需要的管理人也會減少，而該年齡層的人口並未減少，我們就會看到組織晉升管道的瓶頸效應。

　　如果人力短缺真如預期發生，公司基於經濟考量必然會留任資深員工。但是，態度與組織實務必須有所改變。傳統的觀念認為，比起
15 年輕員工來說，資深員工可能會較缺乏生產力，但這方面的實證卻正反並陳。有些研究顯示，雖然生產力隨年齡而增加，但資深員工卻往往得到較低的工作績效評比（Waldman and Avolio, 1986）：同時也有其他研究顯示，個人表現與年齡之間沒有任何關係。謹慎地來說，上述的傳統觀念並沒有得到證據的支持，年長的員工也可以像年輕員工有相同的生產力（McEvoy and Cascio, 1989）。當然，我們必須消彌會妨礙年長員工留職的高齡刻板印象。

　　勞動力的種族與性別組成，已與昔日大不相同。由於女性、非裔美人、亞裔美人、拉丁美洲人、美國原住民、與其他弱勢族群投入勞力市場，因此男性白人所佔的比例愈來愈低。由於上述族群進入具權力及影響力的職位，過去由白種男性之價值觀主控的組織文化，會開始產生漸進的質變。

　　最後一點，在最近四十年來，工作價值觀已有實質的改變。在1960年前，**工作倫理**仍是美國文化的主流價值觀，大部分人相信努力工作是件好事，同時也是讓一家溫飽，並讓個人邁向成功之路的必備因素。而成功的定義就是，在一個好公司找到一個好位置，並且好好的表現。這樣的觀點在1965年前開始偏離，人們開始認為美國人的價值觀過度唯物，社會關係的架構太過僵化，生命中還有比工作更重要

的事情。這個變化，偏離保守派而近於自由主義。然而，到1975年，保守主義再度重出江湖，人們再度如過去一般地重視工作與成功。其間的差異大概如下：

> 今日的人們強烈希望找到一個由工作來支持的生活方式，與經濟大恐慌時代成長的那一代大不相同。若希望這些人們能夠更有生產力與創造力，就需要參與度更高的領導風格、更多的傾聽以及更細膩的職場民主（Odiorne, 1983）。

組織與其管理方式的變化

組織的管理方式已經與昔日不同，在1960年代之前，多數企業盛行的管理方法注重階級劃分，同時是由上而下的。員工必須受他人指揮行事，有問題就向工會求助。當我們先前提及的各股力量開始影響文化（特別是職場文化），要改變的不只是員工，連公司也開始瞭解，應該開發勞動力的潛能。許多組織開始尋求開發此類潛能的方法，今日，諸如福特、AT&T、英特爾、摩托羅拉、全錄等企業都在尋找更佳的人力資源運用方法。他們重新設計工作內容以激勵員工，還同時進行企業瘦身。部分企業甚至稱員工為stakeholders或associates（股東或合夥人），這也反映了一股平等對待的風潮。

電腦科技躍遷帶動的技術革命，正是導致這股風潮的重要因素之一。今天，我們用電腦來完成各種任務：全球資訊網（WWW）加速了全球組織間的訊息傳遞；網路也使電子郵件與視訊會議的概念成真；傳真機透過電話線即時傳送文字資料；藉由文字處理軟體，文件能夠在各地進行編輯、列印，傳真到世界各個角落；電腦網路也使員工能夠實現遠距通勤（telecommuting）的夢想，員工在自家或傳統辦

公室以外的任何角落都可以工作。

這項整合性的網路也改變了製造業的風貌，透過電腦程式指揮的機器，幾乎無須真人的協助，即可完成非常複雜且困難的工作。現在，底特律的機器人正在進行汽車的焊接與烤漆，矽谷的機器人則在製造電腦晶片。

電腦也改變了金錢的流通方式，舉例來說，光學掃描設備在各大小超市的EPOS系統（electronic point of sale，電子銷售點）之運用，不只改變了收銀員的工作性質，更重要的是，使經理人能夠立即獲悉貨物的需求程度。電腦設備也讓人們能在各地進行信用卡消費：在羅馬的Tremani's Wine Barm用餐，在米蘭的Via Montanapeleone購買Armani設計的全套時裝，在香港買衣服，或者就在附近的校園酒吧消磨一晚，這一切完全不用消費者掏出當地的錢幣來付現。當然，消費者每個月還是會接到信用卡帳單。

電腦革命對於組織的另一衝擊，就是擁有設計或管理資訊系統之技能的員工，在地位與重要性上的躍昇。由於這類技能對所有大型組織都非常重要，小型組織亦然，因此從事這類工作的員工，有極佳的昇遷機會。眾所週知，年輕一代的員工在這方面，遠比年長的員工擁有更多的技能，這也給了他們既定的優勢。

工作的本質也正在改變，未來的工作會需要更高層次的技能（Johnston and Packer, 1987）。人人都必須瞭解如何使用電腦：會計人員必須能夠運用電腦記帳、存取資料、甚至要能夠設計給櫃檯人員使用的資訊系統，讓櫃檯人員也能夠利用電腦，正確地登錄訂單與帳款的記錄。此外，電腦與網路還可以監控工作的流程，舉例來說，許多大型公司的文書工作，都在連網的電腦上所完成；資訊系統定期提供生產報告，作為對員工工作績效的反饋。這種非人性且頻繁的監控體系，很可能會增添員工的壓力，並導致疏離感。

　　我們也期待能看到更高度的授權，讓更多位居組織基層的成員
（包括員工與經理人）能提昇其權限。許多新的管理取向，像是高涉
入的策略使用、自我管理的工作團隊、賦權……都需要更廣泛的授
權。為達成此目標，經理人必須信賴員工，該放手時且放手。同時，
員工也該信任經理人，相信他不會破壞授權的完整性。唯有在員工清　17
楚組織運作，並信任管理階層絕無隱瞞的前提下，這種信任關係才可
能發展。

　　我們也可以預見，將來會有更多企業進行**企業瘦身**。競爭力趨使
企業廣泛的使用電腦，以及進行縮編，這使組織只需要較少的員工，
就能夠完成同樣的工作量。據估計，因縮編而遭解雇的藍領階級員工
人數，大約在四百萬到五百萬人之間（Carroll and Schuler, 1983）。在
這同時，組織對經理人的需求也會銳降，許多公司著手將組織扁平
化，至少移除一級管理階層，並減少其他階層的經理人數目。組織架
構的扁平化與瘦身，不僅能夠減少管理階層的人事支出，同時也向股
東證明，公司的領導人正採取強力手段，以因應漸趨複雜的大環境
（Salancik and Meindl, 1984）。無論如何，組織瘦身遠比僅僅裁減員工
人數，更需要卓越的管理技巧。一家只會裁員的公司，其績效通常不
會超越同業平均；在裁員後，配合資產重置等方法以追求效率，才能
提高企業的資產報酬率，並使投資者得到同業平均值以上的投資報酬
率（Cascio et al., 1997）。

管理組織績效

　　對組織行為理論與研究的瞭解，將幫助你更有效率地面對挑戰、
管理個人或組織的績效。在開始研讀每章的專題前，無論這些主題是

激勵、人格特質、還是組織設計，重要的是，你必須對下列兩件事情有清晰的概念：

　1. 何謂績效？
　2. 經理人的工作為何？

何謂工作績效？

　　許多方法，可以用來判定個人或組織的工作績效，並由於個人觀點不同，方法的重要性也因人而異。績效等級可以論質或論量，同時也包含經理人的主觀判定。某人所評定的「優」，可能只是他人所評定的「滿意」，甚或是「不滿意」。舉例來說，身為社區成員，你可能會以企業提供了多少工作機會、其防治污染的努力、是否正當納稅，作為評定企業競爭力的依據。但從企業成員的角度來看，你可能會以企業給付工資與提供福利的能力，作為評定企業競爭力的依據。

　　在本書中，我們將從經理人的觀點來檢視工作績效，也就是將工作績效定義為經理人保持公司（一個經濟單位）繼續成長的成果。在這種觀點下，工作績效可分成三個向度（如圖1.1所示）：任務績效向度、情境績效向度、倫理績效向度。這仰賴我們對組織效能的三大基石（個體，群體及組織）之管理來達成，這三大基石將在稍後（原文書第23頁），做進一步的說明。

　　任務績效向度是大多數人都會著重的部份，也正是個人為了完成工作必須執行的活動及其結果。舉例來說：製造廠的經理人必須控管生產量、品質水準、準備工作進度表、訂購物料、面對部屬、召開員工會議。系統分析家則必須會分析工廠的工作流量、針對工作流量來調整電腦軟體的設定、並指導員工如何操作這套系統。

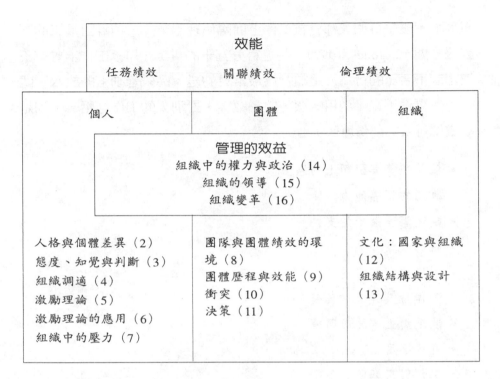

圖1.1 本書的編排架構

關聯績效向度則指個人對組織效能或組織內其他人的貢獻，換句話說，不只是完成分內工作就能了事。這個績效向度，反映出個人跨越績效規範及工作角色的意願。有些人並不重視這個向度，但該向度卻與組織效能的提昇有重要相關（**Organ, 1988**）。舉例來說，員工可能願意協助同事解決公務、個人問題、自願付出額外努力、工作時和善待人、提供支持、建議改善方案（**Organs, 1988**）。這類超越任務績效向度的行為，對組織極為重要，因為組織的成功，必須仰賴員工超越表面的工作要求。

　　倫理績效向度強調，做對的事情之重要性。雖然聽起來容易，但

19

事實上，幾乎每個人都曾在工作上面臨倫理兩難。一項針對員工的調查報告顯示（Jones, 1997），將近百分五十的員工，坦承工作上曾有不道德或不合法的行為。這類行為最常見的是：品質管制上的放水、隱匿意外事件不報、濫用病假、欺騙顧客、對別人的工作施壓。下列是不道德行為的部份原因：

- 觸及預算與配額上的壓力
- 薄弱的領導能力
- 缺乏管理階層的支持
- 內部政策
- 不良的內部溝通
- 工作時數與工作負荷
- 缺乏對企業的認同
- 資源不足
- 工作與家庭間的平衡
- 個人財務狀況

這些結果告訴我們，即使只是執行「自己分內的工作」，也可能對股東權益造成負面影響，包括非顧客卻受公司影響的股東，以及公司內部的成員。

怎麼會這樣？讓我們先考慮工作的任務績效向度。既然，任何人都應該以提昇公司的經濟績效作為工作目標，所以，試想面對下列三種情境時，你會如何應對？

1. 你的上司要求你送出一項未符品管標準的產品，而你非常確定，送到客戶手上沒多久後，該產品就會故障。
2. 你是派駐國外的美商代表，在這個國家，只要「送紅包」，就

倫理專題：組織倫理如何解體？

　　價值觀與態度是倫理觀念的支柱。倫理支配我們的行為與個性，包括思辨是非善惡、當為與不當為之原則。企業界每天都會面臨倫理的問題，當然，這些問題很難得到答案。經理人可以有各種鼓勵不道德行為的方式，包括在行動前先讓倫理問題消音：

- 在自己身旁安排年輕、缺乏經驗，渴望權力、負債累累的部屬。因為年輕、野心、及對財務的依賴，會造就一位不願質疑或挑戰上司的部屬。
- 清楚地傳遞「為達結果，不擇手段」的訊息，這會鼓勵員工冷面無情、隱匿證據、竄改事實。
- 確信董事長與總裁既專制又易怒，因為恐懼是壓制思想與言論自由的最佳工具。
- 只要員工的公開言論導致外界對企業的批評，就解雇、降職、轉調、或者孤立他們。
- 若不背德的行為遭到公開，不要承認任何一件。隱瞞、虛構、並粉飾之，此時唯有憤怒與自大才是你的朋友。盡量合理化你的作為，在提到所有背德之事時，就用「荒謬！」一語帶過。

　　你最近曾經在那裡看到這些行為？

資料來源：改編自Jennings（1996）。

能提高簽訂重大合約的機會，不但能為公司爭取實質利益，還會為你個人爭取到豐厚的佣金，而送紅包在當地並未違法。上級告訴你，公司需要這份合約，但「紅包」可能會被視為賄賂，而且違反美國法律。

3. 你負責向顧客收取某專案的費用，而你認為該專案不僅多餘，而且會增加客戶的成本。

接下來，讓我們考慮關聯績效向度。關聯績效向度通常以間接的形式影響組織績效，例如成為好的同事、協助同一團隊的其他人。試

20 想，如果發現你最好的朋友盜取公司大量物資，你會怎麼做？

人們很容易陷入道德兩難。雖然每個人都清楚對的事情為何：不要欺騙、不要包庇偷竊、不要賄賂。但問題是，來自組織或工作團隊的壓力，會要你做那些事情。而且，通常不會有人注意到你的不道德犯行，所以也不會有什麼惡果。

雖然我們可以套用倫理與社會責任的標準，但即使我們試圖做「對的事情」，也會由於社會標準與價值觀的多元化，使得「對」成為非常難以定義的字眼，因此企業必須制定揭示價值觀的行動方針，並且訴諸文字。這類方針至少要明定何謂正當行為，但要知道，社會大眾通常有更高的道德標準。

21 ## 經理人的工作為何？

現在讓我們來檢視，經理人如何試圖管理任務績效、關聯績效、倫理績效。在組織中，經理人與員工分別隸屬不同階級，其工作性質完全不同。美國的勞動人口中，將近百分之十被歸類為『管理人或經營者』。百事可樂的總裁是經理人，麥當勞的午班領班也是經理人，

雖然他們的工作不同，但所有管理工作都有共通的特質（Mintzberg, 1973）。

經理人決定他人（主要是部屬）的資源利用方式　經理人通常擁有正式的權力，決定部屬可以如何運用所需資源，以執行並完成任務。經理人決定資源如何分配，而其他人負責執行。

經理人有監督部屬之責　經理人與其他人之工作的最大分野即在於，經理人必須考慮人力資源及物質資源的運用效率。經理人必須為其他人的工作負責。

緊湊的工作步調　經理人必須認真工作，而且步調非常緊湊。原因之一是，為完成工作，經理人有許多事得做，通常問題會接踵而至，而且多半需要立即解決。

各種片段性的短暫活動　經理人很難享有不受干擾地完成專案的奢侈，使工作往往不能連貫。舉例來說，經理人從早上七點半開始工作，才開始有些進度，卻被上司急需解答的問題給打斷了。於是她放下計畫，為上司的問題找答案。在回到計畫前，還會出現其他需要她解決的事情。也許得花上幾小時，才能再回頭完成那個早上開始的計畫。此外，經理人多數的工作只需要短時間就可完成，半數工作只需十分鐘不到，而只有百分之十的工作需要花上數小時，每通電話平均用去六分鐘的時間，突發會議也很少超過半小時（Mintzberg, 1973）。

經理人偏好現場活動　經理人通常會先完成工作中較活躍、符合趨勢且較有趣的部分，稍後再處理例行公務。他們感興趣的是新的資料，而非歷史久遠的資料；他們關心特定議題，而非概論性的議題。

較多的口頭溝通　在各種溝通方式中（包括信件、備忘錄、電　22

話、面對面、會議……等）經理人偏好口頭溝通，大約佔據將近百分
之八十的工作時間。

　　許多的工作接觸　經理人必須與上司、部屬及外界人士保持聯
繫。約有一半的時間花在部屬身上，其他時間則大多花在與外界人士
聯繫，例如洽商組織的業務或尋求新資訊。CEO階層更是如此，但低
階的經理人與主管亦然。有趣的是，與上級的接觸時間相對起來比較
少，而且通常以正式的請示或呈交報告之形式進行。

　　多數的管理工作由他人掌控　管理工作的另一個有趣的問題，就
是該工作有多少受他人掌控？也就是只回應別人的要求。舉例來說：
經理人的工作會被部屬打擾、隨時被上司召喚，同時還有許多突發問
題要處理。

23　管理工作與組織層級

　　在組織中，不同階級的經理人，其工作有許多明顯的差異。

- 高階經理人的時間，主要都用在一般管理工作的規劃與執行上
  （Mahoney et al., 1965）。他們通常是公司代表、參與重要協
  商、擔任公司的對外發言工作（Pavett and Lau, 1983）。
- 中階經理人比高階經理人參與更多的監督工作，但比低階經理
  人少。就管理工作來說，他們要完成許多領導工作，同時也要
  督導其他人的工作。
- 低階經理人則將他們大部分的時間（超過50%）花費在監督的
  工作上（Mahoney et al., 1983）。

焦點新聞：爲何MATT SCOTT返回工作團隊？

　　MATT SCOTT從1994年起，就在匹茲堡的FORE SYSTEMS工作，在這家結構鬆散、無拘無束的的軟體公司裡，他負責程式碼的撰寫工作。他喜歡他的工作，更重要的是，這分工作正是電腦網路系統發展的最前線，這個網路系統能夠傳送大量資訊，包括即時影音資料，而且比任何既有的科技還更快。他做得很棒，也因此受到上司的重用。1995年，他的上司問他是否願意轉進管理職，領導一個軟體設計師的團隊，並進行重要的特別計畫。他決定轉換跑道，成為經理人。

　　他發現，新的工作不如他預期。雖然團隊領導人有責任完成工作，但他卻得面對不喜歡的部份，其中一項就是與其他團隊領導人溝通，另一項則是，他必須設法提昇團隊成員的合作效率，並減少衝突或爭執。

　　他忽略了一件事：對他而言，工作中最有趣的部份就是為系統設計撰寫程式碼，其他管理的事情都只會礙手礙腳。此外，他與某些團隊成員開始產生人際方面的問題。接下來，他的人生日趨複雜，長子的出生讓他想要更常留在家裡。到處都是問題，不再是他當初想要的。所以，他決定放棄管理的職位，重回團隊成員的岡位，不再擔任領導人。

資料來源：Murray（1997）

23

本書的架構

我們將在本書呈現組織行為領域的主要概念，在保持理論與研究結果之統合性的同時，使這些概念容易被消化、瞭解。此外，為了幫助讀者瞭解如何運用理論來提升組織效能，每個章節都會提供實務性的指南。最後，我們要介紹本書的設計，幫助讀者綜覽本書。

組織行為的建構基石

如圖 1.1 所示，組織行為由四大領域構成。其中的三大要素分別為個人、團體與組織，同時也是組織行為相關知識的三大基石。第四個領域，則著重於管理這些基石的程序。

個人　諸如人格、知覺、態度、判斷等基本人性層面，正是第二章及第三章的重點。到了第四章後，我們將個人轉移至工作組織，並檢視個人如何選擇職涯，以及人們適應工作的方式。在第五章，我們將探討幾個重要的激勵理論。在第六章，我們說明理論如何用於提升組織效能。到第七章，我們提出壓力會導致的工作問題。本章的許多議題，與工作對個人的重要性有關，我們還將討論工作環境如何造成嚴重的身心反應。

團體　個人必須和他人一起工作，同時也受他人的影響。團體如何形成，是第八章的主題。在第九章，我們著重團體動力學，以及如24　何在組織中運用團隊發揮更佳的效果。第十章以衝突為主題。在第十一章，我們的主題則是個人與團體的決策制定過程。

　　組織　我們將說明，在組織中影響個人及團體行為模式的更廣泛影響力。首先，我們將在第十二章中，說明文化及組織文化如何影響個人、團體、與組織。第十三章則描述不同類型的組織結構，以及大環境如何影響組織架構的類型。

　　組織管理　經理人必須執行各項工作，使組織更有效率。我們將在十四章及十五章，檢視經理人如何運用權力及影響力。權力與政治歷程是十四章的主題，順著這個脈絡，我們將在第十五章討論領導。第十六章的主題則為組織的變革與發展。在本章中，我們將列舉當企業需要改革時，經理人改革組織實務與員工行為的方式。

　　經理人的啓示　本書的取向是：針對每個主題的重要理論與實證，在呈現內容後，進行分析並加以討論。然而，我們的終極目標則是：理論與研究如何幫助經理人，達到更完美的表現？基於這個因素，每章最後都會有一個名為『經理人的啓示』的單元，從中解析如何運用新的概念以增進個人，或者其他團隊成員的績效。

本書導讀

　　本書經過特別的編排與設計，希望能讓讀者在學習時自然地融入各單元內容。在開始研讀之前，我們透過幾個簡單的問題，先勾起讀者個人的相關經驗。之後，我們再開始發展內容，好讓讀者對細節有更全盤的掌握。我們在每章的最後，都以個案討論與問題研究作結，幫助讀者測試自己對於該主題的瞭解程度。

　　課前導讀　在接觸新觀念前，徹底的準備非常重要。我們建議讀者，先行閱讀有關章節，提高自己對材料的熟悉程度，並在每章的第

一堂課前，先進行我們置於頁首的「課前導讀」活動。舉例來說：在研讀領導的章節之前，我們會請讀者先回想兩個與領導者交涉的個人經驗，所舉的經驗必須有正面，也有負面。想想，那時做了什麼？優良領導人的好處為何？差勁領導人的缺點何在？

25　　　在每章的開始，我們都會提供一份所有主題的清單，讓你預覽即將出現的主題，也許能幫助你更能回答「課前導讀」中的問題。

　　專題　我們會在每一章中提供「專題」，這些專題多半來自報章雜誌、未能在正文中討論的有趣的研究報告、或我們個人的顧問經驗。我們重新編寫專題的內容，以求能夠更清楚地說明這些項目與本章主題的相關性。以下是我們安排在各章中的專題名稱：

- 歧異性專題　提出本章在不同人種、民族、性別團體成員之管理方面的獨特見解。
- 倫理專題　討論本書所有主題領域中，常見的道德兩難。
- 全球化專題　探討每章主題與全球局勢的相關性，因為今日的商業是全球導向的。
- 焦點新聞　由商業刊物摘錄的管理專題，使讀者能將每章的觀念應用於實務上。

　　重要觀念與名詞解釋　我們在每一章都有三種安排，幫助讀者能輕鬆找到重要觀念的資訊，並瞭解其含意。

1. 重要概念會明顯標示於內文中。
2. 所有重要概念，將整理並按字母順序，置於章末的重要名詞清單（照原文字母排列）。
3. 深入體驗：每一章都設計了深入體驗的部份，只要讀者花費若干時間，就能對課文內容有更深入的瞭解。在這當中，有些是

自我診斷的問卷，有些則是課堂上的師生互動活動。這應該能
夠幫助讀者瞭解這些概念的運作模式，以及如何運用。

　　個案研究與問題研討　每章結尾都會附上問題及個案，以總結並
增強讀者在課文研讀及課前準備中所獲得的概念。個案研究與問題研
討，為課堂討論提供了發展性的架構。個案研究多半非常簡短，為的
是方便在授課時間內迅速瀏覽，並立即討論。

摘要

26

　　組織行為就是對組織內部之人類行為的研究，也是對個人與團隊
程序及其特性的系統性分析。組織行為的目標，正是要瞭解、預測並
改善組織與個人的績效。雖然眾人之事的管理與人類歷史一樣悠久，
但要直到最近，組織行為（OB）才被視為獨立的學術領域。在1950
年代末之前，科學管理、行政理論、產業心理學、以及人際關係方面
的著作中，都已經表達出專家對人際方面之管理的關切。自1950年
代晚期始，社會科學的基本理論與實證原則，開始整合至我們今日所
稱的組織行為領域中。組織行為本身仍是一個發展中的領域，本書將
簡介該領域現階段的知識，由於篇幅的限制，將只介紹經過揀選的內
容。

重要名詞（所附為原文書頁碼，請見內文邊緣處數字）

27

問題研討

1. 我們介紹過，管理思潮的始於1900年代。顯然，在那之前就已經有相關思惟的存在了。你知道哪些早期的組織與管理之起源嗎？

2. 科學管理取向，及組織行為取向的管理風格，會有何差異？

3. 行政理論取向的關鍵要素為何？

4. 那幾股動力下，促生了當代的組織行為思潮？

5. 組織理論與組織行為的差異何在？在組織研究方面，這種差異是否有意義？在管理上，這兩者的差異有意義嗎？

6. 有些人認為，為了消化管理學的新知，經理人必須瞭解學術的理論與研究。還有其他支持經理人應有學術興趣的原因嗎？

個案研究

Judy Jenkins 的第一堂課

　　Judy Jenkins 是 Central State University 的學生。她正修習企業管理學位，希望未來在管理父親的營造事業時能派上用場。她父親的主要業務是住宅區的建設，此外也會承包小型的辦公大樓、庫房跟車庫。在 Judy 的第一堂組織行為課，教授長篇大論地談論他們必須研究的主題，尤其是組織中的增強理論，組織中的權力與政治，以及小型的團體與團隊。

　　Judy 認為，對她那些將到大型企業謀職的同學來說，這些教材應該會很有用，但這在父親的營造公司裡可能派不上用場。父親非但未曾運用這些想法，而且往往只是見機行事，一切視情況而定。她決定，下課後要與教授討論一下。

　　她很好奇，教授會說什麼。

• 你認為他們會討論什麼？

參考書目

Argyris, C. 1957: *Personality and Organization: The Conflict Between the System and the Individual.* New York: Harper & Row.

Argyris, C. 1964: *Integrating the Individual and the Organization.* New York: John Wiley.

Barnard, C. 1938: *The Functions of the Executive.* Cambridge, MA: Harvard University Press.

Bell, D. 1970: *Work and its Discontents. The Cult of Efficiency in America.* New York: League for Industrial Democracy.

Borman, W. C. and Motowidlo, S. J. 1993: Expanding the criterion domain to include elements of contextual performance. In N. Schmitt and W. C. Borman (eds) *Personnel Selection in Organizations,* San Francisco: Jossey Bass, 71–98.

Carroll, S. J. and Schuler, R. S. 1983: Professional HRM: Changing functions and problems. In S. J. Carroll and R. S. Schuler (eds) *Human Resource Management in the 1980s,* Washington, DC: Bureau of National Affairs, 8-1-8-28.

Cascio, W. F., Young, C. E. and Morris, J. R. 1997: Financial consequences of employment-change decisions in major U.S. corporations. *Academy of Management Journal,* 40(5), October, 1175–90.

Dyer, W. G., and Dyer, J. H. 1984: The M*A*S*H generation: Implications for future organization values. *Organization Dynamics,* 12, 66–79.

Edmonson, B. 1996: Work slowdown. *American Demographics,* 18(3), March 4–7.

George, C. S. 1972: *The History of Management Thought.* Englewood Cliffs, NJ: Prentice-Hall.

Guest, R. H. 1956: Of time and foreman. *Personnel,* 32, 478–86.

Hofstede, G. 1993: Cultural constraints in management theories. *Academy of Management Executive,* 7(1), 81–94.

Jennings, M. M. 1996: Five warning signs of ethical collapse. *Wall Street Journal,* November 4.

Johnston, W. B. and Packer, A. E. 1987: *Workforce 2000: Work and Workers for the 21st Century.* Indianapolis, IN: Hudson Institute.

Jones, D. 1997: 48 percent of workers admit to unethical or illegal acts. *USA Today,* April 4–6, 1-A.

Lawler, E. E., Porter, L. W. and Tannenbaum, A. 1968: Manager's attitudes toward interaction episodes. *Journal of Applied Psychology,* 52, 432–9.

Lawrence, P. R. and Lorsch, J. W. 1969: *Organization and Environment: Managing Differentiation and Integration.* Homewood, IL: Richard D. Irwin.

Likert, R. 1961: *New Patterns of Management.* New York: McGraw-Hill.

Ling, C. C. 1965: *The Management of Personnel Relations: History and Origins.* Homewood, IL: Richard D. Irwin.

Mahoney, T. A., Jerdee, T. J. and Carroll, S. J. 1965: The job(s) of management. *Industrial Relations,* 4, 97–110.

March, G. and Simon, H. 1958: *Organizations.* New York: John Wiley.

McEvoy, G. M. and Cascio, W. F. 1989: Cumulative evidence of the relationship between employee age and job performance. *Journal of Applied Psychology,* 74(1), February, 11–18.

McGregor, D. 1960: *The Human Side of Enterprise.* New York: McGraw-Hill.

Miner, J. B. 1969: *Personnel Psychology.* New York: Macmillan.

Mintzberg, H. 1973: *The Nature of Managerial Work,* New York: Harper & Row.

Murray, M. 1997: Who's the boss? A software engineer becomes a manager with many regrets. *Wall Street Journal,* May 14, A1–A14.

Nelton, S. 1997: Leadership for a new age. *Nations Business;* 85(5), May, 18–25.

Odiorne, G. S. 1983: HRM policy and program managements: A new look in the 1980s. In S. J. Carroll and R. S. Schuler (eds) *Human Resource Management in the 1980s,* Washington, DC: Bureau of National Affairs, 1, 1–23.

Organ, D. W. 1988: *Organizational Citizenship Behavior: The Good Soldier Syndrome.* Lexington MA: Lexington Books.

Pavett, C. M. and Lau, A. 1983: Managerial work: The influence of hierarchical level and functional speciality. *Academy of Management Journal,* 26(1), 170–7.

Perrow, C. 1970: *Organizational Analysis: A Sociological View.* Belmont, CA: Wadsworth.

Porter, L. W. 1964: *Organizational Patterns of Managerial Job Attitudes.* New York: American Foundation for Management Research.

Rehak, J. 1996: Out of the red and onto the "net". *Chief Executive (U.S.),* 119, December, 32.

Roethlisberger, F. J. and Dickson, W. J. 1939: *Man-*

agement and the Worker. Cambridge, MA: Harvard University Press.

Salancik, G. R. and Meindl, J. R. 1984: Corporate attributions as strategic illusions of management control. *Administrative Science Quarterly*, 29, 238–54.

Selznick, P. 1949: *TVA and the Grass Roots.* Berkeley: University of California Press.

The Economist 1996: America's power plants; *The Economist.* June 8, 82.

Waldman, D. A. and Avolio, B. M. 1986: A meta-analysis of age differences in job performance. *Journal of Applied Psychology*, 71(1), 33–8.

Walsh, M. 1995: Mary Parker Follet – Review of *Prophet of Management: A celebration of writings from the 1920's. Business History*, 37(4), October, 123–5.

Weber, M. 1947: *The Theory of Social and Economic Organization.* Trans. by T. Parsons. New York: Free Press.

Wren, D. 1972: *The Evolution of Management Thought.* New York: Ronald.

人格與個體差異

———————————————————→

人格

人格的基礎

學習的方法

組織環境中的人格

課前導讀

　　由於本章將討論人格方面的問題，請你先列表描述你認識的三個到四個人，其中必須包括出自同一家庭的人，但不要全部。

1. 清單中人物的同異之處何在？

2. 你將如何歸因這些差異？

3. 你將如何歸因這些近似之處？

4. 這些人物在工作情境中，將會如何反應、表現？

　　在閱讀本章與課堂討論時，請你思考這些問題（與你的答案）。

32　　　　如果你相信「成也在人，敗也在人」的話，就應該明白瞭解人類
行為的重要。這些知識在員工的遴選與訓練、激勵、改善決策、減輕
壓力、促進團隊工作方面，都會非常有用。經理人不是專業心理學
家，但是他們必須具備足夠的知識，使管理工作奠基於健全的原則，
而非迷思與揣測之上。如果當年LOTUS與IBM合併時，能具備這些
知識，管理高層也許就可以免於以下的錯誤（Faber, 1995）。Louis
Gerstner在危急時接管IBM後，便開始重整公司。取得Lotus正是他的
重大策略之一，隨著大部分Lotus員工而來的，正是昔日Lotus的CEO
兼總裁，Jim Mazni。Mazni在Lotus很成功，卻夙以暴躁好鬥聞名
（Hays, 1995）。根據傳聞，他曾經公開羞辱員工，為私怨而調動人
事，在Lotus時還進行了一些不智的專案投資（Hays, 1995）。雖然他
與Lotus一起到了IBM，卻在三個月後就拂袖而去。他激進的個人風
格，雖在Lotus行得通，卻與IBM的科層文化格格不入。這正是一個
個人與組織適應不良的案例。

管理行為：一個有用的模式

　　　　圖2.1是一個人類行為模式圖，其中有四個要素。

1. 環境
2. 人
3. 實際行為
4. 行為的結果

　　　　環境（意指當事人以外的全部世界）包含了可以觸發行為的各種
要素。環境與人的屬性交互作用，正是行為的起源與導因。我們在圖

2.1列出部份重要屬性，但實際數目遠過於此。我們必須從人們的內在或自我表露中，才能發掘這些屬性。

實際行為，意指可以被觀察、測量的個人外在行動，但我們很難知道其起源。雖然可觀察的行為永遠不會讓我們了解人們內在世界的全貌，但至少是一扇通往這個內在世界的窗子。

行為必然有其後果，包括我們想要與不想要的效應。例如，工作行為可以製造出可販賣的產品，也可能造成衝突，引發他人的正面或負面反應。行為的效果也可能具增強性，影響其再度發生的機率。愉悅的結果與痛苦的結果，必然有不同的影響。

最後，圖2.1中的回饋箭頭顯示出，人們如何從行為及其效應中學習。此外，行為也可以改變環境。例如，我們轉小音響音量，就能減少他人的不悅程度。

33

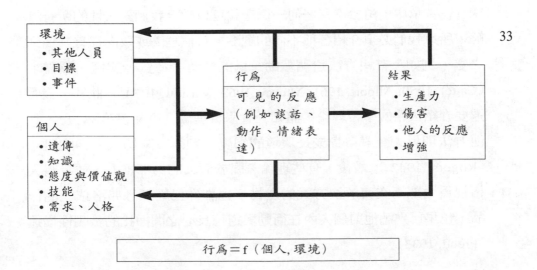

圖2.1 個人行為的基本模型

人格

Personality一詞在英語世界中有極為廣泛的運用。有時候，我們說某人personality的好壞，其實指的是其個性的好壞（討人喜歡或令人反感）。有時候，這個字又用來指稱重要人物或名人，例如「美國總統是一個重要的personality」。在本書中，我們用Personality人格一詞表示，個人所有相當穩定的特質之組合，或說定義個人獨特性的持續性屬性。由此類推，人格包含了態度、價值觀、氣質、實際行為型態。就像前述Jim Mazni的故事所說明的，人格在工作上扮演著十分重要的角色，否則我們還有什麼方法，能解釋Mazni在Lotus和IBM之際遇的截然不同呢？這正是一個說明瞭解人與環境之重要性的極佳範例，某種人格在某環境中運作良好，但換個環境卻會問題叢生。

在本章中，由於沒有任何一個理論可以整合我們對人性的所有瞭解，所以我們必須介紹各種不同的觀點。每個理論或取向都有其獨到之處，例如：有些方法強調驅動行為的氣質、特質、態度、及需求（Cattel, 1950; Allport, 1961; Murray, 1962; Maslow, 1970）。此外，我們還要介紹人格的學習理論，諸如社會學習理論（原文書第38頁）。其他方法則以人類對自身成長環境的知覺、判斷，來切入人格的概念（Rogers, 1942）。最後，有些理論著眼於個人的內部壓力，並且將人格視為內部衝突與解決方式的產物。也許你已經熟悉弗洛依德的作品，也早已熟悉他對個人內在衝動與道德良心之間掙扎的戲劇性描述（Freud, 1933）。

34

人格的運作方式

　　儘管環境會影響行為，但為人格所驅動的行為，仍能在不同情境中，表現出相當程度的一致性（Epstein and O'Brien, 1985），廣義的人格特質（例如：被社會贊同的需求）更是如此。雖然誠實等特定特質可能隨情境而變動，但只要環境允許，特定的特質還是有影響行為的空間（Funder, 1991）。當然我們也可以這樣想：人格決定了人們會進入的情境種類，例如害羞的人會避開社交場合。因為在這些情境下，個人原本的特質就會浮現出來：害羞的人在派對上會感到壓力；但在某些情境下，人格特質會受到壓抑：我們很難在充滿敵意、威脅的環境下，展現社交能力。

　　何時人格才會開始運作，並成為行為的主因呢？人格在**強力情境**下較不具威力，所謂強力情境，意指情境中充滿限制行為的線索、規則、及任務要求（Mischel, 1977; Weiss and Adler, 1984）。獎酬、嚴格的標準、期望都會增加更多限制，也使得個體間的人格差異不那麼明顯。想想閱兵典禮，這正是一個嚴格限制行為的場合：同樣的制服、同樣的行進速度、依指揮大步前進、聽命令行禮如儀。在觀賞閱兵典禮時，我們不可能瞭解任何軍人之間的人格差異，這就是一個強力情境的代表例子。

　　在**薄弱情境**下，人格則較具威力。所謂薄弱情境，意指結構鬆散的未明情境，會使人格特質較能夠解釋、導致行為。你大可預期，在幾無規範與政策的鬆散組織中，人格特質將會比在科層體制中更為突顯（Tosi, 1992）。所以我們會看到，開演唱會的歌手或演奏會的音樂家，在備受禮遇的預演期間，都有很濃的個人風格；然而，到了上台之時（一個控制度較高的情境），他們的表現通常就會變得中規中

矩。因此，想要從人格角度瞭解行為，最好的方法就是，觀察此人在鬆散或輕鬆之組織結構中的表現。如果希望看到較完整的人格風貌，以便於掌握個體差異，我們必須放寬控制與期望，或視情況提高自由度。這通常也適用於需要創意或適應能力以解決問題的情境。

35　人格特質的基礎

　　有人曾經提出人格的遺傳性，也就是說，人格來自父母親的遺傳；但卻有人質疑，人格是成長過程的產物。這類**先天與後天**的議題已成過去，最近的證據認為，這兩種觀點都是正確的：雖然人格主要來自遺傳，但仍有一大部份，來自我們的生活經驗，尤其是早年的生活經驗。以著名的雙胞胎研究為例，生長在不同家庭（通常是不同的國家文化）的雙胞胎，大約有30%的工作滿意度差異，與40%的工作價值觀差異，可以用遺傳解釋（Arvey et al., 1989; Keller et al., 1992）。但這個數據也告訴我們，人格特質中有一大部份，是我們幼年學習適應環境之經驗的產物。

　　社會化過程─學習與人格　我們相信，瞭解學習如何發生，多少可以幫助我們瞭解人格如何形成。所以，我們在此介紹學習理論。學習理論如何幫助我們瞭解人格呢？基本上，父母的遺傳組合是我們每個人的起點，也是人格的基礎；在我們的成長過程中，我們被暴露在社會化的過程下。**社會化**意指個人學習並且獲取價值觀、態度、信仰、及接受文化、社會、組織與團體行為的一種過程。某些行為能為我們帶來獎勵，而某些行為則會帶來負面的結果；我們不但向父母學習團體的規範與價值觀，也會從他人的行為觀察中學習。經過一段時間後，以遺傳特性為主軸，這些經驗塑造了我們適應環境的方式，形

成我們成年後的人格特質、獨特的價值觀、態度、與行為。

學習理論

　　學習與社會化，是瞭解人們如何獲得知識、態度、技能與人格的基礎，也是解釋人們知覺與判斷的核心。行為產生相當持久性的改變（或有改變的潛力），若能追溯至個人的經驗或實務，那就是學習的發生點（Bourne and Ekstrand, 1982）。

　　學習發生自個人內在。雖然我們看不見人的內在，但只要觀察到，個體在相同刺激下，表現出與過去不同的行為，我們就能推論，學習已經發生。儘管如此，學習仍不等同於行為：

- 行為不能完全保證個人已產生明顯或持久的學習或改變。
- 學習也不保證必然會帶來行為上的改變。

　　假設某位學生的作業表現極差，即使他已經擁有足夠的知能，可以好好完成作業，但是疾病、干擾、缺乏激勵等其他因素，也可能可以導致表現低落。因此，學習不必然能夠提昇工作績效。同樣地，已經學會如何提昇表現的學生，不見得會運用所學。

　　學習研究的取向之一，就是奠基於Pavlov研究的*古典制約模式*（1927）。在他最著名的研究中，Pavlov將狗制約成聽到鈴聲就流口水，其反應就像在飢餓時看到大餐一樣。古典制約需要一個反射性的【刺激—反應】關係，例如手碰到高溫物品時就馬上抽開、眼睛被吹氣就會閉起來。只要有這類反應模式存在，我們就可以將原始刺激（例如吹氣）與另一個全新的刺激配對，讓兩者同時出現。最後，新的刺激就能像原始刺激一樣，引起相同的反應，這個新刺激就是所謂的制約刺激。假設鈴聲每次都在對眼睛吹氣時同時響起，經過幾次的

全球化專題：不同的社會化經驗在企業實務上的範例

跨國界的行為差異（我們將在第十二章中介紹更多）的理由之一，正是國家文化會造就不同的社會規範。由於行為的差異會導致棘手情境，因此會造成全球性營運的組織之經理人的衝突。雖然經理人必須體察特定國家文化的人格特質與偏好之差異，但是他們面臨的情況是，同一企業內部的不同文化。這類文化衝擊會導致組織內部之人格與行為模式上的差異，也使管理的定位更加困難。這類差異的實例之一是，賄賂與回扣的問題。雖然這一類問題不存在於美國，但由於政府規範與社會變遷的緣故，此等現象被美國企業視為不適當，無論從個人或專業角度來看皆然。

在視賄賂與回扣為常態的國家中，美商必須面臨這些問題。舉位於墨西哥的Maquiladora企業為例，此等公司是位於美墨邊界的製造商，會在那設廠主要是因為，對美國公司而言，墨西哥的人力成本較低廉，而且政府的管制也較少。

在這些工廠中，來自美國的經理人，面臨美式規範與信念上的衝突，必須容忍員工不具生產力的行為。因為Maquiladora員工的個人決策與行為模式，受其環境的直接影響，他們會認為美國的那套行為標準不切實際。

資料來源：改編自Butler and Teagarden （1993）

重覆後，光是鈴聲本身就能讓你反射性地閉起眼來。古典制約模式請
參見圖2.2。

　　雖然古典制約無法解釋我們如何習得語言或滑雪等複雜技能，但
它的確闡明了許多人類學習的原理，而且能幫助我們瞭解許多情緒反
應。例如，發生車禍時所體驗過的恐懼與焦慮，會在我們聽到類似的
刺耳刹車聲時，一時俱現。

37

　　學習的*增強理論*是組織行為研究中的最重要的概念之一，而且是
本書許多主題（文化、社會化、態度的形成與知覺、職涯選擇、激
勵、訓練等）的核心。我們將在本章介紹增強理論的基本名詞，因為
這對於瞭解人格發展很有幫助，並在第五章呈現更詳細的內容（對應
於原文書頁碼139-46頁）。

　　增強理論著重在「結果如何影響行為」上(Skinner, 1938)，也被稱
為工具性學習，方法如圖2.3所示。例如：教練、老師、或上司的讚
美，可以作為維繫良好績效的重要工具。增強理論與古典制約的不同

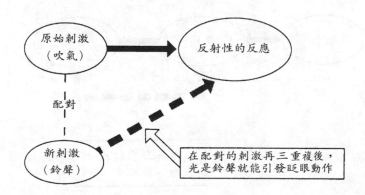

圖2.2　學習的古典模型

之處在於，前者的學習不一定需要反射性的【刺激—反應】關係。增
強理論可以解釋的學習範圍極為廣泛，從最簡單到最複雜的行為都可
以。增強理論還可以解釋各方面的行為與態度，不僅在工作場合，還
包括我們的日常生活。

38　　　儘管我們可以將行為視為有原因或前兆（也就是刺激）的，但增
強理論著重的是反應的結果，而非啟動序列行為的刺激。刺激會觸發
行為：我們聞到食物的味道，就開始覺得餓；我們聽到電話鈴響，也
會有所反應。增強理論強調的是，行為後果的本質，會塑造出針對刺
激的特定反應。

　　有些行為結果是我們可以自行控制的，例如我們為買車而兼職賺
錢。買車是我們的目標，而賺錢可使我們買得起車子。然而，許多結
果是在控制之外的，也許它們是行為的副產品，或者受到我們行為中
其他因素的控制。舉例來說，想兼職就可能必須晚上工作，這可能使
我們無法任意出遊，而造成朋友的不悅。

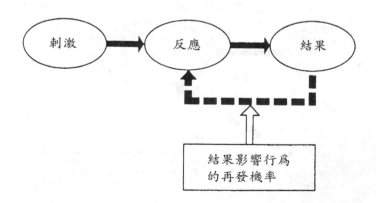

圖2.3　學習的增強模型（工具性模型）

我們可能在察覺某些結果的同時，無法察覺到其他結果。但我們所察覺不到的行爲，還是會影響我們的行爲，並進一步影響到我們的學習。如果每當孩子格外用功時，父母就會和顏悅色，即使孩子並未體察到父母的特別待遇，但無形中，用功的意願已提高了不少。

行爲一定會有結果。有些結果影響極微，有些卻能造成極大的不同。結果會影響行爲的再發機率。此外，結果可能是正面的（我們想要的）報酬與肯定，也可能是負面的（我們不想要的）身體傷害或解雇。基本上，我們會試圖重覆帶來正面結果的行爲，而避免造成負面結果的行爲。

行爲結果的不同發生模式，會影響行爲學習的速度，及行爲對改變或消弱的抗拒程度。結果的發生模式就是*增強排程*。我們將在第五章說明增強程序（對應原文頁碼143），但我們可以先把習得行爲的強度，或行爲對改變的抗拒度，視爲增強程序的函數。

社會學習理論—替代學習　人們還可以透過對他人的觀察、模仿來學習（Bandura, 1977），這就是替代學習（Wood and Bandura, 1989），其涵蓋的範圍遠超過行爲的增強。替代學習是*社會學習理論*的一部份，這種學習包含了思考，除了增強之外，還包括了意圖、設定目標、推理、及決策。學習可以透過閱讀、看電視、或者與他人互動中得來。社會學習（或替代學習）會在工作中自然地發生，舉例來說，經理人的成功關鍵，可能正是來自良師益友的榜樣（Levinson et al., 1978）。

替代學習的階段之一，就是觀察與思考。另一階段則發生在，個人主動投入新行爲（或說*模仿*）之時。替代學習包括了以下幾個條件（Weiss, 1977; Baron, 1983）：

1. 個人必須有注意楷模或刺激的理由，任何事物（經驗或地位）

都可能吸引注意力。

2. 個人需要充分資訊，以仿效楷模。

3. 個人必須擁有從事楷模行為的足夠能力。我們多半無法直接仿效優秀運動員或諾貝爾物理獎得主。

4. 其中必定要有激勵或者增強的要素。個人必須意識到獎賞的可能，才會增強其模仿。

組織環境中的人格

在詮釋並瞭解組織情境上，人格是非常好用的觀念。舉例來說：企業界長期以來都以人格測驗，協助人事的遴選與安置（Tett et al., 1991）。本書在許多主題的說明上，都必須參照人格的概念。

• 主流的人格類型，是定義組織文化的核心。

• 人格是瞭解個人適應工作、因應壓力、解決問題、決策行為的關鍵要素。

• 在激勵的動力學、人際衝突、政治上，人格也是核心的概念。

有一個理論（Schneider, 1987）為人格與組織對行為的相對貢獻，燃起了一線曙光。該理論指出組織環境中的吸引—選擇—損耗之循環。這個循環說明，個人受到吸引，選擇了偏愛的環境，並且進入該環境。在進入組織之後，他又製造了相同的環境。相同的，又有相同特質的人被它吸引，而不同性質的人則離開，整個組織的同質性愈來愈高。組織成員藉由建立常規、維繫文化的方式，定義其組織。所以，雖說情境會影響行為，但人也能造就情境。只是，人格的同質

化，可能反過來成爲對組織生存的威脅。如果想改變這種情境，改變
成員組成、遴選新人以增加可變性，是必要的作法。

在研讀不同的人格理論時，有些事必須謹記在心： 40

1. 我們有許多關於人的理論，某些理論十分類似，有些則非常不
同。
2. 每個理論可能都代表某種與組織行為、態度、及知覺相關的重
要激勵力量。你可能會在其他地方看到這些理論，特別是激勵
的相關章節：第五章與第六章。
3. 我們所介紹的理論，多半只是行為的一種解釋方式，而且其他
理論也能夠進行解釋，但有些理論的闡述會更正確。
4. 在本章中，我們只介紹某些重要的取向。當你繼續閱讀本書
時，你還會發現其他與人格有關的特定理論（A ／B 型人格、
壓力、成就／權力理論、激勵理論），這是因為這些理論更適
合安插在其他章節。

五大人格向度 41

特質意指個人相當持續穩定的情緒或行為反應傾向。我們以合
群、負責、體貼等詞形容他人時，正是這個意思。多年來，許多研究
試圖以特定特質來定義人格，結果只是徒勞無功。但最近，研究者分
析了這些研究結果，並將這些特質進行更高層次的分類，辨識出「五
大人格向度」（the "Big Five" dimensions）（Barrick and Mount, 1991）。

1. 外向性
2. 情緒穩定性

專題：外向人格─Bobby Hinds與隨身健身器材

　　Bobby Hinds是美國生命線（Lifeline American）的領導者，這是一家位於威斯康遜州麥迪森地區的成功企業，專事隨身健身器材的製造生產。他們的產品其實就是一種跑步機與體重計的組合，但兩磅重的輕巧設計使其在1998年締造一千兩百萬美元以上的銷售佳績。該企業之所以會有這樣的成就，Bobby Hinds的人格特質不可或缺。人們如此形容：「不拘小節……外向、堅持度高的他，讓人們也願意相信他們的產品與眾不同。」他請CBS攝影工作人員到廠參觀，並準備精彩的簡報，報告內容因此也出現在各大新聞網的節目中；他還親自上了幾個午夜的電視脫口秀節目，以促銷公司及其產品。

　　這一切對他來說都非常自然。他經歷過極大轉變：出國修習藝術與犯罪學位、教書、職業拳擊手。當被問及其事業的成功時，他將這一切歸諸於一種內在的驅力。「我這輩子一直想做點事，（這個事業）給了我一個機會，讓我實踐自己的信念。」

3. 隨和性

4. 誠懇度

5. 開放

　　這些基本的人格向度，包含了在各研究與理論中，不斷重覆出現

的類似特質。

有些人具有高度**外向性**，他們善於交際，喜歡和人群在一起，精力充沛（Barrick and Mount, 1996）；內向的人則不擅長社交，喜歡獨處，和他人較少有互動。外向性與經理人及業務人員的成功有關，也與訓練的成功有關。

情緒穩定性的反面，就是我們所謂的**神經質**。情緒穩定性低（神經質）的特質，包括了情緒化、緊張、有不安全感、高度焦慮、容易沮喪、容易動怒、疑心病重、缺乏自信（Barrick and Mount, 1996）。有證據顯示，較高的情緒穩定性與較佳的績效考核有關（Barrick and Mount, 1991）。

隨和性是容易與他人相處者的特質，包括寬容、信賴、慷慨、熱情、仁慈、天性溫厚。他們通常較不好鬥、無禮或欠思慮。

誠懇的人通常負責、可靠、有恆心、守時、努力工作、工作導向。**誠懇度**與工作上的成功，及經理人、業務人員、警官、技術性或半技術性員工之訓練的成功有關（Dunn et al., 1995; Barrick and Mount, 1996）。

開放性高的人，較有想像力、好奇、有文化素養、心胸較開闊、興趣廣泛、知足常樂。對經驗開放的人，往往對各種訓練都有正面的反應。（Barrick and Mount, 1991）

正向情緒與反向情緒─給你好／壞心情   42

一般人對工作的態度，大略可分成正向情緒與反向情緒兩大類（George, 1992）。正向情緒，和外向性類似，意指個人對於自身有著強烈且正面的感覺，認為自己積極參與自己喜愛的活動，以及在大部份情況下，都是一個容易相處的人。**正向情緒**高的人，通常積極、開

朗、活潑、熱心、有衝勁。反之則呆滯、昏昏欲睡、死氣沉沉、脫泥帶水（Watson and Clark, 1984）。高度正向情緒者，往往會讓我們馬上想到「樂天派」的字眼。

負向情緒，和神經質類似，意指個人感覺不開心、承受壓力、在意失敗、以負面觀點看待他人和自己，即使環境並未出現類似警訊時亦然。負向情緒高者，通常憂鬱、恐懼、充滿敵意、焦躁不安、容易緊張、嘲笑他人。負向情緒低者，較自在、鎮定、溫和、放鬆。高度負向情緒者，往往讓我們馬上想到「苦瓜臉」的稱號。

近期的研究指出，這兩種特質（正反兩向的情緒）是互相獨立的。他們並不是連續變化的兩端。若這兩種特質是同一連續變化譜的兩極，則正向情緒高者，必然是一個反向情緒低的人。然而，獨立一詞，意指個人兩者的得分可能皆高，或兩者得分皆低，或一高一低，這都是可能出現的狀況（Watson and Clark, 1984; George, 1992），正如
44　圖2.4所示。我們可以從中了解特質獨立的意義。舉例來說：正向情緒高者，較活潑、熱情；而正向情緒低者，較為沈寂、緩慢與呆滯。反向情緒高者，容易緊張、充滿敵意；而反向情緒低者，較放鬆。

強烈的正向情緒或負向情緒，都會影響個人的工作生活。正向情緒得分高者，遠較負向情緒得分高者，更不容易發生工作上的意外事件（Iverson and Erwin, 1997）。也有人說，在工作上展現正向情緒的人，容易因績效良好而受到上級的酬償（George, 1995）。此外，優良經理人通常都是正向情緒得分高者（Staw and Barsade, 1993）。高正向性的人，被視為較佳的領導者，擁有較高的管理潛能，對工作與生活的滿足都較高。

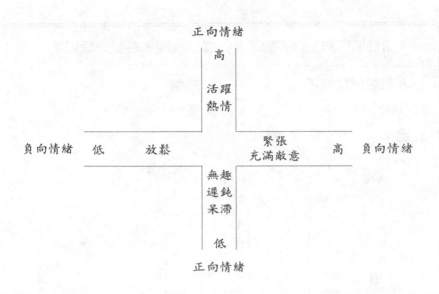

圖2.4　正向情緒與負向情緒

隨堂練習

評估你的正向情緒與負向情緒

　　以下是描述不同感受與情緒的字彙清單

1.感興趣 ＿	6.有罪惡感 ＿	11.易怒 ＿	16.意志堅決 ＿
2.沮喪 ＿	7 恐懼 ＿	12.警戒 ＿	17.專注 ＿
3 興奮 ＿	8 敵視 ＿	13.羞愧 ＿	18.緊張不安 ＿
4.生氣 ＿	9.熱中 ＿	14.有靈感 ＿	19.積極 ＿
5.活力充沛 ＿	10.驕傲 ＿	15.緊張 ＿	20.擔心 ＿

請描述你對上列字眼常有的感受程度，感受分級如下：

1. 非常輕微或從不　　　　4. 略常
2. 些微　　　　　　　　　5. 極常
3. 適中

A欄		B欄
1		2
3		4
5		6
9		7
10		8
12		11
14		13
16		15
17		18
19		20
A欄加總		B欄加總

　　接下來，請你將每項的得分，依序記入標有項目編號的A、B兩欄內，然後將兩欄的得分加總。

　　A欄加總即為你的正向情緒得分，B欄加總就是你的負向情緒得分。你的正向情緒得分較高？還是負向情緒得分高呢？

• 你認為課文對正向情緒與負向情緒的討論，其正確性如何？
• 探問同學們的得分，然後再讀一次課文的相關描述。他們的得分是否能反映他們的行為呢？

資料來源：版權屬美國心理學會所有，經允許後重製

適應工作與組織生活

44

　　個體必須適應組織，而組織也必須適應個體。任一個在組織中的人，都必須處理工作與外在興趣的衝突、建立工作關係、勝任工作的最低標準（Feldman and Arnold, 1983）。在個人對工作生活的調適中，與調適過程後的滿足程度中，社會化與人格都扮演了重要的角色。定義出下列三種組織生活之調適型態的理論，就稱為組織人格定位（organizational personality orientations）（Presthus, 1978）：

1. 組織人
2. 專業人
3. 平凡人

　　這三種定位，將更能幫助我們瞭解第四章將介紹的「組織承諾」（organizational commitment）。

　　組織人意指對工作具強烈責任感的個人，通常有下列五種傾向：

1. 對組織有強烈的認同感；他們追求組織的酬償與晉升，因其為成功與組織地位的重要指標。
2. 有高昂的鬥志與工作滿意度。
3. 對模糊的工作目標與任務，具較低容忍度。
4. 認同上級，敬重上司。由於希望晉升，所以遵從且依順。維繫上對下命令的一致性，並且服從命令。視尊重職權為邁向成功之途。
5. 強調組織目標的效能與效率，避免爭論，關切可能危及組織成功的威脅。

45　　　在他們早期的社會化經驗中，由於明白誰才有論功行賞的權力，組織人很早就學會對權威人物的敬重。組織人通常以成功爲導向，而且就是要在組織中追尋成功。他們早已學會不要成爲麻煩製造者，以免帶來失敗。通常，組織人出自凡事唯父是從的家庭（Prethus, 1978）。

專業人以工作爲核心（但不以組織爲核心），他們視組織的要求爲避之唯恐不及的麻煩，但由於必須在組織內部工作，因此他們永遠不可能避開這一切。在工作上，專業人往往感受到較強的角色衝突，同時也較疏離（Greene, 1978）。一位重視教學與研究的教授，可能不會對大學忠誠，但是他還是需要大學的存在，好讓他教學與研究，這就是專業人的角色衝突。專業人通常展現以下四種傾向：

1. 在他選擇的領域中，過去的職業社會化經驗，灌輸其偏高的表現標準。在工作價值觀上，有高度的意識型態。
2. 一旦遭受施壓，必須違反其專業素養而行時，往往視組織威權爲不合理。
3. 通常認爲個人技能在組織中並未完全得到發揮；若缺乏一展其專業素養的機會，通常會導致自尊受損。
4. 尋求組織外的專業人士之認同，拒絕參與組織位階的競爭遊戲，因爲這不過是一種對組織成員之價值的評等。專業人在意個人成就，以及在專業領域的優異表現。儘管如此，組織酬償對他們並非毫無意義，因其可反映出他們專業上的重要性。即使居高位、領高薪的專業人士，也同樣尋求認同。

在幼年的社會化過程中，專業人就已習得工作成就（而非順從權威）的增強性質。許多專業導向的人出身中產階級，透過高等教育或是增進能力的努力而成功（Prethus, 1978）。

　　平凡人通常爲薪水而工作。對他們來說，工作不是生活的關鍵。雖然他們也可能有良好的工作表現，但通常對工作或組織都不會全心投入。

　　以下是平凡人的部份特質：

1. 傾向休閒，而非工作倫理；將工作與生活的意義層面分離，在工作組織之外，尋求更高層次的需求滿足。
2. 通常疏遠工作，不那麼全心全意投入組織；疏離的程度甚於組織人與專業人（Greene, 1978）。
3. 拒絕組織中的地位象徵。
4. 如果可能，打從心底希望遠離工作與組織。

46

　　平凡人通常來自較低的中產階級（Prethus, 1978）。由於教育程度有限，平凡人通常從事不易昇遷的例行工作。研究指出，範圍狹窄且壓力大的工作，會導致較低的工作承諾（Fukami and Larson, 1984）。但可別以爲低層員工就一定是平凡人，其中有些可能是組織人，有些則在工作上極具專業導向。此外，曾經是組織導向、而且忠心耿耿的高階員工，也可能不再無異議地聽命行事。舉例來說，某位經理人，可能在其早期職涯中，全心投入組織並尋求酬償與晉升，但在經過無數次昇遷後，經理人可能在晚期職涯中，轉向他處尋求激勵。組織在內部的晉升實務中，也可能把高度投入的組織人轉型成平凡人。

威權人格

　　或許，你恰巧曾爲苛刻、嚴厲、不尊重人、不斷試圖要求、控制他人的上司工作過。你可以嗅出，他既要他人順從，又不願包容缺點，這就是威權人格的行爲特質（Ardorno et al., 1950）。威權人格者

信仰服從及尊重權威的重要性，以及強者必定要領導弱者。基於對人們的歧見，他們格外地關心權力。他們覺得，有些人比較優秀，應該領導其他人。

因其對階級秩序的信念，所以在其接受且尊敬的上司之下，威權主義者是很好的跟隨者。然而，正常的情況下，跟他們相處並不容易，真正的威權主義者會利用別人，因應之道就是確立你的權威（Maslow, 1965）。雖然極端的威權主義者不常見，但具這種傾向者依然存在。在試圖以民主且高參與度的方法，推行員工參與決策的組織中，這種人格型態很難存活下去。

權謀

權謀（或馬其維利主義）是另一種在職場上，具備人際與領導重要性的人格向度（Christie and Geis, 1970）。高度權謀者通常具備極高的自尊與自信，爲個人利益而行動。他們往往被視爲冷酷、老謀深算、總是想利用他人、或藉由與他人的權力聯盟，以達個人目的。相信結果能夠合理化所有手段的高度權謀者，可能會說謊、欺騙、妥協道德原則。真正的高度權謀者，不會有罪惡感，並能讓自己與行爲結果分開來。他們會運用虛誇的讚美來操弄別人。他們自己卻不會被忠誠、友誼、信任播弄。高度權謀者口頭上讚揚這一切，但絕不會在個人前途上擺塊擋路的石頭。重視友誼、行止守信的人最會被他們佔便宜。

高度權謀者很知道什麼時候可以施展其手腕：面對面、情緒性、漫談式、模稜兩可的情境，都是他們極佳的舞台。不易被情緒左右的他們，可以在權力真空期或者新情境下，左右大局。權謀者在現代社會並不罕見，研究顯示，許多人都有中至高度的權謀傾向。

內／外控傾向：誰來負責？

我們還可以依據個人的內／外控傾向，來描述人格特質。內／外控意指，個人認為生活中的遭遇是由外界掌控，或是「操之在我」（Rotter, 1966）。相信重大事項皆由他人控制的人，就是**外控傾向者**；**內控傾向**，則意指個人認為自己能夠控制事情的結果。內控傾向的人，有獨立行事的需求，且希望在與自己相關的決策上，能有參與權。內控傾向往往與較佳的工作調適度相關，例如工作滿足、因應壓力、工作投入、昇遷變動（Anderson, 1977）。內控傾向的人，在工作 49 上非但較少缺席，也比較投入工作（Blau, 1987）。

規則、政策、及其他管理上的控制，與內外控傾向的互動結果，會影響激勵。如果個人的內外控傾向與環境不協調時，會有許多種可能發生。內控型的員工，可能會感受到挫折，並以敵意回應或甚至離開組織。外控型的員工，對於需要獨立行動的工作任務，會有負面的效應。因此，他們不認為諸如工作豐富化與工作生活品質等方案會增進工作自律與決策責任的相關努力。

MYERS-BRIGGS人格向度及工作型態偏好

Myers-Briggs的人格理論，依據個人工作種類、偏好的互動模式、解決問題的方式，來分類人格（Jung, 1939; Myers and Briggs, 1962）。並用四大Myers-Briggs向度來描述人格：

1. 「理性—直覺」向度
2. 「思考—感受」向度

47

倫理專題：玩權弄謀的大學教授

　　州立大學歷史系的每個人都非常興奮，因為他們已經知道，系主任何瑞斯將從夙負盛名的 Revere 大學，聘來唐諾德教授。唐諾德在教學與研究上都頗有一套。每個人都相信，州立大學有了唐諾德後，不但能增加研究上的生產力，還能夠提昇該系在文學院的教學評等以及全國評等。歷史系的教職員在面談時，就已經發現唐諾德的聰明、機智、魅力、耀眼與風趣。幾乎在所有教職員的心目中，他正是那個能為這個歷史悠久的系所再添光采的新星。

　　在他到來後，也沒有令大家失望。除了教學與著作外，他總是會讓別人覺得自己與學校真是棒極了。例如，他會這樣突顯州立大學的優點：

　　　你可能不相信，Revere 那邊有多麼不專業、自以為是。你認識那裡的哈維教授嗎？他來的時候，竟然一開始就為檔案櫃的顏色叫囂不休。你知道那邊的人肚量多小了吧！在這裡，一切都好多了。

　　他也花了很多時間和每個教職員相處，和他們聊工作，以及他個人對歷史系未來的看法。每個人在談話結束後，都懷著對唐諾德的好感離去。例如：他告訴一位年輕的拉丁美洲專家費珍妮說：「珍妮，我才剛研讀過你在期刊中的論文，那絕對是最棒的，一針見血地說明了秘魯的經濟問題，這是我見過最好的一份報告。我們需要更多像你這樣的人。」在珍妮還沒來

得及接話時，他繼續說：「我注意到，約翰的作品不再如往昔了，跟你比起來可差得遠了。他是不是不行了？他還能對系上有貢獻嗎？」他離開珍妮的辦公室後，珍妮不僅高興，還非常自豪。她的作品才剛被一位頂尖學者高度讚揚過，而更重要的是，他似乎認為自己遠勝過艾約翰，那可是國寶級的巴西學專家啊。

到了年底，歷史系的教授都非常喜樂，這一切顯然是唐諾德為系上帶來的。然而，18個月後，怪事開始發生。文學院院長艾琳娜請何瑞斯到她的辦公室談話，要求他提出一份針對歷史系的檢討報告，以確定問題何在，特別要提列出未盡職守的教職員名單。何瑞斯迷惑了，這種事非但未曾在文學院發生過，更重要的是，他並沒有看到問題，他必須知道為什麼。

院長的回應是：「你們系上的某些關鍵人物讓我覺得怪怪的，我想有些問題還是需要注意，我認為這是一個好方法。」

何瑞斯在系務會議中報告這件事時，他驚訝地發現到，教職員們也認為院長的主意不錯。許多去年對系上與歷史系在文學院定位還頗滿意的人也指出，的確有些事情需要好好檢討。何瑞斯不禁開始懷疑自己，他心裡想：「這不知道是不是他們對『何瑞斯，你該下台了』的禮貌性說詞。」

接著他與每一位教職員面談，以完成這份報告。在談話中，他發現每個人都對自己的工作很滿意，但卻極度不滿他人的工作。更有趣的是，這些對他人的負面評價，都和唐諾德和他的私人談話如出一轍。

何瑞斯的心裡亮起了紅燈，他決定作更深入的調查，再與另兩位教授談談，以驗證他的直覺，這兩位教授都是他非常信

48

賴的好友。他的直覺是正確的：這兩場談話幾乎系出同門。首先他們告訴他，他們同意唐諾德對系上教授的所有評論。接下來就不同了，巴西領域專家艾約翰認為，何洛得的秘魯研究非常之糟糕，而何洛得則認為，艾約翰的巴西研究漏洞百出。這些當然是出自唐諾德口中的評價，卻很難讓何瑞斯認同，事實上，何瑞斯認為，艾約翰和何洛得都非常優秀。

他問他自己：「唐諾德是這一切負面評價的來源嗎？」他又與何洛得談了一次，以作更深的了解：「你與唐諾德相處得好嗎？你贊同他的那些觀點嗎？」何洛得肯定地答道：「我和唐諾德聊過很多對系上遠景的想法，他認為我的秘魯研究不僅優秀，而且還大有可為。不過他對其他人的想法就沒這麼好了，他也認為我們系上需要好好整頓一番。」何瑞斯接著在與艾教授共進午餐時問道：「你和唐教授相處得好嗎？你對系上的看法是否和他相同呢？」何瑞斯不用猜也知道艾教授會說什麼：「我們聊過很多，他說他還在 Revere 時，就很欣賞我的巴西研究，不過他沒那麼看得起其他資深的教職員。例如：他認為何洛得的學術生涯已經開始走下坡，他的秘魯研究也只是草草了事。雖然我沒時間看，但我相信他的判定。」在何瑞斯和其他教授談過後，很快地，他的直覺更加堅定了。唐諾德就是在系上搧陰風點鬼火的人。

一旦確定自己的想法正確無誤後，他去找院長，想知道唐諾德是不是這個檢討計畫的幕後黑手。院長一開始口風很緊，但最後她承認這計畫就是唐諾德提的。何瑞斯便將這幾日來的調查結果告訴她，院長答道，她會與唐諾德談過後自行判斷。

一星期後，何瑞斯接到院長的電話，她說：「我已經和唐

諾德談過了，他認為你的指控不公，而且是因為他在研究與教學上都有優異表現，其他人看了眼紅的緣故。你必須好好整頓、管理你們系上的情況。」

「事情不是這樣的。」何瑞斯回道：「唐諾德很有政治手腕，我不認為他的作風會對系上或學院有好處。」

「你不要見不得人家好。」院長回應他：「他是個優秀的學者，我很高興能與他共事。不要逼我在你們之間做抉擇，因為你不會喜歡我的決定。」

「天啊！」何瑞斯心想：「唐諾德已經上達天聽了。我犯不著把自己的工作也賭上去，最好小心點。搞不好，那天這種事也會發生在院長身上。」

過不了多久，大約不到六個月，學院和大學內開始盛傳著撤換院長的流言，謠傳她是因為花費太多時間在家庭與丈夫身上（她先生任教於200哩外的另一州立大學），使得學院同僚不滿，而迫使行政高層不得不換掉她。系主任知道，這正是唐諾德政治手腕的另一個犧牲品。

3. 「內向─外向」向度
4. 「知覺─判斷」向度

　　每種向度都是連續譜，個人可能落在兩端間的任一點上。理性型 50
的人，喜歡架構分明的情境、確定的例行公事、實際的事情、精確簡單的細節。他們喜歡運用已學會的技能。直覺型的人，喜歡新問題，不喜歡重複、對例行公事感到不耐煩。他們喜歡學習新的技術，他們跟著自己的靈感走，而且很容易就下定論。

思考型的人很少情緒化，常在不知不覺中傷害了別人的感受。他們喜歡分析問題，讓一切都秩序化。他們似乎不通人情、鐵石心腸。感受型的人則較能體察他人的需求，且樂於取悅他人。他們喜歡和諧的感覺，也受別人需求的影響，能與多數人相處融洽。

內向型的人喜愛專注，三思而後行。他們可以獨力完成工作，也可以專注在同一專案上。三思而後行的結果，往往是三思而不得行。內向型的人不喜歡被打擾，他們會忘記別人的名字，也常遭遇溝通方面的困難。外向型的人對於耗時且進度緩慢的工作非常不耐，他們喜歡速戰速決，程序上最好別太複雜。他們喜歡變化，樂於行動而非沉思。他們樂於也能夠與人相處，通常具備良好的溝通能力。

知覺型的人能夠適應改變，歡迎新的想法。他們可以讓問題懸而未決、決策曠日費時。他們手上可能有一堆新專案，不好做的就先擱著，所以手上也通常有一堆未完事項。判斷型的人則喜歡規劃，然後按部就班來執行。他們把事情大致底定後，就覺得非常滿意。他們通常驟下決策，而且不喜歡結束掉還在進行中的計畫。

上述四種Myers-Briggs分類的用途極廣：鼓勵員工欣賞同事的不同風格、用於不同任務的徵才、提升決策品質。此外，還可以教導人們如何適時發揮其理性、直覺、思考、感受；如何平衡搭配這些特質，以提昇決策品質。我們可以如此地「搭配互補」（mutual usefulness of opposites）：

1. 理性型的人，需要直覺型的人，以擴展可能性、提供獨創性、處理複雜性、催生新想法。直覺能幫助我們擴展視野，挑戰不可能。

2. 直覺型的人，需要理性型的人，來檢閱現實、關注細節、注入耐性、告知何者應該注意。

3. 思考型的人，需要感受型的人，幫助他們相信感覺、調節感
　 受、激揚熱情，也讓他們懂得銷售與廣告，教導與預測。
4. 感受型的人，需要思考型的人，幫助他們分析、組織、洞燭機
　 先、整理事實及邏輯、堅守政策、在反對者前堅定立場。

成熟人格的受挫

　　某些組織理論學者相信，成熟的人格與大部份的組織對員工的要　 51
求之間，存在著本質上的不協調。Argyris（1957, 1964）指出，人隨
著日異成熟，會從被動轉為主動、由依賴逐漸獨立、行為也由單一漸
趨複雜。成熟也讓人的興趣更深遠、更多樣化；眼界由短線拉到長
線；由下屬切換至平起平坐、甚或上司的角色；進入自我察覺與自我
控制的更高境界。

　　多數的組織與管理工作，無法與成熟人格完全契合。工作常常受
到高度專業化，只包含少數簡單的任務。大部份決策的制定，與需要
判斷力及成熟度的工作，都是經理人而非員工的權責。這會使員工產
生依賴性、覺得受到外部控制、在工作上被迫表現被動而非主動。簡
而言之，員工會因為無法在工作上，表現得像是個成熟的人，而感到
挫折；也由於無法追尋有意義的目標，而產生失敗感。員工會感受到
內在衝突，人格成熟度越高者，衝突的程度會更強烈。這種衝突在組
織的較低階層更為嚴重，因為低階所受的指示性控制較高。

　　一旦置身於這種令人受挫的組織情境，只有離職或得到昇遷，才
可能遠離。然而，這些選擇並非人人可及。無法逃離的人，可能會發
現自己開始以白日夢、咄咄逼人、退化、無動於衷、失去對工作的興

趣等方式，來因應工作情境。員工可能形成小團體、組成工會以保護自己，弄出一套抵制生產、隱瞞錯誤、要求提高工資與福利的陋規。在家中，受挫的員工可能使孩子學會對雇主或工作的冷漠態度。

在工作中，令人受挫的情境往往會惡化；幾乎沒有改善的可能。員工的防禦心態，可能隨之而來的是經理人更指示性、更嚴格的控制，或者推動一些不以成熟人格為基礎的失敗計畫。惡劣情境將愈演愈烈。

摘要

經理人必須盡力了解人類行為，因為人正是組織成功的關鍵。經理人在處理人際問題時，所運用的知識與技能，必須奠基於健全的行為科學模式與原則上。完整的模式，包含了我們對人們、對其行為發生的環境、對行為本身及其效應的瞭解。重點之一是，行為可由後天習得，行為雖然相當穩定，但同時也有改變的可能。

學習是一種終生的過程，可以透過古典制約、增強、模仿等方式發生。學習理論說明了個人如何習得知識、態度與技能，也是瞭解社會化與人格的核心觀念。增強的排程也很重要，增強的時機及頻率，與學習事物的速度及對消弱的抗力有關。

人格是描繪個人的方式之一，現在已有許多相關的人格理論。在瞭解、預測個人的工作成就、組織生活的適應度等方面，人格是很有用的工具。此外，人格也可以幫助瞭解文化乃至激勵等工作層面。舉例來說：分別出威權主義者、官僚主義者、權謀者的人格型態，對於理解人際與階層關係上特別有用。內外控則可能與個人的領導能力有關，因此很顯然，人格也會影響個人接觸與解決問題的方式。

經理人指南：了解行為的原因

52

識人是管理工作中最令人感到挫敗的幾件事之一，像你我這種業餘心理學家，在對他人下斷言時，十分容易出錯，而且錯誤多半來自我們在第三章提到的各類歸因誤差。因此，先建立一個好用的人格模型，會是個不錯的起點，這也是本章的重心。以下幾點，將能幫助你我提高對人的鑑別力。

不要相信解釋

人們往往不去完整地解釋自身的行為（Maslow, 1970）。拒絕某項工作的員工，可能會說：「我今天身體不太舒服。」但這並未能解釋他為何拒絕。由於解讀他人言語的諸多困難，因此我們必須尋求其他資訊，以幫助我們瞭解行為。

找出原因

在解讀員工的行為時，必須根據員工的個性，以及引發其行為的情境，來找出原因。個人行為，是個人特質與環境元素互動之下的產物。我們必須瞭解人與環境間的互動，並且避免對其中之一的過度強調。例如，當我們認定員工的生產力低落，必然源自於怠忽懶惰（歸因於個人因素）時，事實上，其行為可能只是對同儕壓力或不良設施（被忽略的環境力量）的回應。

找出各種原因

行為可能源自於一個以上的原因。現在，先讓我們假設，某位員工正為職務分配不愉快。若你認為，你的要求是導致其反應的唯一因

素,也許你會認定他反正就是不合作。若你考慮其他因素,也許你會發現對方不只是擔心工作表現不佳,還因為同事沒有擔負起工作量而感到不平.

解釋個體差異

我們和別人相處時,不妨試著去解釋個體間的差異,但不要過度推斷。由於人們總有許多相似之處,而相似性能幫助我們進行類推。儘管有些類推相當地安全可靠(人們不喜歡陷入窘境),有些類推則有待質疑,甚至危險(懲罰會減低工作意外的發生)。另一方面,將每個人視為獨特個體的想法,往往也會使事情複雜化。重視個體差異,雖然也不免犯錯,但至少能幫我們避免以偏概全的錯誤。

以過去行為做為未來行為的預測指標

身為經理人,有件事一定要牢記在心:過去的行為,往往是未來行為極佳的預測指標。由於在多數情況下,人們都是穩定且可預測的,因此「三歲看到老」這句俗話,其實有幾分道理。除非發生重大變化,否則經理人大可安全地假設,員工昔日的行為,將在未來持續發生。然而,行為的穩定度並不代表無法改變,在適當環境下,即使是人格與價值觀,仍有改變的可能。

正視人格差異

試想在選才與進行職務分配時,需考量的幾項重要個體差異,而且要確定何種人格特質與工作成功的要素相關。舉例來說:不要假設每個人對組織或工作的付出都一樣,試著分辨出組織人、專業人、平凡人的差異。盡量減低威權及權謀的影響力:因為對政治與層級的過度強調,往往會干擾任務的完成。要記得,某些員工的確具備較高的

內在激勵、自制、獨立，這樣的員工往往希望較高的自由和信賴。同時，如果把員工當成未成年人來對待，而不顧及其成年的人格與需求的話，大部分的員工會因些感到挫折，這正是經理人應該避免的。

重要名詞（所附爲原文書頁碼，請見內文邊緣處數字）

問題研討：

1. 想想你最近的工作。試著解釋在工作績效與工作滿足上，環境所造成的影響。

2. 回想你的同事，他有那些工作行為是你喜歡或不喜歡的？並請說明造成其行為的原因。

3. 在古典制約中，學習是如何發生的？經理人可以如何運用這個理論？

4. 學習的增強理論（工具性學習）之核心概念為何？為何這個理論在管理上非常好用？

5. 請定義替代學習，以及社會學習的理論要素。說明這些理論如何用於管理工作行為？

6. 人格與情境如何交互作用，並回頭影響行為與情境本身？

7. 你是否曾遇過或與威權主義者共事？這種經驗對你有何影響？

8. 請參照 Myers-Briggs 的人格類型。你將自己歸在哪一類？找一位認識你的人，看看他是否也同意你的分類。

9. 你是否曾經在工作組織裡，遇見如 Argyris 理論所述的管理行為呢？對你造成的影響為何？

個案研究

桂冠寢具公司

　　桂冠寢具公司生產名牌床墊。由於床墊體積龐大、運費昂貴，因此製造部門分散全國各地，由他們負責當地百貨公司的訂單。桂冠寢具公司雇用大約32位組裝員，負責床墊製造過程中的特定操作。在床墊內的彈簧仰賴進口，床墊的彈簧與海綿部份必須用布料覆蓋。當床墊被推上滾軸進入生產線後，不同的組裝員負責不同部分的操作。每個生產程序都建立了一套標準，只要達成或超越標準，就給予一定的獎金。

　　在1999年春，Judy Taylor教授請求桂冠寢具公司，讓她進行一份組裝員的績效研究。她進行了一些心理測驗，以瞭解得分是否能用以預測員工的實際表現。其中一個測驗，測的是內／外控的水準，也就是當事人所感受到的，生活被自己或外在事件所掌控的程度，前者屬於內控，而後者則屬外控。Taylor教授原本假設，大部分的員工，由於身為製造部門的員工，應該都屬外控傾向。但出乎意料之外，測驗結果顯示，大部分的員工在內控傾向部份都得到高分。她想知道，為什麼會如此。

　　• 對她的研究發現，你的判斷為何？

參考書目

Adorno, T., Frenkel-Brunswick, E., Levinson, D. and Sanford, R. N. 1950: *The Authoritarian Personality.* New York: Harper.

Allport, G. W. 1961: *Pattern and Growth in Personality.* New York: Holt, Rinehart and Winson.

Anderson, C. R. 1977: Locus of control, coping behaviors and performance in a stress setting: a longitudinal study. *Journal of Applied Psychology*, 62, 446-51.

Argyris, C. 1957: *Personality and Organization: The Conflict between the System and the Individual.* New York: Harper & Row.

Argyris, C. 1964: *Integrating the Individual and the Organization.* New York: John Wiley.

Arvey, R. D., Bouchard, T. J., Jr, Segal, N. L. and Abraham, L. M. 1989: Job satisfaction: environmental and genetic components. *Journal of Applied Psychology*, 74(2), April, 187-93.

Bandura, A. 1977: *Social Learning Theory.* Englewood Cliffs, NJ: Prentice-Hall.

Baron, R. A. 1983: *Behavior in Organization: Understanding and Managing the Human Side of Work.* Boston: Allyn & Bacon.

Barrick, M. R. and Mount, M. K. 1991: The big five personality dimensions and job performance: A meta-analysis. *Personnel Psychology*, 44, 1-26.

Barrick, M. R. and Mount, M. K. 1996: Effects of impression management and self-deception on the predictive validity of personality constructs. *Journal of Applied Psychology*, 81(3) June, 261-73.

Blau, G. T. 1987: Locus of control as a potential moderator of the turnover process. *Journal of Occupational Psychology* (Fall), 21-9.

Bourne, L. E. and Ekstrand, B. R. 1982: *Psychology: Its Principles and Meanings.* New York: Holt, Rinehart and Winston.

Butler, M. C. and Teagarden, M. B. 1993: Mexico's Maquiladora industry. *Human Resource Management*, Winter, 479-504.

Cattell, R. B. 1950: *Personality: A Systematic, Theoretical and Factual Study.* New York: McGraw-Hill.

Christie, R. and Geis, F. (eds) 1970: *Studies in Machiavellianism.* New York: Academic Press.

Dunn, W. S., Mount, M. K. Barrick, M. R. and Ones, D. S. 1995: Relative importance of personality and general mental ability in managers' judgements of applicant qualifications. *Journal of Applied Psychology*, 80(4), August, 500-10.

Epstein, S. and O'Brien, E. J. 1985: The person-situation debate in historical and current perspective. *Psychological Bulletin*, 98(3), 513-37.

Farber, D. 1995: How will IBM handle Lotus marriage. *PC Week*, 12(41), October 16, 130.

Feldman, D. C. and Arnold, H. J. 1983: *Managing Individual and Group Behavior in Organizations.* New York: McGraw-Hill.

Freud, S. 1933: *New Introductory Lectures on Psychoanalysis.* New York: Norton.

Fukami, C. V. and Larson, E. W. 1984: Commitment to company and union: parallel models. *Journal of Applied Psychology*, 69, 367-71.

Funder, D. C. 1991: Global traits: a neo-Allportean approach to personality. *Psychological Science*, 2(1), 31-9.

George, J. M. 1992: The role of personality in organizational life: issues and evidence. *Journal of Management*, 18(2), 185-213.

George, J. M. 1995: Leader positive mood and group performance: the case of customer service. *Journal of Applied Psychology*, 25(9), May 1, 778-95.

Greene, C. N. 1978: Identification modes of professionals: relationship with formalization, role strain and alienation. *Academy of Management Journal*, 21, 486-92.

Hays, L. 1995: Manzi quits at IBM and his many critics are not at all surprised. *Wall Street Journal*, October 12, A1, A6.

Iverson, R. and Erwin, P. 1997: Predicting occupational injury: the role of affectivity. *Journal of Occupational and Organizational Psychology*, 70(2), 113-29.

Jung, C. G. 1939: *The Integration of the Personality.* New York: Farrow and Rinehart.

Keller, L. M., Bouchard, T. J., Arvey, R. D., Jr, Segal, N. L. and Dawes, R. V. 1992: Work values: genetic and environmental influences. *Journal of Applied Psychology*, Feb 77(1), 79-89.

Levinson, D., Barrow, C. H., Klein, E. B., Levinson, M. H. and McGee, B. 1978: *Seasons of a Man's Life.* New York: Ballantine Books.

Maslow, A. H. 1965: *Eupsychian Management.* Homewood, IL: Richard D. Irwin.

Maslow, A. H. 1970: *Motivation and Personality.* New York: Harper & Row.

Mischel, W. 1977: The interaction of personality and situation. In D. Magnusson and N. S. Endler (eds) *Personality at the Crossroads: Current Issues in Interactional Psychology*, Hillsdale, NJ: Erlbaum.

Murray, H. A. 1962: *Explorations in Personality*. New York: Science Editions.

Myers, I. B. and Briggs, K. C. 1962: *Myers-Briggs Type Indicator*. Princeton, NJ: Educational Testing Service.

Pavlov, I. V. 1927: *Conditioned Reflexes*. New York: Oxford University Press.

Presthus, R. 1978: *The Organizational Society*. New York: St. Martin's Press.

Rogers, C. R. 1942: *Counseling and Psychotherapy*. Boston: Houghton Mifflin.

Rotter, J. B. 1966: Generalized expectancies for internal versus external control of reinforcement. *Psychological Monographs: General & Applied*, 80(1), 1–28.

Schneider, B. 1987: People make the place. *Personnel Psychology*, 40, 437–53.

Skinner, B. F. 1938: *The Behavior of Organisms*. New York: Appleton-Century-Crofts.

Staw, B. M. and Barsade, S. G. 1993: Affect and managerial performance: a test of the sadder-but-wiser vs. the happier-and-smarter hypothesis. *Administrative Science Quarterly*, June, 38(2), 304–28.

Tett, R. P., Jackson, D. N. and Rothstein, M. 1991: Personality measures as predictors of job performance: a meta-analytic review. *Personnel Psychology*, 44, 703–42.

Tosi, H. 1992: *The Environment/Organization/Person Contingency Model: A Meso Approach to the Study of Organizations*. Greenwich, CT: JAI Press, Inc.

Watson, D. and Clark, L. A. 1984: Negative affectivity: The disposition to experience aversive emotional states. *Psychological Bulletin*, 96(3), 465–90.

Weiss, H. M. 1977: Subordinate imitation of supervisory behavior: The role of modeling in organizational socialization. *Organizational Behavior and Human Performance*, 19, 89–105.

Weiss, H. M. and Adler, S. 1984: Personality and organizational behavior. In B. M. Staw and L. L. Cummings (eds) *Research in Organizational Behavior*, 6th edn. Greenwich, CT: JAI Press, 1–50.

Wertheim, L. J. 1998: A marketer who's quick on his feet: Boxer Bobby Hinds started with jump ropes and built a $12 million enterprise. *Sports Illustrated*, October 5, R1.

Wood, R. and Bandura, A. 1989: Social cognitive theory of organizational management. *Academy of Management Review*, 14, 361–84.

第三章

態度、知覺、與判斷

態度的本質

態度為何重要

認知失調

知覺

判斷傾向

課前導讀

　　在進入本章前，多數學生仍在適應課程的初期階段。請你想想，同學對於這個課程的反應，包括對教授、內容、對教室、或者課文的觀感皆可。班上大部分的同學，應該都已經表現出對這門課之各層面的不同態度，也許你已在課堂上或下課後耳聞其高見。甚至，你早就能從他們的行為推論其態度。

1. 同學對於課程的各個層面，抱持何種態度？
2. 思考這些態度時，試著去辨認導致其態度的個人信念與價值觀。
3. 你是否注意到，個體的不同態度，會導致不同類型的學習行為？

58　　　　有時候，腳踏實地的態度，不見得會得到善報，美國最大航空公司之一的CEO， Ronald Allen，正可以為這句話做見證（Brannigan and White, 1997）。他曾經是帶領Delta航空公司走過1990年代財務危機的CEO，為鞏固Delta的海外市場，還以超過四億美金加上不惜負債的大手筆，取得泛美航空。但是，隨著燃料價格上升與競爭漸趨激烈，Delta開始為嚴重的虧損所苦。Allen用減低成本、縮減服務、裁員等強硬手段來解決問題，卻對內部士氣造成相當嚴重的影響。因為在Allen上任前，Delta夙以高品質服務聞名，其內部文化對員工十分友善，因此員工從未組織工會。儘管如此，Allen仍繼續致力於減低成本，結果使員工士氣跌到谷底，顧客抱怨也昇至值得警戒的程度。在1995年的春天，媒體就此問題提出專訪，在訪問中，當Allen被問及Delta員工的不滿時，他的回答是：『也就只能如此而已。』(Brannigan and White, 1997)

　　　　Delta的許多資深員工，還記得當年Delta的風光，以及善待員工的歷史，這下子，他們可被激怒了。上班時，他們戴上標有『也就只能如此而已』的別針以示抗議。經理人一如常例的，對此事採取強硬態度，這種情況在公司正處經濟轉捩點時尤然。

　　　　很快的，董事會無法再接受Allen的公開態度，董事會關切Delta服務品質的下降、不滿員工開始組織工會、高階主管一個個離開等事實。儘管Allen成功的將財務狀況拉回軌道，董事會仍請他另謀高就。一切就像Allen自己說的：『也就只能如此而已。』

態度的本質

　　　　這是態度如何影響個人工作的極佳範例。由於強烈態度很可能影

響個人行為，因此學習並瞭解態度非常重要（Perlman and Cozby, 1983）。在工作的世界裡，我們關切的是與督導、薪酬、福利、昇遷等會引發正面或負面反應的態度。員工滿足和態度，正是測量組織效能的關鍵領域。

信念、價值觀和態度的來源

　　人類的心靈，擁有連結日常事務，並進一步類推的能力，其間的聯結可能來自非常久遠的經驗。舉例來說，多年前與銷售員接觸的負面經驗，可能會影響到你對整家公司，或業務這一行的態度。透過社會化，我們會接觸到無數的人際經驗，其中多半會造成長遠的影響。對某事的正面或負面經驗，會強烈的導致你之後的信念或感受。我們以自身的第一手經驗，知道冰淇淋的好吃，也知道上班遲到的風險。此外，父母、親戚、老師、朋友等人，也對態度的塑造十分重要。他們提供增強、可供模仿的榜樣、同時還是資訊的來源。大眾媒體也不時地塑造你的信念。這類接觸的影響往往十分微妙。光是單純的再三接觸，甚至不需要信念與價值觀的養成，就足以讓我們喜歡某事物（Zojonc, 1968）。電視之所以一直受到特別注意，正因為大眾相信它對兒童可能造成的影響。到上高中前，學生看電視和做功課的時間已經一樣多（Oscamp, 1977）。

59

態度為何重要

　　態度因為好用而重要。舉例來說，你很欣賞工作團隊的某人，在與其他部門開會被炮轟時，你會期望她挺身出來解圍。你對她的正面態度，以及她挺身而出的事實，會幫助你向她（以及自己）尋求辯

護。如此，在你保護個人形象的同時，也激起了表達自己擁護之價值的動機。你對攻擊者的態度，可能會開始偏向負面，這使你能以更強的理由辯護你未來會如何對付他們。圖3.1說明這些現象，並指出態度的其他功能：

60

- 提供參考架構
- 增強
- 價值觀的表達
- 自我保護
- 解除矛盾感受

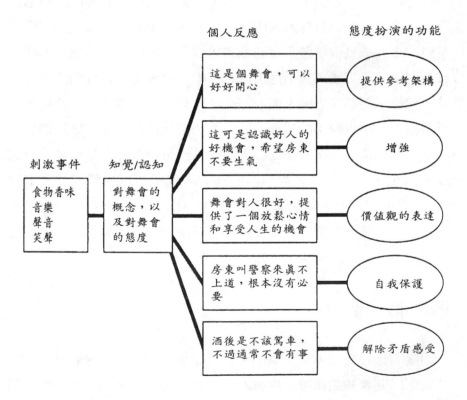

圖3.1　態度的功能

提供參考架構　藉由提供一個詮釋世界時的參考架構，態度幫助我們賦予週遭環境意義。我們只能選擇性的知覺週遭的部分事物，因此會傾向選擇與態度一致的事實，而忽略或不信那些不一致的。例如，某大型大學，曾因爲違規而遭到運動聯盟的重罰。即使處罰的理由無懈可擊，許多校友仍然拒絕承認學校應該受罰或有罪。

增強　態度可以當作一種手段。假設某人以某種方式威脅我們，對此人的負面態度，可幫助我們在與此人共處時，提防或保護自己。

價值觀的表達　透過言語或行動所表明的態度，說明了我們的價值觀，讓我們能夠與他人分享，並進一步影響我們生活的世界（Katz, 1960）。員工若有參與問題解決或決策的機會，會議就會流露強烈的民主價值觀。

自我保護　態度幫助我們維持自我形象和自尊。例如，上司往往　61
對部屬有優越感。認爲部屬懶惰、不值得信任、訓練不足無法承擔責任的態度，都會強化上司的優越感。

解除矛盾　我們大多數都持有相互矛盾的態度或信念，然而，通常這些矛盾不會讓我們不自在或產生失調的感受。因爲我們會以區隔化的程序，來調解信念、行爲、態度上的矛盾。我們會將矛盾點孤立開來，安置在一個不建立連結的「隔間」內，以解除之（Judge et al., 1994）。假設新上司以一種非常不成熟、貶抑他人的態度待人，與前任作風完全相反，結果使你對工作非常不滿，造成負面的工作態度。但同時你卻極度滿意於家庭現況，特別是現在居住的小鎮。你會向外發展找外地的工作嗎？個人應該如何解除這種矛盾呢？你會在心理上「區隔」開這兩種態度，選擇一個「工作歸工作，家庭歸家庭」的態　61
度立場。

60

全球化專題：價值觀衝突

　　企業的全球化趨勢，使歐陸國家倍感壓力，甚至幾乎到了分裂的地步。諸如德法等國，內部已因改革的性質與步調而涇渭分明。某些人對新歐元、外國經濟，盎格魯‧撒克遜式的資本主義、自由經濟都十分抗拒。他們反對削減預算、公司裁員、服務部門的成長、以及開放競爭與市場的相關修法。另一派則認為，除非繼續改革，不然歐洲將會失去競爭力，以及在全球經濟的生存能力。某些企業已開始拍賣或重置競爭力低落的部門，同時並增加歐洲以外的營運。他們關心經濟體質、失業問題、還有日益昇高的犯罪率。追究爭論之因，其實就是改革背後對基本價值觀的威脅，而這些價值觀在過去的確造就了穩定良好的社會。抗拒改革的人，力辯社會安全與穩定的重要性。他們期盼的政府是，能夠扮演安全網，並保障員工高生活品質的人性化政府。他們認為服務業的工作不夠高尚、沒有潛力，並且是社會經濟分裂的原因。另一派則期望在全球經濟環境下的共存與繁榮。兩邊的政治家，都在冒險走鋼索。

態度的模型

　　態度是個人對環境中人、事、物、活動之喜惡的反映（Bam, 1970）。態度意指我們對事物的好惡傾向，包括我們週遭的一切。

　　從構成元素與動力學的角度，可以更容易理解態度一詞。如圖

3.2所示，態度繫於價值觀與信念，並位於行為意圖、實際行為之前。圖3.3則說明影響工作態度的複雜因素。

　　情感要素　　「正面」、「負面」是基本的態度區分法。**情感要素**〔索引3.3〕意指被態度對象引發、或針對態度對象的情緒色調，簡單來說就是我們對事物的偏好喜惡。強烈且重要的態度，遠比微弱的態度，更能夠導致行為或心理上的反應。 62

　　態度對象　　態度通常有其可見的**對象**。人們對人、事都有態度，例如聯邦政府、上司、工作、甚至要不要用安全帶。若未指定態度對象，便指陳某人態度的好壞，在技術上並不是正確的說法。

　　認知層面　　態度的情感要素，是我們對週遭相關事物（與態度對象相關者）之正面或負面的觀察結果，這就是所謂態度的**認知向度**。

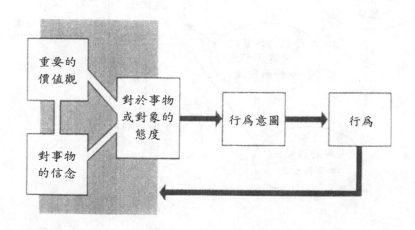

圖3.2　態度的模型

以工作態度或工作滿足爲例，我們可能會連結的認知要素，包括薪資水平、實際工作條件、停車設施、工時等等。圖3.3說明，決定正面或負面工作態度的相關認知要素。

重要的是，我們對工作的特定態度，其實是知覺與因素評估的函

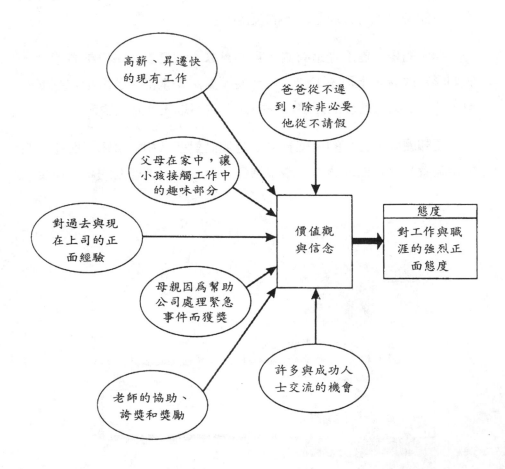

圖3.3　工作與職涯態度的學習與表達

數。換個人，對工作的認知因素就可能完全不同。舉例來說，某個不 63
太熱衷工作的人，在意的可能是假期長短、工時、要求嚴格還是輕
鬆。重點是，工作的相關認知可能因人而異，主要取決於其人格與世
界觀。

　　價值觀與信念　價值觀反映是非觀念。價值觀比態度更籠統，而
且不需要特定目標。價值觀定義了何謂優質生活、點出那些是值得渴
求的目標（Myers, 1983）。『人人機會平等』、『愛拼才會贏』等陳
述，都是價值觀的表達方式。

　　認知經過對相關價值觀的評估後，就會形成態度。如果你重視經
濟上的富足，就會以這個經濟上的價值觀評估你的薪資。如果符合該
價值觀，薪資就成為正面因素，並且導致態度的正面性質。若薪資被
視為負面因素，對於薪資的認知就會導致態度的負面性質。此外，正
向情緒高的員工，若其基本價值觀未在工作中獲得滿足，往往就會離
職；而在工作中發現符合其價值觀者，就會留下繼續工作（George
and Jones, 1996）。

　　信念是態度的思考要素。信念與行為好壞無關，只代表個人的一
種觀念—『是什麼』（Fishbein and Ajzen, 1975）。然而，信念不見得
有事實依據，即使對某些人來說，那些就是真理。信念也有絕對性方
面的差異，例如相信所有核電廠都不安全，或相信只有部份如此。

　　態度的構成　在社會化過程中，人們發展出一整套對事物的一般
和特定感受，這種學習過程也會導致價值觀的養成。價值觀構成態度
的基礎，通常與態度一致。也就是說，認知經過價值觀的評估，並形
成了正面或負面的信念後，我們的態度（無論正負）也隨之成形。若
對工作有強烈的正面信念，就會有高工作滿足。若信念為負面，工作
滿足就低。如果它們是混合的，就會產生不冷不熱的工作態度。

態度和強度　舉例來說，我們對工作的態度，很可能鼓勵我們採取某些行動，若態度為負面，且令我們因為低薪、工作條件惡劣（出於個人判斷）而感到挫敗，就會產生昇遷到另一個薪水更高、工作條件更好的職位之意圖（或激勵），甚至跳槽。我們的決定，取決於我們認為成功可能性最大的選擇。

64

專題：價值觀與信念：爲什麼Aaron Feuerstein作對了？

Malden Mills，是麻州勞倫斯地區的衣料家居織品製造商，由Aaron Feuerstein的祖父建立於130年前。該企業對當地經濟相當重要，雇用員工超過3,000位，提供高於同行平均的薪資以及穩定福利。1995年十二月，一場火災毀了Malden Mills的所有製造設施。

Feuerstein面臨的抉擇是：在勞倫斯重建工廠，或遷廠至另一個薪資與福利水平較低的地區。最後他不僅決定在勞倫斯重建，甚至幾乎立即開始試行營運，將員工召回工作崗位上。真正讓員工感到驚訝的是，不管是否已參與真正工作，他仍然支付三個月薪水，並額外支付三個月的健保費。到了1996年三月，Malden再度回到合理的生產水準，並遠比災前更有效率與品質。兩年後，也就是1997年九月，Malden重建完畢並重新開幕，近乎所有員工都仍在崗位上。

即使其他企業的CEO與業主，都為低人力成本而心動，紛紛前往美國境內的其他地區或海外發展，但決定留在勞倫斯，對

> Feuerstein來說並不是一個困難的決定。他相信，大部分的企業
> 領導者都失去了對員工和社區的承諾，只重視股東的獲利。他
> 說：「認為拋棄對國家、城市、社區、員工的責任，一心只以經
> 濟利益為念，就可以使公司與整體經濟走向繁榮，是種很蠢的信
> 念。我認為這是大錯特錯。」
>
> 　　對Feuerstein這樣的虔誠猶太教徒來說，父親傳給他的二千
> 年猶太傳統箴言正是其人生的驅力，簡單說來即是：道德敗壞之
> 時，更要以mensch－道德高標準者自居（Coolidge, 1996）。
>
> 資料來源：改編自Time（1997）and Coolidge（1996）

　　態度與外顯行為　態度通常會導致外顯行為，但不盡然如此。除
了行為之外，態度的其他面向都是內在的，無法觀察。態度的行為要
素非常重要，因為人們藉由觀察你的言論與行為，得到對態度、信
念、價值觀、意圖的推論。舉例來說，如果某位同事總是在辦公室加
班，你很可能會推想，他對工作和公司的態度一定非常正面。當然，
這一切很可能由其他原因造成，例如逾期的信用卡帳單。

態度的一致性與認知失調

65

　　態度不會孤立存在。個人對工作的態度，絕對不會自外於其他與
工作相關的態度。例如，對職場的態度，很可能與對工作、同事、工
作地點等等的態度連結在一起。這些相關的態度形成**態度群**，同一態
度群內，各種態度的內含價值觀、認知、信念很可能（但不是一定）
一致，當然也會與其他強烈連結的態度群一致。舉例來說，我們想

像，每個人都有工作態度群、家庭態度群、和政治態度群，每個態度
群都由特定態度構成，參閱圖3.4。態度群間可能相連，也可能不相
連。例如，工作態度群很可能跟家庭態度群緊密連結，卻不會跟政治
態度群連結。

　　認知失調理論，奠基於人們要求行為、態度、信念、思想（認知）
之間能一致的概念（Festinger, 1957）。一旦產生不一致（失調），我們
就會因為不適，而受到激勵去降低它。該理論的另一基本概念是，人
類有解釋或辯解自身行為、思想或是感覺的動機。簡而言之，感覺、
想法、行為間都必須相互一致。假設因為構成工作態度群的種種態度
（對工作、上司、地點等）都非常正面，使你對工作很滿意，而且已
持續一段時間。結果，新經理走馬上任後，你發現他既苛刻又冷淡，
這造成你對老闆的負面態度，也造成工作態度群中的態度失調。因應
66　方式之一是，降低工作滿足，以調節整體上的工作態度，例如計算他
挑毛病的次數、他對待員工的負面方式，或宣稱他對你的成功並不重
要。工作態度群變得負面後，若其間某些認知要素也位於家庭態度群
中，就會造成失調。研究證明，工作滿足與生活滿足之間，有強烈的
正相關（Judge et al., 1994），這意味著工作與生活的態度群之間，有
些共通的認知向度。例如，「地點」可能正是工作與家庭態度群的共
通認知向度之一。你因為離家近，而喜歡你的工作，同時也因為配偶
與家人的快樂而獲得滿足。當家庭一切順利，而工作卻令人不滿時，
這種重疊就會導致不適。然而，假設沒有與政治態度群重疊的認知要
素，如圖3.4所示，就不會有調適問題。

67　　　失調也會發生在合理化不足時，也就是所謂的**決策失調**。我們可
以在採取行動前減輕失調。假設新上司要你斥責某個部屬，這是個令
人不愉快的嚴酷行為，但如果你是被命令的，這時因為上司給了你**充
足合理化**（一個直接且明確的命令），因此你幾乎不會有失調的感

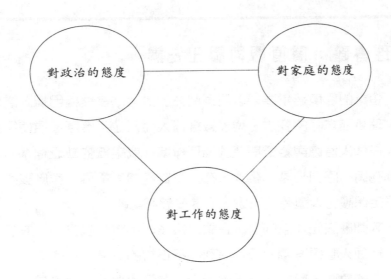

圖3.4　相關的態度群

受。然而，如果沒有明確的命令，也就是合理化不足時，行為後失調感會很強烈，並激勵著個人想法子停止失調感繼續下去。因此，你必須辯護自己的行為，例如說服自己：這是上面希望我做的，只是沒有明說而已。如果部屬對於斥責的反應極為惡劣，這更可證明他是活該的，你的失調就更輕微了。

　　未經確認的期望也可能造成認知失調。若顧客向你抱怨公司的某樣產品，由於這與公司的名聲形象不一致，因此就會產生失調。這時可以作為藉口的信念出現後，一樣可以減輕失調。例如認為，這一切　　67是因為顧客沒有按照產品說明而引起的。

　　不出人意料的，個人的涉入會使失調感加重，例如，我們自己的決策卻帶來了一個預料之外的問題。通常，人們會拒絕承認自己有錯。失調理論預測，個人會堅持原本的決定，甚至以重蹈覆轍作為一

66

倫理專題：價值觀與認知失調

　　企業的環境通常要求以股東利益的最大化為終極目標，這使得倫理實務方面的要求，對多數經理人而言並不實際。這使得經理人在個人道德與組織期望的倫理標準（或組織的缺乏標準）直接牴觸時，感到分裂。經理人在企業實務的考量外，也應該憑良心訂定保護個人道德的決策。這種妥協可能嗎？

　　我們應該先注意的是，企業決策多半不會黑白分明。許多時候，經理人必須面臨對公司有利卻不正當的決策，這造成一種令人不適的負擔。反之亦然，經理人也會面臨提昇倫理考量後，卻置企業於困境的難題。這就是問題所在：該以倫理光譜的那個位置自處？既符合個人道德，又能維持雇主要求的專業作法？

　　雖然倫理光譜的定位，可能隨著公司立場而波動，但是平衡的關鍵大致上相同。關鍵之一是，在日常決策中保持反覆思考倫理實務的習慣，這能幫助經理人在拿捏滿足道德水平上更具技巧。時間一久，決策的道德與否會漸趨明顯。此外，這種反覆練習也能提高經理人同僚間的察覺力，而員工發生的不道德事件也會實質減少。我們建議經理人最好從小事開始，這比起在重要的公開決策上推動新道德標準，會使強化道德的過渡更為順利。

　　顯然的，尋找企業與個人倫理的平衡點不是小事。對此類情境的知覺與正確判斷，需要時間來培養並調整。平衡點的維持不是不可能，許多經理人已經成功地做到，未來亦如是。

資料來源：修改自Dumville（1997）

種辯護的方式，比起尷尬地坦然認錯，這會使困境日益艱難（Staw and Ross, 1987a,b）。在 Staw 的研究（1976）中，讓學生參與一個分派專案基金的企業遊戲，結果發現，曾將基金分派給失敗專案的學生，會在相同的專案上繼續投資，在他們自覺必須爲惡質的決策負責時尤然。

員工態度、工作滿足和績效

　　員工對工作情境的感受，以及對組織的承諾，是經理人可以著力改善的關鍵部份。員工對薪資與福利、同事、上司、工時、工作條件等等的態度，是多數經理人與學者認爲值得檢驗的重要因素。

　　態度和滿足也會或多或少地影響效率。有證據顯示，員工滿足與遲到、出勤、流動率等關聯績效（見第一章）相關（Bateman and Organ, 1983）。員工的缺勤，會使組織遭受直接與間接的成本損失。辭職所帶來的招募、遴選、訓練新員工至能有最高生產力的成本，是 68 相當大的。

　　許多證據說明，工作態度與工作績效間，有著微弱的正相關（Vroom, 1964, Iaffaldano and Muchinsky, 1985）。原因是許多員工（無論工作績效高低），都滿足於工作的許多其他層面，而未感受到更多努力的需要。但這並不是說，身爲經理人的你不需要擔心**工作滿足**的問題。由於工作滿足扮演了連結任務績效與關聯績效的角色，因此管理組織行爲的重要目標之一，就是建立員工績效與滿足間的連結關係。本書介紹的眾多管理策略，諸如組織結構與任務的再設計，其目的都是爲了強化此一連結關係。同樣地，我們將說明如何運用激勵理論和策略，來創造連結滿足與績效的工作環境。

　　然而，改變態度並不像提昇工作滿足一樣容易。原因是，如你所

見，對工作的態度只是整個態度結構的重要面向之一，而且還可能與
其他重要態度強力連結，這使得態度隱而不顯，進一步限制了經理人
改變員工感受和行為的可能。但是，某些工作態度和滿足是可以隨著
外在變革而改變的，有些情況下改變速度還很快（Maier, 1973）。一
個快樂且具生產力的員工，可能在一夕間，因為某些管理措施而變得
憤憤不滿。Delta員工對於CEO那句『也就只能如此而已』的反應，
正是最佳寫照。這就是為什麼許多組織關心員工態度的原因，他們定
期實施員工態度普查，並以其他方法尋求回饋。

知覺

知覺是將外在世界建立成內在圖象的心理過程。它是我們組織人
事物的相關資訊、並憑這些資訊歸納屬性、建立因果歸因的方式；也
是一個詮釋感官資訊的過程，以對週遭環境賦予意義。即使每個人對
同一環境的知覺會因人而異，但詮釋結果就是知覺者的實象。知覺是
動態的過程，會在可得資料中進行最佳詮釋的搜尋（Gregory,
1977），當然，這並不代表搜尋到的詮釋一定正確無誤。

下一節中，我們將重點放在知覺的感受與思考層面，以及看與聽
這兩個感官路徑，接下來，我們將檢視知覺如何影響行為，包括討論
69　知覺者、知覺的對象事物、知覺情境。圖3.5列出這些元素，並說明
元素之間互動，如何決定詮釋與發生的行為。

70 ## 知覺者

我們的知覺方式是學習而來的，學習會影響知覺。選擇性正是知

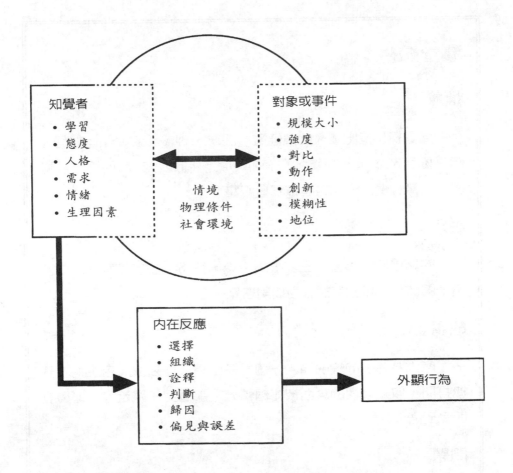

圖3.5　知覺模式

覺歷程的核心，由人格特質、事物的屬性、知覺情境所驅動。舉例來　70
說，Inuit人沒有一般人通稱爲「雪」的概念，但他們有好幾組概念，
用以描述各式各樣的雪與其用途。他們這樣做有個好理由：因爲他們
的生存依賴雪。這意味著，在各式各樣的刺激轟炸下，只有少數會穿
透，變成經驗的一部份，並用以判斷，其餘的都被排除在外。

69

隨堂練習

推論

　　這個練習指出個人的價值觀、需求、經驗和知覺傾向如何運作。儘管故事毫不複雜，只有六句話，問題也非常簡單，但聰明、教育程度高的回答者依然會犯錯。

說明

　　閱讀以下故事至少三次，讀完後，寫下六題的答案。請勿回頭查閱故事，後面有解答可以對答案。

故事

　　商人將店裡的燈關掉。一個男子出現了並要錢。店主把收銀機打開。收銀機裡的東西被掏個精光。那個男子跑走了。警員立即受到通知。

問題

　　回答以下的問題，請以○（對）、╳（錯）、？（無法分辨或不知道）作答。

1.（　　）一個男子在店主關燈後出現了。
2.（　　）強盜是個男的。
3.（　　）男子沒有要錢。
4.（　　）店主打開收銀機。

5.（　）要錢的男人把收銀機的東西掏個精光後跑走了。

6.（　）收銀機裡有錢，故事並沒有說明數目。

檢討答錯的答案，「?」是一般人的知覺、判斷、推論最容易介入故事發展的部份，有趣的是，第四題是一字不漏地摘錄自故事，但還是有人會答錯。

• 你認為錯誤出自注意力的問題？還是出自選擇性知覺？

• 職場內會發生那些類似行為？在績效考核期間或討論與工作相關的意外時，驟下判斷與預設，會如何影響上司—部屬的關係？

正確答案：1.? 2.? 3.× 4.○ 5.? 6.?

　　知覺性組織則是另一個強力機制。我們從過去的經驗中，知道一些資訊的預期模式，此等模式可以非常一般性、抽象，或特定與詳細。這些模式被稱為**基模**。當你暴露於環境裡的資訊時，通常會將特定的刺激歸為某一類，使其具有整體意義，不再是零碎的片段。分類的方式就是根據基模，你正在讀的文字正是一例：閱讀者會忽略個別的字母，以便讀整個字。另一個例子，則是觀察物理模式的傾向：例如把三個點當作三角形，四個點當作矩形或正方形。假使某個部屬上班遲到、工作遲緩、產率低於標準，你會用一個方式來組織這些事實，使其有意義，例如將工作遲緩與遲到歸為同類，而你的這組基模反映的是—不認真與漠不關心，並使你用懶惰與缺乏責任感等字眼，來解釋部屬的行為，以及你也會在週遭事物尋找一致性。如果廠內恰好有工會問題，而你相信員工會在工會壓力下怠工，就會增強「不負

71

責任」的看法；然而，如果沒有工會問題，而且你相信員工的忠誠度，則認為他的行為只是暫時性（例如生病）會比較一致。

歧異性專題：對女性的知覺與跨國職位的指派

　　在日常的企業實務中，知覺扮演了相當重要的角色。經理人對周遭世界的內在構圖，受其過去經驗與預期資訊的影響。奠基於個人偏見的錯誤知覺，會對組織造成極大的破壞。由於知覺構成了判斷的基礎，知覺偏誤會導致錯誤判斷，使組織付出極大代價。

　　這類錯誤決策，可能基於經理人對於職務分配的錯誤知覺。即使機會之門大開，性別方面的偏誤仍然處處可見，例如在決定全球性任務的人選時，文獻證明，有些經理人仍然傾向以男性為優先。他們的理由可歸因為對女性能力常見的知覺偏誤。他們宣稱，女性可能無法適應長途的舟車勞頓、別的文化可能不尊重女性、女性缺乏定案所需的積極果斷性。這些奠基於刻板印象的知覺偏誤，會使他們轉而選擇另一個能力較低的男性員工。

　　若進一步檢驗這類奠基於性別的知覺偏誤，結果顯示，事實與知覺間有極大差異。研究指出，女性的調適能力與男性同僚無異，甚至往往更強。認為女性無法因應旅途壓力的說法，根本就是無稽之談。此外，其他文化較偏好男性代表的想法也頗為可疑，研究顯示，女性的顧問天性，能夠造就更開放、個人化、自在的意見交流。談判與潛在利益結盟的技巧，亦出自此種能力。

　　這些知覺之所以被誤導，其原因很容易理解。預設與過時的

規範，會導致不正確的意見。本文的重點是，經理人應該注意知覺的形成過程，缺乏正確資料與個人偏見，導致的不只是不佳的職務指派。上述例子中，拙劣的知覺會錯失機會，而這絕不是一件好事。

資料來源：Pete Jones 改編自 Fisher（1999）

　　生理和情緒狀態，也可以塑造並決定我們的認知。對饑餓的人而 72
言，與食物相關的視覺與音效會特別顯著。諸如犯案現場目擊者，其興奮的情緒狀態也會扭曲知覺，眼見為憑可能會錯得離譜，而令人納悶自己平日對知覺的依賴程度（Loftus, 1984）。有些目擊者，會描述一些從未發生的事情，無論大小事都被忽略，例如目擊者竟然會沒看到嫌犯穿的亮紅色襯衫，或沒聽到重要的陳述。

對象事物的效應

　　事物的特定屬性，會影響它們是否被知覺或被知覺的方式。

* 規模效應
* 強度效應
* 對比效應
* 運動和新奇性
* 模糊性
* 他人的特性

　　規模有其效應：大的物體比小的容易被看到。刺激的**強度**也是另一個因素：特別大的噪音很容易被聽見，光亮或會發光的物體也較容易被看見。**對比效應**也會影響知覺，背景恰爲對比的物品很容易被注意到。動作和新奇性也會促進知覺：移動中或稀有的物品，會吸引人的注意。廣告專家極具創意地操弄這些特性，並運用在雜誌和報紙廣告、看板、廣播電台、電視廣告上。

　　模稜兩可也會對知覺造成影響，模稜兩可或不完整的事物，會使個人的詮釋更爲主觀。模稜兩可令人不適，可藉由賦予刺激某個意義，或爲與刺激相關的人士貼上動機，來達到減輕。經理人往往在面試應徵者後，作出一個非由應徵者行爲導出的結論。他們通常會自動地填補應徵者的經歷，以確定自己的好惡並非無的放矢。

　　最後，他人的特質也會影響知覺，個人的地位如何影響知覺正是一例。人們較容易注意到地位較高的人，並將其知覺爲較博學、正確和可信的對象。

情境效應

　　在不同的狀況下，相同的線索會導致不同的知覺。假設你看到，在廚房正準備晚餐時，某人手上拿著一把刀；現在換個場景，想像同一個人以一樣的方式拿刀，卻是出現在群衆示威中。在廚房的刀子通常會被忽略，但在群衆示威中卻非常醒目。此外，你對這兩個狀況即將發生之事的預測，也會不一樣。

　　知覺會受到在場人士的影響，假設你的上司當著高階主管的面批評你，你很可能會推測，上司這麼做是爲了討好高階主管。如果高階主管不在場，你也不大可能做出這樣的推論。簡言之，知覺發生於情境中，讓我們期望某事物並添加會影響詮釋、判斷、反應的成份。

　　很明顯的，知覺對我們推論與判斷他人的正確性，有極大的影響。我們特別感興趣的是扭曲或錯誤地呈現事實、與他人知覺不一致的判斷。扭曲和知覺的不一致，是人員管理問題的主要根源。

判斷傾向

　　除了不正確的知覺之外，其他人性的傾向也會導致不正確或不可靠的判斷。視覺幻相正可以說明，對象的真實特質，與眼見間的差異，參見圖3.6。

　　對於經理人來說，最重要的*知覺偏差*源自與他人的關係。以下是常見的工作情境：績效評估、徵才面試、團體會議、顧客關係等等（Parsons and Liden，1984）。知覺偏差導致扭曲，是我們一定要先瞭解的，才能幫助我們克服判斷偏誤（Cardy and Kehoe, 1984）。圖3.7所示，是各種我們對他人可能的反應方式，以及發生的偏誤類型。

第一印象

　　我們通常在關係的早期，就已形成對他人之強烈且持久的印象。由於初期的互動通常為時較短，因此初期印象往往只有極少的資訊基礎。這個傾向之所以嚴重，是因為*第一印象*往往持久不退。換句話說，我們只憑少數線索就作判斷，判斷所得會維持很久。

　　第一印象之所以強烈的原因有二：圍閉法則和一致法則。*圍閉法則*意指人們對事物的概念或想法必須完整。*一致法則*意指概念的形成必須與其他的態度、知覺、信念保持一致。初遇某人時，我們很難立即取得形成正確印象所需的所有資訊，這使我們只能掌握最初認為重

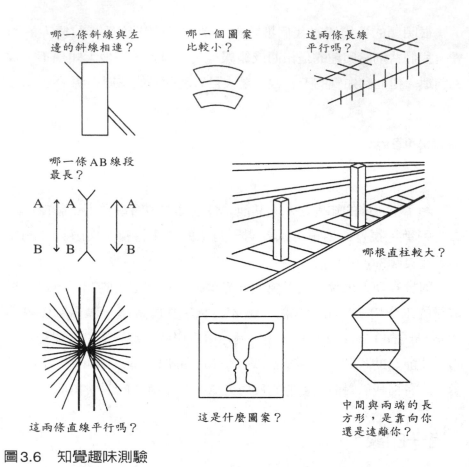

哪一條斜線與左
邊的斜線相連？

哪一個圖案
比較小？

這兩條長線
平行嗎？

哪一條 AB 線段
最長？

A　　A　　A

B　　B　　B

哪根直柱較大？

這兩條直線平行嗎？

這是什麼圖案？

中間與兩端的長
方形，是靠向你
還是遠離你？

圖 3.6　知覺趣味測驗

74　要的線索，然後以之作為完成此人圖象的根據。一旦這個過程完成
後，對於那個人，我們擁有的不再只是有限資訊，而是一個完整模
型，即使這個模型僅建構自第一印象的線索及我們自行添加以求與第
一印象一致的「事實」。雖然我們日後應該運用該人發出之新資訊，
以檢驗過去建立的完整圖象，但由於我們的圖象已經相當完整，因此
很難以新資訊來改變。

圖3.7　判斷傾向

月暈效應：愛烏及屋

　　個人的一個或少數幾個特性，會影響別人對其他特性的評估，這就是所謂的**月暈效應**。大部份人都會在別人身上，找出一個自己特別喜歡或特別不喜歡的屬性，舉例來說，如果穿著對某人而言非常重要，一旦月暈效應起用，穿著一事就會成為判斷他人的首要偏差（不論正負）。他人的穿著，會影響整體評估。這種情形在面試時非常常見，如果面試官認為應徵者的穿著與公司的規範一致，便會假設對方將能勝任新的工作，這個想法也會影響面試過程中的其他判斷。

　　月暈效應可能也與自我形象有關，我們通常對於跟我們擁有相同

75

特質的人，持有非常正面的評價。一個總是準時上班的經理人，通常對準時的部屬抱持正面評價，而對晚到的部屬抱持負面評價。

投射

投射意指人們將自己的特質投注在他人身上的一種心理機制，這些特質可以是我們所喜歡的部份，例如，我們很可能因為應徵者和自己一樣注意履歷表的整齊與拼字正確，而認為對方具有成功潛力；這些特質也可能是我們所不喜歡的部份，例如，我們很可能會怪同事懶散，而懶散正也是自己的老毛病。即使對方並未擁有我們逕自投射上的特質，我們對他的行為仍然被錯誤的印象所宰制，繼續引發錯誤的知覺。

內隱人格理論

「誠實者工作勤快」、「夜貓子好逸惡勞」或「言少必詐」等陳述，都連結著同一人的兩個特質。當我們進行這樣的連結時，我們也正在建立內隱人格理論。上述連結可能都是錯的，誠實的人不見得工作勤快，夜貓子可能是體質因素，話少的人可能只是害羞。內隱人格理論，其實最糟也不過就是業餘的心理學研究。比較安全的作法是，確定兩個特質會在不同的情境中重覆一起出現後，再建立連結。

刻板印象

在刻板印象中，我們連結的是個人特質與其所屬的團體之特質。雖然同一團體的成員，並非全部都擁有同一特性，但刻板印象仍十分

常見。刻板印象因為有用，所以存在，我們利用刻板印象幫助自己組織周遭的一切。然而，刻板印象通常什麼都不是，只是不朽的古老迷思與偏見罷了。刻板印象受到偏見與模糊感的滋養，有時則是恐懼與威脅造成的，並以許多方式加以增強。例如，如果我們知道某人是義大利人，我們可能會推論他情緒化、喜歡美酒；如果他是愛爾蘭人，我們很可能會推測他喝威士忌、性子急。這類例子多的數不清，而且通常相當負面。種族團體、老人、男人、女人、律師、二手車銷售員等等你想得到的任何團體，都可能有各種刻板印象。

語言中也有許多刻板印象，例如主席先生（chairman）或清潔女工（cleaning woman）等辭彙皆是，並且深植社會而難以變改。想想，電視廣告或電影如何描繪女性，女權組織花許多時間和精力，試圖改變這類刻板印象。

然而，由於團體成員共享特定的價值觀和信念，並因此表現出類似的特質和行為，這是事實。因此某些情況下，根據所屬團體導出結論，其實非常安全。例如運動員是健康的、女性舉重的平均值小於男性平均值等推論，往往是正確的。然而，這些推論仍需要驗證並謹慎陳述，因為部份女性的舉重表現亦勝過男性。

歸因理論：找出行為起因

77

想要解釋自己或他人的行為，是人之常情。無法解釋的事件，會讓我們處於失調狀態，並激勵我們去解釋此一情況，以減緩失調感。知道事情發生的原因，可以幫助我們決定對事的反應方式。假設上司丟來一個令人不快的工作，若我們將其歸因於不公平待遇，我們會試著去抗爭；但如果我們將其歸因於更高階經理人的要求，我們對整個狀況的反應就會截然不同。

　　歸因理論解釋我們找出原因的理由與方式，並介紹一般人歸因時常見的偏誤。歸因是一種判斷，緊接著影響感受、行為、經驗所得之結論（參照圖3.8），對起因的錯誤推論，會造成與知覺錯誤類似的問題。

　　判斷他人的行為　我們曾在之前指出，行為取決於人與情境。但當我們判斷他人時，我們非常傾向將其行為歸因為當事人的內在特性，這就是所謂的**根本歸因偏誤**（Ross, 1977），即高估了個人對行為起因的相對影響力，舉例來說，如果我們看到某人偷東西，我們通常傾向認為這個人不誠實，而不是認為其受家人飢寒所迫。

　　即使我們明知他人的行為是被迫或受指使的，我們仍然傾向低估

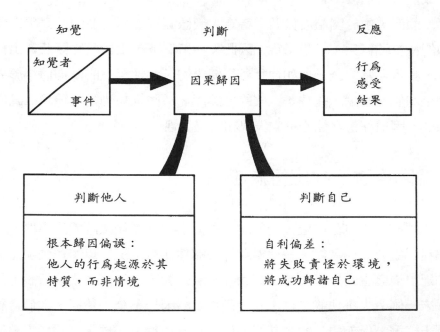

圖3.8　歸因理論的模型

情境對行為起因的影響力。舉例來說，在看辯論賽時，即使參賽者的 　78
辯論立場是被指定的，我們仍然會將其論點歸因於其自身的信念，而
較不認為他是為了遵守賽事規則。人們的言語行動，即使是出自命令
或情境壓力，一切仍讓我們認為出自其個人因素，而非情境因素。這
也許是因為，我們只能透過人看到情境的運作，無法看到情境獨立運
作所致。

　　基本歸因偏誤的原因如下：第一，我們相信他人有情境的自由選
擇權，因此便把因果歸因至他個人或人格因素上，這個推論的合理性
在於，因為我們斷定他雖有另一種選擇，卻仍然這麼做了。

　　第二，若對方的行動對我們而言相當重要，特別已對我們個人造
成了影響，我們很可能將其行動歸因至內在動機。假使有人在停車場
撞凹了你的愛車，卻在你出現前就離開現場，既未留下紙條也沒叫警
察來處理，你當然會認為對方真是混蛋。但若要尋求情境上的解釋，
我們也可以推測對方是為了回家處理緊急狀況，才這麼匆匆忙忙。

　　以下是幾個影響我們對他人歸因的因素（Kelly, 1973）：

1. 一致性：如果某人在類似情境的行為總是相同，我們很可能會
   視其行為是受內在激勵，例如某個總是遲到的朋友。
2. 獨特性：所謂獨特，是針對情境而顯得獨特的意思。我們通常
   不會對獨特行為進行內在歸因，例如某位總是準時的朋友，今
   天卻遲到了，我們通常會評估其遲到是意外狀況所致。
3. 共識：我們的判斷對象，在特定情境下的行為，若顯然異於其
   他人的話，我們通常也會認定其行為出自內在動機。
4. 行動的私密性：無他人在場時的行為，通常被視為出自內在動
   機。他人在場時，我們會將其行為歸因於社會壓力；但在獨處
   時，我們會將行為歸因於他們自己。

5. 地位：一般來說，高地位的人被視為對其行為較須負個人責
任，一般人會認為他們對自己的行為、決定和行事都有較高的
控制權，而且是因為他們選擇這麼做，而非必須如此。

造成基本歸因偏誤的重要原因之一，與第一印象、月暈作用、投
射、刻板印象、內隱人格理論一樣，與我們處理資訊的方式有關。我
們之前說過，知覺與我們對資訊的組織方式有關。由於我們使用『自
動』資訊處理〔索引3.33〕，所以才會犯這些錯。自動資訊處理意味
著，一旦我們辨識出關鍵資訊或刺激時，我們便會馬上叫出該資訊所
屬的類別或基模，並使判斷偏向該基模的一般性質。以刻板印象爲
例，假設我們對律師已有一負面的刻板印象，而今天晚餐的客人正巧
是位律師，只要我們開始自動啓用職業方面的刻板印象，該刻板印象
的所有負面就會被歸因到客人身上，甚至不再花時間多去瞭解對方。
自動處理顯然也在績效考核上起作用，但是更可能在考核者看到過去
的正面考績時起作用，使考核者將其他正面特質歸因到對象身上（即
使根本沒注意過這些特質），判斷的速度也快很多 （**Kulik and
Ambrose, 1993**）。

爲了避免基本歸因偏誤與其他的知覺問題，在處理資訊時，採取
「控制法」是必要的。在控制式的資訊處理〔索引3.34〕中，我們會
在判斷前暫停，先反省情境力量與對方的個人行爲因素。由於這個方
法需要的資料量較大，也會使事情複雜化、延遲，但卻可能做出更正
確、較少偏差的判斷。這是考核官在考核已有負面考績者時的作法
（**Kulik and Ambrose, 1993**），他們會花較多時間，較正確地回顧對方
的負面績效。

判斷自己的行為　自我判斷受**自利偏差**（對自己有利的知覺傾向）
的影響，會將成功歸因於自己，將失敗責怪外在因素（**Zuckerman,**

1979）。成功通常被歸因為努力、能力和良好判斷力；而失敗則是因為運氣差、不公平待遇、或原本就勝算極微。想像和熟人一起打高爾夫球時的情況，若對方一桿揮得遠遠地，你會跟她說：『你真幸運』；揮得遠的若是自己，則會認為那是因為你的技術好。

　　自利歸因與孤芳自賞（self-congratulatory comparisons）的現象非常常見（Jones and Harris, 1967），我們對於各種主觀、社會讚揚的事情傾向高估自己（Felson, 1981），例如認為自己的智力、領導力、健康、壽命、人際關係高於一般水平，也較容易相信奉承而非批評，高估自己在特定情境下的表現，也高估判斷的正確度。例如，某位發展並大力推廣遴選測驗的心理學家，被問及他對於新來求職者的看法時，他只花了三十分鐘去了解對方，而且根本沒有使用遴選測驗，就不猶豫的回答：「我們不該雇用他。他根本無法勝任，我跟他聊五分鐘就知道了。」他完全相信自己的判斷，不需測驗的協助；但他很可能不信任他人未獲測驗協助就做出的判斷。

　　當與別人打交道時，我們常會視自己的行為有外在的理由，卻會將他人行為歸因至內在意圖。上司的「愚蠢」命令會激怒你，但上司的怒氣卻是他「神經質人格」的表現。客觀事實通常無關緊要，即使面對矛盾的證據，自利偏差仍然存在。

80

　　有趣的是，自尊心強的人，其自利偏差最嚴重。自尊心低的人，通常傾向自我貶抑、自責而非責怪外界，他們較少顯現自利偏差。但另一方面，當自尊心低者有強烈的被尊重需求時，他們表現出來的自利偏差會較一般人強烈。這就是為什麼有些人老誇自己的當年勇，自利偏差膨風式地包裹住缺乏自信的感受，試圖獲得認同，以增強自信。

歸因偏差對組織的啓示

　　看過知覺扭曲和歸因偏差如何影響工作中的人們等例子後，我們現在要討論三個必須特別注意的領域：

1. 問題解決和決策制定
2. 績效考核
3. 職場歧異性的管理

　　問題解決與訂定決策　良好的管理需要做出良好的問題解決決策，而優質的問題解決又必須能夠正確地確認問題的原因。在確認問題原因時，通常會發生歸因偏差。例如委員會在問題發生時，會責怪其他團體或部門。自利偏差會破壞團體間的合作，而且無益於挖掘問題的眞正起因。確認起因的另一個難處在於，在探討困境之前，我們往往傾向以過去的經驗和能力來詮釋問題。事實證明，在面對企業複雜情境中的難題時，經理人仍然傾向以本位主義來詮釋，例如人資經理很可能視問題與人力匱乏有關，而生產經理則將問題視爲技術有待解決。正確地確認問題所在的重要性，非常明顯可見，因爲努力於解決錯誤的問題，並不會改善狀況。

　　績效考核　歸因偏差也常發生在績效考核中，並造成考核雙方在考績認定上的嚴重分歧。某些研究指出，績效考核看的是努力與能力，但是努力往往被加重計分（Dearborn and Simon, 1958; Walsh, 1988）。無論表現好壞，努力都會佔較大的比重：在努力的考量勝於能力時，被認爲是努力所致的好表現會被評得更高，而不努力所致的壞表現會被評得更低。所以說，我們被評估的部份，是別人認爲我們

81

努力的程度。如果上司認爲我們盡心盡力，我們成功時會被評得更高；如果我們被認爲不夠盡力，則失敗會被評得更低。

　　職場歧異性的管理　當問題牽涉到種族和性別差異時，知覺偏誤會更嚴重。雖然現在美國的工作人口遠比過去更爲「文化多元」，但是女性和少數民族的管理職數量仍然低於比例。原因之一是，人們如何評估這些族群。遴選過程與績效考核的一項研究顯示，上司對少數民族的評等較低（Martocchio and Whitener, 1992）。聘僱偏差也受其他因素的影響，例如性別（拉丁女性受到的聘僱歧視，沒有拉丁男性來得嚴重）、招募來源（私人公司比較容易有歧視問題）、工作類型（許多不要求大學學歷的工作，反而有更嚴重的歧視）、工作地點（市區工作會有較大的偏差）（Bendick et al., 1991）。然而，不是只有主流的白種男性族群才會帶有偏差。調查報告顯示，男性、女性、美籍非裔、美籍亞裔、美國原住民、美籍西裔等群體，對其他群體也存有偏差和刻板印象。此外，群體內部也有偏差，例如，男性對同群體內女性的觀點（Fernandez, 1991）。

　　另一項研究則發現，一般人傾向將女性的成功歸因於努力或運氣，而非能力（Feldman-Summers and Kiesler, 1974），男性則較少受到這一類不利的評估。有趣的是，無論男女，人人都會有同樣的歸因偏差：成功是因爲自己的能力，而失敗則是運氣使然。性別偏差的歸因不但對女性是種侮辱，技能上被認爲不足，也使她們立足於不利地位。對女性來說，最好將成功歸因於能力，而非努力或情境。

82 *摘要*

　　態度、知覺、與判斷傾向，對工作世界的影響極為廣泛。員工態度能造成組織效能的極大不同，因其影響出勤、留職、工作承諾、人際反應等事物。知覺和判斷之所以重要，是因其會滲入各種工作情境：遴選應徵者、職務分配、績效考核、提供回饋、問題解決等等。

　　態度意指人們的好惡，其預設了對事物會採取贊同或反對的行為。它們以幾種功能，幫助人們適應世界。態度與信念、價值觀有關，這三項都自幼年期起，透過經驗、人、事件、媒體而獲得。某些態度可以在任何時候習得，並套用於任何經驗之上。雇主通常會去研究員工對工作各層面的態度，因為態度會影響滿足、績效、對組織的成功做建設性的志願貢獻。

　　知覺研究，是瞭解人們如何反應的核心。我們都有特定的知覺傾向，以我們的觀點來解釋世界。價值觀、情緒狀態、需求、人格也都會介入其中。對象與情境的特質也會影響我們的選擇、對知覺的組織與詮釋。對週遭事物的判斷偏誤最為重要，其中一項重要的傾向是如何對知覺做出因果推論。我們通常將他人的行為歸因於人格，而非情境力量；在判斷自己時，卻往往出現自利偏差，將成功歸因於自己的技能，而非外力。

經理人指南：做出更好的決策

對態度作更好的判斷

　　有些事情，可以幫助我們在評估他人對組織的合適度時，能對其態度做出更好的判斷。常見的面試問題包括：「你覺得在這裡工作如何？」、「你對於上一個工作的滿意度如何？」評估某人是否足以升遷時，態度也很重要。我們會聽到這類說法：「他對於改善種族歧視的承諾性方案的態度不佳」、「他不相信品質的重要」。這意味著，我們在判斷他人的態度時應該謹慎爲之（對我們的也一樣）。

聚焦在特定態度，而非一般態度

　　不要只是空泛地描述員工的態度，應該針對特定目標，例如以對薪資、督導的態度來描述。這樣能夠幫助我們確定組織必須改革之處，例如薪資制度或管理人員的訓練。通常我們對一般態度無能爲力，因爲這只是個人之正向或負向情緒的反映。

注意感覺或行為的深度

　　不要低估與態度、價值觀、信念相關的感覺和行爲深度。不要貶抑他人的感受、輕忽他人的態度。態度對人們的心理健康非常重要，有些則與自我意象息息相關。更重要的是，心理健康與自我意象，往往與跟工作無直接關係的態度、價值觀、信念有關。

83

瞭解態度如何在工作上起作用

　　對組織或工作的負面態度，會使員工想要逃避工作、甚至辭職，而工作滿足若與流動率及承諾呈負相關，則員工也會這麼做。然而，千萬不要假設員工滿足一定帶來高生產力，或高生產力一定導致員工滿足。態度與工作績效間的相關性並不強，雖然已達統計上的顯著性。

定期評估員工的態度與滿足

　　組織能定期進行員工態度調查是件好事，讓員工參與調查研究的設計、收集、詮釋也不錯。然而，除非你已打定主意會採用調查結果，否則不要進行調查。

接受人們合理化及解釋其信念的傾向

　　合理化及解釋信念能幫助人們減少認知失調，讓自己與他人一致。然而，經理人仍應該盡力確認員工是否瞭解你所期待的工作表現爲何，只要他們的態度並未對自己與他人的表現造成負面影響，則是可以接受的。

利用知覺理論和因果歸因理論

　　知覺和因果歸因理論對經理人也很有幫助。以問題解決爲例，我們所能解決的問題，正是被我們注意或知覺到的問題。然而，除了單純地辨識問題的存在之外，我們還必須面對「起因爲何」。績效評估亦然，我們必須知道績效高低的成因。以下是磨鍊知覺和歸因的方法。

不要假設你的實相也是他人的實相

對事物的知覺（選擇、詮釋、組織）因人而異，並形成個人獨特的實相。許多事物都會影響知覺的正確度，爲求確認，必須付出代價。身爲問題解決團隊的一份子，試著先找出大家對情境詮釋的共識。但要小心，不要被蓋上團體迷思的戳記。

將一般的判斷傾向謹記在心

避免被刻板印象、月暈效應左右決策，以減少常見的錯誤評估，這種功力可以透過訓練、多方蒐集資訊之技巧來改善。請記住，自利偏差是廣泛且無法消弭的偏見，所以你只好接受它的存在，並作爲詮釋他人言行的考量因素之一。別忘了，這對你也一樣適用。

打敗基本歸因偏誤

與其責怪人格，不如以情境因素來解釋個人行爲。在各種判斷傾向、偏誤可導致的問題中（例如女性、少數民族、其他員工的不平等待遇），這一點相當重要。績效考核、職務分配、升遷決定都是常見的例子。

重要名詞（所附爲原文書頁碼，請見內文邊緣處數字）　84

問題研討

1. 試定義態度、價值觀、信念，並分辨之。這三個概念如何連結以解釋行為？

2. 態度、價值觀、信念的形成方式各為何？

3. 態度提供的功能為何？

4. 舉出五件你持有強烈態度（不論正負）的人事物。身為經理人，這些態度會如何影響你的行為？部屬對這一類行為會如何反應？

5. 你認為在通往高階管理職的路上，你會學到那一類的新態度？

6. 試定義認知失調，並列舉造成失調的因素。

7. 事物的那些特性會影響被知覺的方式？

8. 試定義常見的判斷傾向或偏誤。

9. 試描述三種工作情況，以說明判斷偏誤如何損害上下關係。

10. 根據歸因理論，人們常犯的兩大基本判斷錯誤為何？試列舉歸因錯誤對組織的應用啟示。

11. 應徵者表現行為的方式，會如何影響或控制面試者的判斷傾向，請列舉之。

個案研究

85

在 Boonetown 廠糟糕的一天

　　湯姆，Boonetown 廠的廠長，坐在辦公桌旁，以肘支頭，辦公室裡只有他一人，正可以自言自語：「今天糟透了，我從來沒有這樣過。」幾分鐘後，他就可以好多了，可以窩進車子去上高爾夫球課。他不記得什麼時候開始的，只知道卡爾在他還沒喝完第一杯咖啡前，就衝進辦公室來。

　　業務經理卡爾說道：「那些生產部的傢伙，根本不讓人過好日子！我不過是想把這個大訂單的時間定下來，卻比登天摘月還難。生產部的傢伙個個都是一個調，除了已經定好的工作表，他們什麼都不想多做。」湯姆試著讓他冷靜下來，但是卡爾繼續說下去：「我甚至和克朗斯敦談過，我希望能有個新人來幫我，但是我早該知道不可能。上禮拜為他辦迎新舞會時，我就發覺他根本沒兩樣。我猜我是對的，我不該浪費時間在他身上。」

　　湯姆告訴卡爾，他會再研究，雖然他也知道沒什麼好研究的。他也知道他應該促進生產與業務部門的合作。接過幾通電話後，湯姆到生產區去晃一圈，看看他是否能發現什麼。他根本不用洩漏卡爾來找過他的消息，每個生產部的員工都氣沖沖的。生產部的經理彼得與催貨主任邦妮，正在討論卡爾，並向湯姆討救兵。邦妮說：「我不知道業務員對生產時間和成本到底有沒有概念，他們似乎以為我們隨時可以停個五分鐘再來過。我覺得，他們好像已經習慣，只要客戶打電話來，就到這裡吠個三次。我敢打賭，他們有一半的人，會讓小孩發號施令。」彼得也有自己的想法，他站起來踱步，用控制住的聲音說：「業務員必須懂得感謝公司，我不懂，他們為什麼隨時都要緊勒住我們。他們總是對客戶做些不可能的保證，這點他們自己也應該清楚。他們是怎麼受訓的？他們不會衡量我們的情況嗎？我很確定，公司並未要求他們做出這種交貨承諾。」

　　湯姆盡力減輕雙方惡感，答應彼得和邦妮在一兩天內召開會議來討論。他特別不滿邦妮的態度，她苛薄別人已經不只一次，不知道是不是因為工作的緣故，他承認她大部分的表現都不錯，她絕對也花了不少時間來改善生產表。

　　●湯姆、卡爾、彼得、邦妮，各表現出多少次知覺和判斷？

參考書目

Brannigan, M. and White, J. P. 1997: So be it: Why Delta Airlines decided it was time for the CEO to take off. *Wall Street Journal*, May 30, 1, 8.

Bateman, T. S. and Organ, D. W. 1983: Job satisfaction and the good soldier: The relationship between affect and employee citizenship. *Academy of Management Journal*, 26, 587–95.

Bem, D. J. 1970: *Beliefs, Attitudes, and Human Affairs*. Belmont, CA: Brooks-Cole.

Bendick, M., Jackson, C. W., Reinoso, V. A. and Hodges, L. E. 1991: Discrimination and Latino job applicants: A controlled experiment. *Human Resource Management*, 30(4), 469–84.

Cardy, R. L. and Kehoe, J. F. 1984: Rater selective attention, ability, and appraisal effectiveness: The effect of a cognitive style on the accuracy of differentiation among ratees. *Journal of Applied Psychology*, 69, 589–94.

Coolidge, S. D. 1996: "Corporate Decency" prevails at Malden Mills. *The Christian Science Monitor*, March 28, 1.

Dearborn, D. C. and Simon, H. A. 1958: Selective perception: A note on the departmental identifications of executives. *Sociometry*, 21, 140–4.

Dumville, J. C. 1997: Business ethics: A model to position a relative business ethics decision and a model to strengthen its application. *Employee Responsibilities and Rights Journal*, 8(3), 231–43.

Feldman-Summers, S. and Kiesler, S. B. 1974: Those who are number two try harder. The effect of sex on the attribution of causality. *Journal of Personality and Social Psychology*, 30, 846–55.

Felson, R. B. 1981: Ambiguity and bias in the self-concept. *Social Psychology Quarterly*, 44, 64–9.

Fernandez, P. 1991: *Managing a Diverse Work Force*. Lexington, Mass: Lexington Books.

Festinger, L. 1957: *A Theory of Cognitive Dissonance*. Evanston, IL: Row, Peterson.

Fishbein, M. and Ajzen, I. 1975: *Belief, Attitude, Intention and Behavior: An Introduction to Theory and Research*. Reading, MA: Addison-Wesley.

Fisher, A. 1999: Overseas, U.S. business women may have the edge, *Fortune*, 138(6), September, 304.

George, J. and Jones, G. R. 1996: The experience of work and turnover intentions: Interactive effects of value attainment, job satisfaction and positive mood. *Journal of Applied Psychology*. June 1996, 81(3), 318–26.

Gregory, R. 1977: *Eye and Brain: The Psychology of Seeing*, 3rd edn. London: Weidenfeld & Nicholson.

Iaffaldano, M. T. and Muchinsky, P. M. 1985: Job satisfaction and job performance: A meta-analysis. *Psychological Bulletin*, 97, 251–73.

Jones, E. E. and Harris, V. A. 1967: The attribution of attitudes. *Journal of Experimental and Social Psychology*, 3, 2–24.

Judge, T. A., Boudreau, J. W. and Bretz, R. D. 1994: Job and life attitudes of executives. *Journal of Applied Psychology*, 79(5), October, 767–82.

Katz, D. 1960: The functional approach to the study of attitude change. *Public Opinion Quarterly*, 24, 107–1.

Kelly, H. H. 1973: The process of causal attribution. *American Psychologist*, 28, 107–28.

Knowlton, W. A., Jr and Mitchell, T. R. 1980: Effects of causal attributions on a supervisor's evaluation of subordinate performance. *Journal of Applied Psychology*, 65, 459–66.

Kulik, C. T. and Ambrose, M. L. 1993: Category based and feature based processes in performance appraisal: Integrating visual and computerized sources of performance data. *Journal of Applied Psychology*, 78(5), October, 821–30.

Loftus, E. F. 1984: Eyewitnesses: Essential but unreliable. *Psychology Today*, February, 22–6.

Maier, N. R. F. 1973: *Psychology in Industrial Organizations*, 4th edn. Boston: Houghton Mifflin.

Martocchio, J. J. and Whitener, E. M. 1992: Fairness in personnel selection: A meta-analysis and policy implications. *Human Relations*, 45(5), 489–97.

Myers, D. G. 1983: *Social Psychology*. New York: McGraw-Hill.

Oskamp, S. 1977: *Attitudes and Opinions*. Englewood Cliffs, NJ: Prentice-Hall.

Parsons, C. K. and Liden, R. C. 1984: Interviewer perceptions of applicant qualifications: A multivariate study of demographic characteristics and nonverbal cues. *Journal of Applied Psychology*, 69, 557–68.

Perlman, D. and Cozby, P. C. 1983: *Social Psychology*. New York: Holt, Rinehart and Winston.

Ross, L. D. 1977: The intuitive psychologist and his shortcomings: Distortions in the attribution process. In L. Berkowitz (ed.) *Advances in Experimental Social Psychology*, 10th edn, New York: Academic Press.

Staw, B. M. 1976: Knee-deep in the big muddy: A study of escalating commitment to a chosen course of action. *Organizational Behavior and Human Performance*, 16, 27–44.

Staw, B. M. and Ross, J. 1987a: Knowing when to pull the plug. *Harvard Business Review*, (March–April), 68–74.

Staw, B. M. and Ross, J. 1987b: Behavior in escalation situations: Antecedents, prototypes, and solutions. In L. L. Cummings and B. M. Staw (eds) *Research in Organizational Behavior*, vol. 9, Greenwich, CT: JAI Press.

Time 1997: Good old factory values. *Time*, September 29, 101.

Vroom, V. H. 1964: *Work and Motivation*. New York: Wiley, 8–28.

Walsh, J. 1988: Selectivity and selective perception: An investigation of managers' belief structures and information processing. *Academy of Management Journal*, 31(4), 876–96.

Zajonc, R. B. 1968: Attitudinal effects of mere exposure. *Journal of Personality and Social Psychology Monograph Supplement*, 9, 1–27.

Zuckerman, M. 1979: Attribution of success and failure revisited, or the motivational bias is alive and well in attribution theory. *Journal of Personality*, 47, 247–87.

組織調適：職涯、社會化、與承諾

職涯與職涯途徑

組織社會化

組織承諾

歧異性與組織中的工作

課前導讀

　　試訪問一位在你眼中擁有成功職業生涯的人士，你也可以訪問你想進入的行業之專業人士。訪談內容要包括對方的背景、引領其至目前職位的相關工作經驗，以下是可供參考的問題方向：

　1. 他們一直待在同一個領域嗎？

　2. 他們是否認為自己的職涯規劃，遵循其專業領域中的典型路徑？

　3. 他們在職涯中，曾採取那些不尋常的舉動？

　　試想想本章討論的生涯規劃，那一種最能套用在你訪談的對象上？並請準備一下來討論你的結論。

90　　　湯珍妮在會計系的最後一學期，開始思考未來的職涯規劃，她將範圍縮小到兩個選擇：一是SF&K公司，該公司位於首都，她叔叔正是資深合夥人之一，這是一家全國性的大型企業；另一個則是她父親較小的公司，也位於首都。

她考慮了兩項選擇的所有重要因素。第一，她希望繼續留在首都，因為那是她出生以及家人居住的地方。第二，在與叔叔、父親長談後，她知道無論在哪一間公司工作，基本上沒有那一間能夠提供財務上的長期優勢。叔叔與父親兩人的收入幾乎完全相等，而且必須由工作掙得。第三點，大公司有大公司的好，但小公司也別有洞天。大型企業，可以讓她在專業領域更上一層樓，但辦公室的政治氣氛會比較複雜；在父親的小公司，辦公室政治那一套幾乎沒有，但做的事會比較雜。這使得她的考量，轉向自己想從事那一類的會計。在SF&K，珍妮可能就是專業會計，前兩年還有機會接觸其他領域的工作，但從第三年開始，公司就會讓她專職處理稅務，這是她在會計領域中最喜歡的部份。在父親的湯氏企業中，她會成為處理一般事務的員工，客戶則都是當地的其他小公司，其業務事實上就是協助一般企業會面臨的所有問題，而且必須做到好。

在評估過兩種可能後，她想進SF&K，主要是因為她認為，到自己老爹的公司上班，似乎不太好。但她父親計畫六年內退休，到時一切就必須由珍妮獨撐大局，到時湯氏企業的「湯」指的就是珍妮，而不是父親了。在餐桌邊與叔叔和父親長談後，她決定到SF&K公司，因為可以得到經驗、建立人脈，日後就算想回湯氏企業也不難。

她決定加入SF&K，並且在四年前開始工作。她喜歡自己的決定，工作也非常順心。在那段期間內，她認識來公司實習的史席傑，並與他結婚，組成新家庭。珍妮在懷孕時非常開心，但這也讓她再度面臨職涯衝突。席傑在完成學業後，也在一家大公司工作，有足以養

家的收入。珍妮該如何決定才對呢？

　　在懷孕期間，她常和年長同事討論種種選擇，他們也給了一些建議。由於珍妮對公司頗具貢獻，因此他們希望珍妮能在產後休養一段時間後，再回來全職工作，或者由他們爲珍妮安排工作減量，好讓珍妮能待在家中陪孩子，珍妮可在一段時間之後再重回全職工作。父親的提議讓這一切更難決定了，他說：「生完小孩後，先待在家裡一陣子，然後再計畫一下你喜歡的工作時段。準備好之後，來我這裡上班，這樣再過幾年我就可以安心退休。」但這時珍妮想的，卻是另一種沒有人提過的選擇：可能的話，不要再回去工作，待在家裡照顧家庭。

　　本章將討論珍妮曾遭遇的問題，以及她繼續在組織中工作也會面臨的職涯抉擇。我們將先介紹職涯的概念，然後討論影響職涯選擇的要素，接著介紹組織社會化與承諾、個人之工作導向的影響。最後，我們會介紹職涯管理方面的建議。

91

職涯

　　我們如何判定珍妮至今的職涯是成功的呢？未來的呢？職涯不只是一個工作，所指的也不是個人從事的工作總和。**職涯**意指個人終其一生，與工作的經驗、活動相關之態度與行爲的獨特序列（Hall, 1976）。成功職涯的傳統標準，通常由個人在組織裡爬到多高、賺多少錢、專業領域的定位來判斷，但這種的概念太簡單了。成功職涯應由下列的向度來判斷（Hall, 1976）：

- 職涯調適能力

- 職涯態度
- 職涯認同
- 職涯表現

職涯調適能力意指轉換職業與（或）工作環境，以維繫職涯成長標準的意願與能力。對於希望在職涯上有所進展的人來說，這一點非常重要，必須能夠處理不同的工作，經常變動。這在今日格外重要，因爲人們較往昔更容易轉換工作。舉例來說：在1981年，美國企業內部的平均任期是12年，但是到了1992年這個數字不到七年，而且仍緩緩降低中（Cascio, 1993）。

企業裁員是另外一個需要職涯調適能力的理由，這會影響到所有層級的員工。舉例來說：美國在1993-1996年間，因資遣而影響的工作超過50萬份，人數則將近14萬。裁員的範圍橫跨各種產業與企業，包括Apple（電腦業）、ABC（新聞業）、Signet Bank（金融業）、Levi Strauss（牛仔服飾商）、Marzotto（義大利時尚服飾）等，影響所及包括管理人員、技術人員、基層員工。

職涯態度意指個人對工作本身、工作地點、成就水平、工作與生活其他部分的關係等的態度。職涯態度形成於生命初期，甚至在尚未工作前就已形成，並持續受工作經驗的形塑。

職涯認同意指，與職位及組織活動相關的個人認同之特定層面。個人認同是個人相信自己適應世界的獨特方法。我們可以這樣想，每個人的整體認同，都由數個次認同組成，這些次認同以家庭、社會關係、人生的其他部分爲中心，如圖4.1所示（Hall, 1976）。正如我們在本章開頭提到的珍妮，已婚、有小孩、工作，她的次認同之間會相互重疊，並表現出她對自己的看法。在任何時候，次認同之一的重要性都可能凌駕其他，但其重要性會隨時間而異。例如，在職涯早期，對

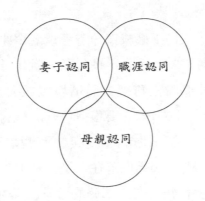

圖4.1 不同的次認同

珍妮而言，重要的可能是工作認同，但之後其重心可能轉移至家庭。
即使在同一職涯階段，次認同的重要性也會因人而異，某人可能對家
庭的認同較強烈，而他人則對工作的認同較強。

　　職涯表現可以從客觀的職涯成就與心理成功的水平來判斷。薪
資、名聲、在組織中的高位，通常是客觀職涯成就的反映。例如：年
薪七萬五千比起年薪五萬，在他人眼中更為成功；在客觀認定上，擔
任總裁也比副總裁更為成功。客觀的職涯表現也可能用同僚間的威望
來衡量，對某些人來說，被認定為某個領域的領袖，可能比金錢更可
以做為衡量成就的指標。雖然表現最佳者往往也最為成功，但情況不
見得總是如此。有時候，兩個人的能力相當，卻有不同的職涯進展速
度，就是因為他們所在的企業或產業不同。例如：電腦業比鋼鐵工
業，有更多的晉升機會。有時候，績效優良者卻被效能較差的人超
越，因為態度、價值觀、信念也會介入升遷決策。如果你的信念、價
值觀、態度恰好與負責升遷決策的團體一致，會比不一致者更有升遷
機會，這就是所謂的升遷的夠好理論（Good Enough Theory of

93

Promotion）。

　　根據夠好理論，我們不必成為升遷考量名單中的最佳人選，只要人家認為我們具備足夠的競爭力，換句話，就是「夠好」即可。該理論如圖4.2所示，我們將任務績效與情境績效各分成兩大類：沒有「夠好」到足以升遷、「夠好」。要獲得晉升的機會，你至少要被認定為「夠好」。另一軸則指出你的態度與價值觀是否為「合乎組織要求」、「不合組織要求」。如果你落在「是—是」象限，便比落於其他象限的成員更有機會晉升。在大部分的晉升決策中，通常「是—是」象限中已有足夠人選，所以落在「能力／是—態度／否」象限的人，通常會被忽略。

　　心理層面的成功是職涯成功的第二個衡量標準，只要能夠提升自尊心與在自己眼中的價值，就可達成心理層面的成功（Hall, 1976）。當然，心理層面的成功，也可能與客觀的成功有關，薪資與工作地位

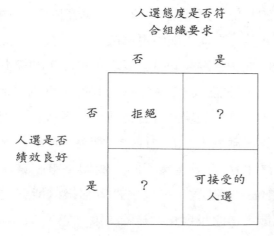

圖4.2　升遷的夠好理論：晉升對績效與態度的要求

的提升，可以提高心理層面的成功；而工作不滿與失敗則可能使其降 94
低。當然，在其他方面感受到的個人價值，例如更投入家庭生活，或
特定領域的自信與能力，也能夠提升自尊，此時客觀的職涯成功反而
成為生命中的次要事物。這一切，通常發生在個人達到某種經濟安全
程度，能夠負起個人與家庭責任後。心理層面的成功可以說明，為什
麼某些曾平步青雲的人，在職涯停滯不前後，仍能保持快樂。

職涯途徑

　　人們可以經過各種途徑而完成職涯。多年以來，一般人認定的職
涯就是：在某間公司取得一份職位，努力向上，經歷各種職位的洗
禮，試圖登頂，直到退休離開。或者，進入某個專業領域，例如醫學
或者法律，終其一生從事這份工作。今天，雖然這些傳統形式仍然存
在，工作生活似乎仍有其他途徑可循（Brousseau et al., 1996）。我們
來看看以下四種途徑：

1. 線性職涯途徑
2. 專業職涯途徑
3. 螺旋式職涯途徑
4. 過渡期的職業途徑

　　線性職涯途徑是一種典型的結構：在大型的科層組織中長期地工
作，其結構就像一座高大的金字塔一樣，其中包括了一連串從低層向
上的移動，直到到達職位極限為止。在登梯的過程中，個人通常在公
司的不同功能部門中工作，諸如行銷、財務、生產。在這一類組織
中，依循這種路徑的人，往往以組織成功為導向，並展現領導能力。
他們通常可歸為第二章所述之組織人導向與動機類型（見原文頁碼

44-46頁）（Brousseau et al., 1996）。

專業職涯途徑上的人，將自己的職涯建立在個人能力或專業發展上。他們投注不少財力與精力，以獲取某種特殊技能，並在大部份的工作生活中實踐之。他們可歸類於第二章介紹的專業人取向（原文頁碼45頁），專業職涯的範例包括法律、醫學、教學、戲劇、水電工人、砌磚工、其他手工藝。

通常在扁平組織中，可以發現專業職涯途徑的存在，這一類組織通常必須有強調功能、品質、可信度的部門，也有肯定成就的酬償制度。工作量的多寡不一定，而且通常需要一群專家組成團隊進行大型專案。

95　　　螺旋式職涯途徑上的人，會週期性地從一個工作轉移至另一份工作。這種人通常有高度的個人成長動機，也較具創造力，轉變通常發生在個人已經在某種工作上發展出專業能力，認為該轉換內容的時候。理想的螺旋式職涯會從一份職業（例如人力資源管理）轉移到另一相關領域（例如心理諮商）（Brousseau et al., 1996）。這使個人可以將前一項工作的基本知識，運用並轉移至新工作。

螺旋式職涯途徑，與線性職涯途徑有極重要的差異。雖然在線性職涯中，個人也像螺旋式職涯一樣地，從一個職位跳到另一個職位，但重點是，線性職涯途徑的移動方式是向上的，而螺旋式職涯的移動型態則有較多的側向發展。

採取過渡職業途徑的人，似乎不能或者根本不想安定。這種模式正可說是其多變工作生活中的不變（Brousseau et al., 1996）。在不同時期，為不同企業服務的顧問，正是此類工作型態的一例。有能力做好各種種類的事情，是他們的標記。他們重視獨立與變化，在鬆散無架構但能容忍某種工作自由性的組織中，他們的表現最好。

職涯專題：專業職涯途徑

　　史喬佳曾是美西企業成功的法律顧問，已爬到副總顧問位置的她，是總顧問一職的熱門人選。但事實上她並不喜歡那個位置，對於是否要爭取晉升也頗為遲疑。1990年，她決定試試美西企業其他的工作，於是擔任行銷資源部門的法務顧問。她比較喜歡新的工作，但這在職涯上算是降級。當她從別人口中發現，他們都認為她的決定錯誤時，她不禁開始質疑。接著她的婚姻開始觸礁，就在1992年底，她決定退休。

　　到加州酒鄉索諾瑪郡訪友後，她發現，這實在是個迷人、美麗、氣候良好的地方，那裡的生活方式正是她想要的，於是便遷往該地定居。

　　才沒過多久遠離工作的日子，她就開始覺得渾身不自在。雖然她閱讀、從事園藝、拜訪朋友，但這些還不夠。五十歲多歲的她，開始想回去工作。她在當地一家社會服務機構找到一份兼差的律師工作，但這樣仍然不夠。她聽說，可口可樂正在徵法律顧問，這恰巧是她在美西企業可以得到的職位，而她也非常有興趣。她的資歷，使她具備極佳優勢，而事實上，她也得到了這份工作。

資料來源：改編自Morris（1998）

96 組織社會化：學習如何適應工作

在第二章，你已經讀過社會化程序如何影響人格發展，以及社會化程序如何在你尚未開始工作前，影響工作與職涯的學習。我們用圖4.3說明珍妮的例子，從早期的社會化經驗（與父親、叔叔兩位會計師的接觸），她知道會計師的工作是怎麼回事。她的工作導向與價值觀，形成於工作社會化的預備階段（也就是她在大學主修會計，獲得會計工作的必備技能之時）。她帶著這一切結果，進入SF&K工作。在那裡，她學會如何調適，並衍生出對企業的承諾類型。

早期的社會化經驗

從非常年幼起，我們就開始學習如何回應權威與權威人士，諸如父母與教師。這些權威人士擁有權力，可以給予或取回獎賞，也可以控制懲罰的執行與否。在家中學到對父母的回應方式，會在學校、教會、其他組織中，得到進一步的發展與增強。這些經驗構成工作價值

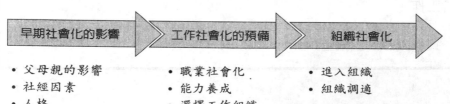

圖4.3　社會化與工作

觀的發展階段，受到父母影響力、社經背景、社會文化要素、人格的
影響。

　　這個階段，就是所謂的**職涯探索階段**，期間大約是出生至二十出
頭。在這段期間，透過會影響日後工作感受的社會經驗，我們取得了
工作價值觀（Pulakos and Schmitt, 1983; Staw et al., 1986）。在該階段
末期，我們開始與家庭及童年好友分開，邁向獨立階段及成年人的世
界。在最初決定投入的組織與職業後，通常必須投入某些訓練。有些
人上大學選修專業，有些人投身軍隊，其他人則接受職訓，或從事入
門階段的工作（Levinson et al., 1978）。

　　父母親的影響　父母親對職涯選擇的影響之一，是其育兒實務導　　97
致「趨近人群」或「避開人群」的傾向（Rose, 1957; Roe and
Seigelman, 1964）。培養出趨近人群導向的人，可能會選擇服務業、文
藝、演藝圈，這種人多半出自有愛心、過度保護的家庭環境
（Osipow, 1973）。父母營造的早期家庭氣氛冷淡者，可能就有「避開
人群」導向，並在科學、技術、某些戶外工作尋求發展。

　　社經要素　我們的社會階級（上層、中產、低層）、家庭收入、
工作地位、教育程度，都會影響工作導向。第一，出自較高社會階層
的父母親，通常賺較多錢，也有較佳的人脈來協助孩子（Tinto,
1984）。第二，出身較高社會階層的孩子，通常會從商或成為專業人
士，而出自較低階層的孩子，則多半認為自己將來會從事服務業。第
三，孩子一開始都希望能從事和父親或其他家庭成員（母親或祖父母）
類似的工作，通常也的確會選擇類似工作（Osipow, 1973; Beck,
1983）。當然，選擇在某種程度上，取決於可得的教育機會，通常與
家庭收入有關。

　　相較於低社會階層的家庭，高社會階層的家庭傳遞給孩子的工作

價值觀也不同。例如：出身高階層的父親，較重視自我引導的價值
觀，較不重視服從；而出自較低階層的父親則反之（Kohn and
Schooler, 1969）。這種情況反映在下列現象：在同樣好的督導之下，
出自高社經背景的年輕經理人，相較於出自低社經背景者，通常擁有
更多的升遷機會與更高的薪資（Whitely et al., 1991）。更常發生的
是，他們可以將早期在家庭經驗中學習到的，運用在工作上。

　　人格　職涯選擇也是人格的一種延伸，因為我們大部分的人，都
試著在工作情境中，發揮我們的行為風格（Super, 1957; Osipow,
1973）。就某個程度上，這意味著職涯選擇是認識自我、發展自我概
念之長期發展過程的結果（Super, 1957）。在我們年輕時（25歲前），
我們會試圖去定位自己，找出優缺點，所形成的自我概念，就是日後
選擇職業的重要因素。

98　　# 工作社會化的預備

　　在開始進入組織工作前的**工作社會化預備**中，我們開始培養出對
特定職涯或特定組織類型的特殊導向，方式如下：

1. 我們開始培養特定能力。
2. 我們會經歷某種程度的職業社會化。
3. 我們選定第一個職場。

　　工作社會化的早期階段，時間大約從17歲到33歲，稱為**職涯新
手階段**（Hall, 1976; Levinson et al., 1978）。在這段時間，我們的生活
重心從家庭轉移到自己的世界，成為社會新鮮人的你我，開始埋首於
工作與組織中，學習與組織及工作相關的技巧、態度、及文化。

　　職業競爭力早在我們一開始決定要取得何種知識與技術時，就開始發展。我們每個人都有某些事作得比別人好，被鼓勵選擇某個方向。希望從商的年輕人，可能會到大學主修會計、財務或經濟；而從小就具數學天份的人，可能會修習工程或電腦科學學位。專業化的訓練，會造成兩種重要影響。

1. 學到某些事情（像會計），而沒有學其他的（像是工程），這限制了我們初期職涯選擇的可能領域。
2. 我們開始瞭解，其他同領域的人如何處理問題，及其思考方式。如果你學會計，在成為會計師前，你會開始學著像個會計師，並在課堂上開始塑造對工作本身與會計事務所的期望，這通常遠在第一天上班前很久就開始了。

　　我們要花很長的時間，才能取得工作的競爭力，並且學會規則（Levinson et al., 1978）。舉例來說：即使優秀的藝術家或棋藝家，也要至少十年才能在本行登峰造極（Simon, 1982）。我們也可以對自己的職涯抱以相同的期待。然而，如果我們夠認真，在這個階段結束前，都可以達到一定的能力水平，並為組織貢獻。

　　對某些職涯來說，**職業社會化**始於專業學校，準專業人員會在此首次接觸該領域的展望、價值觀、思考特質。以修習臨床心理與建築的學生為例，要學的不只是這個領域的技術層面，還包括在專題研究與實習時，如何表現得像個真正的心理學家與建築師。

　　職業社會化可以是嚴格控制的過程，就像醫學院、神學院、女修道院、軍事院校的情形一樣，若我們將選擇這些職業，會發現自己在頭幾年必須「與世隔絕」，埋首於組織文化與專業技能的學習中。參與學生團體、選修課程、師生互動，都會傳遞專業價值觀。在成功完成訓練後，我們就可以進入該領域，接受任務，或通過迎接儀式。到

99

倫理專題：比起其他職業，某些職業有更多棘手的問題

任何職業都有道德問題，主管常常必須面對價格、賄賂、以及其他的決策兩難。某些職業，尤其醫界，道德問題通常人命關天。舉例來說，護士就常遭遇生命神聖的信念與病患要求間的衝突。

- 若病患希望放棄CPR（心肺復甦術）、鼻管或胃管進食、點滴等維生系統，不再接受治療時，護士該怎麼辦？
- 要求墮胎的病患，遇上一個深信生命權利的護士時，會如何？
- 若病患要求醫護人員協助自殺，他們該如何做出道德抉擇呢？

這些問題，一點都不簡單。

這之前，重要的組織與工作價值觀，都已深植人心。

另一方面，大多數工作社會化的預備沒那麼正式，可能由中學、大學、甚至打工經驗習得。這些較不正式，且較不嚴格控制的工作社會化，雖然影響力沒那麼大，但仍會形塑日後的工作經驗（Chatman, 1991）。

在選擇去哪裡工作時，人們傾向追求「理想的工作」（Soelberg, 1966），這是一個包括自我知覺（Korman, 1970）、人格（Roe and Seigelman, 1964）、成功信念（Blau et al., 1956）、所掌握的企業資訊（Gatewood et al., 1993）的函數。舉例來說，多數大學生對企業的印象，來自該公司的整體聲望，以及徵才手冊上的資訊（Gatewood et

al., 1993）。擁有更多資訊，或者更多接觸機會，會讓他們對企業的印
象更爲正面。一項大學畢業生的就業研究發現，他們平行式地考量工
作選擇，而非順序性（Soelberg, 1966）。他們會遵循某些指示，但不
會聽別人的話，也不以同一標準衡量工作選擇，每個工作機會的考量
標準不一。最喜愛的工作，通常先被挑選出來，而且最接近個人工作
目標。他們在選出喜歡的工作後，才進行工作機會的排名，而排名的
目的，是爲了確認何爲「最愛」。即使已經握有多個可接受的工作，
但仍然會繼續搜尋下去，其過程相當冗長，個人在其中得以釐清「最
愛」的不確定性與問題，同時得以確定「最愛」是合乎理性的選擇。
如果他們接收到與對「最愛」之認知不一致的資訊，通常會扭曲這些
資訊，以使「最愛」看來仍是較佳的選擇。

　　擁有社會所需之一技之長者，可能會有多種工作選擇，也可以決
定想到哪裡工作。在各種層級工作的選擇中，機會、運氣、經濟因
素，都扮演重要的角色，但這些因素在低層工作則格外重要。技能有
限、工作機會少的人，可能幾乎沒有選擇。爲了謀生，只要有工作機
會，他們就會去做。

組織社會化

　　在加入工作組織後，組織社會化就已開始：個人必須適應組織的
獨特文化。在這個階段，有三件重要的事情需要學習。

1. 你已有並帶來組織的能力，能夠如何運用。
2. 組織的績效規範。
3. 組織的參與規範。

　　某些參與規範比其他更爲重要，其中最重要的就是中樞規範

（pivotal norms），也就是組織內每個人都必須接受的。無法遵守中樞
規範，會引發來自組織他人要求離開的壓力（Schein, 1970）。舉例來
說：大零售商在處理退貨時，通常要遵守「顧客絕對沒錯」的規範，
如果售貨員質疑顧客並發脾氣，很可能會遭到解雇。

　　週邊規範（peripheral norms）的重要性較低，雖然要求存在，但
人們不見得要接受。週邊規範之一例，就是近來「星期五穿便服」的
潮流，辦公室裡的員工如果喜歡的話，可以休閒式的穿著，取代男士
的西裝、領帶及女士的套裝、窄裙。

　　這些規範及期望，特別反映在**心理契約**中，亦即組織與成員間的
共同期望。「這些期望不只規定了拿多少錢做多少事，還包括組織與
員工間的整個權力、特權、義務的型態。」（Schein, 1970）心理契約
是在組織社會化過程、個人組織職涯中，不斷且非正式地協商出來
101　的。這個概念相當有用，是我們將在第五章（原文頁碼146）與第十
四章（原文頁碼422）介紹的重要概念。

歧異性專題：心理契約與寶鹼的女性

　　寶鹼如何改變組織文化，以適應女性經理人的出現，是說明
組織績效及參與規範的學習，不一定會造成更佳表現的實例。
1990年代初期，應徵寶鹼管理職的女性，就像男性一樣，相信
寶鹼會以升遷做為良好績效的酬償，這是遴選過程中常見的承
諾。然而，至今為止，很少女性佔據高職，而且女性的離職率相
當高。

　　分析經理人流動率後，寶鹼發現，每三個離職的優良經理人

中，就有兩位是女性。進一步分析離職面談內容，發現女性最常用的理由是，她們希望能有更多時間陪伴家人。這似乎就是實情，於是寶鹼更進一步挖掘問題，訪談部份已離職的女性。

他們發現，這些女性都從事高壓的高階管理工作，遠比寶鹼其他工作的要求更高、壓力也更大。他們也發現，這些女性離職，是因為他們所知覺到的寶鹼規範與實務，並不是「對家庭友善」的工作環境。舉例來說：若某位女性希望能有更多時間陪伴家人，寶鹼就會建議她換到兼差職位，而這就等於從升遷名單除名，多數女性要的是，保障升遷機會的彈性工作表。因此，績效規範說的不只是表現優良導致晉升（這是進來工作時的想法），也包括在傳統工時內執行工作的表現。對長工時的期待最為怪異，工作已經完成了，犧牲與他人相處時間的員工乾耗在公司裡，會有幫助嗎？

當問題浮現後，寶鹼以一系列動作，試圖改變一切，並組織幾個任務小組來處理。結論之一是：「寶鹼文化的確隱涵性別觀念，即使不是故意，卻是事實。」如果希望女性離職率降低，這個決定寶鹼規範的強大力量必須有所改變。

在這項議題上，寶鹼採取許多行動，其一是建立顧問指導制度，讓女性和男性經理人一起工作，以幫助他們瞭解文化的力量，以及改變的方法。另一個方案則是建立「對家庭友善」的福利制度，讓員工的福利選擇更多樣化。寶鹼的強力行銷部門，也對內部「行銷」新的改革，其內部行銷策略之一，是拍攝資深女性主管談如何兼顧家庭與工作的錄影帶。

這些努力，成功地改變了寶鹼與女性雇員雙方的期待。經過五年的努力，女性經理人的離職率已與男性相同，女性總經理的

比例超過**30%**，而且就在最近，一位女性被指派為執行委員，這是寶鹼史上頭一遭。

資料來源：Parker-Pop（1998）

102 　　　**進入組織**　與心理契約之組織期望的第一個重要接觸，發生在進入組織的階段，也就是在個人加入組織之後，以組織成員的身分之初體驗。在這期間，個人會察覺到個人價值觀與組織需求間的差異，面臨變化、對比、一些驚奇，可能是個頗騷動的體驗，而且還得從中理出頭緒來。

　　許多因素會影響個人進入組織，其一是人與組織的**契合度**，也就是組織價值觀型態與個人價值觀之間的契合度，若契合度頗佳，個人會較滿意，也有較強留在企業的意圖（Chatman, 1991）。

　　第二個要素是，個人帶到工作上的期望。在開始工作前，大部份人對公司、工作環境、同事、升遷機會，都抱著正面卻不一定正確的期望。一旦事實不符期望，結果便導致工作滿足與組織承諾的降低、離職意願提高、留職期間縮短、工作績效的降低（Robinson, 1996; Wanous et al., 1992）。

　　組織社會化過程本身的形式，則是第三個要素。舉例來說，有些人與團體一起進入組織，並一起經歷團體社會化；而某些人則是單槍匹馬（Van Maanen, 1978）。團體社會化通常在一整批新人同時進入組織時產生，的確也有許多企業在畢業季節後，實施密集的管理訓練課程，好將加入組織的大學畢業生社會化。某項檢視不同組織之社會化的研究報告發現，經歷正式團體程序而加入的人，相較於單獨進入的人，對工作較為滿意，也較少工作與家庭角色間的衝突（Zahrly and

Tosi, 1989）。

組織承諾與調適

在進入組織一段時間後，個人終將到達某種水平的心理與行爲承諾，以及其調適，這有雙重含意：

1. 個人至少必須證明足夠的能力，組織才會決定繼續雇用。
2. 個人必須解決工作與對外界興趣的衝突。

這些無法保證高度的工作滿足與組織承諾，只是說，個人與企業間必須達到一個平衡。

到職涯建立階段，組織承諾與調適的類型與水平應該已經相當穩定（Levinson et al., 1978），期間大約是三十出頭到四十好幾間，也就是一般人所謂「事業有成」的時候。在建立階段的初期，儘管個人已發展出組織的相關技能，但仍屬「後生晚輩」，資深的同事「顧問」將能幫助個人在組織中更有效率的運作。有顧問指導的經理人，相較於沒有的人，其升遷速度更快，對薪資也更爲滿意（Dreher and Ash, 1990; Whitely et al., 1991）。

在建立階段，人們的前進速度不一，有些人的升遷速度可能已減緩，有些人則繼鯉躍龍門，開始超越同儕，進入更高層，這些人可能被視爲太過「積極」。在本階段末期，職涯大致已建立完成，個人成爲組織的資深份子，可以開始「講話大聲，威權日盛」了（Levinson et al., 1978）。

組織調適常以下列兩種方式進行。

1. 其一是，對任務績效要求以及情境績效要求之規範的配合度。

這是非常基本但也非常重要的觀念，因為這代表了個人是否能
讓組織看到你的績效貢獻（謹記之前介紹的一升遷的「夠好」
理論！）。

2. 調適的第二個層面，是個人已達成某種水平的組織承諾。**組織
承諾**意指個人對組織認同的程度，與其他因素有關，包括工作
本身，及組織外界會競爭個人認同與承諾的因素。

我們採取組織承諾的**多重觀點**，就是說，至少從工作展望、認同
水平、導向，提出三個層面。就像我們之前指出的，這就是工作前與
進入組織後的社會化結果。參照第二章提到的三種人格導向，組織
人、專業人與平凡人，就很容易瞭解這三個承諾層面。

- 組織人對職場、組織本身，有強烈的認同與承諾。因為尊重組
織權威及命令鏈，所以很容易管理與指揮，

- 專業人以工作而非組織為中心。他們的社會化經驗教導他們，
工作上的良好表現，遠比服從組織權威，更具增強性質。

104
- 平凡人導向，是一種不以組織或工作本身為個人生活核心的觀
點。平凡人為薪酬工作，通常對工作與組織都很疏遠，只要有
可能，就不去想工作與組織的事。

把這三種導向視為承諾剖面，是有用的，個人不可能全為某個導
向而毫無其他（Tosi, 1992）。但以下三種論點是安全的：

1. 在任何時候，個人可能都有一個主要的承諾焦點，如圖4.4所
示，是一個具有強烈組織承諾，專業人與平凡人導向較弱的
人。圖4.5則顯示一個高度平凡人導向，但只有中度組織與工
作承諾的人。

105
2. 在選擇工作時的主要導向，會影響個人尋求的職務種類。高度

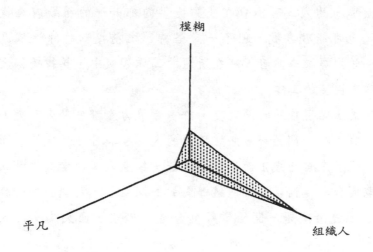

圖4.4　強烈的組織人導向

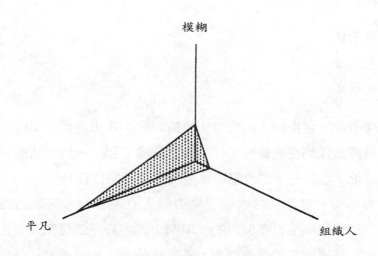

圖4.5　強烈的平凡人導向

組織導向的人，可能會在能夠提供內部升遷的組織內尋找職位，也可能較喜歡，但不一定堅持，之前提到的線性職涯途徑。強烈專業導向者，將在所選的工作領域中，尋找提供大量工作自由度的工作。

105　3. 承諾的焦點可能隨時間改變，許多環境力量都會帶來改變。舉例來說：在一開始著重組織導向的人，在與升遷多次擦身而過後，隨著來自組織正面增強之減低，組織人導向會被平凡人導向取而代之。同樣地，組織導向的資深主管，可能因為心臟病等嚴重健康問題，開始質疑生命重心何在，而成為平凡人導向。

無論組織人格為何，還是有些激勵可幫助維繫個人對組織的認同。組織承諾的研究者，發現了以下三種承諾的理由，或稱為基礎（Dunham et al., 1994）：

1. 持續承諾
2. 情感承諾
3. 規範承諾

持續承諾，意指個人因為無法承擔離開的後果而留在組織中，也許是因為無法找到更高薪的工作，也許是擔心到另一個公司的職位或聲望會降低，也許是不想放棄退休金上的「長期投資」。

情感承諾，意指由於組織立場與個人立場相符，而強烈認同組織，而且相信組織的目標與目的。舉例來說：許多選擇與政黨相關之職涯的人，是因為那就是他們個人的政治信念，而該政黨正好也擁護此信念。

最後，某些人可能有**規範承諾**，個人待在某企業，是因為生命中

其他人的壓力，他們認為你應該待在那裡。舉例來說：個人可能在父母服務多年的同一公司裡工作，只是因為他們清楚地讓你知道，他們相信那是對你最好的工作環境。

表4.1說明了，不同的承諾基礎與組織人格導向可能有關。例如：專業導向者，可能具有持續承諾、情感承諾、規範承諾。顯然，若承諾基礎與組織人格導向不符合，必然會產生不快與壓力。

你可能會猜測，多數企業可能希望在員工身上看到高度的組織承 107
諾，因其可降低管理上的問題。強烈組織承諾與低離職率及低缺勤率

表4.1　組織人格導向與不同的承諾基礎

	組織人	專業人	平凡人 108
承諾的基礎			
情感承諾	基於工作績效與忠誠，而得到的高薪資與升遷，對你具有正面增強。	專業人員，負責組織的主要產品，例如在藥廠工作的藥理學家。	通常不具高度情感承諾
持續性承諾	已是高薪的高階主管，但換公司不見得會更好。	服務於名校的科學研究員，希望能搬到氣候溫暖的地方，但只能屈就較差的學校與研究設備。	由於現在的工作能夠讓你多花點時間在真正喜歡的事物上（例如餌釣），因此雖然薪資低於期望，但仍不願異動。
規範承諾	有跳槽到其他企業的機會，但由於配偶與家人喜歡目前的城市，因此不會接受。	有換到研究設備更好的職位的機會，但因為必須離開團隊與好同事，所以不願異動。	由於薪資不錯，家人也在這裡服務超過三十年，所以完全不想去其他公司。

隨堂練習

你的組織承諾為何？

　　有些人對工作非常投入，有些人則對組織忠心耿耿，有些人則是外在因素導向。本練習有雙重目的：

1. 顯示個人在工作與生活其他部份之間的比重差異。
2. 協助你思考一些不同的工作期望。

　　接下來是九個題目的題組，作答方式如下。

- 選擇與個人觀點最近似的答案，在右方寫下1。
- 再來，決定第二接近的敘述，在右方空格寫下2。
- 最後，在剩下的空格填入3。

　　完成時，加總A.B.C三欄的數字。

1. 我對....最有興趣　　　　　　　　　　A　　B　　C

　　....有關公司的事物　　　　　　　　＿＿

　　....我在家中與社區中最常做的事情　　　　＿＿

　　....有關我工作的事情　　　　　　　　　　　＿＿

2. 我比較喜歡...的朋友

　　....跟我一起參加休閒活動　　　　　　　　＿＿

　　....和我有相同工作　　　　　　　　　　　　＿＿

　　....在同一間公司　　　　　　　　＿＿

3. 我相信，通常...

....幫助我的同伴比其他事情都重要　　　　　____

....我在公司中的職涯比其他事情都重要　　　____

....我的工作比什麼都重要　　　　　　　　　____

4. 當我和人交談時，最怕......干擾

....與我工作相關的　　　　　　　　　　　　____

....與我工廠或辦公司相關的　　　　　　　　____

....與我家庭相關的　　　　　　　　　　　　____

5. 在我空閒時，我比較喜歡談論....

....任何事情　　　　　　　　　　　　　　　____

....正在進行的工作　　　　　　　　　　　　____

....其他在公司發生的事情　　　　　　　　　____

6. 我希望我的小孩能夠.....

....從事任何職業，但不要在我現在待的這　　____
　　種公司

....和我從事相同的職業　　　　　　　　　　____

....不要像我這麼煩惱工作和公司的問題　　　____

7. 我希望可以.........

....在教會、看中小屋、俱樂部等非工作組　　____
　　織中，成為一個重要的人

....成為公司或辦公室的重要人物　　　　　　____

....被和我有相同工作的人，特別地認同　　　____

8. 我很難傾聽...的批評

....關於我的工作　　　　　　　　　　　　　____

....關於我的公司　　　　　　　　　　　　　____

107

....關於我的家庭　　　　　　　　　　　　　＿＿＿

9. 通常，當.....，我會感到苦惱

　　....我家中發生事情時　　　　　　　　　　　＿＿＿

　　....公司的人想到我時　　　　　　　　　＿＿＿

　　....想到我的職涯表現時　　　　　　　　　　　　＿＿＿

總分　　　　　　　　　　　　　　　　＿＿　＿＿　＿＿

　　　現在回答下列診斷性問題。

1. 你在ABC各欄的總分為何？

2. 欄位A反映了何種組織導向？

3. 欄位B反映了何種組織導向？

4. 欄位C反映了何種組織導向？

5. 你認為，分別在這三欄得到高分，其蘊涵的工作偏好涵義為
   何？

資料來源：由Henry Tosi and John Jermier改編自Robert Dubin
所設計的問卷《核心生活興趣量表》，在此感謝原作者容許我們
更動與使用。

有關（Lee et al., 1996），也與個人願意在工作上投入與組織成員身份
相稱的活動有關（Organ, 1997）。

承諾、職涯與勞動力歧異性 107

　　大部分工作組織與職涯調適的著作，都建立在以白種男性爲對象
的研究上，這是因爲，在研究進行時間，白種男性不但是勞動力主
流，而且佔據每個重要的管理職。現在情況已經不同，今日的美國企
業勞動力，已經更爲分歧，並導致經理人必須面對的嚴重問題。

女性與職涯 108

　　自1990年起，勞動人口中的女性比例，由不到20%，一路竄升超
過50%（Ross et al., 1983; Hall, 1986），到2000年，女性可能已佔勞動
市場新進者的65%。重要的是，成長率不只見於傳統的女性職業（例
如褓姆、教師），還包括專業領域。在管理行政職中，女性佔了
45%；在專業人員中（包括科學家、工程師、律師、護士、教師），
女性佔了53%；在技術人員中，女性也佔了48%（Powell, 1983）。

　　女性，薪資與升遷　　大體上，女性獲升遷的比例與男性不同，即
使同工也不同酬。職涯成就與薪酬的差異，不能歸因至男女兩性的管
理績效差異。一份比較兩性領導者效能的分析研究指出，平均來看，
女性的管理效能與男性相當（Eagly et al., 1995），但其中有重要差 109
異。例如：在「陽剛」的工作情境與工作角色上，或以男性爲主的團
體中（例如軍隊），男性會被視爲比女性更有能力。另一方面，需要
女性特質的領導工作，也就是需要人際能力的工作，女性則較具能
力。這也就說明了，大致上，談兩性能力的差異毫無意義，而且女性

的管理能力與男性一樣好，但不同情境則會讓女性或男性較佔優勢
（Tyler, 1965; Dobbins and Platz, 1986; Eagly et al., 1995）。

　　雖然近年來，女性的職涯與薪資已有明顯改善，而且遠勝於昔，
但以團體來論，女性的薪資水平與組織成就仍落後於男性（Fields and
Wolff, 1991）。以全部工作人口的平均來看，女性只賺了男性薪資的
71%。這個數字也許會誤導大眾，因為大多數的女性勞動力都從事比
男性薪資更低的工作，如秘書與零售員。然而，即使兩性的工作層
級、職權、工作技能都相同，仍然會有實質性的薪資差距，舉例來
說，女會計師每年平均比男會計師少賺美金一萬元，而男教師一年則
平均多賺四千美元。此外，即使我們看到Donna Karanau（名設計
師）、Carly Fiorina（惠普）、Ellen Gorden（Tootsie Roll 總裁）等年薪
超過百萬美金的女性企業主管，但在財富雜誌前五百大企業的高薪經
理人排行榜中，各企業的前五名，女性只佔了2%（Jackson, 1996）。
然而，有些指標顯示，一切正在改善中：雖然女性的薪資進展仍落後
於男性，但大體上的升遷率則所差無幾（Stroh et al., 1992）。有趣的
是，在高科技產業、廣告業、傳播業、演藝界、出版業中，女性似乎
更能打破「無形的障礙」（Creswell, 1998）。

　　薪資上的差異有許多原因。第一，就難度相近的工作來說，女性
薪資低於男性（Kemp and Beck, 1986），這可能是因為兩性的薪資起
點不同所致（Gehart, 1990）。某些公司的確給與兩性不同的初給薪
資，十年後的薪資差異雖有減少，但之間仍有極大差距，而且可歸因
至不同的薪資起點。男女兩性的大學科系可能是這種差異的原因之
一，因男性多半從事傳統領域。如果真是如此，隨著女性進入高薪領
域之數量的增加，未來，起點薪資間的鴻溝應會縮減。

　　第二，由比例來看，在低薪資產業中，尤其是邊際利潤低、工作
技術簡單、薪資低的服務業，有較多女性從業員（Ward and Mueller,

1985）。即使在女性佔多數的產業，女性的職位通常還是低於男性，即使兩性的管理職類型相同，男性仍享有較高的薪資。

第三，某些組織可能將女性安插在複雜性較低的工作，或安插在　110
自主性與技能需求都較低的組織層級。在大多數的組織中，這類工作的薪資也較低（Form and McMillen, 1983）。

第四，部份差異可能可以歸因至，組織高低層級的不同調薪與升遷比例。在組織低階工作上表現良好的女性，在調薪與升遷率上，可能與男性相當，或甚至超越（Stewart and Gudykunst, 1982; Tsui and Gutek, 1984; Markham et al., 1985; Gerhart and Milkovich, 1987），但進入調薪更快的更高階層之人數，可能與男性不同（即使比例上表現同樣良好）（Stroh et al., 1992）。

職業地位　儘管女性可以在傳統所謂的「男性」職業（諸如工程師、律師）裡工作，卻無法像同業男性一樣，享有等高的地位與聲望（Powell and Jacobs, 1984）。這可能是因為到達高級職位的女性人數還沒那麼多（Jacobs, 1992），但是即使兩性進入勞動力時的起始職位相當，同樣的職涯週期內，職業婦女聲望的上升仍不像男性那麼迅速。（Marini, 1980）儘管地位上的差異不會影響女性的績效水平，卻與其知覺及態度有關。舉例來說，從事類似管理職的男女兩性，其工作滿足也相當，但比起女性來，男性會自認有較佳的工作績效，並將其歸因於能力良好（Deaux, 1979）。比起女性經理人，男性經理人也自認與上司關係較佳。比起職業位階相差不大時，若兩性的職業位階有極大差距時，女性會有較開明的政治態度（Auster, 1983）。

工作期望　傳統上，比起男性，女性的工作抱負較低，而且需要工作外的其他事物（Fottler and Bain, 1980）。舉例來說：女性偏愛較有趣的工作，例如一般上班族或人事工作，這類工作，比起財務、行

全球化專題：移居國外的雙薪家庭

規模漸增的全球化市場，催生了許多管理困境。國際企業的獲利雖高，但潛在問題卻也不少。問題之一是，高得驚人的海外經理人流動率。

雇用海外經理人處理國外事務，具有明顯優勢：遠離企業總部，仍能全心投入專案的企業雇員，能為組織帶來利益。在過濾海外職位人選時，根據記錄，跨國公司多半未曾考慮人選的配偶與家庭，這是企業典型的關鍵錯誤。

雙薪家庭的配偶，其關係必定會因為移居國外的重大改變而遭受壓力。海外經理人的配偶被迫要面對一個令人不快的決定：要不放棄一切，隨另一半遠赴異國；要不就獨留美國，兩地相思。不論選擇為何，問題都會浮出檯面。留任原職，代表必須忍受異地相思的財務與情緒壓力；而另一個選擇，則必須讓另一半放棄奉獻終生的職涯。

國際經理人的訓練與福利成本極高，事實上，國際經理人比國內經理人貴上二倍。此外，若國際經理人突然辭職不幹，可能因顧客流失、人力資源不足而對企業造成傷害。因此，對國際企業來說，在決定職務分配時，一併考量配偶與家庭，才符合最佳利益，這樣的考量長期來看一定物超所值。

資料來源：編修自Harvey（1966）

銷等職位，算是薪資偏低的。她們的薪資期望也較低（Fottler and Bain, 1980），這就是問題所在，因為薪資期望高的應徵者，相較於薪資期望低的應徵者，會得到更高的起薪（Major and Konar, 1984）。

　　婚姻與職涯　對男性而言，娶妻與高薪資有關，但已婚女性得到　　111
的，似乎反而是懲罰（Hill, 1979; Pfeffer and Ross, 1982; Jacobs, 1992）。雙薪家庭對夫妻都會造成壓力，比起單薪家庭，雙薪家庭的配偶較為工作壓力所苦，而且心理健康較差（Srivastava and Srivastava, 1985; Sund and Ostwald, 1985）。若女性的興趣由家庭轉移到工作，而男性的興趣由工作轉移到家庭時，情況更糟。對夫妻兩人都高度投入工作並產生高度期望的雙薪家庭，會有更嚴重的工作與家庭角色衝突（Higgins et al., 1992）。對他們來說，家庭事業兩頭燒的壓力更大，角色衝突的壓力，則會造成工作品質與家庭生活品質雙重低落的結果。

　　雙薪配偶的問題，部份源自於其面臨的環境。　　　　　　　　　　112

- 在同一地理區域內，很難找到兩個令人嚮往的工作。如果必須異地工作，就會為關係添加壓力。
- 不同職涯的升遷速度有異，若妻子升遷較快，可能就會帶來壓力，因為不符合傳統男主外的模式（Ross et al., 1983）。
- 小孩會使雙薪配偶的生活更為複雜，雖然小孩人數與任一配偶的工作績效無關，卻會影響他們在家中的責任分配。隨著小孩人數增加，育兒重擔卻會不成比例地落在妻子身上（Bryson et al., 1978）。

種族與族群歧異性

　　與往日相比，美國的勞動力日趨多文化。以迪吉多為例，旗下一間工廠擁有350名來自44個不同國家的員工，使用語言共19種（Dreyfus, 1990）。美西企業的管理職中，13%是美籍非裔、西裔、亞裔、印地安人，其目標是希望，各地的勞動力比例能夠反映種族、性別、及族群間的分配。（Caudron, 1992）。正如第三章曾提到，近幾年的變化極大，舉例來說，在1980年代，美籍西裔的人口在七年內成長了30%，美籍亞裔的人數也有成長（Fernandez, 1991）。

　　儘管人數大幅增加，但西裔、亞裔、非裔美國人在管理階層仍舊少見。就像女性一樣，有一種無形障礙限制了他們的升遷（Domingues, 1992）。女性升遷的突破已經夠緩慢了，但這種突破，對非裔、西裔及其他少數的有色人種而言，幾乎不曾存在（Fernandez, 1991）。

　　為更佳管理歧異性，我們還需要很多努力。正視對女姓、少數族群、種族之偏見的本質，是一個不錯的起點，我們已在第三章介紹過一些（原文頁碼81）。

113 摘要

　　職涯包含個人一生的所有工作，以及為工作資格所做的訓練與準備。職涯是個人生活的重要環節，但絕非唯一的關鍵要素。個人必須在不同的生命角色間進行調適，包括配偶、父母、職業。

　　許多不同的因素，影響了我們的職業選擇，以及職涯所在的組

織。對孩子的教養，會影響其人格與自我概念，進而影響其職業選擇。父母的職業及傳遞給孩子的文化價值觀，也在決策中佔有一席之地。

選定職業後，工作社會化於焉產生。個人必須學習工作組織與專業領域的特性與文化，其中關於組織中樞規範的學習，可能透過他人的直接教導，也可能透過對他人的觀察，甚至透過外人對自身行為的不同反應而制約。

若我們對工作或組織無法調適良好，可能對個人的工作績效、鬥志、健康造成負面影響，影響所及包括所有相關人士，如同事、家人、朋友。使組織與工作調適複雜化的原因之一，是女性在勞動力中本質與角色的變化。相較於過去，女性不僅在勞動力中的比例日增，還向不同的職業型態（專業或管理職務）前進。然而，兩性間仍存在著與能力無關的薪資與機會差距。雙薪家庭，則是另一個重要議題。

未來，這些問題都必須解決。現在多關心一點職涯與組織調適的問題，就能在未來減少錯誤的職涯與組織選擇等問題。

經理人指南：管理個人職涯

由於企業再造、組織塑身、企業全球化等風潮，就像1960、1970年代說的「管理職涯、努力工作、酬償、忠誠，會使我們對組織生活的觀點永遠不會相同。」（Cascio, 1993），建議你我主動出擊，管理個人職涯。比起靠運氣揮棒，我們可以自行發展成功的必要技能、創造機會，以下是可以用來幫助自己的重要事項：

設定職涯目標

　　職涯目標既是錨點，也是方向，但目標可以改變。我們可以先設定某個目標，當我們更了解自己與環境後，再來改變。舉例來說，我們進大學時的目標可能是成為記者，但在多了解一點行銷後，可能發現這個行業更具吸引力。

培養競爭力

　　個人必須培養職涯與職業的競爭力。

114

- 職涯競爭力　意指能提高個人職涯成熟度的技能，包括善用自己的優缺點、擁有並善用工作與職涯機會方面的資訊、規劃如何達成目標（Hall, 1976）。
- 職業競爭力　意指執行工作任務所需的工作相關技能、活動、態度。

　　職業競爭力的策略之一是窄化，例如在大學、職業學校、實習期間，學習特定的工作技能。舉例來說，修讀工程的學生或練習砌磚的學徒，在訓練完成後，馬上可以準備進入組織工作。策略之二則是橫向發展，也就是學習能用在不同工作上的共通技能，例如修讀數學或文學的學生，會擁有在銀行或製造廠裡工作的能力。採取橫向發展的人，起薪可能略低於採窄化策略者，但研究顯示，無論方式為何，長期下來的結果相差無幾。

評估工作環境

　　工作環境有兩大重點：

1. 工作所屬的組織
2. 個人從事的工作

對組織的知識之所以重要，原因如下：

- 在傳統產業的公司中，升遷的速度一定比較慢。
- 有些職涯途徑遠比其他途徑更有前途。

接下來，我們看看其他必須知道的事項。

什麼是晉升速率？

晉升速率代表人員晉升速度的快慢，比起已成熟的企業，仍在成長中的企業會有較高的晉升速率。

組織職涯的性質為何？

有些公司讓員工待到退休，但有些公司則「用完就丟」。某個美國大型企業，向來以高薪聘用年輕經理人聞名，卻會把人「榨乾」。該企業的一位離職經理人說：「沒有人會從這間公司退休。你會因為無法承受壓力而自行請辭。」

經理人往哪去？

這特別能幫助我們瞭解組織裡的升遷階梯，也正是公司內部升遷最快的工作鍊。知道辭職或被挖角的人何處去，也非常有用，這讓我們知道外界對該企業工作經歷的評價。

知道工作通向何處

有些工作是所謂的死胡同，因為很少或根本沒機會離開。例如，製造廠所有的工廠主管或經理人，都是從生產管理職位升上來的，沒有一個出自人事、生產控制、會計、或品管部門，這些工作就是這個組織裡的死胡同。希望成為廠長的人，最好避開。如果為求歷練而接

下這類工作，就好好在崗位上磨練一番，然後重回升遷正途。

工作具有挑戰性嗎？

工作挑戰是一個考驗能力的機會，能夠勝任挑戰性工作的人，會得到升遷決策者的注意。

做過這個工作的人，有多成功？

除了正確的態度與足夠的能力之外，成功還有其他因素，有時候，工作本身就是其一。任何只要求一套行為，並與人互動的工作，論誰來做都一樣。如果這份工作是前人的敗筆，對你而言也會如此。評估工作對職涯影響的方式之一，就是調查過去的在位者是否成功（Stogdill et al., 1956）。

力求優異的工作表現

115　　表現需要能力與動機，但是也包括對績效評估準則的瞭解。試著找出人們得到酬償的原因，聽取他人告訴你的績效規範與參與規範，並且觀察升遷者的行為。

培養職涯流動性

在裁員之際，職涯流動性更為重要。流動型態之一，是在同一個組織中轉換工作，可在對現在工作內容或升遷機會不滿時為之。流動型態之二，是離開現在的公司，但個人必須擁有另一個雇主需要的工作競爭力。要注意，市場對工作技能的需求取決於經濟因素，在經濟蕭條時想換工作，一定會比經濟成長時更困難。

跳槽也有風險，對新公司的高度期望，一旦與現實產生落差，會導致龐大的心理與經濟成本。舉例來說，某公司聘用了一位傳聞中的

「業界品管最佳專業人士」。在徵才期間，雙方都對未來充滿期望。然而，正沉醉在新工作之喜悅的當事人，卻沒有考慮到新工作與過去工作的重大差異。六個月後，他被解雇了。他付出的成本為何？全家遷居，還好舊房子還沒賣掉。頓失工作的當事人，看不到眼前有何前景。

考量職涯選擇對他人的影響

　　工作對配偶、子女、以及家庭生活的影響，是必須思考的幾個問題之一。上例品管經理人的職涯選擇，便影響了他的家庭生活。因為工作與家庭生活息息相關，因此在選擇職涯時，必須將這些因素謹記在心。

監控個人職涯

　　個人必須經常評估職涯是否如預期中的進展，如果不是，該採取那些行動？是否該調整期望？還是換個工作？甚至離開組織？個人也必須能夠判斷，職涯進展與生活架構其他要素間的關係。

重要名詞（所附為原文書頁碼，請見內文邊緣處數字）　116

問題研討

1. 心理層面的成功與客觀的成功之關係為何？個人可能只擁有其一嗎？

2. 組織社會化可分為那些階段？

3. 父母的行為如何影響個人的工作與職涯選擇？你的父母對你的職涯選擇有何影響？

4. 什麼是職業社會化？請與組織社會化區別開來。試分析你個人現階段所經歷的職業社會化。

5. 舉例說明個人如何在開始工作前，就已經歷強烈的組織社會化。

6. 選取兩種第二章介紹的人格導向類型，並說明其在管理與控制上的含意。在你認識的人們當中，是否存在這些類型的人？

個案研究

賀利信電子與康莎拉

賀利信電子是位於紐澤西的大型高科技公司，獲利非常高，其業務主要是爲太空計畫或特殊產業應用設計並製造先進電子產品。董事長趙約翰，在到賀利信工作前，是知名大學的電機工程教授，在這裡很快就進入高層。趙約翰是一個一定要看到工作結果，嚴格且腳踏實地的經理人。嚴罰重賞是他的原則，要說他有缺點，就是太愛罵人，只要他相信某人辦事不力，就會清楚地讓對方知道。

生產與研究是賀利信的主力，此外還有一個小型的政府契約部門。研究部門是趙約翰的驕傲與喜悅來源，大部份成員是受過高度訓練的物理學家。趙約翰總愛說，只要有堅強的技術團隊，賀利信就能不斷成長。事實上，賀利信也的確有優良的成長記錄，趙約翰認爲不錯的人，也一定會有良好的升遷機會。

最近，由於賀利信取得一份爲政府發展專業電腦的契約，因此，在公司中有許多人，尤其是趙約翰，認爲這個產品有發展成個人電腦的潛力，於是他們決定進入個人電腦業。趙約翰讓研究團隊發展新產品所需的硬體和軟體，他們擬定了一個非常具企圖心的工作表，不但要完成產品研發，還要推進市場。

賀利信增聘了一位行銷副總裁，康莎拉，是特別從零售業挖來的頂尖人才。在到賀利信之前，在加州，35歲未婚的康莎拉是成功的器材部門經理人，一直住在美國西岸。莎拉雇用了一個行銷人員，開始發展新產品的促銷計畫，還從其他公司引進優秀人才。

但不久之後，莎拉開始發現問題。她無法與趙約翰討論行銷

問題，趙約翰與他那群優秀份子，似乎只關心科技層面的問題。由於莎拉大部分的計畫都必須經過全體主管的同意，但主管團隊除了她之外，全都是工程師，因此，根本無法達成共識。很快地，案子開始停滯，原本被派到個人電腦計畫的頂尖工程師，又被趙約翰叫回去發展另一項新的政府合約。全公司都知道，這個計畫困難重重，甚至還傳出案子即將取消的流言。

趙約翰召集了所有負責個人電腦計畫的成員來開會，他對於進度十分不滿。他說：「我不知道你們爲什麼辦不到，你們有全國最頂尖的科技人才，我在這個案子也花了不少錢。如果失敗了，那全是你們的錯誤。我要你們每個人負責。」

莎拉開始感到不安，她認爲這種批評不公平。她問趙約翰：「你不覺得這樣講太過份了嗎？我們有嚴重的技術問題，最頂尖的工程師卻被拉走。」

趙約翰瞪著她說：「莎拉，我不知道你在那些該死的百貨公司做什麼。我們設計的是硬體，不是趕流行。結果才是我要的，你若辦不到，就準備找其他事來做。」然後，他轉頭離開會議室。

莎拉不知道她該說什麼或做什麼，另一位資深的員工，藍斯強，轉過身來耳語：「莎拉，別擔心。老頭子就是這個樣子，每次進度落後，就來這一套。他會沒事的，而你也是。」

但莎拉沒那麼有把握。

- 如果你是莎拉，你會怎麼做？爲什麼？
- 在莎拉接下賀利信的工作前，她應該考量公司與情境的那些重要因素？
- 在賀利信的職涯失敗，是否會對莎拉造成傷害？爲什麼？

參考書目

Auster, C. 1983: The relationship between sex and occupational statuses: A neglected status discrepancy. *Sociology and Sociology Research*, 67, 421–38.

Beck, S. H. 1983: The role of other family members in intergenerational mobility. *The Sociological Quarterly*, Spring, 24, 173–285.

Blau, P. M., Gustad, J. W., Jessor, R., Parnes, H. and Wilcox., R. S. 1956: Occupational choice: A conceptual framework. *Industrial Labor Relations Review*, 9, 531–43.

Brousseau, K. R., Driver, M. J., Eneroth, K. and Larsson, R. 1996: Career Pandemonium: Realigning organizations and individuals. *Academy of Management Executive*, 10(4), 52–66.

Bryson, R. J., Bryson, B. and Johnson, M. F. 1978: Family size, satisfaction and productivity in dual career couples. *Psychology of Women Quarterly*, 3, 67–77.

Cascio, W. 1993: Downsizing: What do we know? What have we learned? *Academy of Management Executive*, 7(1), 95–104.

Caudron, S. 1992: US West finds strength in diversity. *Personnel Journal*, March, 40–4.

Chatman, J. 1991: Matching people and organizations: Selection and socialization in public accounting firms. *Administrative Science Quarterly*, 36, 469–84.

Creswell, J. 1998: *Fortune*'s first annual look at women who most influence corporate America. *Fortune*, October 12, 85–7.

Deaux, K. 1979: Self-evaluations of male and female managers. *Sex Roles*, 5, 571–80.

Dobbins, G. H. and Platz, S. J. 1986: Sex differences in leadership: How real are they? *Academy of Management Review*, 11(1), 118–27.

Domingues, C. M. 1992: Executive forum: The glass ceiling. Paradox and promises. *Human Resource Management*, 31(4), 385–92.

Dreher, G. F. and Ash, R. A. 1990: A comparative study of mentoring among men and women in managerial, professional, and technical positions. *Journal of Applied Psychology*, (75)5, October, 539–46.

Dreyfus, J. 1990: Get ready for the new work force; if demographics are destiny, companies that aggressively hire, train, and promote women and minorities – the growing segments of the US labor market will succeed. *Fortune*, April 23, 21(9), 165–70.

Dunham, R., Grube, J. E. and Castaneda, M. B. 1994: Organizational commitment: The utility of an integrative definition. *Journal of Applied Psychology*, 79(3), 370–81.

Eagly, A. H., Karau, S. J. and Mikhijani, M. G. 1995: Gender and the effectiveness of leaders: A meta-analysis. *Journal of Applied Psychology*, 117(1), 121–45.

Feldman, D. C. and Arnold, H. J. 1983: *Managing Individual and Group Behavior in Organizations*. New York: McGraw-Hill.

Fernandez, J. P. 1991: *Managing a Diverse Work Force*. Lexington, MA: Lexington Books.

Fields, J. and Wolff, E. N. 1991: The decline of sex segregation and the wage gap: 1970–1980. *Journal of Human Resources*, Fall, 26(4), 608–22.

Form, W. and McMillen, D. 1983: Women, men and machines. *Work and Occupations*, 10, 147–77.

Fottler, M. D. and Bain, T. 1980: Sex differences in occupational aspirations. *Academy of Management Journal*, 23(1), 144–9.

Gatewood, R. D., Gowan, M. A. and Lautenschlager, G. J. 1993: Corporate image, recruitment image, and initial job choice decisions. *The Academy of Management Journal*, 36(2), 319–48.

Gerhart, B. A. 1990: Gender differences in current and starting salaries: The role of performance, college major and job title. *Industrial and Labor Relations Review*, 43(4), April, 418–33.

Gerhart, B. A. and Milkovich, G. T. 1987: Salaries, salary growth, and promotions of men and women in large, private firm. Working paper, Center for Advanced Human Resource Studies, New York School of Industrial and Labor Relations. Ithaca, NY: Cornell University.

Hall, D. T. 1976: *Careers in Organizations*. Pacific Palisades, CA: Goodyear Publishing Company.

Hall, R. H. 1986: *Dimensions of Work*. Beverly Hills, CA: Sage Publications.

Harvey, 1966: Addressing the dual-career expatriation dilemma. *Human Resource Planning*, 19(4), 18–39.

Higgins, C., Duxbury, L. and Irving R. 1992: Work–family conflict in the dual career family. *Organizational Behavior and Human Decision Processes*, 51(1), 51–75.

Hill, M. S. 1979: The wage effects of marital status and children. *Journal of Human Resources*, 14, 579–93.

Jackson, M. 1996: The gender gap. *Work Life*,

Gainesville Sun, December 23, 10–19.

Jacobs, J. 1992: Women's entry into management: Trends in earnings, authority, and values among salaried managers. *Administrative Science Quarterly*, 37, 282–301.

Kemp, A. and Beck, E. M. 1986: Equal work, unequal pay. *Work and Occupations*, 13, 324–46.

Kohn, M. L. and Schooler, C. 1969: Class, occupation, and orientation. *American Sociological Review*, 34, 659–78.

Korman, A. 1970: Toward a hypothesis of work behavior. *Journal of Applied Psychology*, 54, 31–41.

Lee, T. W., Ashford, S. J., Walsh, J. P. and Mowday, R. T. 1996: Commitment propensity, organizational commitment and voluntary turnover: a longitudinal study of organizational entry processes. *Journal of Management*, 18(1), 15–18.

Levinson, D., Barrow, C. H., Klein, E. B., Levinson, M. H. and McGee, B. 1978: *Seasons of a Man's Life*. New York: Ballantine Books.

Louis, M. R. 1980: Surprise and sense making: What newcomers experience in entering unfamiliar organization settings. *Administrative Science Quarterly*, 25, 226–51.

Marini, M. M. 1980: Sex differences in the process of occupational attainment: A closer look. *Social Science Research*, 9, 307–61.

Major, B. and Konar, E. 1984: An investigation of sex differences and pay expectations and their possible causes. *Academy of Management Journal*, 27, 779–92.

Markham, W., South, S., Bonjean, C. and Corder, J. 1985: Gender and opportunity in the federal bureaucracy. *American Journal of Sociology*, 91, 129–51.

Morris, B. 1998: Executive women confront midlife crisis. *Fortune*, September 18, 60–86.

Organ, D. W. 1997: Organizational citizenship behavior: It's construct clean up time. *Human Performance*, 10(2), 85–97.

Osipow, S. H. 1973: *Theories of Career Development*, 2nd edn. New York: Appleton-Century-Crofts.

Parker-Pope, T. 1998: Inside P&G, a pitch to keep women employees. *The Wall Street Journal*, September 9, B1–B6.

Pfeffer, J. and Ross, J. 1982: The effects of marriage and a working wife on occupational wage attainment. *Administrative Science Quarterly*, 27, 66–80.

Powell, G. 1983: *Women & Men in Management*, 2nd edn. Newbury Park, CA: Sage.

Powell, G. and Jacobs, J. A. 1984: The prestige gap: Differential evaluations of male and female workers. *Work and Occupations*, August, 11, 283–308.

Pulakos, E. D. and Schmitt, N. 1983: A longitudinal study of a valence model for the prediction of job satisfaction of new employees. *Journal of Applied Psychology*, 68, 307–12.

Robinson, S. 1996: Trust and breach of the physical contract. *Administrative Science Quarterly*, 41(4), December, 574–600.

Roe, A. 1957: Early determinants of occupational choice. *Journal of Counseling Psychology*, 4, 212–17.

Roe, A. and Seigelman, M. 1964: *The Origin of Interests*. The SPGS Inquiry Series, No. 1, Washington, DC: American Personnel and Guidance Association.

Ross, C., Mirowsky, J. and Huber, J. 1983: Dividing work, sharing work, and in between: Marriage patterns and depression. *American Sociological Review*, 48(6), 809–23.

Schein, E. A. 1970: *Organizational Psychology*. New York: Prentice-Hall.

Simon, H. A. 1982: *Solving Problems and Expertise*. Symposium. University of Florida.

Soelberg, P. 1966: Unprogrammed decision making. *Proceedings of the Academy of Management*, 3–16.

Srivastava, K. and Srivastava, A. 1985: Job stress, marital adjustment, social relations and mental health of dual-career and traditional couples: A comparative study. *Perspectives in Psychological Researches*, 8(1), 28–33.

Staw, B. M., Bell, N. E. and Clausen, J. A. 1986: The dispositional approach to job attitudes: A lifetime longitudinal test. *Administrative Science Quarterly*, 31(1), March, 56–77.

Stewart, L. P. and Gudykunst, W. B. 1982: Differential factors influencing the hierarchical level and number of promotions of males and females within an organization. *Academy of Management Journal*, 25(3), 586–97.

Stogdill, R., Shartle, C., Scott, E. L., Coons, A. and Jaynes, W. E. 1956: *A Predictive Study of Administrative Work Patterns*. Columbus, OH: Bureau of Business Research, Ohio State University.

Stroh, L. K., Brett, J. M. and Reilly, A. H. 1992: All the right stuff: A comparison of female and male managers' career progression. *Journal of Applied Psychology*, 77(3), 251–60.

Sund, K. and Ostwald, S. 1985: Dual earner families' stress levels and personal life-style related variables. *Nursing Research*, 34(6), 357–61.

Super, D. E. 1957: *The Psychology of Careers*. New York: Harper & Row.

Tinto, V. 1984: Patterns of educational sponsorship to work. *Work and Occupation*, 11(3), August, 309–30.

Tosi, H. 1992: *The Environment/Organization/Person Contingency Model: A Meso Approach to the Study of Organizations*. Greenwich, CT: JAI Press.

Tsui, A. S. and Gutek, B. A. 1984: A role set analysis of gender differences in performance, affective relationships and the career success of industrial middle managers. *Academy of Management Journal*, 27(3), 613–35.

Tyler, L. 1965: *The Psychology of Individual Differences*, revised edn. New York: Appleton-Century-Crofts.

Van Maanen, J. 1978: People processing: Strategies of organizational socialization. *Organizational Dynamics*, Summer, 64–82.

Wanous, J. P., Poland, T. D., Premack, S. L. and Davis, K. S. 1992: The effects of met expectations on newcomer attitudes and behaviors: A review and meta-analysis. *Journal of Applied Psychology*, June, 7(3), 822–9.

Ward, K. B. and Mueller, C. M. 1985: Sex differences in earnings: The influence of industrial sector, authority hierarchy, and human capital variables. *Work and Occupations*, November, 12(4), 437–63.

Whitely, W., Daughterty, T. W. and Dreher, G. F. 1991: Relationship of career mentoring and socioeconomic origin to managers' and professionals' early career progress. *Academy of Management Journal*, 34(2), 331–50.

Zahrly, J. and Tosi, H. 1989: The differential effect of organizational induction process on early work role adjustment. *Journal of Organizational Behavior*, 10, 59–74.

激勵理論

激勵的需求理論
工作特性取向
成就－權力理論
增強理論
目標設定理論
激勵的公平理論

課前導讀

試思考與本章相關的事項：

1. 你的大學主修科系。

2. 你正在追尋或希望追尋的專業選擇。

3. 你在這門課的用功程度。

請注意，上述事項中的兩個，涉及某種決策程序後的選擇，而另一則與個人投入努力的水平有關。在複習過本章介紹的激勵理論後，請選出最能解釋個人上述三種事項的理論。

1. 在解釋特定行為型態時，某些理論是否特別好用？

2. 這些理論是否互補，或他們對行為的解釋完全不同？

122　　對於多數的經理人而言，激勵與績效這兩個字眼常常一起出現。顯然這就是肯德基州政府官員，在希望提升州立學校水準時所想的，他們的規劃是，若學生測驗成績進步，即以現金獎勵教師（Seclow, 1997），這再簡單不過了。測驗的範圍包括：數學、科學、人文，而且特別著重寫作技巧，以評估學生的批判思考及評論能力。如果發現學生的成績下降，會有一個方案提供校方行政與管理上的協助，以導向正確的方向。在1995到1998年間，付給教師們的獎金超過五億一千八百多萬美元。

　　新的獎勵方案並非事事順利，在超過100間學校的學生寫作能力樣本之評估中，發現95%以上的給分都太過寬鬆，這可歸因於，因為寫作測驗由在校老師評分，也就是學生成績進步的直接經濟受益者，這正是透過降低標準來提昇績效的例子之一，此外，當局也發現，交由外界諮商公司評分的測驗情況，也不如預期，某些學校老師的協助，已超過正常教學的範圍。譬如，有些老師在考試之前，幫學生複習會出現在考卷上的試題，甚至有老師允許學生在考試時，就內容提問。

　　還有一些意料之外的問題。該方案的特色之一是，若學校因為學生的良好表現而得到獎金，獎金的分配將由教師自行投票決定。這不只會造成教師之間的不滿，也造成學校中他人的不悅，例如餐廳員工、校車司機等等，他們認為其中一部份也是自己應得的報酬。讀到這裡，也許你已經開始在想：「為什麼這個方案行不通？」繼續閱讀本章，你會找到答案。

　　正如肯德基州政府官員，對於許多相信激勵理論的經理人而言（無論其理由對或錯），激勵往往是個誘人的主題。原因之一是，工作激勵是西方社會的重要價值觀之一。在西方社會，尤其是美國，一直抱著工作倫理的歷史包袱。工作倫理的信念（工作是好事，應該重視）

是如此深入人心，以致於若無工作機會，就會產生心理與社會問題。根據健康統計資料，長期不斷失業的人，其焦慮與抑鬱都會漸增，許多人會自殺。

　　第二，許多經理人相信，源自激勵的工作績效提昇，是免費的。想想看，時薪十美元的員工，每小時只有五個單位的生產量，因此每單位的員工成本就是兩元。若該員有每小時生產十單位的潛力，而且不需新的機器設備就可達成，則每單位的員工成本就降低為1元。機器升級要花錢，但激勵似乎是免費的。當然，這並不意味著透過激勵的績效提升不需成本。高度激勵的勞動力來自良好的選才、健全的福利與訓練、善用人力資源管理，這些都是所謂的「成本」。

　　第三，激勵可以解釋，為何某些組織比其他組織更具生產力。若我們參觀兩家釀酒廠，沒有任何的指標告訴我們，現在究竟置身Coors還是Anhebuser-Busch。這兩家的設備看起來非常類似，建築也很像。相同的設備卻帶來不同的生產力，歸因於人為因素應該頗合邏輯，但這個推理的可能問題在於，我們通常把責任歸咎低劣的員工，卻忽略管理不良的可能。這就是一般人對於過去二十年來，美國汽車產業的市場佔有率連續下滑，而日本汽車的市場佔有率卻節節攀升的現象所做的解釋。許多人相信，日本員工的激勵水平較高，而美國公司的問題，是工會喋喋不休與員工意願低落的結果。美國公司在多年後才相信，第一，美國的確有小型車的市場；第二，改變不僅止於生產部份，還包括管理的改革。美國汽車製造商近年來與國外車商競爭的成功，特別是Ford's Taurus車系，就是一個絕佳的例證。這說明產業也許已經知道如何處理問題，但所費時間遠超過想像。

123

激勵與績效

　　試想像一個狀況：熱切期望能成為優秀網球選手的羅藍思，花了許多時間練習、閱讀專業雜誌、.規律上課、每天練習賽事。球伴之一的戴柏萊，每星期三中午會來一起對打，但贏家通常是戴柏萊。這讓藍思特別沮喪，因為柏萊很少練習，而且每週打球不過兩次，最多三次。

　　這個例子說明了，績效（或結果）是由激勵與能力兩者構成的函數。這是瞭解績效之基本關係的基礎。

$$績效＝f（能力×激勵）$$

　　圖5.1說明這三個因素的相關性。績效與激勵分居兩軸，圖中的曲線即為兩人的能力，由於藍思的網球能力遜於柏萊，若激勵相同（以X點為例），柏萊會獲勝；除非在藍思受到高度激勵（位於Y點），而柏萊激勵不高（位於Z點）的情況下，藍思才會獲勝。

124　何謂績效？

　　績效是身心努力的結果，可由質與量定其水平，再加上經理人的一些主觀判斷。某人眼中的「高」績效，可能是另一人眼中的「尚可」甚或「劣」。工作績效比較複雜，因為多數的工作包含數個獨特要素，因此要求不同種類的績效。

　　這些不同的要素即為**績效要素**，即要求不同能力與不同激勵傾向的次任務或行為。我們必須回想第一章介紹的績效觀念，其中提到工

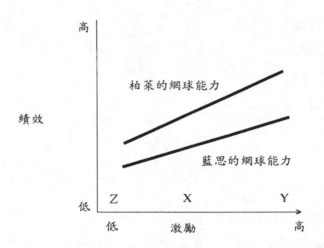

圖5.1 績效、激勵、能力間的關係

作包括任務績效與情境績效兩大要素。

- **任務績效要素**是與工作本身有關的活動。例如：廠長必須具有
  管理生產與品質水平、提交工作排程、訂購物料、與員工溝
  通、召開部門會議的能力。
- **情境績效要素**是能使組織出類拔萃，所需超越任務績效的行
  為，因為其成功奠基於員工超越正式任務角色的要求
  （Borman and Motowidlo, 1993）。

績效要素也與泛社會或組織公民之行為有關（Borman and
Motowidlo, 1993; Organ, 1988），並反映員工超越績效規範與角色參與
規範的意願程度（Oran, 1988）。我們將在第九章介紹幾個反映組織公
民身份的情境績效行為：

- 利他行為

125

- 誠實的行為
- 運動家的精神
- 謙卑
- 公民道德

能力

能力是進行一組相關的行為或內心活動，以產生結果的能力。例如，彈鋼琴需要懂得看譜、了解和絃結構、彈奏鍵盤的手部靈巧性。通常，判斷兩個人的能力差異，是非常容易的事；個人從事同樣工作的表現，往往也是高下立判。

我們要記住，每個人擁有不同的能力。某個技壓群倫的建築師，可能溝通技巧卻相當薄弱。由於大多數的工作績效包含多重向度，因此被指派執行工作的人，必須具備不同績效要素所需的能力。舉例來說，廠長的工作包括：工作排程、與員工溝通（處理訴怨、監督等等）、召開部門會議。每項活動都需要不同的技巧，個人可能在個別項目的表現也有好壞之別。

技術的角色　技術會與能力互動而影響績效，但方式不一。技術意指個人在工作中運用的方法、工具、設施、設備。汽車工人「運用」一套包含獨立活動的複雜生產系統，來生產汽車。畫家的技術則是帆布、顏料與畫筆。

大部分的績效要素包括某種技術的使用，但對某些人而言，技術遠比其他因素重要。舉例來說：檢視廠長管理生產水平的績效要素時，生產線上的技術就非常重要，但在檢視「與部屬溝通」的績效要素時，技術的影響力最小，人際能力較為重要。

　　由於技術的多重角色，因此分辨個別工作屬於技能導向或技術導
向，是相當有用的作法。在技能導向的任務中，個人技能是最重要的
因素，例如，服裝設計師就是典型的技能導向工作，即使提供更佳的
設備，也只能帶來績效上的邊際效應。就像好球拍與好球鞋對藍思與
柏萊兩位網球選手的效用一樣，通常不會提高比賽表現，因為網球與
多數的運動一樣，是技能導向的工作。

　　比對下，諸如裝配線工作，就是技術導向的任務之一例。這些工
作所需的人因技能非常有限，技術才是重點，圖5.2說明技術如何影
響績效。只要個人擁有足夠的能力與動機來執行最低水平的工作（如
啟動機器），之後工作好壞就取決於設備本身。績效的上下限由技術
決定，在限制之下，我們無法期待績效會因人們更具能力或動機，而
有所提昇。

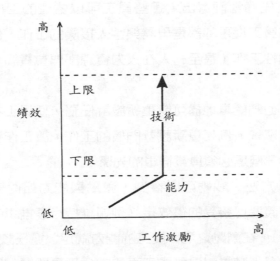

圖5.2　技術主導的工作

126

歧異性專題：輕度智障員工績效的管理

通常，一提到高績效，在我們腦海中浮出的圖象是：能在環境中表現突出的，超出可接受之輸出水平的工作，若個人不具備達到該水平的能力，我們就會把此人視為無能。然而，與國際機械師協會（IAM, International Association of Machinists）合作的芝加哥瑪利歐飯店（Marriot Hotels），為適應輕度智障員工所作的努力，可以讓我們更清楚瞭解績效／激勵／能力三者間的關係。

大致說來，即使是馬利歐飯店最入門的工作，對多數的輕度智障者而言，依然過於複雜。然而，透過與IAM的合作計畫，他們能夠成功地訓練並安置這些員工，並使其具生產力。他們是怎麼做到的？

第一，先適當篩選出，這些員工可以處理的工作。在此一提，大多數員工從事的都是毋需與客人接觸的工作，例如洗衣、清潔等團體性工作，甚至有人在人力資源部門負責簡單的辦公室工作。

第二，他們認真地盡可能重新設計任務，使員工本身的限制不會影響其績效。例如重新設計門僮的工作，讓工作者不必為客人處理行李，但是必須負責推車的光潔。

從這個方法，我們可以看到，激勵與能力如何一起影響績效。重新定義過可接受的績效後（例如維持行李推車的外觀，而非處理行李），在激勵之下，員工的能力就足以擔任該工作。

巧合的是，激勵對這群員工而言完全不是問題，飯店本身不

僅覺得這群員工的工作效能很好，其流動率也較低。

資料來源：編修自Laabs（1994）

以下是檢視此類績效時，必須知道的幾個重點。

1. 工作的不同層面，需要不同的能力。個人可能頗具某一績效要素的天分，但在另一項則不然。就像橄欖球隊的四分衛，可能很會傳球，卻跑不快。

2. 比起其他要素，在某項績效要素上，個人可能受到較多的激勵（願意付出更多努力）。以廠長為例，可能較喜歡管理生產與品質，而較不願意花時間處理員工問題。

3. 對績效要素而言，為達成目標，需要一定的技術水準。舉例來說，若缺乏可有效運轉的適當設備，工廠不可能達成生產水平。然而，技術並非開會的關鍵，人的技能才是。

4. 技術與人的技能，可能可以互換。當技術取代人的技能時，可能會帶來較可預測且可靠的績效。以泡咖啡這個簡單任務為例，在電動咖啡壺尚未引進時，泡一杯好咖啡，需要許多技能，但運用電動技術，這就成了連小孩也會做的工作。

127

何謂激勵？

在組織行為領域中，激勵一詞兼具心理與管理意涵。激勵的心理涵義，是與行為起點、方向、持續力、強度、終點相關的內在心理狀態（**Landy and Becker, 1987**）。激勵的管理意義，則指經理人為誘使

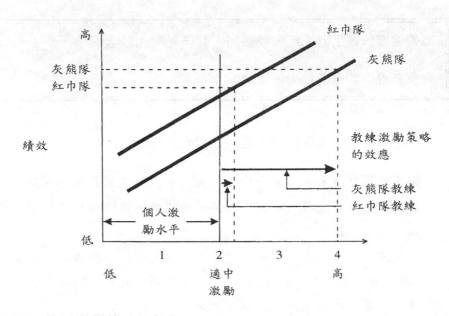

圖5.3　管理激勵策略的角色

他人朝向組織與經理人期望的結果而進行的活動。針對後者，好聽點
的說法是：「經理人的角色，就是激勵員工更努力工作，或將工作做
得更好。」

　　圖5.3以兩支即將競賽之足球隊的激勵、能力、績效間之關係為
例，說明激勵的管理概念。為求簡要，我們假設這兩隊的個人激勵水
平相同（第二級），但兩隊的整體能力，正如圖中二道直線所示，並
不相同。若紅巾隊教練因己隊能力較強而輕敵，因此只給予2.25的激
勵力道；灰熊隊教練由於正視紅巾隊的能力優勢，因此鼓勵隊員要更
努力，若灰熊隊教練能將隊員的士氣推至更高（例如4.0），即使能力
不如人，仍然可能獲得勝利。

　　激勵理論的分類　　激勵理論的目的，都是為了了解人類行為的原

129

倫理專題：激勵實務與不道德行為

　　在1990年代初期，西爾斯百貨的處理流程與佣金制度，反而會激勵員工欺騙顧客。技工們會向顧客收取未執行之服務或未安裝之零件的費用，當時西爾斯對這類劣等或不需要的工作，完全無法控制。由於銷售額度很高，技工們發現，在顧客帳單上灌水不但非常簡單，甚至還會因此得到獎勵。在問題被揭發後，西爾斯採取行動來改革佣金與品管制度。然而，直至1999年，西爾斯仍再度因此事被告上法庭，顯然公司內部有些人根本未接收到此一訊息。

　　西爾斯不是惹上此類麻煩的唯一企業，研究指出，近半數的美國員工行事違反道德甚至法律，諸如忽視品質標準、濫用病假、在工作上撒謊、欺騙顧客、竊取他人工作成果。就部分而言，這類行為是因為某些人不夠誠實：但某些行為則是受到公司政策與管理實務的激勵。似乎有超過半數的員工，感受到違法或違心行事的壓力，情況比五年前更嚴重。

　　這意味著，某些公司的激勵實務，已經到了鼓勵違法或者違反道德的地步。理由相當簡單，處於今日全球經濟的公司，承受巨大的競爭壓力，必須盡力降低成本，提高收益。經理人為員工設定高難度的目標，卻不管達成目標的手段為何。員工們必須擔心，若表現不如主管預期，可能會被解僱：要是公司績效不佳，還可能要提防裁員的威脅。這一類情境會形成一種氣候與文化，鼓勵員工從事組織與社會不欲見的行為。

資料來源：編修自Greengard（1997）

因，及了解行爲形成的過程。

- 著重何者會激勵行為的理論，稱為激勵的內容理論
- 著重如何激勵行為的理論，則稱之為過程理論

128
　　對內容理論與過程理論的分辨，是因其點出激勵公式之敘述的主要方向。然而，內容理論通常還是會有過程導向，而過程理論也常有內容導向。舉例來說，內容理論通常著重某種類型的人類需求。此等需求的強度，以及個人希望滿足此等需求的特定方式，通常透過社會化而習得，而社會化則是一種可用增強理論的術語來瞭解的程序。在研讀本章介紹的理論時，我們會看到每個理論中，都有這兩種導向的存在。

129
激勵—內容理論

　　激勵的**內容理論**著重於行爲被激勵的理由，也就是「什麼導致的」。內容理論會以特定的人性需求或驅動行爲的特定要素，來解釋行爲，例如，我們會說「瓊安因高薪的激勵而工作」，或說「約翰因高度的權力需求而工作」。本節將介紹四種不同的激勵理論：

- 需求理論，特別是馬斯洛的需求理論（Maslow's need theory），以及ERG理論
- 賀茲柏格的二因論（Herzberg's two-factor theory）
- 工作特性取向
- McClelland的成就—權力理論

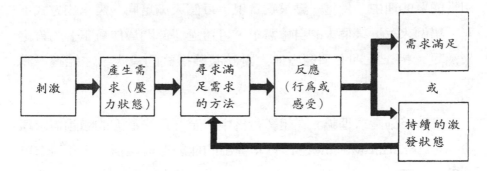

圖5.4　激勵的需求取向

需求理論

130

　　激勵的*需求理論*假設人們為滿足需求而行動，當個人察覺現況（或未來）與欲求狀態間的差異時，需求（或動機）便隨之產生。需求產生之後，個人會感到某種壓力，並會採取行動以降低之。程序如圖5.4所示。

　　假設經理人告訴你，組織高階有個空缺，這個職位要給組織中最具生產力的員工，這可能會激起你對晉升、成就與調薪的渴望。一旦需求被激起，就必須尋求滿足之道：也許是更努力，這正是主管所希望的。如果努力能帶來升遷，需求就得到了滿足；若努力未帶來升遷，則對升遷的渴望可能使你備感壓力與挫折，甚至會想換工作。

　　滿足需求的方法，習自社會化的過程，因此每個人重視的需求都不同。我們透過經驗知道，某些情境較其他更具獎勵性，並且努力尋求此類情境，而避開其他情境。

　　需求理論的優雅之處，即在於其簡明易懂。其理論假設，若個人想要滿足需求，該做的就是在職場提供滿足需求的機會。然而，基於

相當簡單的理由，使這一點很難實現：每個人滿足同一需求的方式不一。舉例來說，某個人的自尊需求，可透過「部門最佳員工」的肯定來滿足；另一人則必須經由他人對其服裝樣式的肯定，才能獲得滿足。

馬斯洛的需求理論　在組織行為中，至今最受歡迎的激勵需求理論，是Abraham Maslow在1943年提出的理論。他相信，人類需求可分為五大類：

131　1. **生理需求**是生存的基本需求，人們有食物與遮風避雨之物，才能求生存。對個人而言，在找尋其他重要事物前，必須先滿足生理需求。

2. **安全需求**反映了人類不希望失去住所、食物、其他生存保障物的渴望。安全需求也包括對穩定且可預測之居住環境的渴望，可能涉及個人偏愛的秩序與結構。

3. **歸屬需求**反映個人對愛、情感、歸屬的渴望。與他人互動以及被社會接受、贊同的需求，是多數人共通的需求。某些人可藉由加入團體滿足這種需求，其他人則從家人與其他人身上，得到充足的情感滿足。

4. **自尊需求**是指受他人尊重及維護正向自我形象的需求，個人努力提昇自己在他人眼中的地位、贏取好名聲、在團隊中位居高層。自尊需求的滿足，可以提升自信。若自尊需求受挫，就會導致不如人或弱勢的感受。

5. **自我實現需求**是個人發揮自身潛能的渴望，自我實現的需求是所謂的「高層次需求」。

基本需求可依圖5.5所示的需求層級排列，馬斯洛假設，未被滿

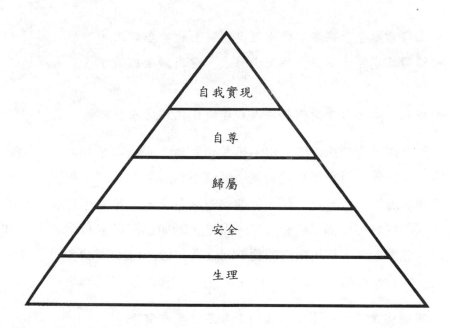

圖5.5　馬斯洛的需求層級

足的需求主宰了個人思想，並反映在個人關心的事物上。除非基本的
低層需求（安全與生理需求）被部份滿足，否則高層需求（歸屬、自
尊、自我實現等）的重要性不會彰顯。

　　馬斯洛認為，已滿足的需求，無法激勵個人。需求一旦滿足，個
人就會關心更高層級的需求。個人會在需求階層中向上移動，努力去
滿足更高階層的需求。

　　ERG理論　ERG理論與馬斯洛的方法類似，但仍有關鍵性的差
異。ERG理論只有三個，而非五個基本需求（Alderfer, 1972），包括
生存需求、關聯需求、成長需求（Existence needs, relatedness needs
and growth nees，因此簡稱ERG）。

132

- **生存需求**包含馬斯洛的生理與物質上的安全需求。
- **關聯需求**包含人際上的安全需求、愛與歸屬的需求、及人際性的需求。
- **成長需求**，著重於確認個人自尊與自我實現的需求。

與馬斯洛的理論一樣，ERG理論也認為，未獲滿足的需求會支配行為，而需求一旦獲得滿足，就會渴望更高層級的需求。舉例來說，生存需求愈得不到滿足，個人就愈渴望滿足之。一旦生存需求獲得滿足，我們就會想要滿足關聯需求。但是，即使已滿足成長需求，人們還是會繼續追求。與馬斯洛理論不同之處在於，ERG理論多加了兩項敘述（Miner, 1980）：

- 關聯需求達成的愈少，我們會愈渴望生存需求。
- 成長需求達成的愈少，我們會愈渴望關聯需求。

這也意味著，若個人的高層需求被剝奪，或無法滿足，我們就會注重較低層級的需求。換句話說，也就是需求層級的倒退。

賀茲柏格的保健—激勵二因論

需求理論在激勵上的應用，也對經理人造成了一些問題，因為很難把需求轉換成管理策略。Herzberg、Mausner與Snyderman的研究（1959），正可提供經理人解決此類問題的指南。該研究向長期以來的假設作出挑戰，以往，我們都認為若某人對工作的某個層面不滿（例如薪水），我們只要改善那個要素即可（提高薪資），就可以提高工作滿足、動機、與績效。然而，賀茲柏格（Herzberg）與其同僚認為，有兩組因素在影響人們的職場表現，其運作方式不同，就是保健因子

表5.1 二因論的基本元素

保健因子	激勵因子
技術上的協助監督	責任
人際關係--同儕間	成就
薪資	升遷
工作條件	工作本身
位階	肯定
公司政策	成長空間
工作穩定	
人際關係—與上司	

與激勵因子。

　　保健因子若不存在，就會導致不滿。若工作環境中，存在著保健因子，不滿的程度會減輕，但工作滿足也不會高。保健因子與工作情境有關，包括工作條件、地位、公司政策，完整清單如表5.1所示。因此，根據二因論，提供外在福利、更佳的辦公室、良好的休假計劃，其作用主要是使不滿程度最小化，讓員工留在組織裡，但不會增加激勵或提高績效。

　　激勵因子與高度滿足及工作更努力的意願有關，若激勵因子存在，工作因素可以誘發更多努力，若因子消失，在大多數人的心中也不會造成不滿。激勵因子與工作內容有關，這些因子包括表5.1所列舉的責任與成就等。因此，從事挑戰性工作的人，可能較滿足，並得到更多激勵以表現優異。然而，缺乏挑戰性的工作並不會導致不滿足，只是缺乏滿足而已。薪資優渥的人並不會不滿足，但優渥薪資並不會帶來激勵。

　　該理論逐漸受到經理人的認同，因其提供了一個管理激勵的方

133

向。舉例來說，若員工不滿情形嚴重，應該改善的就是保健因子；但若想提升績效，經理人必須從激勵因子著手，也就是改變工作性質，使其具備挑戰性，並產生內在報酬，也就是讓個人體驗到，隨工作良好而來的地位，以及成長的良好感受。

賀茲柏格的研究，成為許多研究與爭辯的主題之一。第一，其結果可能源自方法偏差，他使用的是事件回憶法（incident recall method），請對象回溯好或壞的工作經驗。在這個方法中，個人會有將良好經驗（工作做得好）歸因於自己，而將惡劣經驗歸因於情境（例如主管阻撓其取得好工作）。這種想法，可以解釋賀茲伯格為何能發現保健與激勵兩個因子。而運用其他方法（如問卷法）的研究，則導出不同結論（House and Wigdor, 1967）。第二，個體差異未納入考量，舉例來說，自信與技能都可能影響工作的挑戰性。技能高強的系統分析師，可能覺得為新工廠設計資訊系統，是具有挑戰性的工作；但同等聰明，卻較不具電腦能力的人，可能會因這份工作而感到挫折。

儘管有這些問題，二因論仍然有重要的貢獻。因其既可成為工作設計者的指南，也能為第一線的經理人廣泛運用。更重要的是，賀茲柏格的研究，讓大眾對工作本身之角色的注意戲劇性地轉向，認定工作本身正是影響工作激勵與績效的因子，也為第六章將介紹的激勵策略，揭開序幕。

工作特性取向

有一個理論，能夠幫助我們解決如何將需求「轉譯」成管理策略的問題，這即是**工作特性取向**，又稱工作設計取向（Job design approach）。與賀茲柏格的理論類似，工作特性取向奠基於同樣的想

法：工作本身的性質，就是影響激勵與績效的要素之一。與任務本身有關的工作層面，具有正面的激勵效應；但是，有些工作層面雖然其正面的激勵效應幾乎為零，若未獲得滿足，可能會降低激勵與工作滿足（Herzberg et al., 1959）。

以賀茲柏格認為工作本身即為重要激勵因素的理論為起點，Hackman 與 Lawler（1971），建立了第一個工作特性模式的架構，也就是激勵之工作設計取向的基礎。在這樣的前提下，工作設計取向認為，某些工作特性的存在，使得「員工在表現優異時，體驗到正面、向發性的回應，而這些內在動力，正是持續努力以求取優異表現的誘因。」（Hackman and Oldham, 1976）以下是工作設計取向的四個關鍵因素：

1. 工作結果
2. 關鍵的心理狀態
3. 核心工作向度
4. 成長需求的強度

圖5.6說明了該模式中的四種重要的工作結果。

1. **內部的工作激勵**意指個人如何受工作本身的激勵，而非受到薪資或監督等外在因素的激勵。
2. 工作的品質源自從事有意義工作的人們。這樣的人會犯的錯較少，退回品的數量與不良率都較低。雖然在固定輸出水平下，改善工作品質可能提高產量，但工作特性取向不刻意強調產量的提高。
3. **工作滿意度**是受工作特性影響的第三項結果。
4. 曠職率與流動率，是受工作特性影響的最後一項結果。一旦曠

135

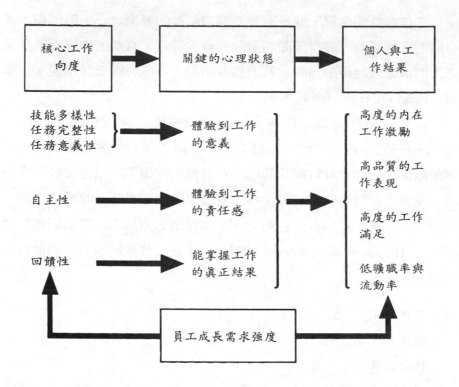

圖5.6　工作特性模型：核心工作向度、關鍵心理狀態、工作結果三
　　　　者間的關係

職率與流動率者相當高且無法控制，企業就必須付出昂貴的成
本。

有三項關鍵心理狀態，在個人工作表現良好時，會由工作產生，
並影響上述四種工作結果。

1. **體驗到工作的意義**意指個人相信工作能夠「做點什麼」，也許
對自己或對別人。舉例來說，國際和平組織的志工，大多認為
自己的工作極端辛苦，卻也極端迷人。即使多數志工的工作都

非常普通、低薪、工作條件也不理想，這種感受仍然存在。多
數志工也相信，無論自己的工作多麼渺小，仍然能為世上某人
帶來改變。對志工本身而言，他們的確感受到自己的貢獻。

2. **體驗到工作的責任感**意指個人相信自己對工作結果要負起責
任。國際和平組織的志工，同樣有這種感受，他們通常獨自或
只與少數人一起工作，並且知道必須為專案成敗負責。

136

3. **能掌握工作真正的結果**意指個人是否能判斷工作績效的成敗，
但掌握結果並不像聽起來那麼簡單。例如：「火星探路者號」
（Mars Pathfinder Mission）的「旅居者」小艇（Sojourner
Walker），在1997年六月成功登陸火星，但其計畫主持人要到
小艇登陸並開始傳回影像後，才能得到成敗的回饋。之前的四
年，他和工作團隊，連成功是什麼都很難想像。

　　某些核心工作特性的存在，會帶來高度的的工作意義、工作責任
感、對工作結果的真正掌握，這五種核心工作向度如下：

1. 技能多樣性
2. 任務完整性
3. 任務意義性
4. 自主性
5. 回饋性

　　不同的核心工作特性，會造就不同的心理狀態：

* 技能多樣性、任務完整性、任務意義性，影響到個人是否能體
  驗到工作的意義。
* 責任感則是自主性的函數。
* 對結果的真正掌握，取決於回饋性的程度。

技能多樣性，意指個人工作的績效要素所需要的不同能力，一個只負責繕打對外文件的秘書室職員，其工作技能不會太多樣化；但CEO的專屬秘書，可能就需要多樣化的技能，諸如打字、裡外應對。

任務完整性，意指個人能夠從頭到尾負責某項工作的程度。

任務意義性，工作對他人之工作或生活的影響，例如某人能將其任務連結至為客戶創造價值。

自主性，意指個人在工作中的自由。若能自由決定工作進行的時間、方式、地點，即是所謂的高度自主，同時也會帶來責任感。

回饋性，意指個人所得到的工作結果資訊。同事與上司是回饋的來源之一，回饋也可能來自工作本身，例如籃球選手，在投籃得分或暴投時，馬上就能得到回饋。

137　　由於個人成長需求的強度也非常重要，因此工作特性對每個人的影響都不盡相同。成長需求的強度，意指個人想要進步、擔任挑戰性職位、或說「達成」的渴望。成長強度高，且擁有高核心向度之工作的人，較能體驗到高度的內在激勵、較高的工作滿足、較高的工作品質，曠職率與流動率也會較低。

McClelland的成就／權力理論

McClelland發展出另一個重要的激勵理論，專用以解釋領導。成就／權力理論強調兩個重要概念：

1.動機
2.動機對行為的作用力

動機是個人內部的「一個與情緒調性相關的網路，按照強度及重要性，組成層級結構」（McClelland, 1965）。動機是人格的一個面向，

隨著人格成型一起發展。對個人而言，諸多動機中，會有一個取得支配性，或位於重要性層級的最高點，這個動機對行為的效應最為強烈。

有三大需求，或說動機，位於該取向的核心：

1. 成就的需求
2. 權力的需求
3. 親密關係的需求

以下將討論其中最重要的兩點，成就動機與權力動機。

成就動機意指個人重視成功的程度。成就動機的強度與社會化經驗有關（Heckhausen, 1967）。舉例來說，個人的早期成功經驗若極具獎勵性，就應該會產生高度的成就動機；若個人的早期經驗不具獎勵性，則其他動機（如權力），會在動機群中佔有更主要的地位。

每個人的成就動機，可能在水平與焦點領域上有所差異。課業成功的獎勵，可能會帶來高度的學術成就動機；但兼職工作成功的獎勵，增加的則是工作成就動機。舉例來說，某個高工作成就者，可能受到他希望在企業裡出人頭地的動機所驅動；而具有高度學術動機者，則受到驅動追求科學領域，而非組織內部的成功。

成就動機被概括化之後，會使人們希望在每樣事情都能成功。對於高度成就者，成就動機指向動機層級的最頂端，只需要最少的成就暗示，就能夠帶來對成功可能性之正向感受，並提高嘗試成功之可能性（McClelland, 1965）。以下是能夠活化成就動機的幾種條件：
（McClelland, 1965）

138

- 成功必須源自個人的努力，而非他人或運氣所致。高成就者希望自己能承擔成功的個人責任。

- 情境必須帶有「適度的風險水平」，也就是必須具挑戰性，但絕非不可能。如果風險高到不可能成功的地步，個人會避免它；若風險過低，使任務過於輕而易舉，個人也會因為缺乏挑戰而避免之。
- 個人必須得到成功的回饋，因為個人希望追蹤自己做得如何，並試圖避免讓他人質疑成就的情境。

成功的企業家，具有高度的成就動機，他們「參加的是一人比賽，沒有其他人參與的空間」（McClelland, 1975）。商業的企業情境，擁有多數能激發成就動機的特質。企業家知道，無論輸贏，他們都會負責到底。

有趣的是，一開始我們認為，成功的經理人，擁有高度的成就動機，因此帶來較高的工作績效、更快的晉升機會，才能在最後爬上高層。但事實是，多數高層主管並不具高度的成就動機，他們擁有的是**權力動機**（McClelland, 1975）。

權力動機，是個人希望影響他人，建立、維繫、累積個人特權或權力的一種需求（McClelland, 1975），並以三種方式展現之。

1. 個人會對他人採取強力主動的行動、或幫助他人、試圖控制或說服他人、或試圖令人印象深刻。
2. 個人的行動方式，會導致他人的強烈情緒，即使行為本身並不強烈亦然。
3. 動機會反映在個人對名聲的關心上，甚至會採取行動以增進或維繫名聲。

具備高權力動機的男女兩性，特質非常類似（McClelland, 1975; Winter, 1988）。他們在組織中擁有自己的辦公室，偏愛權力導向的工

作（如商業、教學、記者），希望在組織中受人注目，有獲取財產的
傾向。兩性唯一的不同點在於，具高權力動機的男性，往往有酗酒問
題，而女性則無。

權力動機的形式有二：個人化權力與社會化權力。個人化權力是
對抗性的，個人化權力導向者喜歡他們能夠主宰的個人競爭，對他們
來說，生活是一場遵循弱肉強食之叢林法則，只有輸贏的遊戲。某些
人還有酗酒傾向，並在酒精影響下，在權力的幻想中得到滿足。這種
人，雖有高度的權力動機，自制力卻很低。

社會化權力導向者，會希望為他人的福祉而運用權力，並且關心
個人權力的運用、謹慎規劃人際衝突，也了解凡事有輸有贏的道理。
與個人化權力導向者比起來，他們能夠自制，在權力動機的表現上也
更為自律。具強烈社會化權力動機、低親密需求、高度自制的人，其
動機組成就是所謂的「領導動機」（McClelland, 1975）。

139

激勵理論──過程理論

我們接下來所要介紹的第二種激勵理論，就是過程理論。激勵的
過程理論，強調行為的改變如何發生，也就是個人如何以不同的方式
行動。過程理論較不強調導致行為的特別要素（也就是「內容」），舉
例來說，內容理論會說：「提高薪資能改善工作滿足及績效。」而過
程理論則可能以某種方式說明一切是如何發生的，例如增強理論會
說：「如果高績效帶來具增強性的結果，績效就會提升。」在這個例
子中，以所欲結果來增強高績效，就是績效藉以提升的過程。在了解
這些理論後，能幫助我們了解主流的過程導向，以及其他理論的內容
面向。本節要介紹的四種過程理論如下：

1.增強理論（Reinforcement Theory）

2.期望理論（Expectancy Theory）

3.目標設定理論（Goal-setting Theory）

4.組織公平理論（Organizational Justice Theories）

增強理論

　　增強理論是最重要的，也可能是最複雜的激勵理論之一。增強理論在管理上非常有用，因其不僅幫助經理人了解人格如何形成，也使經理人了解獎懲對績效與工作滿足的影響。大多數研究都支持增強理論，最具代表性的研究之一，以範圍廣泛的受試者為對象，進行嚴謹的控制，以了解獎懲的影響力。該研究選擇在工作場合進行，雖然會因為更多影響行為－後果之連結的因子存在，而使得複雜性提高，但其結果仍然支持增強理論。在增強理論裡，有兩項重要的概念：

140　　1.增強結果的型態

　　2.增強的排程

　　我們將針對這兩點詳述之。

　　增強結果的型態　在增強理論裡，可能有下列類型的結果：

1.正增強作用

2.負增強作用（避免）

3.懲罰

4.消弱

　　圖5.7說明了各種型態後果的本質，以及其影響行為再發生的可

能性。

　　正增強作用作用於，個人所欲的後果與行為產生連結之時。正增強物，會提高行為未來再次發生的可能性。圖5.8的A部份，說明經理人應該如何運正增強作用，以提升工作品質。每當部屬提交報告，經理人可以提示部屬「這次表現比上次好」，並透過讚賞（做得好！）以提供正向增強。如果能這樣持續下去，刺激物（做得好！）最終將能使報告的錯誤大為減少。〔圖5.8〕

　　移除個人不欲之結果，即可產生**負增強作用**，負增強也會提高行　　141
為再發生的可能性。假設你在一個很嘈雜的工廠工作，而你發現，帶上耳塞可以降低嘈雜度與個人的不適。這使你在噪音與耳塞的使用

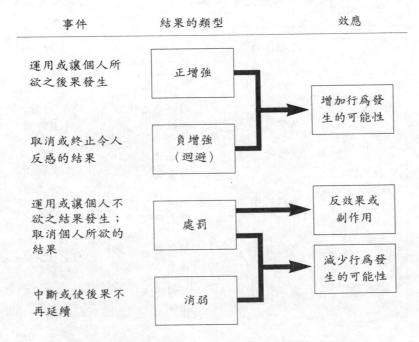

圖5.7　結果的類型及其效應

間，建立連結。噪音的消除，即是一種負增強物，增強了刺激（在噪音中工作）與反應（使用耳塞）間的關聯（Reitz, 1981）。這也稱為迴避式學習，意指人們投入某些反應，以迴避負面效應：我們會在紅燈前停車，以免被開罰單，以及隨之而來的罰鍰；同樣的，在工作中，個人也會努力達到標準，以避免某些負面的結果。圖5.8的b部份，說明個人如何避免來自上級的負面批評。

有些經理人認為，負增強在管理工作上相當好用，意即員工若從事不良行為，就應該對其有所行動。然而，這種運用也有許多困難。

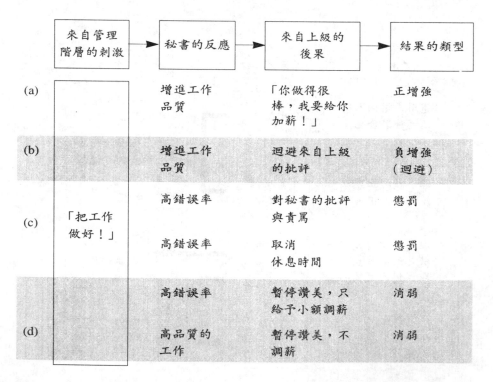

圖5.8　工作情境下的後果範例

第一，這會造成緊張的環境，人們很難長期在「只為了避免不欲之後果」的動機下工作。第二，這會導致員工與雇主之關係的惡化，特別在上司竟成為一個讓員工總想避開的長期威脅時尤然。

　　懲罰的形式有二：運用負面的結果（個人不欲之物），或取消正面的結果（個人所欲之事物）。圖5.8的c部分說明了，當簡報做的不夠好時，個人可能受到的懲罰：也許是被上司臭罵一頓。這個圖也說明了，如何以取消正面結果作為懲罰：也許因為這次的低品質報告，而取消個人的額外休假權利。在這兩種情況下，反應（意指低落的簡報品質）就會得到降低。 142

　　懲罰與負增強的區別在於：懲罰會使人停止某項行為，以避免負面後果，例如遭受上司不公對待的人，不會公開批評上司，因為害怕遭到解僱；負增強則讓人學會主動的作為，以避免負面結果再發生，例如迴避被老闆激怒的工作情境（Stajkovic and Luthans, 1997）。

　　當然，懲罰能夠影響工作行為，卻是我們最不建議的方法。正增強會是較好的選擇，許多例子都說明了，正增強在改善績效與出勤率上的用處（Locke et al., 1981）。懲罰的運用會導致嚴重的問題：

- 懲罰必須謹慎運用，不能夠太過溫和，卻也不能過激，應該要做到「罪罰相等」。
- 懲罰必須與我們所不欲的行為產生連結，並在最短的時間內應用，最好能夠鼓勵不相容的反應或我們所欲的替代反應。
- 懲罰可能會有反效果，甚至成為正增強物。遭受懲罰的部屬，可能反而因為成功地激怒上司，或得到同事的注意與支持，而覺得受到獎勵。
- 懲罰也可能產生無法預期的副作用。例如，降低所欲行為的出現頻率，或造成令人生畏的環境，使人們失去進取心，不願意

嘗試新的事物，盡量少提問題，以免引起老闆的注意。

- 懲罰可能只治標，而未治本。如果不去根除原因，行為很可能會繼續下去。

- 經理人通常無法控制員工對懲罰的解讀，而且消息流通的主控權，通常在受罰者手中：他們返回工作崗位，只放送自己的獨家版本。若該版本的訊息不正確或不完整，或者他們為了保留顏面而扭曲事實，懲罰就很難收殺雞儆猴之效，而這通常是經理人提出懲罰的目的，只是很諷刺地，通常到最後，一切變得不過只是流言的以訛傳訛而已。

消弱是另一種改變行為的方式，停止已建立的增強物（無論正負），使行為不再延繫。透過長時間內，對某項行為的不再增強，經理人可以消弱員工的反應，這些反應的出現頻率會逐漸降低，最後消失無蹤。圖 5.8 的 D 部份，就說明了兩個消弱的實例。經理人不對任何的不良簡報給予懲罰，同時也不對優良簡報給予獎勵。這兩種情況都會使反應率降低，差別在於，一個是經理人所欲的行為，而另一個不是。

經理人必須對職場中消弱的各種可能結果保持敏銳度，而且不該讓員工感覺到，優良績效也不會帶來正面結果。通常，若平均績效與傑出績效間，沒有任何獎勵上的差異時，我們會很快了解，高績效水平不會帶來酬勞。簡單來說，個人超出平均績效或最低績效的熱誠，會被澆息。另一個有趣的消弱實例是，通常我們都會尋求對工作績效的回饋，而得到這種反應：「我想你知道自己幹得不錯，我可沒有踩在你背上，不是嗎？」若經理人的管理風格，使其吝於對優異員工表達讚賞之意，會使工作績效趨疲。

增強的排程意指後果與行為之間，建立連結的頻率與時機。增強

的排程之所以重要，是因爲這關係到，員工要花多久時間才能學會新行爲、改變慣性行爲。圖5.9說明五種增強的排程：

1. 持續排程
2. 定時排程
3. 變時排程
4. 定率排程
5. 變率排程

　　在**持續排程**中，只要反應發生，就給與增強（或懲罰）。當我們在學習新工作時，指導者通常會頻繁地出現，在員工做對事情時，給予即時性的增強。但由於需要某人的長時間在場，因此持續排程很難應用在工作場合中；除非經理人能夠時時盯著員工，否則就不應使用這種持續排程來增強或懲罰。通常我們不建議「盯著看」的管理方式，除了在主管訓練員工特定任務的短時間之內。因爲距離過近的監督，會讓員工感受到他們無時無刻都被盯著，這種氣氛較不受人歡迎，也會對團隊的工作滿足與生產力，產生負面影響（Likert, 1961）。

　　在**定時排程**裡，每隔固定的時間，就對反應進行增強。這種排程會造成績效上的波動，因爲最佳行爲將會在增強作用即將出現時才發生。例如，若預定每六星期，作一次績效考核，員工就可能會在評估日將近時，才努力工作。薪資則是另一個例子，因爲薪資通常是在每個月或每個星期的固定時間發放。我們很難判斷薪資究竟增強了什麼事情，但是薪資絕不可能增強績效，因爲薪資通常不是績效的函數。固定薪資最可能影響的是，其增強了出席率（因爲曠職到會使薪資減少），或使員工斷了離職的念頭。

　　在**變時排程**中，增強的時間區間長短不一。變時排程，在工作環　144

境中十分常見。例如：領班會出其不意地訪視工作。想想保全人員的例子，他們之所以不敢擅離崗位，是因為他們不知道主管何時會來視察。

變時排程的問題是，其可能導致錯誤的行為。如果部屬會因為上級的來訪而受賞，也會無意地增強我們不欲見的行為。假設上級突來訪視，打算讚美員工，欲剛好在員工短暫休息，較慢回到工作崗位上

持續排程

增強每個反應；
快速地學習與消弱

	定時	變時
區間 （時間）	固定時間給予增強 學習會相當緩慢，並且與時間連結 對消弱的抗拒中等	不定時（也許無法預期）地給予增強 學習緩慢、活動力高 對消弱的抗拒強
比率 （反應）	**定率** 固定數目的反應後，給予增強 學習緩慢，活動力高，在增強後會暫停 對消弱的抗拒中等	**變率** 不定數目的反應後，給予增強 學習緩慢，反應率成長穩定而且很高 對消弱的抗拒強

圖5.9　增強排程及其對學習與消弱的效應

時，抵達現場。這可能會讓該員覺得，自己是長官心血來潮的犧牲者，甚至因此而憤憤不平：「她爲什麼不在我表現較好的時候來呢？」

在**定率排程**中，在增強前，必先累積固定次數的反應。論件計酬制，即是定率排程的一例，員工們因爲生產力增加，也許是完成一打包裝，或賣出三台車，而得到額外薪資。定率排程，會導致高反應率，而且只要增強物還具效力，反應就會持續下去。

在**變率排程**中，每個增強所需的反應數目不定。個人可能因爲一次反應，就獲得增強；也可能要好幾次反應，才能得到增強。變率排程的反應率既高，也很穩定，通常不會有可預期的暫停或爆發。賭博與釣魚，就是變率排程的二例，其代價發生的期間不可預測，因此會讓行爲持續較久。在開出大獎前，人們會買走數以百計的彩券，三不五時地中個小獎，讓你繼續懷抱希望，繼續購買。同樣地，在大魚上鉤前，免不了要丟出許多魚餌。

145

當經理人不定期的發放獎勵，不論有意或無心，都符合變率排程的原理。有些公司試圖推動正式的變率排程：運用彩券以降低缺席率。例如，在大陸航空，能在六個月內保持全勤記錄的員工，就能夠參與新車的抽獎。除非增強眞的發生，或人們覺得還有希望，否則不會影響行爲。若全勤員工從未中獎，消弱就會發生。

改變行爲的取向之一，即所謂的**行爲塑造**，意指分段增強行爲，以達到我們所欲的行爲終點。行爲塑造可以用在各種學習上，而非只用於消弱或克服舊習。行爲塑造要先將所欲行爲切割成元素，並視其爲一系列組合，然後我們就可以鼓勵或加強其中任一環節。舉例來說，部門裡有某位經理人，一直反對在單位裡採用個人電腦。你相信，他不採用的原因，是因爲他害怕自己沒有能力使用。以下是我們可以用以重塑其行爲的方式，使他願意採用個人電腦：

- 帶他到另一位已經成功引進電腦的經理人辦公室去看看，他就能看到部門因此得到的利益。
- 指派一項需要運用電腦的簡單任務給他，並指派一位親和力高的電腦小老師。
- 要求他對各種電腦品牌的成本、利益、使用者親和度做簡報。透過這個過程，必定能正面增強他的行為，以支持你對引進電腦的計劃。

　　學習遷移意指，個人在某個情境習得的行為，在另一情境發生。有時候，這樣的遷移是合適的，但有時則否。假設你在一家服裝標準較寬鬆的企業工作，只要你具有生產力、穿著整潔，你便可以成功。現在你換了一個工作，新公司的服裝規範較為正式，這下子以前那一套就行不通了，即使你的表現優異，也同樣要承受後果。第一間公司的穿著規範，不適用於第二間。為了讓學習產生遷移，就必須要有與學習發生之情境的類似條件。例如，業界使用與學校類似的訓練器材，也能夠幫助學習遷移，也幫助我們從中繼續得到，在校時習慣的增強與回饋。

期望理論

　　期望理論的基本概念，就是個人會為了達到自己所欲的結果而工作（付出努力）。這是個合理的激勵理論，意味著，人們會評估所有選項的成本與利益，再選出一個獲利最好的（Vroom 1964）。假設，有一位汽車業務員，他有兩種達成目標的不同方式：

1.花很多時間打電話給可能購買的顧客群。
2.坐等顧客上門。

　　他的選擇，取決於個人對特定結果的偏好，以及對結果的期望。若他估計電話行銷較具可能性（期望），比起坐等顧客自己上門，更能夠賺到獎金，那麼他打電話給顧客的動機就會比較強烈。根據期望理論，這位銷售員會選擇打電話給顧客的工作行為。

　　在我們運用期望理論來預估其行為之前，我們必須知道更多一點。例如，我們假設，這位業務員重視獎金，也認為只要嘗試就會成功。當然，成敗本身還會帶來其他後果，例如，影響升遷機會、工作帶來的個人滿足、與其他業務員同事間的關係。最後剩下的就是能力問題，在同樣的激勵程度下，銷售能力較佳的人，成功的可能性較高。圖5.10說明，構成期望理論的要素：

　　期望值意指個人對於某些結果（事件）發生的可能性，所做的評　147
估或判定。期望值是對可能性的估計，範圍可能從0（不可能）到1（確定）。如果業務員相信，只要向五個潛在的顧客推銷，就會售出一台汽車，期望值就是0.2。

　　圖5.11中，我們可以找出兩種期望類型：

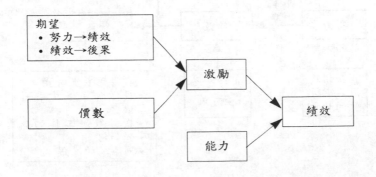

圖5.10　期望理論的關鍵觀念

1. **努力－績效期望（E→P）** 意指個人相信，努力水平會導致績效。對業務員來說，努力－績效期望就是「我在銷售汽車上所做的努力」與「我銷售多少汽車」之間的關係。

2. **績效－結果期望（P－O）** 意指個人相信，績效水平會帶來某些結果。高 P→O 期望值（特別與獲得獎勵有關時）是高績效所必備的條件。這就是所謂的績效－報酬連結。若此連結不存在，我們不用期待任何人會付出努力。

　　圖5.11說明了業務員的績效「我賣出多少台車」的四種可能結果：

1. 我得到多少薪資
2. 我增加了多少晉升機會
3. 我對做好工作的感覺如何

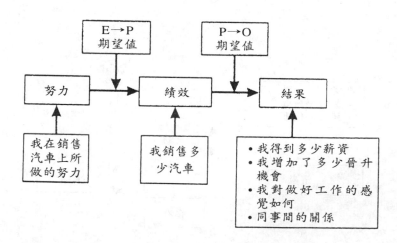

圖5.11　「努力－績效期望」與「績效－結果期望」

4. 同事間的關係

　　這些結果都會影響激勵水平。舉例來說，某業務員可能覺得，只要努力工作，就會產生高績效（E→P）。這也許會增加收入與自尊，但不太可能改善與同事間的關係。績效的結果（薪資、自尊、同事間的關係）都是P→O期望值。

　　並非所有結果都會受到個人的同等重視，我們可將個人的偏好強度稱之為**價數**。價數意指，源自結果的滿意度（或不滿意度）預期，或結果帶來的愉悅（或不悅）程度。若某項結果的價數是一個低的正值，通常我們不會為其付出太多努力。業務員也許很想要某些結果，卻不想要其他的。舉例來說，他可能希望加薪與升遷，同時盡量迴避與同事間的敵意。

150

目標設定理論

　　目標設定理論建立在一個簡單的前提上：績效肇因於個人的表現意圖（Locke et al., 1981）。目標意指「個人試圖完成之事物」。根據這個理論，一般人會做他們想做的事（Locke, 1968），因此，我們可以有下列的清楚推論：

- 一個有較高目標的人，相較於低目標者，會表現得更好。
- 一個清楚自己想做，或該做什麼的人，會比目標或意圖模糊不清者，表現得更好。

　　以上是目標設定理論下列四大論證的二個基本概念：

150

1. 在目標難度與績效間，通常存在著正面關係。然而，這不包括超越個人能力的超難目標。困難的目標比簡單的目標導致更好

148

隨堂練習

期望理論的基本要素

期望理論說明，你我今日之所以選擇某行為，是為了未來可能產生的價值。舉例來說：你可曾為一堂不需要交報告的課程，而寫報告呢？大多數學生的答案是否定的，因為以下兩點理由：

1. 大學部學生缺乏寫作所需的資訊或能力。
2. 他們看不出為何要寫。

這兩個原因正是期望理論之基本觀念的反映。以下幾則簡短的例子，是為了說明，本章所介紹的期望理論，如何影響組織內個人的激勵水平。

案例一：Ike Antt

Ike Antt在一家當地的電子廠從事生產線的工作。Ike已有家小，幾年來一直努力工作，以求收支平衡，這幾年雖有小幅加薪，但調薪幅度卻被通貨膨脹啃蝕殆盡。他的上司說，大概六個月後，會開一個領班缺出來，只要他能在六個月內將生產量提高兩倍，就大有機會。他將這個消息告訴他太太，也認為這個升遷能夠帶來更亟需的加薪，問題是：他已經工作地夠努力、夠有效率、夠久了，除非生病，否則他都會去上班，兩倍的產量對他來說，根本是不可能。

針對下列問題，圈出你認為正確的答案。

- 此次晉升的重要性或價數，對Ike高或低？　　　　　高　低
- Ike是否相信，只要能達到兩倍產量，能得到升　　　高　低
  遷？（P→O期望值）
- 如果Ike努力試試看，他認為他產出兩倍產量的機　高　低
  率高嗎？（E→P期望值）
- Ike是否會被激勵，以達成兩倍產量？　　　　　　是　否

案例二：Noah Get

　　Noah Get在Curtis公司的行銷部工作十一年，行銷部的副理將在18個月後退休，而他是最有可能接位的人。事實上，現任的副理艾先生，也推薦他來接任。自從艾先生說道，只要Noah能夠顯著提高績效，就會對上級大力推薦Noah後，Noah每星期花60個小時在工作上。Noah有三個即將上大學的孩子，因此伴隨升遷而來的調薪，也會有很大的幫助。艾先生昨天把Noah叫進辦公室，給他看總經理指示的備忘錄，上面寫著：「因為我們急需注入新血，來面對經濟與市場的瞬息萬變，因此，所有管理高層的職缺，都將改為外聘。未來五年內，所有內部升遷一律暫緩。」

　　　對下列問題，圈選出正確的答案。

- 此次晉升的重要性或價數，對Noah的影響高或　　高　低
  低？
- Noah是否相信，只要他繼續保持目前每週工作60　高　低
  小時的成果，就能夠得到升遷（P→O期望值高
  或低）？

149

- 他是否相信，自己能夠將目前的高產量，繼續維　　高　低
  持數月（E→P期望值高或低）？
- 因此，Noah是否還可能維持這種生產水平？　　　　是　否

案例三：Donna Wann

　　Donna Wann在一家全國性的紙製品公司，擔任地區行銷代表長達九年。Donna生於斯、長於斯，大學畢業後，就與高中的青梅竹馬結婚。她喜歡這些打從小時候就一起相處的朋友、父母、祖父母、堂兄弟姊妹、叔舅嬸姨，也喜歡她丈夫的家族。Donna是個非常成功的業務代表，若她肯在家庭與朋友身上少花點時間，就可以輕鬆提高業績。然而，Donna對家庭和友誼的重視，遠甚於事業可能帶來的酬償。Donna的經理人昨天告知，公司將開放一個總裁特助的職缺，總部的高層認為，Donna是這個職位的最佳人選，但為說服董事會的另兩位反對人士，Donna必須證實自己的實力，在未來三個月內，提高15%的業績。Donna 略作思量後，發現要提高15%的業績並不難，重點是，晉升意味著要搬到離家1500哩的紐約，這表示她必須放棄她與親密家人與朋友的親密關係，而這是她最不願做的一件事。

　　根據下列問題，圈選出正確的答案。

- 此次晉升的重要性與價數，對Donna的影響高或　　高　低
  低？
- Donna是否相信，只要業績提高15%，就能獲得　　高　低
  晉升？（P→O期望值高或低）
- Donna是否相信，只要自己願意，就能夠提高　　　高　低

15%業績（E→P期望值高或低）

- 因此，Donna是否可能將業績提高15%？　　　　　　　是　否

現在回答下列診斷性問題。

1. Ike、Noah、Donna的案例，在努力─績效的激勵方面，給了我們怎樣的啓示？
2. 怎麼才能提高Ike、Noah、Donna的激勵水平？

的結果，各種情境的研究（對象包括學生、員工、經理人），都證實了這一點（Latham and Locke, 1975; Loke et al., 1981; Tubbs, 1986; Rasch and Tosi, 1992）。

2. 特定的目標，相較於一般的目標，會產生更高的績效。這一點特別應該熟記，因為一般經理人給部屬的目標，往往落於空泛（Carroll and Tosi, 1973）。無論以學生、打孔機操作員、行銷人員、生產員工、實驗室成員為研究對象，結果都指出，得到特定、具挑戰性目標的人，其績效會超越僅是「試著做到最好」的人，或超越自己「過去在非特定目標下的績效」（Locke et al., 1981）。

3. 透過對目標的接受、承諾、資訊分享，參與與績效會建立起某種關係。在目標設定裡，參與本身不會直接影響績效，卻可提昇對目標的承諾，並終究影響績效，特別在參與會導致目標達成方式的選擇、及帶來關於目標與任務的資訊時尤然（Erez et al., 1985）。這意味著參與是個複雜程序，不能被限制在上司要求部屬設定目標的狹窄領域，應該建立在更寬廣的基礎上（Carroll and Tosi, 1973）。必須要有真實的參與，也就是讓部屬

151

有權選擇如何完成任務、目標水平、執行任務所需的資訊
（Scully et al., 1995）。

4. 與目標相關的績效回饋有其必要。為提升績效水平，清楚的目
標與績效回饋不可或缺（Locke et al., 1981; Tubbs, 1986）。個人
應該了解，自己是否達到所欲之績效水平。在一項以電話服務
人員為對象的研究中，研究者比較兩組員工的績效並發現，有
目標、得到回饋的團隊，相較於只有目標的團隊，會有更佳表
現。目標一回饋型的這一組，成本較低，也有較佳的安全記
錄。

目標設定理論的其他考量　與目標對績效的效應有關的人格因素
之一，是所謂的自我能耐。自尊正是一個自我能耐的概括量數
（measure）。我們發現，自尊會與目標互動，而影響績效。擁有高度
自尊的經理人，比起低度自尊的經理人，會更努力地工作以達成目標
（Carroll and Tosi, 1973）。另一個因素則是自我效能，意即個人對自己
能夠成功執行任務的信念。許多目標設定的研究已證實，自我效能是
影響目標成功的重要因素之一（Locke, 1997）。

這個理論的問題之一就是，理論如何處理目標的複雜性。在所有
研究中，目標都為簡單的工作而設定。即使田野研究，也僅將目標設
定在低層次的簡單工作，諸如打字或上貨。經理人或專業人士的目標
設定，通常更為複雜。想想，我們如何為原文頁碼125處所討論的工
廠經理人設定目標？他們的績效元素非常繁雜。舉例來說，我們的確
無法運用目標設定理論，來為廠長設定優先順序、選擇不同難度、不
同特定性的任務。事實上，一篇目標設定的研究評論指出，目標特定
性與目標難度，對較複雜任務的影響，不及對簡單任務的影響
（Wood et al., 1987）。

組織正義理論

激勵的組織正義理論，以個人對工作待遇的知覺為基礎。

- **分配正義**意指個人是否相信，自己在工作結果上得到公平對待，即他們對工作的付出與回收是否相稱。這就是公平理論的基礎。
- **程序正義**，意指個人是否相信，在職場的決策制定上，自己受到公平的對待。　　　152

　　結果正義理論　**公平理論**指出，一般人會為了維持「與他人間的平等關係，或矯正關係之不平等」而受到激勵（Baron, 1983）。基本前提是，個人會將自己與他人比較，並希望努力與成就受到公正的判斷。其他激勵理論，著重於個人內心的比較（也就是比較「我現在擁有什麼」與「我應該擁有什麼」）；但公平理論則以人際比較來解釋激勵（比較「我現在擁有什麼」與「其他人現在擁有什麼」）。這也意味著，公平理論關心的是**結果正義**，也就是個人感受到的，自己或他人對組織成果的貢獻。換句話說，公平理論著重個人如何評價自己的成果，以及個人如何評價他人的成果。以下是在公平理論中，用以解釋激勵的三項關鍵要素：

1. 投入
2. 產出
3. 參照物（Adams, 1965）

　　投入意指個人帶入工作的部份，包括年紀、經驗、技能、資歷、對組織或團體的貢獻，也就是個人認為與工作相關，並應受到他人肯

定的事物。產出意指被個人視為工作結果的事物，包括正反兩面，正面產出如薪資、肯定、升遷、地位象徵、邊際成本；而負面產出則包括不安全的工作環境、管理階層的壓力、單調…等。在公平理論中，參照物意指比較的對象，個體或團隊皆可。舉例來說，身為部門經理人，個人會把自己拿來與其他部門的經理人做比較（例如與Paula比較）。

察覺到的不公（或公平），以兩者的產出／投入比值為比較基礎。若個人的產出／投入比值與參照對象（Paula）相當，就稱為公平，如下列方程式：

$$\frac{產出（你自己的）}{投入（你自己的）} = \frac{產出（Paula）}{投入（Paula）}$$

報酬不足的不公平起源自，當個人認為自己的投入，至少也與Paula相當，但產出卻比她少。也就是在同等的貢獻之下，個人從工作中獲得的，比Paula還少。這種報酬不足，會造成不滿，而此不滿係源自對過低報酬的憤怒，並可能導致工作品質的低落（Kanfer, 1990; Cowherd and Levine, 1992）、竊盜等反生產行為（Greenberg, 1990, 1993）、或績效低落（Greenberg, 1988）。

報酬過多的不公平，如果Paula對個人產出的評估和你一樣，她碰到的問題就是報酬過多的不公平。也就是她相信，比起參照對象（你），她從工作得到的更多。和報酬不足的不公平一樣，報酬過多的不公平也會造成不滿，但在這種情況下，不滿可能反而導致當事者的罪惡感。這種不滿，不論起源自憤怒或罪惡感，都會讓當事人想要平衡這樣的情形，以達到公平。舉例來說，若某群經理人分配到比職務更豪華的辦公室，他們會提昇績效（Greenburg, 1988）。同樣的績效提升，也發生在同事被裁員，而自己仍保住工作的員工身上

全球化專題：國際薪資與公平性

　　跨國公司正面臨的嚴重問題之一，就是如何安排海外經理人的薪資。海外經理人，意指來自某國（如法國），卻在他國（如澳洲）工作，並可能因為其他職務指派，而再回到母國的經理人。問題源頭是，企業不知道如何決定這些人的薪資。

　　一個常見方法是，以母國薪資為基礎，加上或者扣除生活開銷（大部分的公司都不會扣減，而是加上），再加上住宿、交通等津貼，以及因稅級調整而給予的補貼。另一個方法是，以工作國的薪制為基礎，也就是給予當地的薪資，再加上交通津貼。

　　不論哪一種方法，都會引起公平性的問題。例如：第一個方法，會使海外經理人的薪資，與母國的同僚大致相當，這是因為，公司希望這些經理人能夠保持與母國相當的生活水準，而第二個方法，則意味著希望經理人能和工作地的經理人平起平坐，以免因薪資超越當地的生活水準，而引發不公平的感受。然而，採用第二個方法，意指公司認為讓經理人保持著與工作地相當的生活水準，是很重要的一件事，這能夠降低工作地的不公平感受，但海外經理人本身，可能會因為落後於總部同僚，而大嘆不公平。

資料來源：編修自Frazee（1998）

（Brockner et al., 1986）。若同事們因績效過低而被解僱，留下的人會認為這是因為自己績效比他們高的緣故；若被解僱者是隨機挑選的結果，留下來的人就會更努力工作，以提高個人投入，這正是公平理論所預期的。

154　　　若不公平被察覺到，個人就可能採取行動來彌補、平衡。對持有強烈道德觀、良知、道德高標準者而言（Vecchio, 1981）來說，更是如此。以下是達到公平的幾個方式：

- 改變投入　一個重回平衡的方式，就是降低投入。例如降低對組織的承諾、減少投入的時間、不像過去那麼關心工作品質。如果Paula感受到報酬過多的不公平，她可以藉由提高工作品質、更加努力等方式，來增加她的投入。

- 改變產出　一個降低不公平感受的方法就是，從工作中獲得更多。例如爭取加薪、提高自己的權力、獲得更多特權。Paula則可以藉由拒絕加薪（幾乎不可能）、主動擔起不那麼喜歡的工作…等方式，來改變產出。

- 合理化自己的投入、產出、心理扭曲。藉由認為工作的地位較高、或比原先所認為的更重要…等合理化方式，可以增加個人的產出。個人也可以藉由改變個人投注努力多寡的心理扭曲，告訴自己，現在做的比以前還少。Paula則可能會說服自己：「我的工作比別人更重要。」研究顯示，若員工被減薪卻仍保有職位時，就會提高自己對工作感受的重要性（Greenburg, 1989）。

　　對個人之產出與投入，也可能產生心理層面的扭曲。你可能會把「Paula對公司的實際貢獻不如我，卻得到比我好的待遇」合理化為「因為在這段期間內，公司內部有偏愛女性員工的壓力，這才是她的產出看起來較大的真正原因」，並讓自己達成平衡。

- 離開這個情境。個人可能選擇另一份工作，並在新情境下，逃離一切不公，重新發現另一個更公平的環境。

- 與他人相抗衡。個人可能藉由說服 Paula 更努力工作，來提昇她的產出。或者玩些政治手腕，來降低其產出，暗中降低別人對她的信心，使她離開公司。
- 換個參照對象。個人可能會發覺，若不跟 Paula 比較，一切會好過許多。若恰巧又發現，公司中另有一個人，其產出／投入比值與你相當，個人就會重拾公平感受、提高工作滿足、減輕憤怒。

程序正義理論　程序正義理論，著重的是影響激勵與工作滿足的　154

155

專題：程序正義

　　你是否還記得這種經驗？也許是在大學或工作中，遭受到不平等待遇後，最後只得到這樣的解釋：「我們一切依法行事。」這種解釋，的確不會使你感受到決策的公平性。Susan 是一個轉校修讀 MBA 課程的學生，在討論抵免學分時，Susan 被告知必須重修統計學，並不是因為她的成績不夠好，而是這門課在前一所學校的代碼（Sta5127），意味著其為概論性的研究生課程，而新學校要求的是進階統計（Sta6127）。Susan 去找她的指導教授商量，也準備了前所學校課程的綱要與課表，事實上，之前的教材、內容、層次都比較高，指導教授也承認這一點。但他卻不讓她抵免學分，用的就是那一套官腔：「這是我們這裡的政策。」當然，Susan 不太開心，但她沒有其他的選擇。

另一正義層面：如何判斷決策制定方式的公平與否，以及個人對此的感受。程序正義的感受，與更高的組織承諾水平、工作滿足、組織公民行爲水平、或情境績效水平有關（Folger and Konovsky, 989; Ball et al., 194）

155　　程序正義理論是一個相當新的激勵理論，卻非常重要。只要稍事回想，我們就能夠知道那些組織工作的決策會影響個人，包括薪資、升遷、工作內容…等。決策的制定與推行，都必須經過組織中的規範、政策、程序、運作體制。通常，經理人會認爲，只要他們根據這些程序、規則、政策來制定決策，影響所及的員工就會視其爲公平合理，並且接受。

　　事實並非如此。儘管經理人認爲，他們採用公平的程序及政策，但在實際運作上，因爲結果對某個人不利，或程序似乎不盡公平，還是會引發某些人的不平之鳴。程序正義有三大決定因素（Thibault and Walker, 1975）。第一，是*程序控制*，也就是個人是否相信，自己在決策制定之前，有無立場說明個人情況。Susan的例子中，就有充份的程序控制，她可以提供指導教授過去的修課資料。在成立工會的組織中，訴願程序允許個人擁有某種程度的程序控制，例如在每階段提供有利於己的證據。

　　第二項要素就是*決策控制*，也就是個人在決策過程中擁有的權力。在Susan的例子中，決策權在導師手上，Susan自己無法影響決策的結果。她能做的是，請委員再複審一次決策，並且爲自己在委員會中指派一位代表。

156　　第三個影響知覺的要素是*互動式正義*，也就是決策本身與決策程序是否曾向當事人完整解釋，以及在決策過程中，個人是否得到相對的尊重待遇（Brockner and Wiesenfeld, 1996）。我們可以合理地預測，如果Susan得到的只是「這是我們這裡的政策」，她一定感受不到互動

式正義。

　　結果正義與程序正義的互動　明顯地，程序正義對個人反應的影響，取決於結果是否有所偏袒，同樣地，結果的偏袒，也會對個人的程序正義知覺，產生影響（Brockner and Wiesenfeld, 1996）。圖5.12說明了這兩種不同的正義概念間的關係，及其對影響所及之人士的滿意度之效應。圖中顯示，當結果對個人有利時，不論程序是否公平，都會帶來相當高的滿意度。我們再回頭看看Susan的例子，如果統計課程的學分能夠抵免，因為這是個對她有利的結果，她對指導教授的決策過程可能會感到相當滿意，無論其公平與否，也無論是否符合學校政策。若最後的決定是學分不得抵免，也就是對她不利的結果，我們

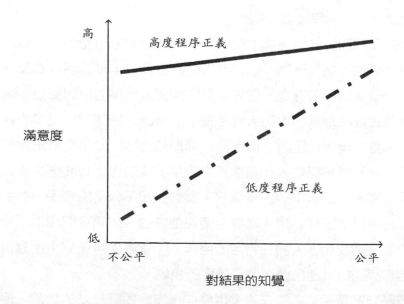

圖5.12　程序正義與分配正義的互動
資料來源：編修自 Brockner and Wiesenfeld （1966）

可以在圖5.12中看到，若她認為程序不公（「因為規定如此，所以不接受」），只要她能夠向委員會申訴，並且指派一位代表，並且親自向委員說明一切，其不滿也會降低。

157 ## 摘要

　　我們在本章中，介紹了許多激勵理論。屬於內容理論的需求理論，提出激勵人們之事物。它們提供線索，讓經理人可以致力於提高員工績效與工作滿足，進而提昇組織成效。馬斯洛的需求層級論，與成就－權力理論，都是需求理論的例子。工作特性理論則說明，我們可以修正工作本質，而產生更多激勵的力量。它們提出許多策略，可用以活化並滿足所有階層員工的需求。

　　其他的激勵理論，則強調激勵的過程，意即激勵如何發生。我們在第二章介紹過的增強理論，以行為與結果的連結，來說明行為及其持續性。期望理論的前提是，個人會為了期望的結果而付出努力。這是一個非常理性的理論，說明人們希望拿回報酬。期望理論提醒管理階層的是，提升績效的因素，以及給予獎勵的方法。公平理論則說明了，人們會為了維持與他人比較關係之公平，或矯正比較關係之不公平，而產生激勵。工作中的許多情況，都會引起不公平的感受，並引發下列反應：降低工作表現、尋找更優渥的待遇、離開這個環境。目標設定理論，則說明了人們在特定的目標下，會表現得更好。困難且特定的目標與回饋，通常會激發更優異的表現。

　　有一點非常重要，儘管在激勵理論中，沒有所謂最好的理論，但是對於特定的主題，有些理論相當適用（Landy and Becker, 1987）。像需求理論就常用於研究工作努力與工作滿足之間的關係，增強理論

則聚焦於努力、績效、曠工、流動率。期望理論常用於預測工作與組織的選擇，以及偏離的工作行為。目標設定理論則與行為選擇及績效有關。

此外，由於這些理論都以心理學為基礎，關心的也是同一個變項：人類行為。因此，我們可以推論，它們之間必定也息息相關。舉例來說，期望正是昔日學習經驗的發展結果。學習理論也可以說明部份動機，例如強烈的成就需求，可能源自於早期之成就經驗的正增強。事實上，這就是我們在第二章討論學習與人格的重點之一。在最後的分析裡，我們了解到各種理論都很有用，因其提供經理人看待問題的多種方法，並協助經理人更迅速、有效地解決問題。

經理人指南：在工作上運用激勵理論

對經理人來說，本章有許多有用的觀念。也許對經理人而言，最重要的是先了解，經理人最主要的角色，就是管理績效。而激勵水平偏低，則很可能是導致績效低劣的原因之一。許多指標，可以幫助我們判斷是否存在績效問題：

158

- 工作團隊的曠工率提高
- 抱怨較平日增多
- 單位內的延宕率增加
- 顯著的績效改變，包括提昇與降低
- 態度或承諾的重大變化

這些都只是提醒問題正待處理的指標，要注意的是，問題可能還有員工激勵之外的因素。例如，工作績效低劣，可能是因為能力不

足，因此需要額外訓練，或調整職務、換一個有能力的人。上列指標也可能可歸因至工作情境，例如績效問題可能源自設備問題，然而，這些問題並不會馬上就顯現在經理人面前。在這個情況下，績效低落的解藥，當然是先搞清楚問題。一旦問題已確定為激勵性質，我們有下列方式可以提升激勵：

打造一個充滿內在獎勵的工作環境

要達到這樣的目標，就要給予員工們更有趣、更具挑戰性的工作，同時也要提高他們的自主性與責任感。

設定清楚且具挑戰性的工作目標

經理人應該盡量以可測量、計量的方式，讓員工知道該達到的績效水平，而且目標應該有達成的可能。因為無法達成的目標，其E→P期望值為0，而難度特高的目標，其E→P期望值亦非常低。

掃除績效障礙

提供員工們適當的資源，給予員工訓練，或者去除不必要的科層束縛，這能夠幫助提高E→P期望值。

釐清何謂切當的績效

有許多方法可達成目標，例如，透過成本管理，或省下預防性的維修計畫，都可以達成降低成本的目標。員工應該了解，何者是達成降低成本目標的較好方法。為部屬釐清這一類績效定義，是經理人之教練角色的重要面向。

獎勵績效

對良好績效的外在獎勵，可以改善個人的P→O期望值。外在獎勵應該由另一人給予，包括薪資、升遷、邊際利益…等。良好績效所帶來的高度獎勵，會讓員工更加投入績效的表現。

連結獎勵與行為

要這麼做，必須先釐清何為傑出表現。在績效發生後，立即給予獎勵，並口頭解釋獎勵的原因，都能夠幫助建立此一連結。

功賞相符

對一個有實質貢獻的員工來說，光是口頭的簡單讚賞，是不夠的。當然，我們也可能對績效產生過度反應。舉例來說，其實員工的良好表現還不夠持久，也還不夠突出，卻被拿來在公司刊物上大作文章，甚至還開慶祝會，這就是反應過度了。這條規則，需要一定的判斷力。

159

相較於績效平平者，應該給予傑出表現者更多獎勵

誰會抱怨一視同仁的獎勵政策？通常是績效最傑出者，因為相較於其他員工，他並沒有得到任何特殊肯定。誰會抱怨論功行賞的政策？通常是表現低劣的員工。因此，在論功行賞之前，經理人必須準備好如何回答績效不佳者的詰問，並想辦法提昇其績效。

多給獎勵

許多經理人吝於給獎，或者是因為吝嗇，也可能是因為怕員工被「寵壞」。好的獎勵制度，並不意味著員工要什麼就給什麼。良好的獎勵制度，應該建立在績效的基礎上，只要獎勵與績效有關，就不會產生「員工被寵壞」的問題。

在績效發生後，立刻獎勵

一定要避免在行為發生前就給予獎勵。例如，某位經理人向員工保證升遷，只要他能在未來改掉壞毛病。這種作法，通常只會在員工自認需要加強，且尊敬主管的情況下管用。但是，由於獎勵通常應該是對過去行為的增強。因此會讓員工以為，過去的行為並不糟，或以為老闆從未承諾過獎勵。

以人們所重視的事物作為獎勵

要記住，每個人重視的事物都不一樣，這一點非常重要。對於一群員工來說，他們的偏好可能無所不包。知道員工的偏好，經理人就可以依員工的特別價值觀，來修訂獎勵制度。因為除非人們在乎獎勵，否則獎勵無法影響行為。有許多種方式可以幫助我們了解人們的偏好。其中之一，就是利用一般人都喜愛的結果，諸如讚美、微笑、肯定。另一個方法是直接詢問。第三種方法則是觀察員工如何運用公餘與休閒時間，以找出其喜惡。

公平地管理規定與政策

在執行管理規定與政策時，一定要一致、公平、不偏不倚。不一致會引發未蒙其利者的不平之鳴，甚至引起不滿，讓他們認為自己受到差別待遇。

提供訴願程序

若員工有所抱怨或者批評，且非常希望能夠有公正的傾聽管道時，若公司已有訴願單位，就讓單位接手；若是沒有這一類單位，但組織政策裡有明確的程序，就一切按程序來。如果兩者都沒有，經理

人就得運用良好的判斷力，將心比心來處理訴願。

重要名詞（所附爲原文書頁碼，請見內文邊緣處數字）　160

問題研討

1. 經理人為何都對激勵深感興趣？經理人為何需要了解激勵不同的定義？

2. 試區分激勵的內容理論與過程理論。

3. 比較下列三種理論的差異性：馬斯洛、ERG及McClelland。

4. 試說出激勵的工作特性取向之關鍵因素。並運用此方法，分析你工作中的激勵因子。

5. 具有高度成就激勵的人，會有那些特徵？個人化的權力動機，與社會化的權力動機有何不同？

161

6. 請說明激勵、能力、績效之間的關係。

7. 構成期望理論的主要概念為何？請說明這些概念與期望理論的關係？期望理論的企圖，是希望能預測什麼？

8. 目標設定理論的概念為何？參與目標設定與目標成就有何關係？

   你是否贊成？試說明之？

9. 試區別增強理論中不同的行為後果。

個案研究

Paul Peter 的調薪

　　現在是星期五的下午，Kalamazoo Lock公司的電腦程式設計師，Paul Peter 非常緊張。隔壁房間的上司 Ms. Fenwich 也一樣，這是 Paul 第一年的績效考核面談。

　　Paul 認為，自己在第一年的表現良好，尤其是最後六個月裡。然而，Ms. Fenwich 心中想什麼很難說，因為她相當忙碌，而且是那種安靜的類型。他不知道她對於自己曾犯過的錯誤，有什麼感想，也不知道她究竟了解多少。Paul 曾試著將近期的明顯進步，告訴 Ms. Fenwich，但她並沒有給予太多評論。

　　在請 Paul 到辦公室前，Ms. Fenwich 看了全年簡報，認為 Paul 有許多地方需要改進。他前期的錯誤，使公司浪費了許多成本與時間，但他也有進步。問題進步多少？她是否應該為他加薪？雖然 Ms. Fenwich 不喜歡績效評估，但他還是在深呼吸後，

162

請Paul進辦公室。

在友善的招呼後，Ms. Fenwich指出Paul工作績效與態度方面的優點，也表示非常欣賞Paul最近寫的程式，這讓Paul既驚又喜，知道Ms. Fenwich認為他的態度很好，讓他感到非常欣慰。

接下來一切都掉入谷底。Ms. Fenwich開始數落他前半年的錯誤，尤其花費大量時間在程式除蟲上，使得新控制程式拖慢那次。在這幾分鐘內，Paul感到相當地緊張，因為他受到更多意外的衝擊，而卻沒有機會為自己辯護。

然而，讓Paul驚訝與慰藉的是，Ms. Fenwich告訴他，雖然如此，她仍然會為他加薪。她說：「儘管事實上，我們都知道你第一年的表現不算好，但加薪是為了鼓勵你日後的更大改善。這是我們用來表達對你的信心的方式。」

績效考核就在這種情況下結束了。Paul回到座位，雖然為獎金開心，卻也頗為困惑。許多事情都讓他困擾不已。

- Ms. Fenwich在Paul的第一年，是否運用了有效的學習與增強理論。試說明之。這對Paul有何影響？
- 對Paul來說，加薪是否會成為提升績效的誘因，還是他會把獎勵視為過去表現所應得的？
- Paul會不會產生認知失調？因為他接受了兩種彼此衝突的訊息：主管認為他在第一年的表現不夠好，但他卻得到了升遷。Paul應該如何減輕這種失調呢？
- 你會如何運用期望理論與增強理論，以改善Paul的績效？

參考書目

Adams, J. S. 1965: Inequity in social exchange. In L. Berkowitz (ed.) *Advances in Experimental Social Psychology*, vol. 2, New York: Academic Press, 267–99.

Alderfer, C. 1972: *Existence, Relatedness, and Growth: Human Needs in Organizational Settings.* New York: Free Press.

Allyon, T. and Azrin, N. 1965: The measurement and reinforcement of behavior of psychotics. *Journal of the Experimental Analysis of Behavior*, 8, 357–83.

Ball, G., Treviño, L. K. and Sims, H. 1994: Just and unjust punishment: Influences on subordinate performance and citizenship, *Academy of Management Journal* April, 37(2), 229–323.

Baron, R. A. 1983: *Behavior in Organization: Understanding and Managing the Human Side of Work.* Boston: Allyn & Bacon.

Borman, W. C. and Motowidlo, S. J. 1993: Expanding the criterion domain to include elements of contextual performance, in N. Schmitt, W. C. Borman and Associates (eds), *Personnel Selection in Organizations*, San Francisco, CA: Jossey Bass, 71–98.

Brockner, J. and Wiesenfeld, B. 1996: An integrative framework for explaining reactions to decision: Interactive effects of outcomes and procedures. *Psychological Bulletin*, 120(2), 189–208.

Brockner, J., Greenberg, J., Brockner, A., Bortz, J., Davy, J. and Carter, C. 1986: Layoffs, equity theory, and work performance: Further evidence of the impact of survivor guilt. *Academy of Management Journal*, 29(2), 373–84.

Carroll, S. J. and Tosi H. L. 1973: *Management by Objectives: Applications and Research.* New York: Macmillan.

Cowherd, D. M. and Levine, D. I. 1992: Product quality and pay equity between lower-level employees and top management: An investigation of distributive justice theory. *Administrative Science Quarterly*, 37(2), 302–20.

Ellis, J. W. 1997: AT & T links diversity to specific unit goals. *Advertising Age*, 68(7), February, 14–16.

Erez, M., Early, P. C. and Hulin, C. 1985: The impact of participation on goal acceptance and participation. *Academy of Management Journal*, 28(1), 50–66.

Folger, R. and Konovsky, M. 1989: Effects of procedural and distributive justice on reactions to pay raise decisions. *Academy of Management Journal*, 32(1), March, 16–131.

Frazee, V. 1998: Is the balance sheet right for your expats? *Workforce*, 77(9) September, S19.

Greenberg, J. 1988: Equity and workplace status. *Journal of Applied Psychology*, 73(4), 606–14.

Greenberg, J. 1989: Cognitive reevaluation of outcomes in response to underpayment inequity. *Academy of Management Journal*, 32(1), March, 174–85.

Greenberg, J. 1990: Employee theft as a reaction to underpayment inequity: The hidden costs of pay cuts. *Journal of Applied Psychology*, 76(5), October 562–9.

Greenberg, J. 1993: Stealing in the name of justice: Informational and interpersonal moderators of theft reaction to underpayment inequity. *Organizational Behavior and Human Decision Performance*, 54(1), February 81–104.

Greengard, S. 1997: 50 percent of your employees are lying, cheating & stealing. *Workforce*, 76(10), October, 44–5.

Hackman, J. R. and Lawler, E. E. 1971: Employee reactions to job characteristics. *Journal of Applied Psychology Monograph*, 55, 259–86.

Hackman, J. R. and Oldham, G. R. 1976: Motivation through the design of work: Test of a theory. *Organizational Behavior and Human Performance*, 16, 250–79.

Hackman, J. R. and Suttle, J. L. (eds) 1977: *Improving Life at Work: Behavioral Science Approaches to Organizational Change.* Santa Monica, CA: Goodyear Publishing.

Heckhausen, H. 1967: *The Anatomy of Achievement Motivation.* New York: Academic Press.

Herzberg, F. A., Mausner, B. and Snyderman, B. 1959: *The Motivation to Work.* New York: John Wiley.

House, R. J. and Wahba, M. 1972: Expectancy theory in managerial motivation: An integrated model. In H. Tosi, R. J. House and M. D. Dunnette (eds) *Managerial Motivation and Compensation*, East Lansing, MI: Michigan State University, Division of Research, College of Business Administration.

House, R. J. and Wigdor, L. 1967: Herzberg's dual factor theory of job satisfaction and motivation: A review of the evidence and criticism. *Personnel Psychology*, 20, 369–89.

Kanfer, R. 1990: Motivation theory and industrial

and organizational psychology. In M. D. Dunnette and L. Hough (eds) *Handbook of Industrial and Organizational Psychology*, Palo Alto: Consulting Psychologists Press, 75–170.

Laabs, J. J. 1994: Individuals with disabilities augment Marriott's work force. *Personnel Journal*, 73(9), September, 46–53.

Landy, F. J. and Becker, W. S. 1987: Motivation theory reconsidered. In L. L. Cummings and B. M. Staw (eds) *Research in Organizational Behavior*. 9th edn, Greenwich, CT: JAI Press, 1–38.

Latham, G. and Locke, E. A. 1975: Increasing productivity with decreasing time limits: A field test of Parkinson's law. *Journal of Applied Psychology*, 60, 524–6.

Likert, R. L. 1961: *New Patterns in Management*. New York: McGraw Hill.

Locke, E. A. 1968: Toward a theory of task motivation and incentives. *Organization Behavior and Human Performance*, 3, 152–89.

Locke, E. A. 1997: The motivation to work: What we know. *Advances in Motivation and Achievement*, Jai Press, 10, 375–412.

Locke, E. A., Shaw, K., Saari, L. M. and Latham, G. P. 1981: Goal setting and task performance: 1969–1980. *Psychological Bulletin*, 90, 125–52.

Maslow, A. H. 1943: A theory of human motivation. *Psychological Review*, 50, 370–96.

McClelland, D. A. 1965: Toward a theory of motive acquisition. *American Psychologist*, 20, 321–3.

McClelland, D. A. 1975: *Power: The Inner Experience*. New York: Irvington.

Miner, J. B. 1980: *Theories of Organizational Behavior*. New York: Macmillan.

Organ, D. W. 1988: *Organizational Citizenship Behavior: The Good Soldier Syndrome*. Lexington MA: Lexington Books.

Rasch, R. H. and Tosi, H. L. 1992: Factors affecting software developers' performance: An integrated approach. *Management Information Systems Quarterly*, 16(3), 405.

Reitz, H. T. 1981: Behavior in Organizations Homewood IL, Richard D. Irwin.

Scully, J. A., Kirkpatrick, S. and Locke, E. A. 1995: Locus of knowledge as a determinant of the effects of participation on performance, affect and perception. *Organizational Behavior and Human Decision Processes*, 62(3), March, 276–88.

Seclow, S. 1997: Kentucky's teachers get bonuses, but some are caught cheating. *Wall Street Journal*, September 2, 1–A6.

Spector, P. E. 1985: Higher-order need strength as a moderator of the job scope-employee outcome relationship: A meta-analysis. *Journal of Occupational Psychology*, 58, 119–27.

Stajkovic, A. D. and Luthans, F. 1997: A meta-analysis of the effects of organizational behavior modification on task performance, 1975–95. *Academy of Management Journal*, 40(5), October, 1122–50.

Thibault, J. and Walker, L. 1975: *Procedural Justice: A Psychological Analysis*. Hillsdale, NY: Erlbaum.

Tubbs, M. E. 1986: Goal setting: A meta-analytic examination of the empirical evidence. *Journal of Applied Psychology*, 71(3), 474–83.

Vecchio, R. 1981: An individual difference interpretation of the conflicting predictions generated by equity theory and expectancy theory. *Journal of Applied Psychology*, 66, 470–81.

Vroom, V. H. 1964: *Work and Motivation*. New York: John Wiley.

Winter, D. G. 1988: The power motive in men and women. *Journal of Personality and Social Psychology*, 54(3), 510–19.

Wood, R. E., Mento, A. J. and Locke, E. A. 1987: Task complexity as a moderator of goal effects: A meta-analysis. *Journal of Applied Psychology*, 72, 416–25.

第六章

應用激勵理論

———————————————→

目標管理
正增強計畫
利益共享
高參與度組織

課前導讀

　　高參與度的組織（HIOs），是本章的重要主題之一。在溫習過本章後，請你想想，如何設計這門課程，以使HIO的概念能運用於課堂上？

1. 你會如何修改課程大綱，以提高學生的學習參與度？
2. 這門課的那些要素，可用以說明提高學習參與度的策略？
3. HIO的概念，可能在課堂上應用嗎？
4. 發展HIO式的課堂，會面臨何種困難？
5. 試圖推動HIO的經理人，會面臨哪些類似的難處？

166 　　激勵理論是第五章的主題；而如何運用理論以提升組織的工作表現，則是本章的主題。理論的實踐並不容易，因爲理論與實務間畢竟有所差異：現實世界，並不像理論模型那麼條理分明、定義清晰。人（包括經理人和員工）的涉及正是原因之一，因爲人總有混淆事理的理由與方法。舉例來說，伊頓企業（Eaton Corporation）要在位於印第安納州 South Bend 地方的小型工廠，推行高參與度組織（HIO）（Appall, 1997），其策略以工廠員工的賦權爲基礎，使他們不需要太多的管理監督就能採取行動。賦權是現在的熱門概念，其基礎是，員工應該更能夠決定自己的工作、決策的內容還可從任務本身延伸至新人遴選、同僚紀律等領域。基本上，就是把管理權限下放給組織內部的低階員工。

　　可供「參與」的事項，其實還更多。伊頓企業在工廠推行的重點之一是：透過建立自我引導式、自主式的團隊，來提升員工責任。這些團隊必須爲工作所涵括的任務範圍負責，任何工作活動都是團隊整體，而非個別員工的「轄區」。基本上，工作必須經過再設計及豐富化，添加更多任務於其上，其背後的概念來自第五章（原文頁碼 134）介紹過的「工作特性取向」。雖然這種做法會使員工執行的任務增加，但也的確使其責任感大有提升。

　　這個作法，期待團隊成員能夠自行判斷工作的分配與執行方法，也就是在成員必須參加的團隊會報中，共同討論問題的解決方法。廠方也認眞地嘗試，減低管理層級的形象，與其所產生的影響。舉例來說，他們讓每個人都穿著相同的制服，這使得員工與經理人之間，不會因爲工作罩袍與襯衫領帶而產生差別。

　　伊頓企業的多數員工，都喜歡新的制度。相較於以往，新制度賦與其更多彈性與控制力。一位曾在伊頓工作而後離職的員工，雖然曾因工作難度提高而離職，在另一個設有工會的工廠工作一段時間後，

又回到了伊頓。因為她不喜歡在工作時還被監督，她認為自己畢竟還是比較適合團隊的觀念。

　　然而，某些人還是有困難。有些員工覺得在團隊會議中討論同事的生產問題，非常地難以啟齒；有些人則純粹因為不喜歡團隊的觀念，而適應不良，但這些人多半曾在設有工會的工廠裡工作過；有些人則因為在職場監督自身表現的人，由經理人變成了同僚，而備感不自在。

　　本章所介紹的管理激勵策略，就像伊頓的作法一樣，都是試著在能提升個人表現動機的因素上運作，如人的因素、科技的因素、組織結構的因素，以使個人能夠更為努力，以達成更高的績效水平。圖 6.1正是一例：彼得與保羅的能力不同，但其工作的個人激勵水平則大致相同（如箭頭A所示）。管理激勵策略在其中扮演的角色，就是要提升個人的激勵水平，例如提升到箭頭B的位置。在本章中，我們會學到整合目標設定理論與增強理論的目標管理（MBO, Management by objectives），以增強理論為基礎的正增強計畫，以及試圖整合各種理論的高參與組織（HIO）。

167

目標管理

　　目標管理是一種讓經理人與部屬一同設定部屬之工作目標的程序，依賴的是一種目標設定的參與取向。目標管理可能是近三十年來，在管理激勵上，最流行也最廣泛實行的取向。歐美許多大型企業，諸如Service America、Black & Decker、ARA Service、Teneco等，都以系統化的方式，將MBO融入其管理理念中。

　　目標設定理論是MBO的基礎。從目標設定理論中，我們知道，

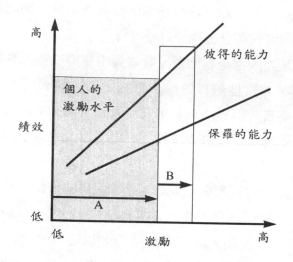

圖6.1　管理激勵策略的角色

健全的MBO系統，包含了三個程序要素：

169　　1. 目標設定

　　　2. 回饋

　　　3. 參與

　　　然而，像MBO這一類試圖在組織層面上運用這些步驟的作法，
意味著每位組織成員都必須互相合作，確認共同的目標，並共同努力
來達成。與不需考量組織情境的個人目標設定相較之下，這種作法的
複雜性更大。

　　　這也導致了許多組織在推行MBC時，碰到的主要問題：並非組
織內部的管理階層都會通力支持（Rodgers and Hunter, 1991）。如果不
是所有經理人都推動的話，很難發揮其正面效果（Carrol and Tosi,
1973）。這也許就是MBO在多數組織中行不通的主要原因，即使有強

力證據支持其正面效果亦然。想把目標導向融入組織文化與理念的管理高層，可能必須付出極高代價。內部文化高度投入MBO的組織，其第一年的平均生產力成長是56%，而較不熱衷推動的企業，其成長值不到6%，其間的差異十分明顯（Rodgers and Hunter, 1991）。此外，運用MBO的經理人，無論組織承諾程度或生產力的提升如何，其工作滿足都獲得提升。

歧異性專題：MBO讓歧異性計畫動起來

在許多情況下，企業會用華而不實的陳述，以及無關痛癢的空泛目標，來表明其增加工作力歧異性的意願。但MBO會真的能讓歧異性計畫動起來，只要為單位設定專屬目標，並以此獎勵或懲處相關經理人。例如，全錄的經理人發現，自身績效考核中，有15%必須仰賴個人在工作上提拔的女性與少數民族的比例，於是，他們開始正視歧異性。1984年，AT & T決定認真推動歧異性目標後，少數民族在資深管理階層的比例由0.5%增加為12%，而女性則由2％增加到12％。

資料來源：編修自Stoner and Russel-Chapin（1997）and Ellis（1997）

發展MBO的責任，應該落在管理高層身上，也就是由CEO與董事會來發展策略性的組織目標，接下來再制定行銷、生產等功能性目標，到此爲止都還只是大方向。這些方向必須向下溝通，藉由一系列

168

隨堂練習

你的工作經驗能產生多少激勵？

　　這個練習，目的是探討個人自身的工作經驗（如果沒有適合的工作經驗，以自身在團隊或團體中的經驗為主題亦可），以了解「激勵性工作」與「非激勵性工作」間的差異。本章與前一章提及的理論與取向，將有助於我們瞭解其差異性。

　　首先，請舉出一項讓你覺得自己做得很棒的工作經驗，也就是我們這裡所指的「高激勵經驗」。再舉出一個你不喜歡的工作情境，當做我們的「低激勵經驗」。

　　現在，針對這兩種情境的差異性，作有系統的分析。用尺度數字標示兩情境中各項特性的程度高低。

尺度：
4 ＝總是存在
3 ＝常常發生
2 ＝偶爾發生
1 ＝從未發生

	高激勵情境	低激勵情境
• 我有機會在工作中發表重要意見。	_____	_____
• 我有機會設定個人的工作目標。	_____	_____
• 我曾因工作的優異表現，而得到應有報酬。	_____	_____
• 在單位有良好表現時，我也有額外的收穫。	_____	_____

- 工作給我許多嘗試不同事物的機會。　　　　_____　_____
- 我的工作團體有機會發展一套自己的工作。_____　_____
  方式
- 除非發生嚴重問題，否則主管不會干涉我。_____　_____
- 不會刻意強調經理人與員工之間的差異。　_____　_____
- 我之所以得到工作，是因為我認識的人推。_____　_____
  薦我

　　　　　　　　　　　　總分　　┌─────┐　┌─────┐
　　　　　　　　　　　　　　　　└─────┘　└─────┘

請在適當欄位，勾選你最喜歡的情境。

　　　接下來進行分析工作。在各項工作特性旁的欄位，寫出構成
這些激勵策略的激勵作法之名稱。

169

　　　　　　　　　　　　　　　　　　　激勵取向

- 我有機會在工作中發表重要意見。　　　_____
- 我有機會設定個人的工作目標。　　　　_____
- 我曾因工作的優異表現，而得到應有報酬。_____
- 在單位有良好表現時，我也有額外的收穫。_____
- 工作給我許多嘗試不同事物的機會。　　_____
- 我的工作團體有機會發展一套自己的工作方式。_____
- 除非發生嚴重問題，否則主管不會干涉我。_____
- 不會刻意強調經理人與員工之間的差異。_____
- 我之所以得到工作，是因為我認識的人推薦我。_____

　　　從激勵環境的分析中，你個人得到了哪些結論？和班上其他
人的結論相同嗎？

上司與部屬、工作團體的會議，直到上至管理高層，下至基層管理之間的鏈結已牢不可破為止。

要發揮MBO的效用，一定要做到兩件事：一是必須在組織中全面推動；二是，每個經理人與部屬，都要有目標設定的能力與意願。170 雙方必須試著達成三大共識：

- 部屬在特定時間內，必須努力達成何種目標。
- 部屬以何種手段達成目標。
- 如何評估目標進展，何時評估。

接下來，上司可以每季檢視績效，並在每年年底做一次總檢核。

正增強計畫

正增強計畫，也稱做組織行為矯治（OB Mod, Mod是Modification的簡寫）計畫，藉由透過刺激與結果（增強、懲罰）的改變，以提升工作績效（例如改變行為）。這些奠基於增強理論的激171 勵策略，已在美國的大型且管理良善之組織中運用，包括Connecticut General Life Insurance、奇異電子、B.F Goodrich，並已帶來顯著的生產力改善、流動率降低、安全提升（Luthans et al., 1981; Orpen, 1982）。企業運用讚賞、肯定、及其他間接福利（像是休假、選擇工作活動的自由），這一類已被證明能夠改善出勤與績效的增強物，來提升員工的生產力（Hamner and Hamner, 1976）。也有企業設計新的獎酬制度，以鼓勵員工更加關心公司的長期利益，而非短期利益（Tosi and Gomez-Mejia, 1989）。

圖6.2說明正增強計畫的步驟（Hamner and Hamner, 1976）。如果

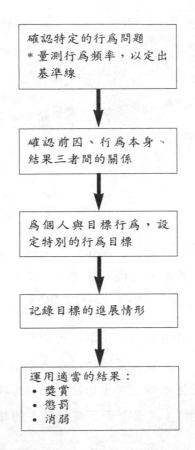

圖6.2　正增強計畫的要素

我們想要改善秘書的工作品質，正增強計畫的第一步，就是記錄辦公室裡每個秘書的出錯比例，並辨認出何者是需要改善的行為，正確且詳實地記錄下來，這些行為必須是可見且可測量的。為了日後對照，我們將記錄下來的觀察結果建立成基準線。

　　第二個步驟是，確定目標行為、結果、刺激間的關係。我們在圖6.3說明了連結的可能情形，並且發現，低績效不會導致負面效果，

172

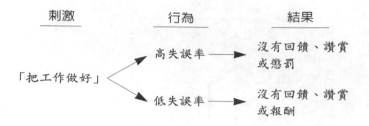

圖6.3　正增強的行為診斷

而高績效也不會帶來正面效果。

正增強計畫的第二個步驟（圖6.2），是建立秘書目標行為的特殊目標，也就是降低出錯率。目標的陳述，必須和我們在第一步中對行為的定義相同，例如從減少30％的打字錯誤開始。

記錄目標的進展情形，正是下一個步驟。最好能夠讓個人自行記錄進展情形。這個自我回饋的程序，對員工是種持續性的增強，並幫助…從任務中得到內在增強。知道結果的員工，可以檢視自己是否達成目標，或者是否已超越過去的績效水平。

最後的步驟是，確定應用的行為結果，能夠引導出期望的行為。基本上，我們必須盡量在所欲之行為表現發生時，就給予正增強，這可以透過對圖表記錄的觀察來完成。只要秘書產生了我們希望的績效改善，就可以運用正增強。

正向結果可以是各種形式。讚賞與肯定，正是對良好工作之最強力的結果。其他正向結果則包括金錢（做為優異績效的結果）、選擇工作的自主權、提升個人地位與自尊的機會，以及影響同僚與管理階層的權利。表6.1列舉出經理人認為可用作加強物的獎勵形式，我們可以再自行增添。

表6.1　工作上獎勵的分類

可消費的	可操控的	視聽享受	代幣	社會性
招待午茶	辦公用品	有窗戶的辦公	金錢	友善的招呼
免費午餐	個人電腦	室	股票	非正式的肯定
食物籃	掛在牆上的名	個人音響	股票選擇權	正式表揚成就
復活節火腿	牌	重新裝潢工作	電影招待券	績效的回饋
耶誕節火雞	公司用車	環境	旅遊招待券	接納建言
公司招待員工	手錶	公司文藝活動	團體保險	贊賞工作進展
家人晚宴	紀念品	私人辦公室	餐廳／戲院／	在內部刊物表
公司招待野餐	推荐信	舉辦受歡迎的	體育招待券	揚
下班後的紅酒	戒指／領帶夾	講座	假日旅遊	背上輕拍
起士派對	家具與家居設	讀書會	當地購物禮券	微笑
	備		利潤分享	語言或非語言
	家居工具組			式的肯定或
	園藝工具組			贊美
	衣物			
	俱樂部會員			

資料來源：經Luthans and Kreitner（1985, p.127）允許重製

　　正增強是一種管理獎勵的好方法，它將經理人的重心與精力轉移到多數員工身上，而非僅注意劣等的員工。這種作法，可以讓大多數員工（最劣者除外）感受到組織對其努力與貢獻的認同與讚賞。

　　有證據可以說明OB Mod在組織中的效應（Stajkovic and Luthans, 1997）。OB Mod在製造業的效應，比在服務業的效應更強。在製造業的例子中，財務或其他類型的增強，都能夠帶來正面的成果。然而，有趣的是，複雜的增強套裝專案，與金錢未介入的增強間，並沒有差異。這其實意味著，最有效的管理方式，就是使用非財務性的增強，而且不要「為推行財務增強，而投入額外的時間、精力與成本」。

　　財務性的增強物，似乎在服務業的效應較為明顯（Stajkovic and Luthans, 1997）。然而，若與社會性增強物結合，效果將會更強。社會

173

性的增強物仍然有極高的效應，有為其所受之獎勵「正名」的作用（Stajkovic and Luthans, 1997）。

利益分享取向

有許多分紅計畫，都基於員工在提升獲利、節省成本、提高生產力方面，貢獻的想法或投入的努力，而提供其紅利（Scaopello and Ledbinka, 1988）。無論企業規模、有無工會、技術差異、企業環境如何，這些利益分享制度，都可以成為影響企業績效的正向因子。

174

焦點：利益共享　漢樂企業的方案

位於鳳凰城的漢樂商務航空部門（Henle Commercial Aviation Division），為改善財務績效，擬定了一套利益共享的方案，與員工共享財務的改善成果。首先，他們測量並定義何謂能幫助員工提高績效的活動與結果，接下來，他們發現，過去實行的津貼制度與這一類行為大相逕庭。

為了解決這個問題，他們建立了一個25人的團隊，將設計薪資制度的任務交給該團隊。委員會的成員包括秘書、機工、工程師、部門經理人。委員會到外面上課，學習津貼與薪資的趨勢、薪資給付方式、其他可能影響薪制方案的各個層面。在幾個月的努力後，他們建立的利益共享方案是：基本上，該方案會將部份的員工薪資，提撥到「風險庫」，也就是依照各部門的目標達成程度來發放，但就另一方面來說，員工也可以因為公司績效

的提升，而有機會獲得更高的報酬。

可用預算中的某部份，先提撥出來，用作「風險共享」部份的獎金，其分配依據各部門的績效而定。例如：若獎金預算佔前一年度薪資預算的3.5%，就提出1%的薪資預算撥入風險庫。如果部門達成年度財務目標的80％，就可以得到這1%的獎金提撥；若未達成目標，這筆錢就留在風險庫中，直到部門達成目標為止。然而，風險庫中的金額絕對不會超過員工薪資的3.5%。

若部門能超越預定的目標，該方案也提供一個讓員工分享成功的機會。如果部門超越目標的20%，就發給5%的紅利，也就是員工薪資所增加的8.5%中，3.5%來自風險庫，5%來自紅利。

漢樂公司知道該方案的複雜性，再加上又扯到薪資，一個對員工相當重要的情緒因子。為解決這樣的問題，漢樂推行另一個訓練方案，教導員工與企業目標、財務分配、資本運用、經濟附加價值、風險、風險庫等概念。

在利益共享方案的第一年，部門超過了目標的10%，且所有員工都達成目標。但因為未達20％，因此沒有「成功」利潤，員工薪資提高的3.5%，就是風險庫的總額。

資料來源：編修自Caudron（1996）

史坎隆方案

175

另一個為人熟知且歷史悠久的利益分享取向，就是史坎隆方案，而且許多現代的利益分享方案都擷取其要素。史坎隆方案是一種結合

企業勞動力與企業主雙方利益的方法，因此強調的是在企業經理人與
員工間的強力合作精神，而藉由打造一個讓員工得知公司情況、問
題、成就的環境，來達成此目的。該方案的關鍵要素，就是透過薪資
的方式，讓員工從協助企業解決問題中得利（Milkovich and
Newsman, 1987）

　　史坎隆方案是一種參與式、涉及薪資酬償制度與建言制度的管理
理念（Milkovich and Newsman, 1987），而不只是一種建立酬償制度的
方法（例如業務佣金制，或論件計酬制）。史坎隆方案遠比這些制度
更廣泛的原因在於，其以許多不同方式納入勞動力，它要求的，不只
是要企業推動參與式決策或聯合解決問題，還要企業建立與之相符的
組織結構和管理風格（Lawler, 1976）。組織文化必須奠基於員工與管
理階層間的高度信託，雙方都必須願意為自身的行動負責、分擔決策
的責任、一起尋求改善企業營運、提升生產力的方式。由於員工要負
起責任，因此生產力的提升也會為員工帶來紅利。

　　史坎隆方案如何運作　史坎隆方案的核心，就是蘊釀員工、管理
階層雙方合作的委員會制度，雙方在其中共同決議如何降低成本、決
定省下來的部份如何分配的公式，省下來的支出，由員工與企業共
享。

　　史坎隆方案中，有兩類委員會：生產力委員會、審查委員會
（Alderfer, 1977）。組織內有許多生產力委員會，成員包括經理人與員
工，但多數生產力委員會由員工主導，該委員會定期開會，以找出更
好的作業方式。若生產力委員會同意某項建議，該建議就會付諸實
行，若有異議或需要其他單位的配合，則送交審查委員會處理。

　　審查委員會則是全廠性的，員工與經理人的代表人數相同，該委
員會要扮演三種角色（Hackman, 1977）：

1. 決定各月的紅利。
2. 聽取管理階層對影響工廠營運因素的報告。
3. 對不同的生產力委員會所呈送之議題，做出決策。

176

　　計算成本節餘之公式，是給付員工福利的基礎，也是史坎隆方案的重要元素。因技術提升而提高的資本額，不是史坎隆方案用來分配給員工的節餘, 節餘必須來自員工的建言。顯然，公式計算會包括複雜的會計項目，偶爾會導致質疑。這些公式，通常要花上好幾年，才能證明它們是「正確的」。公式必須選擇成本基準點，這樣才能比較現今成本，成本節餘則由企業與員工雙方拆帳（Milkovick and Newsman, 1987）。

高參與度組織（HIOs）

　　許多處於全球化競爭環境的組織，都在嘗試建立高參與度的組織（HIO）。HIO組織要提升員工在職場的動機；勞資雙方的敵對關係，常見於多數企業中，HIO要改變這種敵對關係，並以合作取而代之，以改善組織的績效。HIO會運用的各種管理實務包括，參與式決策、自我引導的工作團隊、工作豐富化的工作設計方案、全面品質管理（TQM）、改善安全與工作環境、強調利益分享與技能發展的全新福利計畫、組織層級的縮減、科層程序與實務的最少化。一項以1600個組織爲對象的調查發現，有50%以上的組織單位採用HIO的部份概念（Hoen, 1987）。在本節中，我們會介紹一些較常見且重要的HIO概念，包括工作豐富化、自我引導的工作團隊、福利措施、與組織結構瘦身。

工作豐富化

　　HIO中的工作設計，通常以工作特性模式爲基礎（Hackman et al., 1975），主要目標是提升技能的多樣性、任務完整性、任務意義性、自主性、回饋性，以使員工能擁有更具意義的工作、更高的責任感與回饋。根據工作豐富化的取向，工作再設計有五種提升激勵潛能、影響核心工作向度、影響關鍵心理狀態、個人與工作結果的基本方式，如圖6.4所示（Hackman et al., 1975）。

1. **結合任務**　範圍狹小的任務，尤其是「零碎」工作，應該要結合成較大型、較複雜的任務。如果新建立出的任務，對個人而言過於沉重，該任務就可以指派給團隊。結合任務，可以增加技術的多樣性與任務完整性。

2. **形成自然的工作單位**　任務應該要群組化爲工作單位，這樣才能在同一組織團體中，完成盡量多的工作，並且帶來對工作的擁有感，增加任務完整性與任務意義性。

3. **建立客戶關係**　如果可行的話，建立員工與商品∕服務購買者間的連結，是個很棒的概念。由於員工本來就不容易與顧客經常互動，因此必須設計客戶給與員工回饋的管道。在建立了客戶關係後，員工的技能多元性、自主性、回饋性都會得到改善。

4. **垂直負荷**　工作的多元性可藉由增加與**水平負荷**（同儕間所給予的更多工作量）相對的**垂直負荷**（責任來自組織高層）來達成。垂直負荷賦與個人更多的責任與控制，可用以增加自主性的知覺程度。

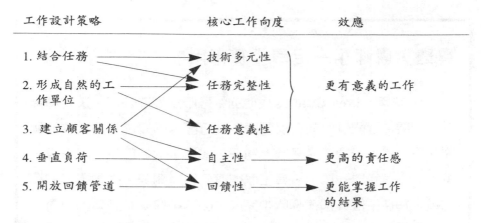

圖6.4　執行工作再設計的策略，以及策略與工作特性間的關係

5.**開放回饋管道**　提供回饋的方式有二：一是，當個人了解如何
判定工作績效時，就能得到工作本身所提供的回饋；二是，來
自上級或預算、品質報告的管理回饋。移除障礙、增加工作本
身的回饋，能夠提升績效。

自我引導的團隊

　　自我引導的團隊對於每個個體成員，會給予更多的責任，其中一
部份，是過去保留給管理階層的決策責任。團隊通常由一個出自管理
階層的人來帶領，或指定一個團隊成員作為團隊領導人。團隊領導人
通常擁有較高技能，而且領導權會輪替。團隊成員被鼓勵要成為一個
整體，一起工作以確認問題、找出解決方案，在維繫高生產品質的同
時，互相訓練、協助。團隊成員會透過紀律獎懲提案、職務分配、偶
爾決定調薪幅度等自治活動，來擔負控制其他成員的責任（Tosi et al.,

178

專題：團隊不一定會發揮作用

　　1992年，Levi Strauss與他的牛仔服飾製造公司，決定拋棄過去的論件計酬制，並在美國廠內推行團隊的概念。在論件計酬制之下，員工只負責牛仔褲上的一小部份，例如口袋、皮帶環、拉鍊等。每完成一單位，員工就能得到應有酬勞。推動團隊的概念後，每件牛仔褲都在團隊中完成，團隊中會擁有必須的技術人員。改變後的制度，規定每個團隊必須完成一定配額，而且平均薪資會高過舊制。

　　Levi Strauss漸進式地推動新概念，直到1997年，才在全美國的工廠全面推行。然而，問題開始浮現，在舊制下能領最高薪資的員工，會發現自己的薪資降低了，在技能較低的團隊中更是如此，因為動作較慢的員工會拉低整個團隊的生產力。舉例來說，某位員工的時薪，可能因為夥伴的遲鈍，而從九塊美金掉到到七塊美金。

　　壓力也在許多團隊中浮現，因為成員會催促動作較慢或缺勤的員工趕上進度。某位團隊成員提到：「某人的錯誤頻頻，就是以他人的紅利為代價。」一旦有人缺勤，如何分配工作也會引發爭執。也真的有這樣的案例：員工因為沒有辦法將工作收尾，而受到其他團隊成員的恫嚇威脅。

　　主管，由於不在其中（要記得，這些組織的管理架構都較扁平），或因為缺乏解決問題的訓練，因此對這些問題毫無招架之力。

　　不幸的是，除了這些問題之外，Levi Strauss尚無任何績效

提升。據估計，在1998年，每條牛仔褲的成本，比1992年高出
10%。

資料來源：編修自King（1998）

1990）。就像你之前讀過的伊頓企業案例（原文頁碼p166），有些成員
覺得很難執行這些自治方案，因爲這會造成人際關係的威脅。

　　因爲不鼓勵一成不變的職務分配，偏好採用團隊成員的工作輪
替，HIO必須在訓練上大量投資，以提升勞動力的彈性。舉例來說：
通用汽車土星廠最早的一批員工，就接受了將近700個小時的訓練
（Woodruff, 1993）。爲提高勞動力的彈性，HIO還推動技能交互訓
練、解決問題訓練、人際能力訓練。在交互訓練中，員工將學會完成
團隊任務所需的不同技巧。訓練也成爲一種幫助員工社會化的工具，
這是我們將在稍後（原文頁碼181）將介紹的遴選程序之重要元素。

新的津貼方案

179

　　在推動HIO常見的利益分享方案（例如史坎隆方案）時，許多組
織也會使用津貼策略，以配合交互訓練與工作輪替的措施。**技能報酬
制**就是這類薪資策略之一：員工的薪資由技能決定，而非由傳統薪制
中的工作項目決定。其觀念是：越有才能的員工，對組織越有價值
（Tosi and Tosi, 1986）。舉例來說，Anheiser-Busch建立了一間採行技
能報酬制的新工廠，一開始許多管理人都會發難，質疑技能報酬制是
否能發揮功效，他們認爲，這種作法在工會勢力強大的產業中，困難
重重。但他們發現，員工接受了技能報酬制，且生產力與獲利能力都

會很高。令人驚訝地，由於薪資不再像傳統薪制一樣地因工作項目來調整，這使得員工在必要時願意輪調到其他工作上，這使得管理工作的彈性更大。

另一種新的薪制，是以團隊獎金取代個人獎金。在團隊獎金的制度下，團隊成員得到額度近似的獎金，而非舊制的因人而異。其目的就是希望強化成員的團隊概念。

團隊獎金的設計並不容易，除了要克服與史坎隆方案類似的問題之外，還要確定成員對團隊績效都有相同的貢獻，沒有人「搭便車」，也不會有人未盡職責，卻坐領相同的獎金。

精簡管理架構

津貼制度與工作經過再設計，以提高激勵之後，就該開始要求責任感、自我引導的能力、較少的監督。換句話說，由於採行績效論酬制，員工能夠得到工作挑戰的正確回饋，因此能夠監控自身的工作績效，所以不需要太多主管緊盯著員工。一旦成功推行了HIO的理念與實務，大概可以縮減掉一級的管理階層。剛剛提到的Anheiser-Busch工廠，由於推行自我引導的工作團隊、技能報酬制、提高員工參與，使他們比起同業來說，整整少了一層管理階級，也就是少了三到五個經理人，每年大概省下三十萬至三十五萬美元的支出。

全面品質管理（TQM）

HIO的理念與程序中，非常注重產品／服務品質的提升，而且通常藉由全面品質管理的方案來執行（Ciaampa, 1992）。TQM的指導原則，就是要建立一套全心為客戶著想的組織程序與價值觀之體系，其

180

全球化專題：全面品質管理

　　全面品質管理，在定義上，意指所有為顧客著想的企業程序體制。雖然這種定義方式略嫌單刀直入，但卻能發展出各種不同的執行方式，例如我們已經介紹過的統計方法、目標設定、正增強。但TQM可能帶來的結果，可能就像管理當局可用的TQM形式一樣多。有時候，文化特性也會影響某些TQM方案的成敗，最近的例子發生在蘇格蘭。

　　蘇格蘭地方政府的服務部門，希望推行TQM。各處室的經理人，可以選擇最合適的的品質技術，但比起其他方法，「證照標章」的效能特別糟糕。

　　證照標章強調的不是內部的服務程序，而是對外的服務品質。當局提供所有市民，一套判定提升績效標準的原則及概念，並將市民的評分納入對政府機構的考評，只要夠格，就能夠獲頒標章。標章會帶來許多好處：公開的頒獎儀式、在對外文件上加上該標章、在幾年內都是品質協會的一員。儘管好處多多，但在蘇格蘭卻行不通。為什麼？

　　對於證照標章之失敗的解釋之一是：標章制引進時，被視為保守派首相的政策。這項公民證照計畫，與降低政府干涉的保守運動有關。然而，蘇格蘭員工，在政治立場上，強烈偏向於自由派的勞工黨。他們將對證照標章的支持，與對保守黨的支持，畫上等號。因此，這項計畫就失敗了。該激勵計畫的失敗與創意的品質無關。因為類似的計畫，在其他文化中都相當成功。

資料來源：由Pete Jnes改編自Douglas and Gopalan（1996）

目的是造就高忠誠度的客戶、減少回應問題所需的時間、發展出支持團隊工作的文化、設計提升激勵、工作滿足與工作意義的工作體系，並且追求不斷的改善。

雖然推動**TQM**的方案中，常常援用某些相同的技術。但對組織而言，沒有達成品質目標的單一方法。舉例來說，統計的品管方法，多半用以確認品質問題的成因，以及測量改善程度；建立與供應商的密切關係（例如，即時存貨體系（**JIT, Just in time**），以降低存貨成本；設定標竿（benchmarking）則是企業活動的比較基礎。**TQM**也可採用**MBO**的方法（例如，目標設定），及正增強計畫（記錄品質等級，並肯定高品質的表現）。

181 ## 減少員工與管理階層間的地位差距

配合推動自我引導的團隊，精簡管理架構，對經理人來說，意義格外不同。經理人應扮演更協助性的角色、提升對員工的信賴、放手讓員工去做，以取代傳統的指導與監督的角色。同時，員工們也應該信任經理人不會破壞自我引導的團隊之權責的完整性。有些公司視員工為「股東」或者「合夥人」，以強化他們希望發展的合作與信任文化。唯有在勞動力知道並感受到管理階層的無所隱瞞，並經歷幾件管理階層的信任實例後，信賴關係才可能發展。因此，經理人必須放棄對階級的控制，並且成為團隊的領導者、教練與推動者。

非傳統的遴選與社會化策略

至此，**HIO**要求的組織文化應該已相當明顯，必須有別於過去員工已習慣的階級式傳統管理模式。這也意味著，遴選程序會與傳統不

同。通常，HIO帶領新人的方式，必須設計爲「帶領一個能在組織文化中適應良好的『全人』」（Brown et al., 1991）。

　　HIO會採用相當「嚴密」的審查過程，謹愼設計社會化程序，特別還在組織起始階段時尤然。舉例來說，嚴密的審查過程，應該包括對技術知識和工作技能的評估，可以筆試或表現測試來評量。也可以使用評估個人在團隊工作、獨立作業、承受責任、忍受模稜兩可情境之能力的人格測驗。通常，應徵者必須與經理人、團隊成員進行一連串的面試，並在最後經歷強力的社會化過程，例如訓練或「通過儀式」（Brown et al., 1991）。

　　審查程序的嚴密程度可作改變，視組織希望確認對方適應文化的強度而定。舉例來說，某個剛成立的組織，採取非常厚實的遴選審查程序。首先，每位應徵非管理職的求職者，都應該參與基本生產技能的職前訓練課程，上課期間沒有薪水。課程內容由公司設計，內容涵蓋了閱讀藍圖、數學、安全、機器設計、維修。課程期間還有能力測試，個人的考試成績，也會納入遴選的考量。第二，求職者必須接受包括團隊領導人在內，至少七位經理人的面試，面試的目標是爲評估其技術能力、人際能力、在HIO文化中的工作潛力，面試官要的是具 182 進取心、良好的溝通技巧、能獨力工作、高成就取向的人。第三，工廠經理人會安排雀屏中選者的配偶或其他重要他人，在聘用時出席，以使對方對HIO要求的承諾水平，留下深刻印象。

HIO 的效益

　　無論企業規模大小，根據文獻，許多企業都已發展出HIO，包括通用食品、通用汽車土星廠等。最早也最著名的實例，則是瑞典的富豪汽車（Schleicher, 1977）。富豪汽車將汽車生產程序，由組裝線轉變

遴選專題：Toyota工廠的嚴密遴選審查

　　Toyota非常重視人才的遴選，從送出履歷表到真正雇用，中間可能長達兩年之久。這段期間有許多步驟，任何一個步驟都可能剔除應徵者的資格。第一步是應徵，接下來必須遞交正式申請函，並接受正式測驗，通過這個階段後，應徵者會受邀參加長達八小時的團隊討論與問題解決的會議，以評估應徵者的合作、領導能力、人格的適合度。接下來就是「工作日」階段，應徵者將在模擬生產線上工作四個小時，用空氣槍鎖緊車輪螺帽、拴緊、鬆開螺帽與螺栓、檢查零件。這部份是為操練並考驗個人的體力與鬥志。如果你通過了這個階段，就要接受正式的面談，若表現令人滿意，應徵者就會列入「人才庫」，隨時等候工作通知。

至工作團隊。工作團隊要負責不同的零件，以及組合工作。某間工廠將員工組成30個團隊，每個團隊大約是15-20人。團隊不僅要負責組裝工作，還必須與管理階層討論問題、提供提升績效的方式，該廠的流動率戲劇性的降低，停工期也縮減。雖然成本有上升的現象，但被視為應只是短期問題。

182　　　除了這些軼聞個案之外，還有其他有力證據。針對許多研究成果的三項分析指出，工作豐富化與優異績效、工作滿足有關，比起其他類型的激勵介入，工作豐富化更具影響力（Guzzo et al., 1985; Stone, 1986; Fried and Farris, 1987）。然而，這些效應都不大。原因之一，是組織在推動提升激勵水平方案時常發生的情況：因為經理人開始視一

183　　切為理所當然，反而無法持續支持並運用這些概念（Marks et al.,

183

倫理專題：激勵策略與道德問題

　　在檢視激勵與管理實務的相關性時，我們通常想到的，只是要求員工以更熱切、更強調品質的方式來工作。但是，激勵也可以當作消弱特定行為的手段。舉例來說，經理人可能會碰到員工濫用公司政策的情境，在這種情況下，經理人必須終止這類組織內部的不道德行為。紐約州的衛生部門，就曾發生這種不道德行為的案例。

　　在許多組織中，事病假的濫用是問題之一。病假，原本是一種為維繫生產力，並讓員工在無法控制的情況下，能有復原機會的美意，卻被濫用。美國典型工作日的缺勤率大約為2.1%，但紐約州的曠工率卻接近4.1%。

　　衛生部門運用分析工具來解決這個問題，他們認為，病假的濫用會在統計資料中現形。該計畫的第一步很簡單，就是在適當的類別與時段中，監測個人的缺席水平。舉例來說，先扣除通常不屬病假濫用的數小時或連續病假，這些個別數值，配合各部門對病假的預期與實際數字，能夠用來描繪各單位的特定缺勤類型。最後，進行趨勢分析，以幫助經理人制定改善水平，並設定合適目標。結果會使病假的濫用更無所遁形，缺勤率也有了戲劇化的降低。

　　以病假產生的費用支出來論，紐約州的衛生部門，每年省下了大約18萬美元。除了上述的財務利益外，員工的投入與產出也似乎有所提升。這種組織行為矯正，能夠幫助我們消弱不道德的行為。雖然在管理上來說，終止這一類行為在執行與個人層面上都非常困難，但在這一類事件上，結果將證明這一類行動的必要性。

1986; Griffin, 1988）。

　　或許支持HIO概念最有力的證據，來自對700家企業之人力資源管理實務的一項研究（Becker and Huselid, 1997），該研究辨識出能推行高績效工制的企業群。這些公司在嚴格的徵才與遴選、績效管理與獎金制度、員工發展與訓練活動之間，建立了一種互補的支援關係。其他企業往往採用較狹礙的取向，仰賴津貼制度等人力資源的策略來處理人事問題。據估算，平均來說，運用高績效工制之元素的HIO企業，每個員工創造的股份價值都有實質上的增加。

184 **摘要**

　　管理的激勵策略，都是在人的因素上著力的嘗試，試圖在科技的限制內，提升個人的表現驅力。在本章中，我們介紹了幾種組織用以激勵成員的方式。

　　HIO，是在美國漸受歡迎的一種理論取向，以增加勞動力的生產力、品質、滿足為目標。構成HIO的元素有許多變化，包括自我引導的團隊、員工參與、精簡管理架構、全面品質管理、工作豐富化，都是常用的元素。

　　MBO則是目標設定理論在組織上的應用，在MBO裡，組織任何層級的經理人，都會為部屬設定目標。正確的目標設定，不但能夠提出特定的困難目標，而且能夠協調企業內部的活動。目標設定，也是績效考核的有用基礎之一。

　　增強理論是組織行為矯治（OB Mod）的理論基礎，強調對驅動物（刺激）與行為結果（增強物或懲處）的改變，以提升績效。在能夠確認理想行為，並建立獎酬關係的情況下，該取向會極具效果。

　　生產利益共享，透過對企業獲利的共享，以增加員工參與、增進
對組織績效的直接管理。所有的利益共享方案，如果藉由自身貢獻，
提高了企業的獲利能力，員工或／和經理人就能得到高於平均的薪
資。薪資的增加，可能提撥自營業額的增加或經費的節餘。

　　所有的管理激勵策略都非常複雜，並且難以在組織中有效推行。
它們需要大量的管理知識與毅力，但絕對有提升績效的潛力。

經理人指南：讓激勵理論發揮效益

　　在新組織單位（如新廠）推行HIO的理念與架構，會更為容易。
原因是，在經理人與員工開始運作時，這些不同的元素都可以同時就
位，不需改變既有的文化。在既成組織中，推行HIO以取代舊有的管
理理念與取向，反而更具挑戰性。然而，這兩種情況，都需要管理階
層全心的付出與支持，而且，通常要克服來自員工與管理階層對HIO
的抗拒。抗拒源自於部份經理人與員工對改變的不甚了解，這些問題
也會對權力的再分配造成影響（Brown et al., 1991）。在某些情況下，
主管因失去權力而感到威脅。而工會也不見得會支持這一類努力，因
為他們相信，職務調整應該是契約談判的主題。

　　根據對成功與失敗之工作設計方案的差異分析，研究者提出推行
觀念時的部份指南（Hackman, 1977）。

評估高階經理人的承諾

　　針對本章所介紹之管理工作的激勵策略，其效益研究報告指出，
關鍵因素可能在於高階經理人是否願意支持、承諾。也就是說，高階
管理人必須願意花費時間、金錢與心力，以確保計畫的設計得當，並

願意運用在部屬與自己身上。辨別經理人是否具有承諾感的方法之一是，聽聽他們是否會說：「這用在員工上應該不錯，但對我們就免了。」這是一個缺乏承諾的確定徵兆。

確認所有關鍵人員都了解如何適當地應用這些概念

185　　這些取向大多十分複雜，因此對於觀念與技術都必須有清晰的了解。舉例來說，正增強計畫以增強理論爲基礎，因此，經理人必須了解基本理論，並懂得如何提供正增強。

確定獎賞的確具有獎勵性

若企業試圖引進紅利或津貼制時，這個問題特別重要。某些情況下，紅利會因爲不夠大而毫無意義。

實現你的承諾

某家企業，在面臨財務危機時，推動一項利潤分享方案，公司說服工會與員工放棄調薪，加入利潤分享方案。當然，在那段期間內，公司因爲虧損，所以無利可享。在情況改觀，企業開始賺錢後，竟然片面修改利潤共享方案，以降低他們當初承諾要給員工的支出。

另一家企業則想要推動自我管理的工作團隊，在這種情況下，經理人必須釋出權力，信任工作團隊的自我管理。由於部份經理人無法做到，並一再干涉，團隊對於誰管誰，很快地就心知肚明了。

診斷組織體制

工作的重大變革，會夾帶其他效應。政策、措施、實務、程序，都可能成爲推展激勵策略的障礙。最常見的問題所在，是既有的津貼制度。通常，這些都是多年來既有的營運結構的一部份，而且不是出

自我們認可的因素。此外，津貼制度有時也有政治意涵，例如，工會
通常支持因生活水平變動而調薪。若以另一種方式取而代之，就可能
會遭到工會的抗拒。另一個可能問題則是，在進行工作再設計時，某
些工作會因為技術的限制，而少有改變的空間，試圖求變只會導致失
敗。診斷能夠指出最具改善潛力的工作種類，並且在推行工作設計
前，就能點出有待解決的問題何在。

盡早處理難題

在推動複雜方案前，有些重要問題一定要先解決，可以透過公開
的討論，以早日達成共識。以下是高難度議題的幾個例子：

- 員工、經理人、工會的承諾有多強？（如果有的話）
- 該用哪些標準，來評估HIO的成就？
- 被掀開的問題該如何解決？

確保組織文化與HIO的概念相容

許多經理人，因為HIO改善組織效益的潛力而被吸引，卻不了解
管理實務與組織文化必須與HIO的概念相容。舉例來說：特意區隔經
理人與員工之地位差異的威權文化，會是HIO的浩劫。因此，在推展
之初，我們必須分析文化的適合度，並在必要時採取適當的組織發展
方法。

186　**重要名詞**（所附爲原文書頁碼，請見內文邊緣處數字）

問題研討

1. 何謂目標管理（MBO）？試舉出其與目標設定理論的關連。你能分辨目標設定理論與MBO間的差異何在嗎？

2. 利用正增強理論／組織行為矯治取向，來分析你的讀書習慣。

3. 為什麼在增強與工作績效間建立連結會有困難？那一類的工作較易執行？

4. 何謂史坎隆方案？如何發揮效用？在那種情況下，最能夠發揮？

5. 回想本書的其他相關章節，如何建立有效的自我引導的工作團隊？

6. 技術報酬制的優缺點為何？根據你對增強理論的了解，這會增加那一類行為？又會減少那一類行為？

7. 從目標設定理論與增強理論，來分析全面品質管理的概念。其與組織行為矯治（OB Mod）的差異何在？

8. HIO在美國逐漸形成風潮，你認為原因何在？對勞動力的啟示為何？

9. 推行工作設計的重要概念為何？

個案研究

國家石油公司

　　雖然，比起產業巨擘來說，它不過是中型企業而已，但國家石油公司，是全美獲利能力最高的石油公司之一。1970年代初期，由於石油輸出國將油價飆至前所未聞的高價，因此進帳頗豐。許多石油公司，包括國家石油在內，發現自己手上有大筆現金，就用來擴充其勞動力，並調高員工的薪資與福利，來自大眾的投資也達新高。公司員工的士氣非常高昂，也吸引了許多頂尖的大學畢業生。然而，接下來的幾年，油價開始下滑到較正常的水平，經過調適後，國家石油等公司都還能夠獲利。

　　到1990年代晚期，油價繼續下跌，這回跌到非常低的水平。舉例來說，從1998年九月到1999年1月間，每桶油價從15元跌到12元。由於油價疲軟，產業的投資也隨之退場。國家石油公司被迫改變策略，解雇員工。裁員人數雖只有員工總數的6%，公司上下卻為之震撼，員工士氣也大為低落。公司最頂尖的許多新進員工，雖未遭資遣，卻也自動辭職。公司的人事部門不知道該如何處理這個問題。

　　• 你會給予那些建議？請解釋。

187

參考書目

Alderfer, C. 1977: Group and intergroup relations. In J. R. Hackman and J. L. Suttle (eds) *Improving Life at Work: Behavioral Science Approaches to Organizational Change*. Santa Monica, CA: Goodyear Publishing.

Appall, T. 1977: Not all workers find the idea of empowerment as neat as it sounds. *Wall Street Journal*. September 8, 1, 1–2.

Becker, B. E. and Huselid, M. A. 1997: The impact of high performance work systems and implementation alignment on shareholder wealth. Paper, Academy of Management Annual Meeting.

Bowen, D. E., Ledford, G. E. and Nathan, B. R. 1991: Hiring for the organization, not the job. *Academy of Management Executive*, 5(4), 35–51.

Bullock, R. J. and Tubbs, M. E. 1990: A case meta-analysis of gainsharing plans as organization development interventions. *Journal of Applied Behavioral Science*, 26(3), 383–404.

Carroll, S. J. and Tosi, H. L. 1973: *Management by Objectives: Applications and Research*. New York: Macmillan.

Caudron, S. 1996: How pay launched performance. *Personnel Journal*, 75(9), September, 70–6.

Ciampa, D. 1992: *Total Quality: A User's Guide for Implementation*. Boston, MA: Addison-Wesley Publishing Company.

Douglas, K. and Gopalan, S. 1996: Application of American management theories and practices to the Indian business environment: Understanding the impact of national culture. *American Business Review*, 16(2), 30–41.

Douglas, K., Brennan, A. R. and Ingram, M. I. 1996: Missing the mark: A preliminary survey of the Scottish Charter Mark experience. *Total Quality Management*, 9(4/5), 71–4.

Ellis, J. W. 1997: AT&T links diversity to specific unit goals. *Advertising Age*, 68(7), February 17, S14–15.

Fried, Y. and Farris, G. 1987: The validity of the job characteristics approach: A review and meta-analysis. *Personnel Psychology*, 40, 287–322.

Gardiner J. C. 1999: Tracking and controlling absenteeism. *Public Productivity & Management Review*, 19 15(3), 289–300.

Griffin, R. 1988: Consequences of quality circles in an industrial setting: A longitudinal assessment. *Academy of Management Journal*, 30(2), 338–58.

Guzzo, R., Jenne, R. D. and Katzell, R. 1985: The effects of psychologically based intervention programs on worker productivity: A meta-analysis. *Personnel Psychology*, 38, 275–91.

Hackman, J. R. 1977: Work design. In J. R. Hackman and J. L. Suttle (eds) *Improving Life at Work: Behavioral Science Approaches to Organizational Change*, Santa Monica, CA: Goodyear Publishing, 96–162.

Hackman, J. R., Oldham, G. R., Janson, R. and Purdy, K. 1975: A new strategy for job enrichment. *California Management Review*, 17, 57–71.

Hamner, W. C. and Hamner, E. P. 1976: Behavior modification on the bottom line. *Organization Dynamics*, 4, 8–21.

Hoen, J. C. 1987: Bigger pay for better work. *Psychology Today* July, 57, 15.

King, R. 1998: Jeans therapy: Levi's factory workers are assigned to teams and morale takes a hit. *Wall Street Journal*, May 20, A1, A6.

Lawler, E. E. 1976: New approaches to pay: Innovations that work. *Personnel*, 53, 11–24.

Luthans, F. and Kreitner, R. 1985: *Organizational Behavior Modification and Beyond*. Glenview, Ill: Scott, Foresman.

Luthans, F., Paul, R. and Baker, D. 1981: An experimental analysis of the impact of contingent reinforcement on salespersons' performance behavior. *Journal of Applied Psychology*, 66(3), 314–23.

Marks, M. L., Hackett, E. J., Mirvis, P. H. and Grady, J. F. 1986: Employee participation in a quality circle program: Impact on quality of work life, productivity and absenteeism. *Journal of Applied Psychology*, 71(1), 61–9.

Maynard, M. Toyota devises grueling workout for job seekers. *USA Today*, August 11, 3b.

Milkovich, G. T. and Newman, J. M. 1987: *Compensation*. Plano, TX: Business Publications, Inc.

Orpen, C. 1982: The effects of contingent and noncontingent rewards on employee satisfaction and performance. *Journal of Psychology*, 110(1), January, 145–50.

Rodgers, R. and Hunter, J. E. 1991: Impact of management by objectives on organizational productivity. *Journal of Applied Psychology*, 76(2), 322–36.

Scarpello, V. and Ledvinka, J. 1988: *Personnel/Human Resource Management*. Boston, MA: PWS-Kent.

Schleicher, W. F. 1977: Volvo: New directions in work technology. *Machine Tool Blue Book*. Wheaton, IL: Hitchcock Publications, 74–85.

Stajkovic, A. and Luthans, F. 1997: A meta-analysis of the effects of organizational behavior modification on task performance. *Academy of Management Journal*, 40(8), 1122–49.

Stone, E. F. 1986: Job scope-job satisfaction and job scope-job performance relationships. In E. A. Locke (ed.) *Generalizing from Laboratory to Field Settings*, Lexington, MA: Lexington Book Company.

Stoner, C. R. and Russell-Chapin, L. 1997: Creating a culture of diversity management: moving from awareness to action. *Business Forum*, 22(2–3), Spring–Fall, 6(7).

Tosi, H. L. and Gomez-Mejia, L. 1989: The decoupling of CEO pay and performance: an agency theory perspective. *Administrative Science Quarterly*, 34, 169–89.

Tosi, H. L. and Tosi, L. A. 1986: What managers need to know about knowledge-based pay. *Organizational Dynamics*. Fall, 52–64.

Tosi, H. L., Zahrly, J. and Vaverek, K. 1990: *The Relationship of Worker Adaptation and Productivity to New Technology and Management Practices: A Study of the Emergence of a Sociotechnical System*. Organization Studies Center, Graduate School of Business Administration, University of Florida, 1990.

Woodruff, D. 1993: Saturn: Labor's love lost? *Business Week*, February 8.

第七章

組織中的壓力

壓力與競爭
壓力的表現形式
壓力的來源
壓力與個體差異

課前導讀

在準備這一章之前，請先找一位同是修習這門課程、而你也願意與其共同討論的同學組成搭檔。首先，你們兩位必須分別回答下面這三個問題。

1. 寫下目前你在生活中面臨的壓力水平。

2. 是哪些因素導致你目前所感受的壓力？（請參照原文頁碼200處「壓力的來源」，內有壓力事件清單。）

3. 請列舉你能用以管理壓力的活動。（如需要提示，可參考原文頁碼214處「對經理人的啓示」，找出可用於生活中者。）

現在，請比較你和同伴的答案。

1. 你們在生活中的壓力來源，是否類似？

2. 你們因應壓力的方法，是否有所不同？

3. 上述的不同點，是否足以說明你們各自壓力的相異或相似之處？

4. 書中所提到的個體差異，是否能夠解釋你們兩人的不同之處？

192 　　　山姆‧艾倫因蕁麻疹住院，全身因紅腫潰爛而疼痛難忍。建議他入院治療的約翰‧吉柏醫生認為，山姆的新職務－行銷總監，可能正是導致蕁麻疹的原因。不過，山姆並不喜歡這個說法，也不願意相信。

　　到現在，山姆才有足夠時間好好思考吉柏醫生的話。還記得當時，上司爾尼‧黑斯頓轉來新職務的通知時，山姆簡直欣喜若狂，多年的業務工程師生涯，等的不就是這一刻？

　　在搬進行銷總監辦公室後，著實為新職務與原本業務工程師的巨大差異震撼不已。業務工程師只需要規劃自己的行程表，儘管大半時候，得四處拜訪客戶，而不能待在辦公室裡，但他可以控制自己的工作時間和地點。沒錯，他必須努力工作，但進度是掌握在自己手中。舊工作讓山姆很喜歡的一點是：想知道自己績效如何，看看最新的銷售圖表就行了。

　　現在的新工作就不是那麼回事了。雖然山姆在公司的地位提昇了，有更大的辦公室、更好的汽車、還有專屬秘書。然而，山姆卻開始感到困擾：事情不再是他能掌控。例如，他的約會行事曆總是排得滿滿，而且通常都不是山姆自己安排的約會。他現在必須向行銷部門的副總裁布萊恩‧卡夫特報告，布萊恩是個辦事能力強，卻不易共事的人。舉例來說，布萊恩每個星期至少一天會發出下午四點半開會的臨時通知，而且要到七點半或八點才會結束。雖然布萊恩會為了「佔用家庭時間」而道歉，但是每次會議結束後，他老愛吆喝大夥一起去用餐喝酒，當成一種補償，大部分的員工也會礙於情面奉陪到底。但是，這種不到半夜回不了家的邀約，會讓山姆錯過哄孩子上床睡覺的寶貴時間，而且他的律師老婆愛卓安也非常不喜歡他晚歸。

　　面對新的功成名就，卻毫無控制力，令山姆感到非常不安。現在他的工作不僅不再只是盡力爭取自己的訂單就行，甚至連未來都得完

全依賴他人的工作績效，這是山姆頭一回讓自己處在這樣的情況下。

　　山姆試著達成所有的新任務，他刻意增加與家人相處的時間與品質，試著在行程表上排出一點空檔，好完成一些早想著手去做的專案。這樣做的結果是：睡眠時間的大幅減少，使山姆顯得疲憊不已；在戒菸十年後，現在又看到他開始抽煙了；一天晚上，愛卓安對山姆說，她覺得他最近喝的酒似乎比過去多了一點。

　　山姆知道自己的壓力很大，但他認爲那是工作的一部份。當山姆的蕁麻疹發作時，他壓根沒想到這場病與自己的壓力有關。

　　山姆面對新工作之壓力所產生的反應，十分常見。一般人的常見壓力症狀包括蕁麻疹、偏頭痛、意志消沉和背痛。此外，壓力也可能導致更嚴重的生理症狀，例如潰瘍、高血壓與冠狀動脈心臟病。但壓力導致的症狀（可能也是最容易讓人聯想到的）往往是心理上的。在充滿壓迫感的環境中工作的人，較容易產生無力感，以及偏低的自我評價，並導致輕微的心理及生理問題（Cooper and Marshall, 1976）。勞工階級的人罹患心理問題的比例明顯偏高（Shostak, 1980）。壓力可能是導致離婚、友誼破裂及挫折的罪魁禍首。同時，一般人往往將生理或心理上的疾病視爲個人的弱點。

193

　　企業組織通常得爲員工的壓力支出巨大成本。首先，強大的壓力會降低工作效能。另外，與壓力有關的法律訴訟、員工的賠償金與健保費等，都得讓企業組織花上大筆金錢。以1992年的加州爲例，在所有生理疾病與壓力症狀的索賠申請中，百分之九十九的案例都被判定，須支付一萬一千美元的賠償金（Stevens, 1992），這項沉重的負擔，迫使加州政府制定新法規定：員工們必須證明自己的病痛確實是因壓力而起，才有可能獲得理賠。在這項法律生效之前，人們只要證明無法工作的原因有百分之十源自職場壓力即可。新法公佈之後，病痛與壓力之間的相關程度，必須提高到百分之五十才行。這項措施雖

然大幅降低了理賠申請的數量，但是這一類的索賠頻率仍然偏高
（Schachner, 1994）。

　　本章將重點放在工作組織中的壓力。我們將探討壓力的意義、起
因、個人表現壓力的方式、某些重要的人格因素、以及壓力的管理。
雖然我們會將焦點鎖定在與工作相關的壓力，不過我們也會討論到工
作之外的問題。因爲我們相信：壓力來自於許多不同的來源，而其影
響也不僅限於工作場合。

壓力與因應的模式

　　圖7.1是將壓力概念化的眾多方法之一。人們不斷地與客觀環境
和心理環境互動，這些環境中，存在著各種會引發壓力的刺激，我們
稱之爲*壓力源*。壓力會表現在生理、心理或行爲反應上，反應的本質
因人而異，有些人對於壓力的敏感度比其他人強，有些人則擅於運用
較有效率的因應機制。

　　*壓力*是個人面臨「當事者感受到可用的資源（內在或外在）遭到
剝奪或透支的情境（Lazarus, 1980）」時，所產生的一種非特定心理狀
態。通常環境裡會存在著一些造成壓力的因素，而且往往未爲當事人
察覺。壓力是一種動態情況，當事人通常會遭遇下列三者之一
（Schuler, 1980）：

1. 機會
2. 拘束
3. 迫切需要一個不明確卻十分重要的解決方法

194　　對山姆艾倫而言，壓力造成的影響不全然盡是負面。每個人都會

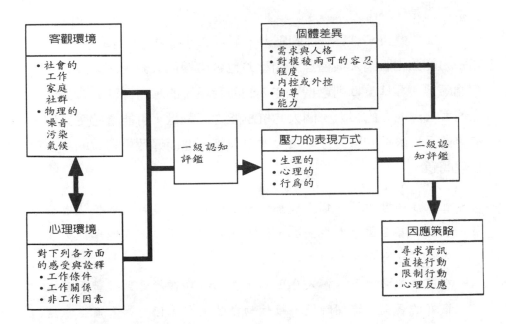

圖7.1　壓力與因應模式

面臨一些具有正面意義的壓力，舉例來說，準備在大學裡的第一場考試，會讓人倍感壓力。考試的日期愈接近，心情就愈緊繃，對考試的擔心，激使人們加倍用功讀書。等你走進教室，找到位置坐下來之後，胃就開始翻天覆地，手心也開始汗水湾湾。如果你有周全的準備，在開始作答、發現試卷上的問題都能迎刃而解後，這些緊張的症狀就會消失，而且知道自己會考得很好，因此，下一次的考試就不會引起這麼大的壓力了。

　　即使第一次考砸了，只要你能發現自己的錯誤、找出自己的極限，並了解下一次該怎麼做才能進步，那麼這一次的不良表現也會是個正面的學習經驗。經過一次教訓之後，你會變得更堅強，下一次面對考試的時候，你就會知道該怎麼應付，隨著時間的過去，考試漸漸

地就不再是你的壓力來源了。

　　正面、健康、具啓發性的壓力，稱爲**良性壓力**（Selye, 1974）。正如張力能強化肌肉，某種程度的壓力也會激發個人表現，以及人格上的適應力。**惡性壓力**則意指，在人們面對環境的壓力源時，會減弱其生理與心理能力的壓力。個人的抗壓能力若降低，可能會感受到環境中更多且更嚴重的壓力源，讓人難以因應，進而導致更嚴重的生理與心理問題。

- 在低度的壓力下，個人幾乎感受不到刺激。這時候非但沒有挑戰性，甚至還會覺得無聊，因為個人的心理與／或生理能力並未被充分利用。

195
- 在中度的壓力下，個人會因為生理與心理機能受到挑戰而產生良好的表現。這個時候，雖然動機被激發，但是尚未產生焦慮

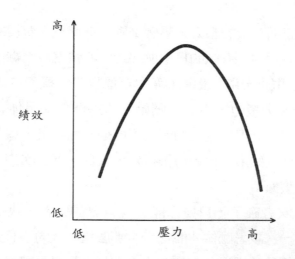

圖7.2　壓力水平與績效的關係

感，而且個人心力也完全專注在眼前的工作上。中度壓力最有可能導致較佳的表現。

• 當你遭遇到高度的壓力時，本身的資源會受到牽制，生理與心理機能都已超出能夠負荷的限度。

客觀環境

客觀環境意指個人置身其中、可能產生影響的情況。工作條件、他人、噪音、熱，都是工作環境中可能的壓力源。社會壓力、來自另一半和孩子的要求、社區問題…等非工作因素也可能引起壓力，而且絕對會影響工作。如同第四章提到的，我們必須解決工作、家庭、生活其他重要層面之間的關係，因此，這些壓力都十分重要。

心理環境

心理環境意指個人體驗客觀環境的方式。舉例來說，如果你的工作性質需要與組織以外的人打交道（一件客觀環境的事實），與業務範圍僅限組織內部的同事相比，很可能你會感受到更重的工作負擔或角色衝突（心理環境的一個面向）（Katz and Kahn, 1978）。

個體差異

196

某些個體差異與壓力和壓力反應有關：

• 對模稜兩可的容忍度

• 內／外控

- 成就需求
- 自尊
- 個人能力
- 情感作用
- A型／B型特質

　　就某方面而言，這些因素會影響人們處理經常出現、令人緊張之壓力源的方式（Selye, 1974）。人們感受到壓力時，發生的第一件事就是**警示反應**：對身體發出壓力警告的生理變化。這些反應包括腎上腺分泌速度加快、血壓升高、肌肉僵硬等。接下來是**抗拒階段**，這個時候，身體會試著重回平衡，耗費生理與心理的能量，設法達到均衡。人們會以不同的生理、心理與行為反應以因應壓力。最後則是**枯竭階段**，如果抗拒不成，人們就會精疲力竭。隨著時間過去，壓力源可能會耗盡人們的身心能量，當人們處於枯竭階段時，就有可能發生生理或心理的疾病。

　　壓力源在每個人身上的作用不見得相同，每個人在壓力之下的外在表現也不一定與他們的心理反應有關。在壓力情境下，有些人正是典型的反應激烈者，他們會有劇烈的生理變化，例如血壓昇高、心跳速率增減、血管壁壓力改變。而所謂「反應冷靜」的人，在壓力之下，他們的身體功能會隨著情況而發生適當的變化。雖然，反應激烈和反應冷靜的人外表看來可能都非常平靜，但反應激烈的人可能會過度刺激身體的神經系統，因而導致動脈痙攣及其他循環系統的疾病。同時，壓力也會使身體增加腎上腺素的分泌，其嚴重程度不可小覷。因為腎上腺素會同時刺激生理與心理的活動，使人們沉溺其中，也就是說，它會使人們只有在腎上腺素激增時才能夠正常運作。

　　個體差異會影響人們對客觀環境的感受。你對同一個環境的感受

與詮釋方式，很可能就與其他人的反應不同。這種差異來自認知評鑑的過程：個人對環境中各面向意義所持的評鑑方式（Lazarus, 1980; Motowidlo et al., 1986）。以山姆艾倫爲例，他可以將各種要求認定爲緊張的、正面的或是沒什麼特別的。由於每個人對這些要求的判定不同，因此某人覺得倍感壓力的事情，對另一個人而言，可能不過爾爾。這種稱爲「一級認知評鑑」的評估決定了個人情緒反應的強度與品質（Lazarus, 1980）。當你的一級認知評鑑是正面的，你會產生愉快、高興和放鬆等反應。若你將環境評估爲緊張的，你的反應則會是焦慮、害怕等。假設你的老闆對你說：「你的年度報告不夠完整。」你對這個情況的評估，應該會落在圖7.3所顯示的兩種情形之一：要不認爲「老闆是在說我能力不足。他不該這麼說的，我受不了人家說我能力不足。」這樣的認知評鑑可能會讓你產生工作焦慮、偏低的工作滿意度、以及不確定如何改善報告寫作技巧的挫折等感覺。或者以較正面的方式來評估：「我也是人，犯錯是難免的，我不是完美的，這是老闆的善意回應，我會想辦法做得更好。」就處理同一個狀況而言，這樣的想法可以導致比較具有建設性的作法。（Tosi and Tosi, 1980）

197

　　這項過程的重要性在於，它們的確會影響到你對自己和工作的感覺。研究顯示，當我們產生負面、運作不良的想法與思考過程時，通常會不滿自己的工作，同時也會覺得自己身心不夠健康（Judge and Locke, 1993）。然而，這些負面思考過程是可以透過認知重建（Tosi et al., 1987）加以調整。其作法如下：

- 確認正面與負面的自我思考和評價
- 以正面思考取代負面思考

　　這麼做可以增加自我效能，讓你相信自己有完成工作或因應壓力

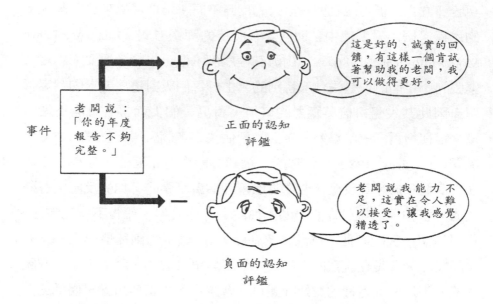

圖7.3　兩種不同的認知評鑑對同一個事件的影響

的能力。舉例來說，假設當你聽到老闆對你說的話時，第一個反應是感受到相當大的壓力。只要你能重新評估這個狀況，並且進行認知重建。最後，你或許會發現自己並非能力不足。也就是說，你可以藉著你的想法與對眼前處境的分析，來調整自己的壓力水平。

198　壓力的展現

對壓力源的反應─稱為壓力的展現，意指人們對所處情境的認知評鑑而引起的生理、心理或是行為反應。

生理反應　個人受到壓力時，所產生的身體機能變化，這些變化

可能是當下的或是長期的反應。當人們感受到壓力源時,大腦會發出增加腎上腺素分泌的訊號,進而引起立即性的身體化學反應。面對壓力源的時候,血糖增加、心跳加速、肌肉緊繃、汗水直冒,而且所有感官都會變得十分敏銳。

　　長期的生理反應會是比較大的問題。如果個人長期處在壓力之下,身體會開始發出耗弱的警訊。長期以來,冠狀動脈心臟病和心血管疾病等嚴重的健康問題,都與職業和組織壓力有密切的關聯(Cooper and Marshall, 1976; Karasek et al., 1981; Ganster and Schaubroeck, 1991)。其他與壓力有關的特定疾病則包括潰瘍、高血壓、頭痛和偏頭痛等。有些人相信,即使一般看似與壓力沒有直接關係的疾病,例如癌症,也都是因壓力而起的,因為壓力會導致身體免疫系統的衰退,因而提高罹患其他疾病的可能性。(Fox et al., 1993)

　　心理反應　通常我們會把壓力與心理聯想在一起。心理反應意指某事所引發的想法與感受,可能來自工作因素,也可能來自非工作因素。有些心理反應與工作直接相關,例如面臨繁重工作、沉重壓力源的護士,往往比較沮喪、有較高的工作焦慮、對同事的態度也比較差(Motowidlo et al., 1986)。其他與工作相關的反應包括工作滿足低落、對組織沒有信心、對工作與職涯感到焦慮、疏離感增加、對工作的承諾降低等(Kahn et al., 1964)。

　　非工作因素引起的反應,可能是個人心理狀態的短期或長期變化。這些影響的持續作用,會導致人格的改變,這也是面對壓力的一種舒解反應。這一類反應包括了自信(或自我評價)較低、逃避現實、無力感大增、神經過敏、緊張、焦慮、易怒、充滿敵意和沮喪(Beehr and Newman, 1978; Motowidlo et al., 1986)。

　　行為反應　人們處於壓力狀態下時,可能會產生不同的行為舉

止。酗酒、抽煙、飲食習慣改變等，都是人們面對壓力時可能出現的徵兆。壓力往往也與曠職、延宕、上班遲到、劣等績效，注意力、鎮靜力、毅力與調適力低落，以及工作品質低落有關（Beehr amd Newman, 1978; Cohen, 1980; Motowidlo et al., 1986）。

199　　　　正承受壓力者的人際效能也會降低。對護士的研究指出，長期暴露在重度壓力下會增高抑鬱的程度，不但對醫生的包容性會降低，也會減少對待其他護士的溫情。承受高度壓力者，對他人的侵略性較大，雖然他們的競爭力較高，但對團體的向心力卻較低（Cohen, 1980）。此外，這些人與他人溝通的機會也會減少。這些反應可能只是人們在面對壓力時，因為希望遠離壓力源，而產生的遠離人群、避免接觸、拒絕受到影響…等眾多症狀之一。

因應策略

因應策略是指人們在面對壓力時，處理壓力源或對待自己的方式（Lazarus, 1980）。每當感受到壓力時，個人會有意識或無意識地，選擇一個回應它的方式，這種選擇，透過人們的二級認知評鑑過程而發生。二級與一級認知評鑑此二者的差異在於，後者發生在人們感受到壓力源。

因應壓力有兩個功能（Lazarus, 1978）。第一是解決問題：你可以試著改變環境的壓力源或是自己的行為，以減少壓力源出現或是惡化的可能性。舉例來說，假設你常常受到不好的批評，但事實上你表現得很好，就可以推知老闆是因為收到錯誤的資訊，而誤解了你的工作表現，這使你有機會改變這樣的批評。如果你並沒有盡全力，也可以藉著改善績效，來扭轉不良的批評。

因應壓力的第二個功能，就是處理因壓力而產生的生理或情緒反

應，「這麼一來，這些反應才不會失去控制，人們才不會做出有損道
德或妨礙社會運作的事情」（Lazarus, 1978）。基本上，因應壓力就表
示管理你的情緒。

　　因應壓力的策略可概分為四種（Lazarus, 1980）。

1. 尋 求 資 訊
2. 直 接 行 動
3. 限 制 行 動
4. 心 理 的 因 應 反 應

　　尋求資訊就是試著找出有哪些壓力源，以及造成這些壓力源的原
因。由於壓力的屬性之一，是「不確定性」，只要對資訊的尋求，能
導致不確定性的降低，就有意義。然而，情況也可能是「無知是
福」，因為，有時候事實的殺傷力更有力。我們常在主動蒐集負面
（對個人而言）組織變革資訊的員工身上，發現更沉重的壓力水平
（Ashford, 1988）。

　　直接行動可分為幾種形式。工作上的壓力，可能會使人更努力工
作、服用藥物、藉酒澆愁、另謀高就，或是想辦法改變目前的環境。
個人可能會讓自己抽離眼前的危機，試圖逃避現實；或是選擇勇於面
對，採取直接或間接的行動以移除壓力源。直接行動的另外一種形式
是尋求與發展社會支持。他人的接納與協助，可以緩衝壓力源的影響
力，也可以幫助人們找到更具建設性的解決方法。如果上司的要求帶
來了壓力，個人可能去找資深同事來討論問題，並找出有用的解決方
法。

　　限制行動就是以什麼也不做的方式來處理壓力，尤其在行動可能
導致另一個不好的結果時。舉例來說，當工作上發生問題的時候，一
時的衝動可能會讓人立即遞出辭呈，但這個動作可能導致家庭失和、

200

嚴重影響個人的職業、其他意料之外的結果。因此，三思而後行，可能是處理這一類壓力時最好的方法。

　　心理的因應反應是人們面對壓力時常見的反應。情緒及接踵而來的行為，部份取決於自身對於所處情況的看法。否定問題的存在、心理對情境的抽離、其他的防禦機制，可能會改變人們對客觀環境的感受，讓人們以為自己可以在他們所意識到的環境中過得更好，至少在短期之內如此。一旦心理的因應模式扭曲了現實，而且讓人們沉溺其中時，就代表著對壓力的適應不良。舉例來說，如果個人在工作上一再遭遇問題，但是卻不肯承認失敗，始終無法認清發生錯誤的根本原因，那麼成功可能此生與該人絕緣。長期下來，個人的自尊心也會減弱。

　　因應與人格　由於不同的人對同一情境的認知評鑑並不相同，因此採用的因應策略也不一樣，而其抉擇必受人格的影響。一項針對新廠建立的研究，正說明了人格對因應策略的影響（Tosi et al., 1986）。缺乏耐心、積極主動、對細節的要求特別精確者（A 型性格的特質，請參閱原文頁碼 209），會採用直接行動策略，在新工作上更加努力；自尊心較低的人，則在心理上排斥這項工作，例如，更漫不經心、休息、偷懶混時間；將工作視為生活重心的人，則對工作情境多所抱怨，並尋求學習與做好工作的協助。

壓力的來源

　　壓力是人與環境間之交易與互動的結果。在這一節，我們要討論的是環境中的壓力源。有些壓力源，來自客觀環境；而大部分的壓

力，則是因心理環境而起。我們會釐清「工作因素」與「非工作因素」這兩種壓力來源；而影響人們對壓力源之反應、因應方式的個體差異，也是我們討論的範圍。

工作因素

201

減少工作環境中的壓力源，對個人和組織來說，都有極好的理由。對個人而言，如果工作本身，無法帶給人們相對的報酬與意義，就是對身心健康有害。據估計，大約95%的勞工賠償申訴，起源於精神壓力，主要是長期性的職場創傷，因經理人對員工的不當對待而起（Wilson, 1991）。在本節中，我們將探討五種在職場上常見的壓力源。

1. 職業因素
2. 角色壓力
3. 參與機會
4. 對他人的責任
5. 組織因素

職業因素 某些工作的壓力較大。勞工們，因為工作本身的人身危險性較高，或必須接觸有毒物質，因此比一般人更常被暴露在會導致生理健康問題的工作環境之下（Shostak, 1980）。研究顯示，從事例行性工作的人，對工作產生疏離及倦怠感的比例較高，而且機械化的工作型態，比非制式工作更容易引起緊張、焦慮、憤怒、沮喪與疲勞等感覺。（Kornhauser, 1965; Hurrell, 1985）

對職業與冠狀動脈疾病的研究，讓我們了解，為何某些工作的壓力較大。一般而言，只要說到冠狀動脈疾病的成因，一般人最常聯想

到的，就是壓力。而最容易引起冠狀動脈疾病的職業，有兩種共通特性：「心理要求高」、「決策控制低」（參閱圖7.4）。從事這些工作的人，長期承受著來自他人（例如客戶）的壓力，而且必須符合他人的期望，不能爲所欲爲。以服務生爲例，每當顧客要點餐時，服務生就必須隨傳隨到；在廚師還沒將餐點準備好之前，菜餚是無法上桌的，服務生夾在顧客與廚師之間，他必須服從兩方面的指示，沒有控制權。圖7.4右下方所示，即爲「高要求/低控制」的工作，廚師、裝配生產線工人、消防隊員、護士等，都是罹患冠狀動脈疾病的高危險群（Karasek et al., 1981; Fox et al., 1993）。一項以高風險群護士爲對象的研究指出，這些護士的工作滿足較低、血壓偏高、唾液中的皮質醇含量也較高。血壓通常與冠狀動脈疾病有密切關係，皮質醇則和免疫反應降低、抑鬱有關。這些護士下班後，也常將壓力反應帶回家，因此更增加了長期負面健康效應的機會。

角色壓力　當人們清楚知道別人對自己的期望，而且沒有嚴重的
202　角色模糊及衝突時，工作起來會更有效率（Kahn et al., 1964）。角色衝突與角色模糊，兩者都與許多負面的工作反應有關，包括更高的工作緊張與焦慮、較低的工作滿足、對組織的歸屬感較低、以及離開組織的傾向較高等（House and Rizzo, 1972; Jackson and Schuler, 1985）。個人績效、角色衝突、角色模糊，三者之間也存在著適度的負面關係（Jackson and Schuler, 1985）。

當一個人被迫遵守多個不同、卻彼此矛盾的要求時，就會產生角色衝突（索引7.16），遵守其一就意味著違反另外一個。假設歷史課程與統計課的教授，都安排在星期二下午進行考試，我們當然無法同時參加兩項考試。

203　　角色衝突的種類，取決於要求的來源。*自相矛盾式的角色衝突*

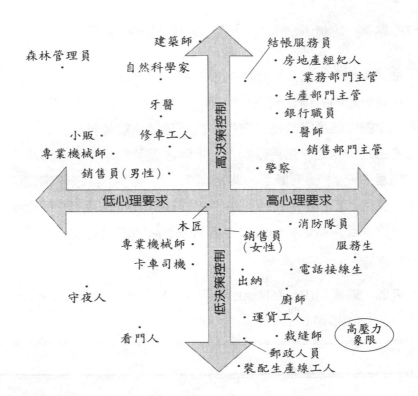

圖7.4　工作上的壓力

（intrasender role conflict）是指來自某人的矛盾期望。舉例來說，經理
人可能希望你提高生產力，卻不提供必須的額外資源。通常在必須刪
減成本，或計畫提高效率時，經理人就會提出這種要求。

202

倫理專題：組織與角色壓力中的倫理風氣

　　要將角色衝突與角色模糊的部份問題降到最低，方法之一就是：培養組織內的倫理風氣。所謂的倫理風氣，並非意指管理高層所制定的白紙黑字的倫理守則，也不是請高層發表長篇大論。最重要的是，制定一套完善的方針、程序與獎勵制度，以激勵人們「從善如流」。研究顯示，當組織內有一股牢不可破的倫理風氣時，就可以減少嚴重的違紀事件，提高狀況發生時的依理行事能力，對銷售人員來說，他們與業務主管之間的道德衝突也可以降低許多。

資料來源：編修自 Bartels et al（1998）及 Schwepker et al.（1997）

203

歧異性專題：角色衝突與職業婦女

　　壓力，絕對是每個人工作生活中的一部份。各行各業的員工，每天都需要處理來自工作的壓力。根據記載，對員工來說，每個人的壓力水平都截然不同。不同的工作責任、人格類型、家庭生活等，都會對工作的壓力水平，產生戲劇化的效應。然而，員工壓力與性別間，存在著相當明顯的關聯。最新資料指出，女性員工面臨的壓力，遠比她們的男性同事高出許多。

　　儘管情況已不斷地改善，但是大家都知道，女性在職場上仍

然必須面對許多傳統的、與性別有關的歧視問題。根據最新資料，雖然職業婦女在職場比例已達40%，但能夠擔任高層主管的比例卻不及3%。這種「玻璃天花板」，以及以各種形式呈現的性別歧視與刻板印象（如薪級的差異），仍是職業婦女每天必須奮戰的一部份。

這些困難，本身就足以構成壓迫性的工作環境，更糟的是，問題並不僅止於歧視和成見。儘管已投入職場，大部份的婦女仍然和以往一樣，挑起傳統家務。對她們而言，下午五點並不是一天的結束，還有更多的家事、照顧小孩與其他家庭責任等著她們去完成。這使得職業婦女的一天顯得更嚴酷，也更沉重。有趣的是，雖然男性也同樣感受到工作與家庭之間的衝突，但他們似乎不需要承擔這麼重的家庭責任。美國的一項最新研究指出，儘管夫妻二人都是全職的上班族，但女性每天花在家事上的時間，竟是先生的四倍！

難怪女性特別容易感到壓力和挫折。經理人與組織，應該對女性部屬的壓力水平更為敏銳。為家庭時間保留彈性，正是幫助職業婦女，在家庭與工作之間取得平衡的第一步。

資料來源：由Peter Jones編修自 Yang（1996）

左右為難式的角色衝突（intersender role conflict）是指兩個或兩 204 個以上的人，同時對一個人發出相互牴觸的要求。舉例來說，工廠裡的品管主管，可能希望生產線領班拒收更多產品，但生產主管，卻會因為想提高生產輸出，而希望退件越少越好。

個人—角色衝突意指，組織的要求與個人價值觀有所牴觸。「告

密者」就是其中一個例子，雖然告密者本身可能要付出極大代價，但
為了倫理責任的信念，他們仍然希望讓大家注意到組織中不合倫理或
違法的行為。在大多數的組織中，個人－角色衝突通常不會造成太嚴
重的問題，因為個人價值觀與組織嚴重相左的人，通常都會在日常的
工作中，早早發現這一點，然後另謀高就。

　　角色模糊：對於他人期望的不確定感，可分為兩種類型：

1. **任務模糊**，意指個人無法確定工作要求為何。還在摸索階段的
   菜鳥，經常會發生這類問題。經理人的指令不清，或工作內容
   的模稜兩可，也會引發責任歸屬不清的問題，並導致任務模糊
   的發生。

2. **社會──情緒上的模糊**，意指因為不了解他人的評價，而引發的
   角色模糊問題。當工作標準不清楚、工作表現的判斷過於主觀
   時，就會發生這樣的問題。若無法得到他人回饋，也同樣會有
   這一類問題。

　　另外的兩個壓力源，則是角色的超載或輕載。

- **角色超載**意指過度的工作要求，超出了個人時間或能力所及的
  限度。

- **角色輕載**意指工作並未善用個人的才能。以保全警衛與接待員
  為例，其工作只需要用到「員工技術與才能的一部份（雖然他
  們盡其所能地利用了那一小部份）」（Katz and Kahn, 1978）。擔
  任這些職務的人，認為這些工作既無聊又單調，因此，常發生
  曠職、低工作滿足、疏離感等問題。

　　參與的機會　和參與機會較少的經理人相較之下，參與決策過程
較多的經理人感受到較少的壓力、工作焦慮與威脅（Tosi, 1971）。參

與度之所以重要，原因有二。

1. 參與和低角色衝突與低角色模糊有關（**Kahn et al.,1964; Tosi, 1971**）。
2. 參與讓個人覺得，自己對環境中的壓力源有部份控制權，比起沒有任何控制權來說，這樣可以減低壓力源所造成的影響。

　　對他人的責任　對他人的責任，可能導致工作上的壓力（**Cooper and Marshall, 1976**）。由於經理人的工作效率，完全仰賴為你工作的人，如果你對這些人，或對自己掌握他們的能力，感到沒有信心，經理人就可能會因為對環境無法控制而感受到壓力。除此之外，對他人的責任，還包括了決定薪資、晉升機會與職涯規劃、以及人生的影響力。 205

　　組織因素　組織本身也會影響壓力。舉例來說，許多人相信，非常官僚的組織體制，會使個人的績效潛力無法盡情發揮；有些人則認為，過度鬆散的組織體制，比較可能釋放人類的潛能（**Argyris, 1964; Presthus, 1978**）。下列四項組織特性，可能會成為壓力源：

1. 組織的階層
2. 組織的複雜度
3. 組織的變革
4. 組織的界限角色

　　在組織的最高階層中，管理工作有許多角色超載的問題，他們必須為他人負責，其工作有許多的衝突與模糊。經理人往往更有時間壓力，也有效率方面的問題。管理工作的特性，例如經常打斷別人的話、每件事都蜻蜓點水式地帶過……都會使時間的有效運用更為困

205

全球化專題：壓力與國際工作

國際貿易，已是許多公司必需的日常運作之一。當海外工作愈來愈普及，「空中飛人」所衍生的問題也益加嚴重。國際貿易的問題之一，就是肩負這些國際任務的主管們，所承受的壓力水平。

國際旅途的許多因子，都會造成員工的壓力。身處異鄉、離鄉背井、時差問題、營養不足、水土不服等問題，只不過是冰山的一角，難怪這些經常出差的旅客，比那些留在自己國家的同事，更容易產生與壓力有關的心理問題。最新研究指出，這些「空中飛人」遭受焦慮、沮喪、社會適應不良、因應困難等壓力問題的機率，竟是常人的兩倍。另外一項問卷調查則顯示，在經常出國洽商的旅客當中，有75%不僅因為遠離家人而倍感壓力，對回國後尚待處理的工作，更是感到焦慮不已。

許多人提出解決壓力問題的建議，其中一個策略是，鼓勵員工在出國洽公之前，盡可能地熟悉即將前往的國家，其目的並不是為了完全投入當地文化，只是幫助出差者了解異國的基本社會規範。在這個策略中，最派得上用場的方法，包括決定最好的旅行方式、學習目的國的一些簡單語言、找出目的國附近值得一遊的地方。會掛念家人的員工，過去由於時差的障礙，較難打電話回家，現在大可鼓勵他們利用傳真、電子郵件科技，以舒解這種常見的壓力源。另一個幫助有家庭的旅行者的方法則是，在出發前全家一同討論關於目的地的事情。

雖然造成壓力的責任仍在，但這些解決方法，還是有助於減輕其壓力水平。

資料來源：編修自Ligos（1998）by Pete Jones

難。從事低階工作的員工，若出現角色超載與角色衝突等問題，多半是因為上級的指示發生衝突，以及缺乏足夠的資源（Parasuraman and Alutto, 1981）。

若談到組織的複雜度，光是大型組織中的繁複規定、要求與複雜的網路，就足以造成龐大壓力。由於組織中的分工漸趨專業化、管理階級的人數劇增、組織也愈趨複雜化，使得角色分別逐漸成為一個大問題（Lahn et al., 1964）。

當組織的變革，影響個人的工作與職責時，因個人必須適應環境的改變，所以更可能產生壓力反應。有些變革，會降低個人的工作安全、地位與權力，無論公司合併、預算緊縮或裁員，都會引起不確定感、工作焦慮以及更大的壓力。

組織的界限角色，意味著個人在與組織內部他人產生互動、互信時，同時必須與組織外部提出要求的人產生互動，這種界限式的角色，會帶來更大的壓力。因為在這種情況下，個人容易產生來自組織內外的角色衝突。舉例來說，業務人員必須在客戶要求與公司規定之間，取得平衡。

非工作因素

206

假設有兩個為你工作多年的行政助理，他們的工作內容相去不遠，所接觸的客觀環境中之壓力源也大同小異，他們可能會有那些情況？

* 他們感受到的壓力水平可能不同，並且表現出不同的壓力反應。
* 對同一客觀環境，他們可能產生不同的認知評鑑。

- 人格的差異可能可以解釋其不同反應。
- 其中一人經歷的壓力源，可能來自另一個人未接觸到的非工作環境，例如離婚、親人過世、小孩生病、婚姻觸礁。

207 　　在這一節中，我們將說明壓力反應與其他非工作環境因素的關係，例如生活結構改變、社會支援。

　　生活改變　個人在經歷生命與職涯中的轉折時，生活的自然波動也會引起壓力。舉例來說，大多數人都會經歷配偶或近親的死亡，或者換工作，衡量這些變化所造成影響的方法之一，就是使用「社會再適應量表」（social readjustment rating scales）（Holmes and Rahe, 1967）。該量表列出，四十餘項可能引發壓力的事件與變化，大部分人一生當中至少會經歷一次。表7.1列舉了部分事件及其壓力指數。我們可以從表中得知，喪偶的壓力值極高，而換工作則略低。通常，非工作事件是比工作事件更嚴重的壓力源。基本上，若個人在短時間

表7.1　調適特定生活變化的相對難度

非工作		作工作	
事件	壓力指數	事件	壓力指數
配偶死亡	100	遭到解僱	47
離婚	73	退休	45
坐牢	63	業務調整	39
近親死亡	63	責任的變化	29
結婚	50	與上司不合	23
好友死亡	37	工時／條件的變化	20
妻子開始／停止工作	26		

資料來源：Holmes and Rahe（1967）

內累積相當高的壓力值，就更可能產生壓力反應。

　　高度生活壓力，與個人如何尋求資訊，以因應壓力事件的方式有關。研究顯示，面臨高度生活壓力的個人，往往會在工作以外尋求解決之道（Weiss et al., 1982），例如向朋友求助、選擇繼續進修、或乾脆換個新工作。在面臨工作壓力時，一般人則向工作中的他人求援，例如上司或是同事。

　　社會支持　社會支持意指，由個人生命中的重要人物，所傳達出的喜歡、信任、尊敬、接納、協助等正面的感覺（Katz and Kahn, 1978）。由於社會支持影響個人的心理環境，因此其重要性不容抹滅。當你得到來自社會的支持時，任何事件可能造成的壓力似乎都得以減輕一些，因為你所能依賴的資源（來自他人的協助）更多了，因此也更能滿足環境對你的要求，就像有人可以幫你分攤壓力一樣。舉例來說，失業會造成非常大的壓力，並導致關節炎、膽固醇過高、酗酒等問題（Katz and Kahn, 1978）。然而，若能得到社會支持，幫助個人因應情境，問題就不會那麼嚴重。 208

個體差異與壓力

　　我們在第二章中，已經介紹過個體差異所扮演的角色，以及其與壓力的關係，現在我們再深入探討具體的層面：

- 自我觀念與抗壓性
- 內／外控
- A／B型行為模式
- 個性靈活／一板一眼
- 負向情緒

• 能 力

自我觀念與抗壓性　個人的自我認知，會影響在生活中處理壓力的方式。自我認知當中，更重要的一點是自我評價，也就是個人認識與評估自己的方式。處事積極、對「自我」概念有正確認知的人，對自己的評價也較高，他們對自己非常有信心，這並不表示他們空有一昧向前衝的愚勇，而是他們確實了解自己的能力與潛力，並且能夠確實地行動。自尊似乎能夠緩和人們面對壓力源時的反應（Howard et al., 1986; Nowack, 1986）。研究指出，自我評價較低的勞工，對新廠的新工作，普遍懷有抗拒的心理（Tosi et al.,1986）。與自信滿滿的人相較之下，自信心不足的人，在高度壓力之下，往往會產生較緊張的反應。

抗壓性的概念，比自我評價複雜一點。「吃苦耐勞」的人較善於自我約束，很少失去理智、十分清楚自己的價值觀與目標、對自身能力深具信心、而且勇於面對挑戰與冒險（Kobasa, 1979; Rhodewalt and Agustsdottir, 1984）。抗壓性強的人，更能妥善地處理自己面對的壓力（Lawler and Schmied, 1992）。一項針對某大型公營事業中，八百多位主管所做的調查，就是希望瞭解，能夠承受巨大壓力而不生病的人，是否比那些一遇到壓力就病倒的人更「吃苦耐勞」（Kobasa, 1979）。該研究以「社會再適應量表」來衡量主管們的生活壓力，並評估主管們最近的病痛情形，找出每一個人生病的頻率與嚴重程度，最後再評估其「抗壓性」。壓力大但是較少生病的主管們，確實比壓力大而生病次數較頻繁的主管更吃苦耐勞。以下的例子正說明了，抗壓性強的主管面對工作變化時，可能產生的反應：

　　該名抗壓性強的主管，的確傾向於默默承受工作上的轉變。不過，他積極地投入新環境，利用自己的內部資源去適應⋯他憑

藉著堅定的信念與能力，將變動所造成的影響，視為既定人生規
劃當中的一件小事。

　　自我複雜度，也與人們對壓力的回應方式有關。自我知覺較複雜　　209
的人，處理壓力的方式，與自我知覺簡單的人有許多不同之處
（Linville, 1987）。遇到具壓迫性的事件時，與自我認知簡單的人比起
來，對生命的認知更多元的人，比較不容易沮喪，壓力水平較低，也
較不容易染上感冒與其他疾病。這或許是因為，負面事件的影響，只
在後者的生活中佔了較少的比例（Lunville, 1987），因而降低了其影
響力。

　　內／外控　要對壓力源有實質或感覺上的控制權，就必須降低壓
力水平，並採取主動因應方式（Cohen, 1980）。具體來說，內外控傾
向與緩和壓力反應有關。內控傾向者（請參閱第二章），相信自己可
以影響週遭的環境，也相信他們所得到的一切，取決於自己所做的事
情，以及做事的方法。外控傾向者，則認為自己對環境的影響力有
限，所有發生在他們身上的事情，都是命中注定，或是他人行動所造
成的結果（Rotter, 1966）。

　　內控者與外控者，在壓力處理上，有許多不同之處。內控者面對
壓力源時，通常相信自己對事情的結果，具有重大的影響力；而外控
者則顯得逆來順受、消極、將事情看得比較嚴重（Williams and Stout,
1985）。在面對壓力源時，內控者的壓力水平通常較低，也較少生重
病（Kobasa, 1979; Williams and Stout, 1985; Ashford, 1988）。

　　內控者的因應策略與外控者也有不同（Anderson, 1977; Lawler
and Schmied, 1992）。舉例來說，當颶風席捲美國賓州中部的幾個小鎮
之後，在同樣面臨事業全毀的狀況下，內控傾向的企業家，所感受到
的壓力就比外控者小（Anderson, 1977）。雖然外控傾向的企業家變得

210

隨堂練習

管理階層的健康：你渴望成功嗎？

　　本問卷的目的，在於幫助個人診斷自己的人格類型與工作方式，並且初步了解生活型態與工作對健康狀況可能的不利影響。下列陳述，與個人的行為或感覺有關。

分數

A. 一旦我開始作某件事情，就必須盡快將它結束。　　____

B. 注意細節與錙銖必較，是非常重要的。　　____

C. 我喜歡競爭，無論是工作或是玩樂，我做任何事都　　____
　　想勝利，

D. 在跟別人談話的時候，如果我有話想說，就會打斷　　____
　　對方的話。

E. 我做每件事情的動作都很快，無論是玩樂、工作、　　____
　　吃東西或走路都一樣。

F. 我沒有耐心等待。　　____

G. 我的企圖心很強。我想要成功，成為頂尖人物。　　____

H. 我總是在可用的時間內，將事情安排得非常緊湊。　　____

I. 我試著同時兼顧許多事情。　　____

J. 我以非常嚴格的客觀標準來評價他人，例如看他們　　____
　　能做多少事情，或是能為我們帶來多少利潤。我不
　　喜歡過於主觀。

總分　　____

　　按照你自己的行為與感覺，為上列各陳述評分。不過，在開始做這份問卷之前，請先複製一份表格，交給其他非常了解你的人，並請他們按照對你的了解來打分數。配分如下：

1. 完全不正確　　　　　　　5. 稍微正確

2. 大部分不正確　　　　　　6. 大部分正確

3. 稍微不正確　　　　　　　7. 完全正確

4. 中立

　　現在，將得分對應至下列量表，看看你落在哪一個區域。

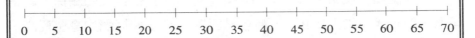

55-70　本量表得分高的人，屬於強烈的 A 型性格，這表示你容易產生本章介紹的，所有 A 型人格可能有的問題。

40-50　你的性格有強烈趨於 A 型性格的傾向，最好也能留意 A 型性格者可能產生的問題。

30-40　這是比較健康的模式，比 A 或 B 類型的人還要平衡。

15-25　如果你的分數落在這一區，就表示你是接近 B 類型的人，你可能非常地隨意，不太可能產生 A 類型的問題。

10-15　你並不需要擔心 A 類型的影響，不過這並不表示，你不會因為其他因素而產生壓力反應。

　　知道自己的分數之後，你覺得自己可不可能在工作上遭遇嚴重的壓力問題呢？你對結果感到滿意嗎？滿意或不滿意的原因是什麼？你能做什麼樣的改變，以使環境中的壓力源減到最小？

更加小心翼翼，但較快東山再起的，卻反而是內控傾向的企業家。當他們面臨令人緊張的局面時，多半是採取以工作為重的因應行為模式，來掌控全局。

209

　　A型行為模式　　有些人的性格傾向於苦幹實幹、追求高競爭力、對他人沒耐心、容易對妨礙他們的事情感到憤怒，而且會想盡辦法，在較短時間內達到較高成就，這樣的性格，即是所謂的A型行為模式。B型行為模式，則與前者完全相反，表現出這種模式的人，通常具有較低的侵略性、競爭力，而且比較隨意放鬆（Matteson and Ivancevich, 1980）。

211

　　不同的壓力反應，與A型和B型行為模式有相當大的關係。就生理上來說，A型的人比B型，較容易對壓力產生較極端的身體反應，而且恢復的速度也比較慢（Hart and Jamieson, 1983）。A型行為模式的人，是心血管疾病與冠狀動脈疾病之高危險群（Matteson and Ivancevich, 1980）。當他們面臨工作挑戰時，脈搏速率會加快，一旦自我評價受到威脅，他們也較容易產生高血壓反應（Pittner and Houston, 1980）。一項針對某新廠所做的研究發現，具有A型行為模式的勞工，發生性障礙與頭痛的頻率較高（Zahrly and Tosi, 1987）。

　　A型行為模式者，對壓力的行為反應，可能會造成較極端的生理反應。舉例來說，當他們感覺到自己能夠掌握大局時，就可以有比較好的表現，但是在行為上，他們通常不是藉由慢慢適應，來解決衝突問題（Baron, 1989）。A型行為模式者抽煙的情形較多、做事較缺乏耐心、常常顯得咄咄逼人，而且發生在他們身上的生理問題，往往也比較嚴重（Zahrly and Tosi, 1987; Puffer and Brakefuield, 1989）。

　　就心理上而言，A型行為模式者，比較容易在環境中，遇到輕度或完全無法控制的主觀壓力，當他們接觸到壓力源時，就會顯得更憤

怒、時間壓力更大、而且更沒有耐性（Hart and Jamieson, 1983; Rhodewalt and Agustsdottir, 1984; Motowidli et al., 1986）。此外，他們面對緊張的局面時，也較容易引起認知方面的反應：他們比 B 型行為模式者，更容易逃避現實、意志消沉。

產生這些不同反應的原因之一，可能是因為 A 型行為模式者，習慣將壓力藏在心裡，卻又因無法承受而失敗，在失敗後，仍然再三試圖解決問題。如果最後仍然無法成功，他們會將原因歸咎於自己的努力不夠，因而衍生更大的挫折感與煩惱，覺得自己無能，將所有的失敗怪罪到自己的頭上。這樣的人，面對與解決壓力源，所需付出的代價是相當高的（Brunson and Mattews, 1981）。

個性靈活／一板一眼　個性靈活的人，與一板一眼的人，所面對的壓力源不同，產生的壓力反應也各異（Kahn et al.,1964）。**個性靈活的人**，對於變化具有相當大的適應能力、較隨性、也容易受影響。這樣的人，容易顯得優柔寡斷，因為他們面對抉擇時，可能得掙扎較久。個性靈活的人，在處理問題時並沒有明確、嚴格的原則。

角色超載與角色衝突，對個性靈活的人而言，可算是兩種主要的壓力源（Kahn et al., 1964），他們的適應能力，往往使他們更容易受影響，也因為如此，他們會願意面對許多壓力。或許這種開放態度，可反映出這些人「對於多變與創新感興趣，其爽朗性格也使他們遭遇許多不必要的壓力。……（他們）最容易受他人利用而上當；他們往往過於高估自己，直到工作增加到負擔不了為止」（Kahn et al., 1964）。個性靈活的人，會順應情況改變自己的行為，以減輕自己的壓力。他們會做出完成工作的承諾，但當要求太高而期限逼近的時候，他們就會想辦法改弦易轍。他們會轉而求助於同儕與下屬，拜託大家一起幫忙。

212

一板一眼的人較封閉自我，通常對生活有些固執。這種性格的人大多偏好整齊清潔與井井有條，他們也不太為他人設想，對他人的評斷往往十分嚴苛，而且不能忍受他人的缺點。一板一眼的人，對壓力源的反應也各有不同。

- 他們會否認或抗拒壓力；換句話說，一板一眼的人，面對壓力源時，可能根本不採取任何回應，或對它視若無睹。

- 一板一眼的人，有時會將逼得太緊的人，拒於千里之外。

- 在壓力之下，一板一眼的人會更依賴自己的上司，這是解決角色壓力常用的方法之一。因為上司往往可以保護下屬免於角色衝突（藉由告知事情的輕重緩急）、角色模糊（藉由釐清責任歸屬的問題）、以及角色超載（藉由減少工作量的要求）等問題。

- 一板一眼的人，會以加倍的努力，來回應工作上的壓力源。他們可能會在工作上花費更多時間與精力，以求達到更多的成就，因而忽略生活中其他的部分。在達到成果的同時，這些人也做到了兩件事情：工作結束、消除壓力源，並成為組織中更受器重的人。

負面情緒　消極的人，容易陷入悲傷的情緒中，對失敗過於在意，以負面的態度來評斷自己。可以想見的是，他們可能更常認為自己的世界充滿壓力（Burket et al., 1993）。首先，他們認為，自己比旁人面臨更多角色衝突與角色模糊的問題（Spector and O'Connell, 1994）。同時，他們也比較容易以缺勤、經常就醫、懷疑自己全身上下是病……等行為模式，來因應自己的壓力（Chen and Spector, 1991）。

　　能力　能力對壓力反應的影響，究竟有多大？目前，尚無足夠證據可以證明（Beehr and Newman, 1978）。不過，人們會將這兩者聯想在一起，也是其來有自。當危機事件發生時，人們總是會找專家來解決問題。受過外科訓練的醫師，會知道如何處理嚴重汽車意外的緊急急救，而精神科醫師就不一定了。經常參加競賽的專業運動選手，必須受得起時間壓力與極致表現的嚴苛要求，他們知道自己該做什麼，而更重要的或許是，他們了解自己必須心無旁鶩，不受身旁瑣事影響。某些研究，確實間接地證明了這一點：在壓力狀態下，經驗較豐富的經理人可以表現得比菜鳥經理人好（Frost, 1983; Murphy et al.,1992）。

　　能力高者在壓力狀態下表現較佳的原因，至少有下列三點：

1. 他們比較不會發生角色超載。能力愈高，可以負責的事情就愈多。
2. 他們比較了解自己的極限，因此在可能產生壓力的處境中，他們更能評估成功的可能性。你應該還記得，我們曾在之前提到，不明確的重要情境，最容易引發人的壓力。能力高者所面臨的不明確狀況，或許比能力低者較少。
3. 能力高者對情境更有控制權。對情境的控制，會影響人們對壓力源的反應。

213

　　以人際協助為主題的研究，可以幫助你更了解能力、表現與壓力源的影響。人際協助，意指外力對個人表現的影響力。在他人的影響下，有些人可以表現得非常好，有些人則完全相反，這種差異也和個人能力有關：在外力的影響之下，能力高者通常可以做得更好，而能力低者似乎只會做得更糟（Baron and Liebert,1971）。

摘要

　　壓力是左右健康問題（無論身心）的主要關鍵，許多壓力源自於工作。由於壓力取決於人與環境的關係、環境中發生的一切，因此，在追溯壓力源時，不僅要從人們的身上著手，也別忘了環境的力量。不同的人，在相同的工作條件下，可能產生不同的心理反應。這是因為，他們有不同的需求、關注焦點及人格，因此對狀況也產生了不同的評估。

　　我們知道，對人們來說，壓力可能太多，也可能太少。太多壓力，會引起身體不適、缺乏工作意願、情緒失控、其他失常行為。過小的壓力，對個人的激勵又顯得不足。要解決工作壓力的問題，組織可以謹慎地選擇人才，或為人「量身打造」工作。挑選人才的方法：盡量選擇內控傾向者，而非外控傾向者，對自己有高度信心，處事靈活而非一板一眼，以及能力高者。這可以幫助他們降低在組織中可能遭遇到的壓力。在設計工作內容時，若能賦予員工更大的控制權、明確清晰的工作權責、不讓他們陷於「順了姑意失嫂意」的困境，也能相對減輕其壓力。

214　　經理人指南：與壓力打交道

　　許多方法可以幫助經理人處理壓力問題，例如藉由改變客觀環境來排除壓力源，或調整個人的心理環境，或想辦法改變壓力症狀，以避免長期的不良影響。這些普遍原則都非常管用，但多管齊下可能是最有效的方法。

個人的壓力管理之道

　　壓力是可以管理的，至少你我可以避免、改變令人緊張的情境，或學習如何更有效率地處理這些問題。壓力管理的方式無所不包，若要詳述，肯定超過本章的範圍。在此，我們將介紹一些目前公認最有效、而且與組織壓力特別相關的方法。

管理壓力源所在的環境

　　改變某些活動或行為，以調整環境。職務調整或辭職不幹，都是解決工作壓力問題的方法之一。

　　妥善管理生活，可以減輕壓力及其症狀。許多壓力情境，都源自拙劣的個人規劃與時間管理。舉例來說，學生面對考試時，經常會感到焦慮不安，因為他們不相信自己能在考試前把書看完。這種情況常常發生：某位學生下星期有兩科期中考，由於兩個科目的考試範圍都非常廣泛，若再加上「只許成功，不許失敗」的情況，緊張的情形會更嚴重。該學生很可能以「準備時間不足」的理由，去向教授求情，要求補考。類似這種情況，只要能早一點開始準備考試，而非臨時報佛腳，就可以輕易地避免或降低緊張的情緒。

改變個人對環境的認知評鑑

　　我們可以重新建構對環境的想法與評估，只要在感受到來自環境中的壓力時，就告訴自己，事情並不如想像的那麼糟。此外，改變個人的工作行為，也是有用的方法，例如改變個人的做事方式。

　　放鬆、沉思及生物回饋療法，都是值得一試的心靈澄淨方法。這些方法，幫助個人從壓力源抽離出來，或幫助個人集中注意力至其他較沒有壓力的事情上。同時，它們對生理上的壓力症狀，也有重要的

正面影響。舉例來説，保持身心放鬆，有助於降低高血壓及心跳速率。

尋求協助

長久以來，人們求助於諮詢和心理治療，以解決引起壓力的問題。由受過心理健康訓練的旁觀者，定期與個人進行晤談，以找出壓力源，並幫助他們改變自己的想法、培養適當的因應方式。通常這種方法，都能幫助人們建立足夠的自信心與自我評價，以嘗試另一種因應壓力的方式。

治療師與諮商員會運用許多治療方法，這些方法往往奠基於學習理論，並且運用內在與外在的增強物。這些行爲的自我管理工具，能幫助個人監控、改善、修正自己的行爲。治療師的角色，是教導這些方法，並幫助個人自行運用（Osipow et al.,1980）。

培養社會支持

親近的朋友對個人有許多益處：傾聽心聲、對個人處境提供更公
215 正的評估、協助個人擺脱壓力、提供行爲改變的建議，讓個人更能適應週遭的環境。

改善生理狀況

擁有健康的身體，可以幫助個人更有效率地處理壓力。適當的運動、有節制的飲食、拒絕吸煙…等良好習慣，對任何人都有益而無害，不但能改善心臟疾病、血壓問題，也能提高身體的抗壓力。

組織的壓力管理之道

許多組織都了解，如果能夠降低壓力源的頻率與強度，或幫助員

工更有效地因應壓力，就可以提昇員工的工作績效，減少人員的流動
與缺勤，並節省大筆開支。透過落實員工健康計劃、改善工作環境等
管理運作，可以有效地解決這個問題。

員工保健方案

　　過去十五年來，愈來愈多的組織，設計了某種型態的員工保健方
案，其中包括壓力管理。這些計劃包含健康風險評估、體能設備與計
劃、員工在工作或私事上發生困擾時提供個人諮商、聘請治療酗酒問
題的醫師、定期座談會、演講等。道爾‧康寧（Dow Corning）採用
的方法是，贈閱健康與保健雜誌，舉辦幫助戒菸的座談會、減壓課
程，以及包括產前檢查之健檢服務（Woolsry, 1993）。

　　保健方案，對於減輕工作壓力是十分有用的（Rose and Veiga,
1984）。若能得到管理高層的支持，該方案可說是一項既經濟又可造
福大多數員工的計劃。舉例來說，Adolph Coors公司，因為醫療費用
與病假成本的減少、生產力的提高，在過去十年來，節省了大約一千
九百萬美元的支出（Cudron, 1990）。

216

執行改善工作環境的管理實務

　　有些工作上的壓力源，可以因為良好的管理方式，而受到某些影
響：

- 提昇與員工之間的溝通品質，以降低不確定感。這是減少角色
  模糊的方法之一，如果能夠透過良好的溝通，而釐清權責界
  限，也可以對角色衝突造成直接的影響。

- 透過有效的績效評估與獎酬制度，以減少角色衝突與角色模
  糊。若績效與獎酬間的關係，得到了清楚的界定，可以讓人們
  知道他們的職責所在（減少角色衝突），以及個人在公司中的

定位（減少角色模糊）。如果上司與部屬之間，存在著一種教練式的關係，並且有良好的績效考核制度配合，將讓員工感受到對工作環境的更高掌控權，並且感受到鼓勵其做好工作的社會支持。

- 增加員工的決策參與，可賦予更多的工作環境掌控權。這是減少負面壓力反應的因素之一，因為工作參與、工作表現、角色衝突、角色模糊之間，有著已知的強烈關係。要提升員工參與，就必須將決策權下放，並且將責任委付給能掌控工作績效的人。

- 工作豐富化，賦予個人更高的責任感、更能體認工作的意義、更能掌握自己的工作、得到更多回饋、降低不確定感、讓個人對工作環境的控制力大增。對成長動機強烈的個人來說，工作豐富化，可以提升激勵水平、鼓勵更高的工作品質。

- 技術、人格與工作的完美結合，也是管理工作壓力的方法之一。在工作上最令人感到挫折的，莫過於被安插在無法應付、或沒有表現空間的職位（Motowidlo et al., 1986）。同樣的，壓力正是某些工作的本質（Karasek et al., 1981）。對這些任務來說，組織應該要尋找技術高超、最有能力，而且人格特質能為自己因應壓力的人選，來擔此重任。

215

釋放壓力專題：傳統與非傳統的方式

　　許多高階主管有酗酒的習慣，而且缺乏時間來從事工作以外的活動，幫助自己因應壓力。不過，不是每個人都有同樣的問題。舉例來說，漢尼威公司（Honeywell）總裁麥克·邦希諾（Mike Bonsignore），就以海底攝影的嗜好，來處理難以排解的壓力。他認為水底的無重力與寧靜狀態，是最好的沉思形式，遠比其他放鬆方式（如高爾夫）還好。「我每個月打兩場高爾夫球，但都很少超過100桿的門檻，這一點也不能幫我恢復元氣。」

　　Martel 的執行副總裁法蘭希斯·露蘇嘉（Francis Luzuriaga）是一名舞者。她總是隨身帶著自己的緊身衣和芭蕾舞鞋，跳舞就是她的放鬆方式。她從未中斷從小培養的練舞習慣，而且每年耶誕節都與洛杉磯附近的劇團，一起演出胡桃鉗。

　　保羅·法斯科的嗜好是登山。法斯科是奇異電子（General Electric）的執行副總裁，從義大利米蘭的少年時代起，他就在許多與家人共度的假期中，養成了登山的習慣。每當從山中歸來，回到工作岡位上，他都有重新充電的感覺。

　　AB&S公司（Alex, Brown and Sons）總裁巴利·克隆加（Buzzy Krongard），形容自己是個「對刺激上癮的人」，而且喜歡藉著從事刺激腎上腺素分泌的活動，而達到放鬆的目的，除了跳降落傘之外，他還定期練習武術。

　　也許這些處理壓力的方式，非你所能想像。但重點是，對某些人而言，這些方法真的有用，能夠提昇其效率。

問題研討

1. 壓力與因應模式的重點何在？

2. 「壓力是由非特定因素引起的」這句話的意思是什麼？

3. 在壓力模式中，心理環境與主觀環境的關聯為何？

4. 何謂「認知評鑑」？

   「一級」與「二級」認知評鑑的差別為何？

5. 試說明因應反應與壓力表現間的區別。

   壓力有哪些因應方式？

   試將這些概念，套用至你個人曾經歷的壓力情境上。

6. 壓力如何產生正面影響？

7. 哪些重要的工作特性與壓力有關？

8. 何謂角色衝突？

   何謂角色模糊？

   還有哪幾種角色壓力？

   試說明你在工作上遇過的這一類經驗。

9. 工作環境對壓力的影響為何？

   試訪問某位經理人，或拜訪某家企業，並記錄其壓力來源。

10. 「生命事件」與壓力的作用有何關聯？

218 個案研究

約翰・巴斯特（John Baxter）

　　約翰・巴斯特是全國金屬公司（National Metals Corp.）的經理人新銳。身為剛出爐的MBA，約翰非常渴望學習更多關於公司的一切，並且盡快晉升至管理高層。單身的約翰，可以為工作加班、自願加入各個部門，進行組織單位的協調工作，灌輸他們更新、更有效率的工作技術與程序。他所學的資訊系統領域，本身就是一門瞬息多變的學問，因此，他也必須花許多時間，閱讀新的技術資料。

　　工作一年半之後，約翰與同儕比起來，顯得特別容易激動，他會發狂似地繞著整棟建築打轉、看起來總是行色匆匆，似乎總是不太高興。他抽煙的次數明顯增加許多，晚上也老是喝酒過量。約翰的上司與朋友，開始擔心他的狀況，希望他放鬆一點。不過，這些勸告都起不了多大的作用。

　　在約翰工作第三年時，他開始與在另一家公司上班的MBA校友交往，六個月後便訂婚了，四個月後馬上步入禮堂。從約翰訂婚後，他的上司與朋友們，都留意到他的行為與態度的明顯轉變，他不再那麼容易激動和緊張，看起來比較從容，心情也非常好。他開始停止在晚上與週末加班，工作壓力也比以前緩和許多了。

　　• 你會如何解釋約翰在行為上的改變？

參考書目

Anderson, C. R. 1977: Locus of control, coping behaviors and performance in a stress setting: A longitudinal study. *Journal of Applied Psychology*, 62, 446–51.

Argyris, C. 1964: *Integrating the Individual and the Organization*. New York: John Wiley.

Ashford, S. J. 1988: Individual strategies for coping with stress during organizational transitions. *Journal of Applied Behavioral Science*, 24, February, 19–36.

Baron, R. A. 1989: Personality and organizational conflict: Effects of the Type A behavior pattern and self-monitoring. *Organizational Behavior and Human Decision Processes*, 44, October, 281–96.

Baron, R. A. and Liebert, R. M. 1971: *Human Social Behavior: A Contemporary View of Experimental Research*. Homewood, IL: Dorsey Press.

Bartels, L. K., Harrick, E., Martell, K. and Strickland, D. 1988: The relationship between ethical climate and ethical problems with human resource management. *Journal of Business Ethics*, 17(7), May, 799–805.

Beehr, T. A. and Newman, J. E. 1978: Job stress, employee health, and organizational effectiveness: A facet analysis, model, and literature review. *Personnel Psychology*, 30, 665–99.

Brunson, B. I. and Matthews, K. A. 1981: The Type A coronary-prone behavior pattern and reactions to uncontrollable stress: An analysis of performance strategies, affect, and attributions during failures. *Journal of Personality and Social Psychology*, 40, 906–18.

Burke, M. J., Brief, A. P. and George, J. M. 1993: The role of negative affectivity in understanding relations between self-reports of stressors and strains: A comment on the applied psychology literature. *Journal of Applied Psychology*, 78(3), June, 402–14.

Caudron, S. 1990: The wellness payoff. *Personnel Journal*, 69, July, 54–60.

Chen, P. Y. and Spector, P. E. 1991: Negative affectivity as the underlying causes of correlations between stressors and strains. *Journal of Applied Psychology*, 76(3), June, 398–408.

Cohen, S. 1980: After-effects of stress on human performance and social behavior. *Psychological Bulletin*, 88, 82–108.

Cooper, C. L. and Marshall, J. 1976: Occupational stress: A review of the literature relating to coronary heart disease and mental ill health. *Journal of Occupational Psychology*, 49, 11–28.

Fox, M. L., Dwyer, D. J. and Ganster, D. C. 1993: The effects of stressful job demands and control on physiological and attitudinal outcomes in a hospital setting. *Academy of Management Journal*, 36(2), 289–318.

Frost, D. E. 1983: Role perceptions and behavior of the immediate superior: Moderating effects on the prediction of leadership effectiveness. *Organizational Behavior and Human Decision Performance*, 31(1), 123–42.

Ganster, D. C. and Schaubroeck, J. 1991: Work stress and employee health. *Journal of Management*, 17, June, 235–71.

Hart, K. E. and Jamieson, J. L. PhD. 1983: Type A behavior and cardiovascular recovery from a psychosocial stressor. *Journal of Human Stress*, 9(1), March, 121–35.

Holmes, T. H. and Rahe, R. H. 1967: The social readjustment rating scale. *Journal of Psychosomatic Research*, 11, 213–18.

House, R. J. and Rizzo, J. R. 1972: Role conflict and ambiguity as critical variables in a model of organizational behavior. *Organizational Behavior and Human Performance*, 7, 467–505.

Howard, J. H., Cunningham, D. A. and Rechnitzer, P. A. 1986: Personality (hardiness) as a moderator of job stress and coronary risk in Type A individuals: A longitudinal study. *Journal of Behavioral Medicine*, 9(3), 19–23.

Hurrell, J. J. 1985: Machine paced work and the Type A behavior pattern. *Journal of Occupational Psychology*, 58, 15–25.

Jackson, S. E. and Schuler, R. S. 1985: A meta-analysis of research on role ambiguity and role conflict in work settings. *Organizational Behavior and Human Decision Processes*, 36, 16–38.

Judge, T. A. and Locke, E. A. 1993: Effect of dysfunctional thought processes on subjective well-being and job satisfaction. *Journal of Applied Psychology*, 78(3), June, 475–91.

Kahn, R. L., Wolfe, D. M., Quinn, R. P., Snoek, J. D. and Rosenthal, R. A. 1964: *Organizational Stress: Studies in Role Conflict and Ambiguity*. New York: John Wiley.

Karasek, R. A., Baker, D., Marxer, A., Ahlbom, A. and Theorell, T. 1981: Job decision latitude, job demands, and cardiovascular disease: A prospective study of Swedish men. *American Journal of Public Health*, July, 71, 694–704.

Katz, D. and Kahn, R. 1978: *The Social Psychology of Organizations*. New York: John Wiley.

Kobasa, S. 1979: Stressful life events, personality, and health: An inquiry in hardiness. *Journal of Personality and Social Psychology*, 37, 1–11.

Kornhauser, A. 1965: *Mental Health of the Industrial Worker*. New York: John Wiley.

Lawler, K. A. and Schmied, L. A. 1992: A prospective study of women's health: The effects of hardiness, locus of control, Type A Behavior, and psychological reactivity. *Women and Health*, 19(1), 27–41.

Lazarus, R. S. 1978: *The Stress and Coping Paradigm*. Paper presented at the conference: Critical Evaluation of Behavioral Paradigms for Psychiatric Science.

Lazarus, R. S. 1980: The stress and coping paradigm. In C. Eisdorfer, D. Cohen and P. Maxin (eds) *Models for clinical psychopathology*, New York: Spectrum.

Ligos, M. 1998: Traveler's advisory. *Sales and Marketing Management*, 150(4), 58–63.

Linville, P. W. 1987: Self-complexity as a cognitive buffer against stress-related illness and depression. *Journal of Personality and Social Psychology*, 52(4), 663–76.

Matteson, M. T. and Ivancevich, J. M. 1980: The coronary-prone behavior pattern: A review and appraisal. *Social Science and Medicine*, 14, 337–51.

Motowidlo, S. J., Packard, J. S. and Manning, M. R. 1986: Occupational stress: Its causes and consequences for job performance. *Journal of Applied Psychology*, 71(4), 618–29.

Murphy, S. E., Blyth, D. and Fiedler, F. E. 1992: Cognitive resource theory and the utilization of the leader's and group member's technical competence. *The Leadership Quarterly*, 3, Fall, 237–54.

Nowack, K. 1986: Who are the hardy? *Training and Development Journal*, 40(5), 11–118.

Osipow, S. H., Walsh, W. B. and Tosi, D. J. 1980: *A Survey of Counseling Methods*. Homewood, IL: Dorsey Press.

Parasuraman, S. and Alutto, J. A. 1981: An examination of the organizational antecedents of stressors at work. *Academy of Management Journal*, 24, 48–67.

Pittner, M. S. and Houston, B. 1980: Response to stress, cognitive coping strategies and the Type A behavior pattern. *Journal of Personality and Social Psychology*, 39, 147–57.

Presthus, R. 1978: *The Organizational Society*. New York: St Martin's Press.

Puffer, S. M. and Brakefield, J. T. 1989: The role of task complexity as a moderator of the stress and

coping process. *Human Relations*, March, 42, 199–217.

Rhodewalt, F. and Agustsdottir, S. 1984: On the relationship of hardiness to the Type A behavior pattern: Perception of life events versus coping with life events. *Journal of Research in Personality*, 18, 212–23.

Rose, R. L. and Veiga, J. F. 1984: Assessing the sustained effects of a stress management intervention on anxiety and locus of control. *Academy of Management Journal*, 27, 190–8.

Rotter, J. B. 1966: Generalized expectancies for internal versus external control of reinforcement. *Psychological Monographs: General & Applied*, 80(1), 1–28.

Schachner, M. 1994: California stress claims fall: stricter injury standards cut employers' comp costs. *Business Insurance*, 28(17), April 25, 17.

Schuler, R. S. 1980: Definition and conceptualization of stress in organizations. *Organizational Behavior and Human Performance*, 2, 184–215.

Schwepker, C. H., Ferrell, O. C. and Ingram, T. L. 1997: The influence of ethical climate and ethical conflict on role stress in the sales force. *Journal of the Academy of Marketing Science*, 25(2), Spring, 99–109.

Selye, H. 1974: *The Stress of Life*. New York: McGraw-Hill.

Shostak, A. B. 1980: *Blue-collar Stress*. Reading, MA: Addison-Wesley.

Spector, P. E. and O'Connell, B. J. 1994: The contribution of personality traits, negative affectivity, locus of control and Type A to subsequent reports of job stressors and strains. *Journal of Occupational and Organizational Psychology*, 67(1), March, 1–13.

Stevens, H. J. 1992: Stress in California. *Risk Management*, 39, July, 38–42.

Tosi, D. J. and Tosi, H. L. 1980: ABCD model of cognitive, affective and behavioral responses. Paper. University of Florida.

Tosi, D. J., LeClair, S. W., Peters, H. J. and Murphy, M. A. 1987: *Theories and Applications of Counseling*. Springfield, Ill: Charles C. Thomas.

Tosi, H. L. 1971: Organizational stress as a moderator of the relationship between influence and role response. *Academy of Management Journal*, 14, 7–22.

Tosi, H. L., Vaverek, K. A. and Zahrly, J. H. 1986: *Personality Correlates of Coping Strategies on New Jobs*. Paper delivered at the annual meeting of the Academy of Management.

Weiss, H. M., Ilgen, D. A. and Sharbaugh, M. E. 1982: Effects of life and job stress on information search behaviors of organizational members. *Journal of*

Applied Psychology, 67, 60–6.

Williams, J. M. and Stout, J. K. 1985: The effect of high and low assertiveness on locus of control and health problems. *The Journal of Psychology*, 119(2), 169–73.

Wilson, C. B. 1991: U. S. businesses suffer from workplace trauma. *Personnel Journal*, 70, July, 47–50.

Woolsey, C. 1993: Encouraging workers to care for themselves. *Business Insurance*, 27(19), May 3, 4.

Yang, N. 1996: An international perspective on socioeconomic changes and their effects on life stress and career success of working women. *S.A.M. Advanced Management Journal*, 63(3), 15–19.

Zahrly, J. and Tosi, H. L. 1987: *Antecedents of Stress Manifestations*. Paper delivered at the annual meetings of the Academy of Management.

團體與團隊的績效環境

團體形成的原因
團體的類型
團體效能的模式
團體的績效環境

課前導讀

　　請先想想你在運動、學業、工作上曾經參加過的團體或團隊，在紙上畫出兩欄，將你認為效能不錯的團隊，列在其中一欄，再將效能不彰的團隊，列在另一欄。現在，將這份清單記在心裡，然後回答下列問題：

1. 你以何種標準決定團隊的效能？這些標準，是主觀或客觀的績效評估？你的標準是基於該團隊／團體的成就高低，還是參與該團隊的過程與經驗？

2. 請檢視效能不錯的團隊清單，看看這些團隊或團體的環境，是否有任何相似性，而且正是該團隊成功的原因？

3. 建立你自己的團隊或團體績效模式。你可以參考圖8.2的要素，按照自己的經驗，建立一個能夠解釋團體／團隊之成敗的模式。

222　　　摩納奇行銷系統公司（Monarch Marketing Systems）曾經嘗試過無數計劃，希望其員工更投入於提昇生產程序的效率。透過員工團隊而生的員工賦權，卻反而導致員工對「每月計劃」的質疑。到1995年，摩納奇的新任總裁約翰・派克森（John Paxon），希望扭轉這種普遍的員工心態。他希望能夠眞正運用整個團體的智慧，不要讓員工覺得這只是另一個失敗的嘗試。在1997年，摩納奇爲提昇團體效能所付出的努力，達到了非凡的成就。派克森公布的成果是：員工生產力提高百分之百、產品裝配區域所需的面積減少百分之七十、處理庫存的支出減少十二萬七千美元、因延誤送貨而損失的金額也降低了百分之九十，這確實是十分卓越的成就，也讓該團隊獲得了美國國家製造業協會（National Manufacturer Association）所頒發的「傑出勞動力

團隊專題：待價而沽？

　　加州聖荷西的思科（Cisco System Inc.），就像其他的高科技公司一樣，一直非常熱衷於併購其他公司。事實上，自1994年以來，該公司已陸續買下了十九家軟體公司。儘管這樣的併購並不特別，但是在其併購行動背後的動機，卻是非常獨特─思科專門購買其他公司的團隊！他們認為，從頭建立團隊的代價，非常高昂。因此，他們願意付出高價（平均每位員工價值兩百萬美元），引進已成熟的新產品團隊。許多其他的高科技公司，也遵循著這個策略模式，因為他們寧可花錢購買一個生產團隊，不願意從無到有地成立一家自己的公司（Wall Street Journal,1997）。

（work-force-excellence）」獎（Pettinger, 1997）。

　　在現代組織的變革趨勢中，很少組織眞心對團隊的觀念感到興趣，而不是剝削他們。在1996年，73%的美國公司，在他們的組織中推行某種團隊型態（Novak, 1997）。由於團隊對組織十分重要，因此有些組織會將取得其他組織，視爲一種購買人才的策略，特別是併購小公司，以取得新的生產團隊。

　　在多數組織的基層，團隊與團隊的合作，似乎是美國企業用以提昇生產力與競爭力的策略之一。自我管理式的團隊、跨功能團隊、生產團隊、甚或成員從未謀面，完全仰賴資訊科技作爲溝通方式的虛擬團隊，都是現代職場常見的團隊。這些管理手段，看似強而有力，其效能卻高低不一，而且也常招致許多批評。有人說，這些團隊的決策，有半數以上無法執行；而另外半數，則多半不該被執行。

　　爲什麼有些團隊能夠發揮作用，有些卻不能？組織的環境中，哪些因素會影響團隊的效能？哪些領導策略可以與團隊並行，以增加成功的機會？本章將簡介我們對團體與團隊效能的了解。

團體與團隊：定義

　　團體是指兩個或兩個以上，彼此互動互賴，以達成某個共同目標的人群。在後診室等待叫號的病人，或是同一輛公車上的乘客，並不能稱之爲團體。因爲，當時他們並沒有任何互動，而且彼此之間沒有互賴關係。我們通常將聚集在一起，彼此間毫無互動的人稱爲聚集體。通常在同一個聚集體中的人，會知道彼此的存在，例如在電影院裡的人。

　　「團隊」這個名詞，近來在組織當中愈來愈受歡迎。研究團體的

專家，也經常在研究上使用這個名詞。團隊意指特殊形式的團體，肩負特定的任務及角色，並表現出高度的團隊精神（Katzenback and Smith, 1993）。在本章中，團隊與團體這兩個名詞，代表相同的意思。

團體形成的原因

在我們開始探討團體中，足以影響團體與團隊整體效能的因素時，應該先考慮影響團體形成的因素。人們加入團體的原因不一，通常也願意為了成為團體一分子，而承受壓力與金錢的支出。不過，在常見的組織情境中，個人通常無法選擇自己所屬的團隊。了解團體形成的基本理論，能夠幫助我們更了解所屬的團體，並更謹慎分析因工作需要而加入的團體。圖8.1說明幾項構成團體的重要因素：

- 個人特質
- 興趣與目標
- 發揮影響的潛力
- 互動機會

個人特質

我們出於自願而加入的社交性團體，通常由一群信仰、價值觀及看法相近的人所組成。由於能夠分享彼此的看法，因此更容易產生互動：讓我們肯定自己的信念、使與人交往時的衝突最小化、並且能毫無所懼地表達自己的想法。我們之前在探討信念、看法及價值觀的養

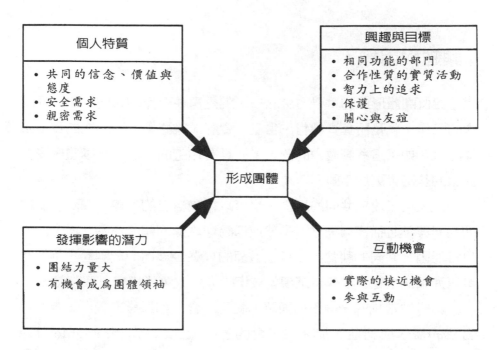

圖8.1　團體形成的因素

成時，就曾經提到，與他人之間的角色交往與互動，可以增強這些結構（原文頁碼59）。團體也會因政治理念、政黨、種族、宗教、性別、年齡、智力等因素而構成。雖然人們常說異性相吸，不過團體的形成，顯然不是基於相同的原理。 224

　　經過一段時間之後，工作團隊也可以具有社交團體的特性。雖然剛開始時，團隊成員的信念、態度、價值觀不見得相近。不過，社會化的過程，可以隨著時間而對其發展造成強烈的影響。運用密集社會化過程的組織，通常會在成員中發展團體形成的必需因素。軍中的初期社會化過程所強調的，就是要新兵體認，團體在社會性及安全性需求上的重要性。

興趣與目標

促使團體形成的重要力量之一，就是需要合作的共同目標。經理人的工作，就是將負責銷售、生產、會計、維修等不同功能的員工組織起來。如果這些團體中的個人，亦具有相近的特質，該團體形成與凝聚的基礎會更加牢固。

個人為了達成共同的目標，也可以組成自己的團體或團隊。所謂的共同興趣包括高爾夫球、壘球或保齡球之類的體能運動在內，人們也可能因為共同的利益，或是某方面的專業發展而形成團體，例如喜歡研究某個主題，或學習某項新技術的人，就可能構成一個團體。

組織中常見的一個正式團體，就是工會。如果員工覺得工會符合自己的需求與利益，加入該工會的意願就比較高（Youngblood et

225

專題：誰在推動生產力？

共同的目標與需求，對勞工組織造成很大的影響，因為勞資雙方正形成新的合作關係，以提昇生產力。為保護工作並鼓勵企業成長，國際機械師協會（International Association of Machinists）開始透過團隊體系，與聯合決策會議的建立，來增進勞資雙方的合作。提昇生產力與保護工作，是這兩個團體共同的目標，勞工組織所關心的是，保持製造業組織工作的數目，並尋求增加的可能性，以及藉由擴大勞資雙方共享的「大餅」，以確保提高勞工們的薪資。

al.,1984）。由職場近年來的發展，我們可以發現，若商業競爭對手能了解團結對目標達成的重要性，就不無攜手合作的空間。

發揮影響的潛力

　　許多經理人，都曾經面對員工團體的訴願或請求。員工團體都了解，經理人比較喜歡聽到以「我們」，而非「我」開頭的訴求。若要引起注意或得到回應，可能就需要同事們的支持。在團體中，個人影響其他成員的機會也比較多。在非正式的組織中，非正式的領導權對某些人而言非常重要。如果員工被接受成為非正式的領袖，除了能滿足個人需求外，更是為自己的職涯表現打了強心針。

互動機會

　　人們常常因為工作，而與其他人產生密切的互動，並進而形成團體。身體上的親近與互動，可讓工作上的關係持續發展，進而產生友誼與團體。我們常常因為同住一間宿舍、一棟公寓、或是同在一家公司上班，而發展出互動關係，並因此成為團體的一分子（Shaw, 1981）。

　　人與人之間的互動，與團體的形成，會在組織中受到影響，例如辦公區域的設計。工作環境的通道和障礙，會影響團體的成員與認同感，人們更容易與附近的人形成團體，公司可以將經常必須一起工作的員工，安排在鄰近的位置，以增加他們之間的互動，並促進公司所樂見的合作。

226 **團體的類別**

　　我們都是某些團體的成員之一，打自出生起，大多數人就是一個常見團體的一份子，也就是家庭。在我們的成長過程中，自然也會加入學校、社區及工作場合中的團體或團隊。每個團體，都能讓我們學習到與眾人相處時應有的行為。同時，我們還可以從中了解，在不同類別的團體或團隊中，每個人的角色和期望均有所差異。一般常見的團體可分為下列幾類：

- 參照團體（Reference Groups）
- 正式團體（Formal Groups），例如功能性團體（Functional Groups）、任務團體（Task Groups）
- 非正式團體（Informal Groups）

參照團體

　　參照團體或所謂的一級團體，是幫助我們形成信念、價值觀、態度的團體。這些團體，由我們信任、仰賴、願意分享想法、能夠指引我們、支持我們的人所組成。對我們而言，他們就像一切行為的準則。當人們猶豫不決時，可能就會沿用參照團體的價值觀，或是去和該團體中的某人一談，才能夠下定決心。我們的家庭、跑步時的搭檔、地方義工團體、公司團隊，也可以算是參照團體。

正式團體

　　正式團體，是正式組織結構中的一部份。正式組織，其結構層層相屬，各式各樣的部門並存於其中。正式組織的目標、政策、規定、程序，都是爲了完成組織任務而設計的，任何刻意設計成此種組態的團體，就是正式團體。

　　功能性團體，是正式團體的形式之一，由組織結構中執行類似任務的個人所組成。功能性團體的存續時間不定，許多組織以相關的工作活動，來組成功能性團體，例如會計、行銷、生產、研發…等。大學，則通常由我們稱之爲系所的功能性團體所組成。

　　任務團體，是爲了完成某特定組織目標而組成之團體。這類團體通常由組織所成立，並持續一段時間。在任務團體中，成員的社會利益通常位居其次，甚或不存在。委員會、專案團隊、員工參與的團隊，都是組織中的任務團體，它們通常有特定的目標、期限、工作分配、以及組織中的從屬關係。有些任務團體的存續時間相當長，有些則只是暫時的。

非正式團體

　　非正式團體，起源於個人的需求，及人際間的吸引力。雖然不是組織的正式結構，但這些團體對組織績效的影響力不容小覷。因爲其成員多屬自願，擁有共同的價值觀與興趣，其起源的本質往往就是社交性。

　　社交或興趣團體，都是非正式團體的一種類型。社會團體存在的目的，主要是爲其成員提供休閒或放鬆的管道。舉例來說，三五好友

歧異性專題：歧異性任務團體

漸被現代組織所用的團體型態之一，就是強調歧異性議題的任務團體，這些團體，通常被稱之為特別小組或顧問團。這些目標單一的團體，讓經理人達成重要的目標，特別當目標涉及成員歧異性之信念與理念的變革時尤然。團隊成員必須包括來自組織各個階層的代表，才能成功地達成這一類改革。這些團體之所以特別值得深入研究，是因為他們面臨的挑戰，通常要克服組織全面的抗拒。以下是組成高效率之歧異性團隊的幾個建議：

- 成員必須由總裁直接指派。
- 組織必須指派清晰且務實的任務，並提供適當的支持與資源。成員必須接受過歧異性議題、定義、公司方案的相關訓練。
- 團體中必須包括白種男性，而且其地位必須與其他成員平等。
- 必須運用各種促進團體意識的活動，以幫助成員改善團體中的程序。
- 團隊會晤前，督導人應先知情，他也應對成員的投入程度有所了解。

正如你在本章及下一章將見到的，這些議題與團隊效能息息相關。對那些特別重視歧異性的團隊而言，這些議題更是特別重要，因為組織的強力支持與成員們的接受度，都是成功與否的關鍵。

資料來源：編修自 Baytos（1995）

可以在公司裡一起用餐，也可以在下班後餐敘。許多壘球隊、保齡球隊、饕客俱樂部，都是爲了讓人們與志同道合者相處。雖然有時候也會攙雜工作性質，例如公司壘球隊或電腦社團，但在這種情況下，工作性質仍排在社交利益之後。

　　在其他情況下，非正式團體通常是應運而生的，例如針對組織的某些作爲。例如工人聯袂抗議不受歡迎的管理行動。因工作而生的非正式團體，多半是因爲員工對工作自由的重視，他們關心公司對他們工作的掌控，也希望能在彼此間建立良好的關係（**Katz, 1965**）。非正式團體的興起，可能是爲抵制公司的規定，或是爲強化成員的權力，他們可能由一群彼此喜歡、互相信任的人所組成，也可能與外界的宗教、社區團體產生互動。

228

　　由於非正式團體可能兼具效率與力量，也許這就是爲什麼某些經理人會產生猜疑之心，視其爲洪水猛獸，擔心可能對正式組織造成的傷害。有些經理人，甚至會試圖去獲得非正式團體與其領導者的支持，以降低其可能的威脅，或增進公司的某些利益。

　　由於非正式團體是組織行爲中，無可避免的元件。身爲經理人，我們應該試著與這些團體合作，以促進建設而非破壞。非正式團體，可以滿足員工的基本需求，其重要性並不亞於員工與正式組織間的持久互利關係。如果非正式團體，與組織的部份正式目標產生衝突，可能會帶來問題。但這不見得是壞事，因其可點出管理階層的失誤，或勞資關係不良的關鍵。

團體與團隊的效能

　　在本章與下一章，我們將探討可能影響團體與團隊效能的因素。

229　圖8.2介紹的，是團隊效能的模型。由於團體與團隊所在的環境，包
　　含了影響績效的因子，這個**團體績效環境**包含了構成團體運作情境的
　　產業、組織、團體等因素…的組合，而這些影響團隊效能的環境效
　　應，通常並不是團體本身能夠控制的。除了環境以外，存在於團隊之
　　中的**團體程序**，也會影響團隊效能。在團隊績效環境中，發生的團隊
　　內部程序，兩相綜合後產生的作用，決定了整體團隊效能。團隊效能
　　必須兼顧團隊績效的衡量，以及成員態度及行為的改變。
　　　　我們的模式提出：團隊效能除了透過團隊程序的影響之外，也會
　　被團隊本身無法掌控之團隊績效環境中的因子所影響。請注意，環境

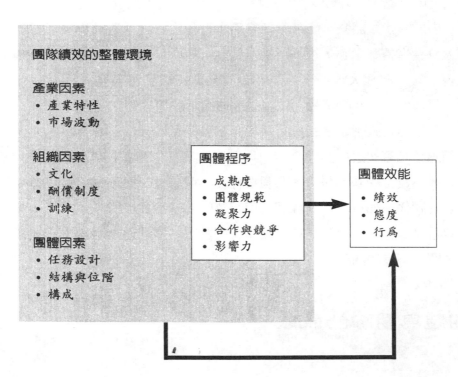

圖8.2　團隊效能模型

不但會對團隊程序造成影響，也會影響團隊效能的評量。無論團體內部程序的效能如何，無法操控的環境因素，對整體效能的決定力量可能更爲強大。這種情況，在棒球之類的團隊運動中非常常見，有些隊伍是因爲人才不足，而無法奪冠；但也有實力最強的隊伍，因爲缺乏團隊精神等內部團體程序，而與冠軍失之交臂。我們先說明衡量團隊效能的方式，以此開始對團隊效能模型的討論。

團隊的績效環境

　　如前所述，團體效能會因團體本身無法控制的因素，而受到影響。團體運作的環境，是勝負的重要決定因素（Mohrman et al., 1995）。在此，我們要考量團體環境中三個主要影響因素：

1. 產業
2. 組織
3. 團體

產業因素

　　在本節中，我們要考慮在組織之外影響團隊成功的兩項因素：

1. 產業的獨特性
2. 產業內部的波動

　　研究團隊效能的學者認爲，在某些產業，團隊較可能成功。例如，知識性或服務性的產業環境，會讓團隊效能更能發揮。因爲這些　230

產業的例行性低、但卻需要較高的判斷力，團隊程序所提供的額外資訊及回饋機制，特別有益於判斷力的發展。製造業則因為工作較具重複性，使得團隊能發揮的空間受限（Cohen, 1994; Smith and Comer, 1994; Mohrman et al.,1995; Cohen et al.,1996）。

產業波動也會影響團隊成功的可能性。舉例來說，一個高效率的團隊，可能在產品開發上極為成功，但卻因為潛在的市場波動而終告失敗。競爭者引進新科技、開發類似產品、消費者品味的明顯改變…等不可抗力因素，都會對團隊效能造成巨大影響。研究也發現，團隊效能較高的團體，多半於高成長市場中成形（Halebilian and Finklestein, 1993）。

組織因素

組織中的許多因素，會影響團隊成功的可能性：

- 文化
- 酬償結構
- 訓練

某些現代組織已建立團隊運作的文化，土星企業正是其中一例。對土星企業而言，團隊工作十分重要，並在企業理念與核心價值中不斷提及。該公司的領導哲學之一，就是強調團隊的重要性：

為了滿足成員們的需求，我們希望在充滿互信、尊重的環境中，建立歸屬感。我們相信，所有人都希望能夠參與對自己有影響的決定，我們會開發成員所需的工具、訓練與教育。了解變化且具創造力、積極、負責的團隊成員，是成功的重要關鍵，也是

道德問題：團隊效能是信任問題嗎？

　　團隊成功的關鍵因素之一，便是信任。團隊成員，對於發生在團體環境中的一切，都必須有基本的信任感。而重視道德行為的組織，才是能讓團隊成員彼此信任，並且相信領導人的良好環境。

　　下列是團隊成員最常面臨的信任問題：

* 我是否相信管理階層對團隊目標的承諾？（這一點，非常容易受組織內部類似團隊之成功記錄的影響。）
* 我是否相信團隊的想法與建議能夠付諸實踐，並且被接受？
* 身為團隊的一分子，我是否相信，上級會重視我對團隊的貢獻，並將我的工作成果，視為績效考核的重點？（這一點，對於經常被賦予非例行性任務責任的正式團體成員，非常重要。）
* 我是否相信，我的團隊夥伴願意開誠佈公，接納各種意見，並提供自己的想法？
* 我是否相信團隊夥伴的能力與技術？

　　信任是團隊效能的重要元素，在第九章中，我們將探討團體的成熟過程，並說明一件事：若團隊成員間無法建立高度信任，團體永遠不可能完全成熟，並發揮最大效能。

230   土星最重要的資產（LeFauve and Hax, 1992）。

　　在以上陳述中，土星公司在其文化中，建構出團隊對組織成功的
重要性，並承諾提供團隊成員完成工作所需的工具。

232

團隊建立專題：金錢能夠替捧球隊鋪出成功之路嗎？

　　最近的華爾街日報，刊載了一個有趣的話題：您不妨想想，一個大聯盟球隊的成功，除了取決於隊伍在球場上的表現之外，是否也要看管理部門在場外的表現？史提夫‧馬奇（Steve Mckee），對1997年大聯盟球季表現最佳的前十名球隊，做了一項研究。結果發現，球隊的成功與否，與他們的報酬和紅利非常有關（McKee, 1997）。躋身聯盟冠軍賽的四個隊伍，也正是球員報酬最高的幾個。巴爾的摩歐瑞爾（Baltimore Orioles）、克里夫蘭印地安（Cleveland Indians）、佛羅里達馬林（Florida Marlins）和亞特蘭大勇士（Atlanta Braves）四隊發給球員的總薪資都超過五千五百萬美元，遠在大聯盟球隊的平均報酬之上。而進入1998年冠軍賽的隊伍，包括紐約洋基隊（New York Yankees）、克里夫蘭印地安隊、亞特蘭大勇士隊和聖地牙哥派德斯隊（San Diego Padres）。佛羅里達馬林隊，則從前一年的最佳球隊一落千丈，成為聯盟中表現最差的球隊，而該隊球員的報酬也跌到聯盟最低。這個例子完全說明了一個概念：儘管團隊成員付出最大的努力，還是有許多不可抗力的因素，可能左右整個團隊的效能。

酬償結構是組織能控制的另一個面向。組織內是否具有鼓勵合　231
作、鼓勵團隊表現的獎勵制度？公司欲激勵團隊績效時，究竟應該採
用個人獎金制？還是團隊獎金制？關於這一點，各方說法紛云。許多
組織運用各種金錢或非金錢的酬償制度，以激發團隊的進步。某項研
究發現，在利用團隊以提升品質的公司中，獎金通常不會超過五百元
美金，因為如此組織才有增設同類獎勵的空間。通常，獎勵都與提昇
客戶滿意度、改善整體產品品質有關（Balkin, 1997）。

　　土星公司採用的方法是，依照團隊績效，最高給予全體風險津貼
的百分之十為獎勵（Overman, 1995）。土星實施該制度的目的，是希
望結合酬償制度與其他人事管理制度，以獎勵團隊的績效與合作。

　　土星公司用以和獎勵制度結合的另一項人力資源計劃就是訓練。
在原文頁碼230頁中的陳述，已經充分表達了訓練對公司團隊的重要
性。通常，無論老鳥菜鳥，都很少得到團隊參與的相關訓練。也許他
們能夠對所屬的團隊貢獻專業，但若缺乏適當的團隊技巧，也可能成
為團隊中的害群之馬。組織提供的訓練計劃，可以包括幫助成員互信
互賴的活動、排解糾紛的技巧、或其他更多的團隊實用技巧。

團體因素　　　　　　　　　　　　　　　　　　　　　　　232

　　最後一組影響團隊績效環境的因素，則與團隊本身有關。本章將
探討一些可能會影響團隊效能，但偶爾由團隊以外之經理人所決定的
因素。

　　任務設計　就一方面而言，任務設計必須考量團隊被指派的工作
本質。任務設計的要素之一，即是要確立團隊被分配或自行建立之目
標的清晰度。團隊通常基於特定目標而形成，例如改善產品品質、解

決問題。此外，他們也可能因為非特定的目標而凝聚在一起，例如增進職涯品質，或改善職場問題。根據我們在第五章介紹的個人目標設定理論（原文頁碼150），當團隊被賦予特定且具難度的目標，他們的表現就會有所提昇。

我們在原文頁碼222處，介紹過的摩納奇行銷系統公司，就是一家能讓團隊發揮功效的公司。該公司成功的因素之一是，盡量不用「好高騖遠」的團隊，摩納奇成立團隊的目的，就是希望能夠改善製造過程的特定面向，並確定團隊達成的改善能持續衡量。這種目標明確、為時短暫的團隊建立方式，確實是該公司團隊成功的要素之一（Petzinger, 1997）。

工作設計須考量的第二個要素，就是團隊為達任務，所需要的與其他團隊之協調量。在此，我們必須考慮兩個潛在的工作特性，**自主性**意指團隊進行活動時，所擁有的自由度與獨立度。能夠自主運作的團隊，通常稱為自我管理式的團隊。在團隊效能的衡量上，自主性似乎正負面影響皆具。雖然自主性高的工作團體，對組織的態度可能較為正面，卻也可能造成更高的人員流動率與曠職率（Cordery et al.,1991）。關於這一點，研究結果仍多有爭議，不過，自主性團體，在環境波動較大的組織中，可能會有較佳的表現（Smih and Comer, 1994）。

互賴程度，意指團隊為達成任務，必須與他人協調或取得他人同意的次數多寡。摩納奇公司的領導方式，也十分強調團隊任務的此類特性。他們的做法是，給予團隊充分的控制權，讓他們發揮創意、解決問題。摩納奇的執行副總裁傑瑞·紓拉格（Jerry Schlagel）賦予其團隊的挑戰是「把事情做好後，再向我們報告。」（Petzinger, 1997）

團體的結構與地位　團體需考量的第二個因素，是團體結構及其

成員的地位。當團體開始成長，並追求目標後，某些結構上的特性就會顯現出來。**團體結構**意指成員的角色與關係，以及使該團體組織起來的力量。團體的結構是動態的，會隨時間而轉變，同時也會影響團體的整體效能，因為許多結構性的要素，都與重要的團體問題有關，包括酬償結構，以及成員在團隊程序中得到訓練的多寡。深入了解結構與地位，對於增進我們的團隊管理能力，以及在團隊中工作的能力，非常重要。此外，團體結構的許多決定（例如領導人物等重要角色的安排）及其他因素，通常都必須取決於組織，非團隊成員所能控制。

　　小型任務團體的成員，通常要投入某些重要功能，或是肩負起個人的角色。此處所謂的功能，是指發生在團體之中的活動，例如資料蒐集、客戶調查、資料分析等。**角色**的定義，則意味團體成員對彼此行為的期望，成員必須在團體中以某種方式發揮其角色的功能，各個角色的重要性，取決於成員彼此間協調出來的某些期望。

　　現在，我們須考量功能和角色在團體中的不同類型，以及各種功能與角色的意義（Bales, 1953）：

- 任務功能與角色
- 社會情感的功能與角色
- 領導角色
- 角色錯亂
- 摧毀性的行動與角色

234

　　某些團體成員的功能與角色，奠基於完成某項團體任務所需要的行為。在我們介紹任務清晰度對團體績效環境的重要性時，團體成員之間的工作與角色的釐清，也是一樣重要。一般而言，成員必須清楚他們的工作為何、能夠對工作提出建議、並徵詢意見、幫助團隊成功

達到目標。任務功能與角色，衍生自團隊成立的目的，以及其既定的目標，因此，團體目標定義得愈完善，其功能與角色才能有更好的發揮。

　　角色分配，經常引發許多複雜的問題。在某些情況下，團體以外的經理人可以決定如何分配角色；而在其他情況下，則由團體成員自行決定角色的分配。無論哪一種情形，角色分配不當都可能造成隔閡、或事倍功半，並因此拖延整個團隊的進度，甚或影響效能。當團隊在分配工作時，偶而會有成員毛遂自薦擔任某項職務，於是其他成員可能就得面對較不想做的工作；有些成員喜歡挑輕鬆的事情做，有些人則希望從工作中學到新的技術，要能面面俱到、皆大歡喜，也許根本不可能。謹慎於職務分配的團隊，會公開地審慎衡量成員的期望與能力，並且因此而受益。圖8.3強調的是，在成員的期望與能力各異的情況下，職務分配需要技巧。建立任務的功能與角色，是組織設

235

社會情感角色專題：棒球場上的小丑

　　鮑柏‧尤克（Bob Uecker），通常被暱稱為棒球先生，一向以他的滑稽動作著稱。對他的球隊而言，他的表演非常能夠紓解他們的壓力。棒球先生最廣為人知的搞笑表演，就是1962年聖路易（St Louis）冠軍盃，某場重要比賽的賽前暖身。尤克向當時正在場中演奏國歌的樂團「借」了一把低音號，然後又趁著賽前練習時，用那把低音號去接在外場飛的球。雖然那把低音號的主人，對於寶貝樂器可能受到的傷害略感不悅，但尤克的舉動，卻在這個緊張的場合，引起隊員的笑聲。

執行特定任務的能力

234

	低	高
高	兩難：成員希望能學習新技術，這對團隊績效可能有風險，因爲他可能會失敗。 技巧：訓練、督導、或將該成員與一個足以擔當該職務的人，分配在同一組。	兩難：無。 技巧：將此任務分派給該員。如果有多人適合，就讓他們分攤或輪流負責。
低	兩難：無。 技巧：避免將此任務分配給該成員。如果因此無人執行該項任務，或許必須向外求助，或提供訓練。	兩難：沒有成員想執行這項團隊必需的任務，這會造成團隊績效的漏洞。 技巧：可能需要職務輪調，或把大家都不想做的事平均分攤。

執行特定任務的渴望

圖8.3　決定職務角色分配時的困境與技巧

計的基本活動，我們將在第十三章更進一步說明。

　　當團隊開始工作，成員們也逐漸互相熟悉後，該團隊可能會延伸出其他功能。成員間開始產生提供或要求協助、獎懲、意見表達的交流，即使擦槍走火的緊張場面也許難免，但也不乏歡笑與快樂。人們需要被他人接受、了解，這就是團體扮演的社會情感功能與角色。成員們的社會情感需求相當重要，然而，大部分的團體並未好好處理這個部分。

　　工作與社會情感角色，不全然是各自獨立，而且兩者都會對團隊　235
效能產生整體性的影響。不滿份子也許會表現不佳，也可能離開團隊，或在心理上保持距離，這些反應，同樣也會影響團隊的維繫與和諧。如果能留意團隊的社會情感功能，可能會爲團隊帶來更佳績效。對成員表達支持或接受，這一類行爲會有很大的幫助。聆聽與表達對對方的了解，可以讓人們對彼此有更正向的感覺。

　　績效環境的團體因素中，非常重要的一個要素，就是領導角色。領導者掌控著足以影響團隊效能的眾多要素，他可以決定我們曾介紹過的團隊的設計特性。無論在團體內外，領導人都可能影響酬償制度、職務分配、工作釐清…等績效環境中的重要面向。如果領導人對個別成就的獎勵，會導致團隊內的競爭，那麼整個團隊的效能可能會不進反退。領導人對團隊的影響力，在於他對團隊目標的釐清、與成員之間的溝通方式、對團隊結構和自主性的決定、以及資源分配。

　　有些團隊的領導者，十分精於任務功能；而有些領導人則擅長社會情感功能，很少有領導者可以兩者兼具。因此，不同的人，可能會在不同的時間，在同一個團隊中展現不同的領導風格。

　　團體可能會面臨許多需要持續關注的問題，特別在團體的早期發展階段尤然。大部分的團體，都可以適當地處理工作方面的問題，只要其個別職務分配得當。另一方面，角色方面的困難，或成員們的各行其是，都會讓大多數的團體陷入掙扎。

236　　如果成員陷入**角色模糊**的局面，角色錯亂問題就會應運而生。當人們無法確定他人對自己的期望為何，或不知道何種行為會讓他們得到接納或排斥時，就會發生這樣的情形。團體成員也會經歷**角色衝突**，也就是人們難以達到相互矛盾的要求。角色衝突的表現形式有許多可能，一個人可能同時是父親、主管、朋友、丈夫、基金會總裁、小聯盟的教練，由於個人的時間與能力均屬有限，因此這些角色的要求會相互競爭。此外，在同一個角色（例如經理人）中，無論是被迫從事違背個人價值觀的行為，或是為達某人期望卻令他人失望，都會造成壓力，也會因此產生角色衝突。我們已在第七章中討論過角色模糊和角色衝突這兩個問題，請參閱原文頁碼201-5處。

　　會出現在某些團體環境中的最後一個角色問題，就是團隊成員的各自為政。如此不僅妨礙任務的進行，更會破壞整個團體的社會性程

序，例如強迫他人接受自己的意見，拒絕接受其他觀點，這些都會引發其他成員的防禦、挑釁行為。

也許，你也曾與愛搞破壞的人，在同一團隊共事過，也許就在這門課上，你的團隊也有這麼一號人物。在你的團隊中，有沒有人老是開會遲到、從來不準時完成自己分內的工作、老愛在會議中插嘴，打亂整個議程？要解決或修正這些問題，十分不容易，因為深植在個人人格中的習慣是很難消除的。有經驗的領導者，可能會將問題人物帶到一邊慢慢開導，試圖改變整個局面。團隊中的其他人，也可以一起面對問題人物，試著找出這個人的優點與好處。若這樣還是無法解決問題，這個人可能就會受到所有人的排擠。有時候，團隊成員只能視其為不存在。另外一個技巧則是，向團體以外的人尋求助力，通常在這種情況下，上司就是求助的對象。幾乎所有在工作中運用團隊的經理人，或在課堂上實施分組教學的教授，都得幫忙團隊處理當中的問題人物。我們在第九章，會更深入地探討團體內部的行為。

團體結構的重點之一，是團隊建立的階層制度。階層制度有益於秩序的建立，以及團體的控制，也是讓人們認知與表示地位差異的方式之一。這些區別本身可能就是不公平的起源，也可能引發團體成員的關切。

團體成員的地位，意指個人在社會或團體中的相對位置，也是階級和價值的指標。地位和社會規範一樣，是常見的社會力量，通常被習慣性地接受。地位通常相當明顯且容易辨識。以下是人們常用來衡量他人地位的部份因素：

1. 頭銜或職位
2. 學歷、知識、經歷
3. 得獎記錄

237

隨堂練習

分析團體中的角色錯亂

　　請想一個目前或最近參與的團隊，評估個人角色在該團體中的實際狀況，並以下列的五個尺度，為這十個項目評分。

1. 與我的工作情形完全不符合

2. 大部分的時候都不符合

3. 有時候是符合的

4. 經常是符合的

5. 一直都符合

	A	B
1. 我不確定自己擁有多少職權。	____	
2. 我必須接受不同人提出的不相容要求。	____	
3. 我不確定自己的責任為何。	____	
4. 為了完成工作，我必須違背規定與政策。	____	
5. 交辦事項通常缺乏解釋。	____	
6. 我缺乏完成工作所需的資源和材料。	____	
7. 我的角色缺乏清晰的計劃與目標。	____	
8. 我做的事毫無必要。	____	
9. 我不確定時間的分配是否恰當。	____	
10. 我和運作方式不同的團隊一起工作。	____	
總計	____	____

　　現在，請分別算出Ａ欄和Ｂ欄的總分。Ａ欄代表的是，個人

在團隊中之角色衝突的程度；而 B 欄代表的是，角色模糊的程度。決定每一欄的分數後，請想一想，團隊中可能引致角色衝突和角色模糊的情況。

- 這些角色問題，對你和其他成員在滿意度、生產力、留任率、出席率…等方面，有何影響？
- 這些角色問題的啓示，如何與壓力方面的經驗建立連結？

資料來源：編修自 Rizzo et al., 1970

4. 收入

5. 擁有的資源或財產

6. 外表、體型、穿著、年齡、性別…等個人特徵

7. 工作或休閒活動方面的行為表現

8. 溝通方式或反應…等人際關係的表現

9. 與他人的地緣關係

10. 國籍或文化認同

11. 家或辦公室等的實際環境

　　從這個清單中，我們可以了解，一般人的地位奠基於其成就與特質、與人的互動關係、以及其工作與娛樂。

　　地位，根植於文化所重視之事物，而且是他人的評價所產生的結果。許多研究都曾以職業地位為主題，結果發現，最崇高的依次是大學教授、醫生、高等法院法官、科學家、建築師、神職人員；位於中等階層的則是各行業的主管、某些業務人員、護士、演員、音樂家。階級最低的職業包括清潔隊員、送報生、服務生、煤礦工人、加油站

238

員工。

達到人人稱羨的地位，並不是個簡單的過程，雖然有些因素可操之於己（例如工作是否夠勤奮）；但有些因素顯然不是自己能夠控制（例如家庭背景）。在小型團體中，某些學歷較高、頭銜較高、聲名較佳的人，可能馬上就會被歸類在高地位；然而，一般人也可以透過自己的貢獻和人際關係，而掙得團體中的地位，成為受人敬重的成員，甚或團體領袖。

你的地位會不會改變？決定地位的因素，絕大部分必須取決於當

全球化專題：國際性的團體地位

美國人，將地位視為個人的特質。在西方文化中，地位通常奠基於個人身上；但並非所有國家都有相同的看法。在其他文化（特別是東方文化）中，人們心目中的地位更與社會脫不了關係。我們可以由上述清單中看出，在我們的觀念中，地位與下列的個人特質有關：頭銜、職稱、教育程度、知識、經驗、得獎記錄、收入等，這些全都由個人取得的。猜猜看，日本的組織行為教科書中，若也有一份這樣的清單，上面會列出那些特質？他們的清單，可能會出現任職的公司、家庭狀況、加入的團體……等項目。這些對地位的不同看法，或許可以解釋不同文化所呈現的組織行為差異。有一個新近的理論，解釋為何日本企業總是能贏過美國企業，就將最主要的原因，指向日本企業使團體成員之間更加合作無間的能力，這個理論正符合將特定團體成員身份視為地位象徵的文化。

時的情境。矮個子很難當上籃球隊的隊長，不過身高並不能阻止他成
為民族英雄或電影明星。同時，人的地位也會有特定的限制，醫師或
許可以得到建築師的地位，但絕非因為他們在醫藥方面的知識。在一
個公平的社會或團體中，人們可以提供重要活動，以提昇自己的地
位，或贏得尊重，只要有貢獻的機會，就有提昇地位的可能。

　　在團體中，地位的分配通常並不公平，地位高者所擁有的遠超過
地位低者。如果地位的分配，是基於成員的能力或貢獻等因素，就比
較能夠讓人信服。不過，通常團體中的地位分配，很少關乎個人的能
力或貢獻，更糟的是，人們對於個人之貢獻與能力的評價，也往往相
去甚遠。舉例來說，許多團體比較重視第一個提出報告草案的人，卻
反而忽略為報告充實意見的成員。

　　某些人的貢獻，確實比其他人更為重要；但如果差異過於懸殊，
團體和諧與個人感受，就會受到相當大的考驗。若團體成員否認某些
人的貢獻，以及某個成員的地位分配時，這些困難就會更加嚴重。若
成員所得到的地位，不同於他人對他的想法，就有可能發生**地位不一
致**的情況。

　　團體組成　績效環境的最後一個團體因素，就是團體本身的組
成。自然形成的團體（例如社會性團體），其團體組成的面向，遠多
於典型組織情境內的團體。團體規模和團體成員的歧異性等因素，是
影響團隊整體效能的重要要素。

　　團體在規模上的差異可能相當懸殊，相對地，團體規模也會影響
成員的行為。對規模較小的團體來說，由兩三個人組成的團隊，就已
足夠特殊而得以受到特別的注意。規模較大的團體，則會有不同的效
應。

　　雙人組意指由兩人組成的團體，在這種情況下，當歧見發生時，

239

因為沒有第三者可以提供意見、幫忙排解糾紛，結果會導致兩人間的惡感難解。通常，在雙人組當中的人，似乎都因為了解這一點，因此也會避開過度強烈的意見、迴避導致歧見的舉動。在雙人組合中，徵詢意見的頻率，往往多於提出意見。雙人組合中之所以避免意見不合，是因為如此可能會導致失敗，因此，即使共識並不存在，他們也會盡力去追求。聽起來，這一切是不是很像你所知道的任何一椿婚姻或關係呢？請注意，這裡所描述的問題，與夫妻可能面臨的經驗十分類似。在組織中，若兩個同一組的人無法取得協調，團體的規模就應該有所改變。

三人組是由三個人組成的團體，當然，這種組合也同樣有他們的問題。假設亞倫、貝蒂與凱西同在一個專案小組中，而且公司指派他們去解決同一個問題，在過程中，亞倫提出了一個意見，貝蒂表示完全贊同，但凱西卻不同意。當亞倫和貝蒂同時表示贊成的那一刻，凱西就面臨了困境：現在是兩票對一票，凱西根本沒有反對的餘地，現在凱西能有什麼樣的選擇？她可以聽亞倫和貝蒂的，希望下次能有機會表達自己的意見。如果她不想這麼做，就必須反抗另外兩個人，或者試圖讓某人回心轉意。現在，假設情形換成貝蒂也不同意亞倫的意見，凱西就要面臨另一個新的困境：她該站在亞倫還是貝蒂那一邊？她是否要負責解決雙方歧見，這是個更為困難的任務；還是抱著船到橋頭自然直的心態，任由情況繼續發展下去？

諸如此類的事件，是三人組合的自然結果，也是為什麼三人會議總是容易僵持不下的原因。即使三人意氣相投，互動上的不平衡還是會一再的發生。三人組合，很容易陷入權力爭執、非計畫或計畫性的結盟問題、而且也非常不穩定。經理人應該盡量避免運用三人組合，特別在任務需要大量互動與影響的時候尤然。

240

人們對小型團體之所以有興趣，是因為組織中會有許多代表小型

團體的團隊結構。就我們的定義而言，小型團體的成員介於四至十五人之間，規模更大的團體會導致互動困難；少於十人的團體最適合開會討論。在大型團體中，個人會因為感受到互動的困難，而較不投入討論，也不願意表達意見。請回想你在大型團體中的經驗，是否你也注意到了，同學們也常直覺地認為不是每個人都能暢所欲言，而避免站起來發言？

　　在決定適合的團體規模時，尚有另一個可以考量的因素：成員的人數最好保持單數，因為雙數比較容易發生僵持不下的局面。由五、七、九人組成的團體較有效率。在決定團體規模時，應考量的另外四個因素包括：

1. 參與
2. 滿足
3. 形式
4. 績效

　　在大型團體中，每個人的參與機會較少，不光是因為人們在團體中可能感受到的自然壓抑，也因為團體規模愈大，每個人可得的發言時間就愈少。

　　小型團體的人，通常比較容易感到滿足。無論是更多互動或是共同的目標，對團體參與的正面感受，都與成員的參與感密切相關。在小一點的團體中，成員更容易感受到自己對團體成功的貢獻。

　　要管理一個大型的團體，就必須先將它分割成數個小團體。這是一般人在團體規模變大時，會自然採取的行為。此外，團體規模愈大，對團體的控制也會變成更大的問題，標準與規定於是應運而生。較大的團體，甚至還會制定備忘錄的規範，以補當面討論之不足。

　　團體規模對績效的影響，取決於工作特性。如果人數增加帶來的

是幫助，而不是阻礙，那麼團體規模愈大，績效就會愈好。如果人們獨立工作（就像在打字行裡面的景象），那麼人數愈多，生產力也會愈大。對某些相互依賴的工作而言，團體規模也可以是一個優勢，團體的規模愈大，問題解決方面的失誤也會愈低。因為較大的團體，會有足夠的人手稽核工作，而更佔優勢。

研究者才正開始探討團體歧異性對績效的影響，目前所得的結果，往往提供南轅北轍的答案。若我們將歧異性定義為人格、性別、想法、背景上的差異，則歧異性可能會帶來對創造力與決策的正面影響（Jackson et al.,1995）。然而，若我們將歧異性定義為文化上的多樣性，那麼多元文化組成的團體的初始績效通常較差，但與其他較不多元的團體相較之下，前者的績效會隨時間而有所改善（Watson et al.,1993）。

241　　　　歧異性之所以會在初期造成團體的困難，或許是因為其迫使成員面對價值觀、信念、態度上的差異。由這一點，或許我們可以得到一個結論：歧異性高的團體，在短期內的效能可能較低，但是長期而言，卻可能會有長足的進步（Cohen and Bailey, 1997）。這些研究的最佳結論是：我們還需要更多這方面的研究，但是，增加團體的異質性，可能會使團體的初期形成過程更複雜，並為經理人及領導者帶來更大壓力，讓他們必須盡速教導團隊成員學會有效率的團隊行為，以改善團體程序。

摘要

　　由於團隊的運用在職場上日漸普遍，一般人在團體中工作的時間也愈來愈多。從本書對團體的介紹中，我們發現，態度、信念類似、擁有共同興趣、目標的人，比較容易形成團體與團隊。若人們需要仰賴眾人力量，以影響他人完成任務，也會形成團體。不過，即使只是互動的機會，也是團體形成可能的原因。

　　在本章，我們提出了一個團隊與團體的效能模型，也討論了構成團體績效環境的三個因素。除了考量產業與組織內部的因素之外，也討論了團體的專屬因素。在產業中，產業本身與市場特性，都會影響團體效能。文化、酬償制度、訓練……等組織方面的因素，對團體的成功也非常重要。

　　必須考量的團體因素，包括任務設計、團體結構與組成…等面向。成員的功能和角色，是構成團體結構的基石。任務與社會情感角色，這兩方面的平衡，有助於團體的成功。破壞性的個人角色，可能在任何時候對團體造成威脅。另一個重要的問題是，團隊成員之領導角色的成功與否。此外，團體生活的核心之一，就是成員的地位。地位可以成為團體成功的助力，也可以成為妨礙團體發展的阻力。團體的規模各異，基本上，小型團體的人數介於四到十餘人之間，雙人組、三人組各有其獨特特性。大型團體，通常必須組織更小的次團體，以提昇工作效能。

經理人指南：打造良好的團隊環境

本章的重點，是討論環境對團隊效能的影響，並探討了足以影響團隊的所有環境因素。在大部份的情況下，如果經理人希望提昇組織內的團體效能，這些都是他們可以著力的因素。以下是一些具體的建議。

為求組織的成功，應該在組織中灌輸團隊與團體的價值觀

242 諸如摩納奇行銷系統、土星…等組織，早已將團隊的運用視為公司的文化之一。為支持團隊的運用，願景陳述、資源分配、發展以團隊為基礎的酬償制度，都是能促成團隊成功的實際作法。

建立新人遴選機制，使所有員工重視新人的團隊技巧

來自並未運用團隊的產業或組織的新人，在剛進公司時，可能會無法適應以團隊為主的環境。雖然多數的組織重視技術面的技巧，不過，我們仍然建議，在組織的遴選標準中，將人際與團隊技巧列入考量。

推行組織訓練方案，確保團隊的準成員，都已學會團隊技巧

團隊環境需要的行為，與其他環境的要求大不相同，請不要一廂情願地認定，員工應該知道成功的隊員該怎麼做。即將成為團隊領導者的人，也同樣地需要訓練。我們將在第九章介紹，成功的團體領導，需要許多複雜的技巧與知識。

建立酬償制度，使其能夠獎勵團隊績效，或鼓勵團隊取向的個人行為

發放個人獎金的津貼制度，容易引發競爭而非合作。

提供清晰、具體、困難的團隊或團體目標

團隊必須了解，那些事情是該做的，在可行範圍內，應該清楚地制定效能量表，以衡量團隊績效。

考量團隊需要的互賴程度

我們建議，應該讓團體擁有較高的自主性，雖然這種做法不無犯錯的可能，但卻可以預防團體因組織結構與程序的僵化，而受到妨礙。此外，這種做法也可以激發更多的創造力。

謹慎控制團體規模

除非有強烈的理由，否則最好避開兩人或三人組合。此外，少於十人的奇數團體是最合適的，特別在需要互動以提高效能的情況下尤然。如果團體規模較大，就必須再劃分成更小的團體，以利互動式的問題解決。

在可能的情況下，讓團體成員自行選擇其他的成員

人際之間的互動，是形成和諧與合作的一大力量。同樣地，新的人選，更需經過精心挑選，以減少未來分裂的可能。然而，若以創意為重要目標，成員的歧異性是一個重要的考量因素。

盡量為團體提供成功的機會

目標形成、職務分配…等方面的參與，都可以促進對團隊的投入感。成功本身能在團體效能的各個面向上，造成強烈的影響，對新團隊尤然。成功能讓團隊日趨成熟穩健，而非冰封瓦解。

對團隊應該適當授權，以提升其責任感，協助其自給自足與自我管理

經理人應該期待團隊盡可能地靠自己的力量去發現、選擇、解決問題，並且能夠自行評估工作的品質。協助團隊完成成員的交互訓練，共享、輪調領導權。將由上而下的干預，減至最低。

重要名詞（所附為原文書頁碼，請見內文邊緣處數字）

問題研討

1. 試想一個你喜歡，或希望加入的團體，以及另外一個你不喜歡、不想參與的團體。你喜歡或討厭這些團體的原因為何？

2. 你所擁有的重要價值觀、信念、態度中，哪些是由參照團體形成的？請描述特別具有影響力的事件。

3. 是什麼力量，將非正式的工作團體凝聚在一起？非正式團體中，可能的重要規範為何？與管理階層的關係，如何影響這一類團體？

4. 在參與的任務團體中，請分析團體的任務、社會情感、破壞性角色。你認為該團體中，是否有一個以上足以扛起領導責任的人？請說明。

5. 請為角色衝突與角色模糊下定義。這些情況是否應該排除？如果要的話，為什麼？

6. 雙人組與三人組有哪特性，使其異於其他團體型態？對管理當局的啟示為何？

7. 請舉一個親身經驗，說明你所參與的大型團體，在擴大規模時遭遇的困難。

個案研究

224

同樣的老問題

三星期前，迪克森公司（Dixon Company）才剛剛把工廠裡的三十位工人，分成五人一組的團隊。迪克森生產各種尺寸的工業用儲存設備和手推車，他們通常是按照客戶的訂單來工作的，因為儲存設備與手推車的尺寸與強度，都由工程師特別為顧客的需求量身設計。

在該公司採用工作團隊之前，他們有兩位監工，負責追蹤所有訂單和工程師與設計師的藍圖進度。監工們會按照需求，進行職務分配，工廠裡的三十位工人，都可以應付儲存設備和手推車所有的製造和裝配工作。但是他們每天都不知道自己今天會被分配到什麼。

在形成團隊之前，工廠裡的士氣非常低落，員工的缺席率與遲到次數與日俱增，他們的工作品質不算太糟，但是每星期都會發生許多可以輕易避免的錯誤。大多數的工人都是技術精湛而且經驗豐富，他們在迪克森公司至少都待了三年以上。該公司給的報酬不錯，所得的利潤也很好，不過看起來仍然不是個工作的好地方。

這家公司的士氣、出席率和品質之所以會出現問題是有幾個原因的。一位外來的顧問，發現了這些問題，於是建議他們採用團隊模式。這名顧問說，員工不喜歡到上工的前一刻，才知道自己的工作是什麼，他們覺得監工都把輕鬆的工作當作獎勵，而把吃力的工作當作處罰。他們從來都無法把自己啟動的工作做完。此外，他們也對某些同事的投機取巧不悅，有些人就是特別得到

公司的厚愛。另一個問題在於，工廠裡的每一個員工都知道，如果他們手上有藍圖而且可以獨立工作，那他們都可以憑自己的力量，完成儲存設備和手推車。

　　工作團隊馬上受到所有員工的歡迎。在分派團隊時，員工有權選擇同隊隊員，他們會拿到工作指令、藍圖、交貨期限，然後放手去做。團隊成員可以自行決定工作分配，管理部門也指示道，所有人都不可以拿團隊作為生產力減低的藉口，否則他們會再重新實施以前的做法。結果，該公司的生產力確實沒有降低，而工人們的缺席率與遲到次數也減少了，失誤率也降低。

　　有一天，顧問回到工廠查看進展，六個團隊之中的兩個，很快地開始發起牢騷：「我們又回到老樣子了！」顧問很快就發現問題所在，在這兩個團隊的案例中，監工都會介入該團隊的工作領域，並重新安排其中一兩位員工的工作。監工認為自己的作法情有可原，他們說，客戶打電話要求提早交貨期限，他們只是想在新的交期前，把工作趕出來。

　　然而，員工們並不這麼想，他們懷疑監工根本不支持團隊工作的理念。

- 當客戶更改交貨期限時，監工的做法是否正確？請說明。
- 團隊剛成立時的情況如何？他們可能會建立什麼樣的規範？請舉例說明。
- 你會如何解釋該公司在缺席率、遲到次數和生產力方面的進步？

參考書目

Bales, R. F. 1953: *Interaction Process Analysis: A Method for the Study of Small Groups.* Reading, MA: Addison-Wesley.

Balkin, D. B. 1997: Rewards for team contributions to quality. *Journal of Compensation and Benefits*, 13, 41–6.

Baytos, L. M. 1995: Diversity: Task forces and councils foster diversity success. *HR Magazine*, 40(10), October, 95–8.

Business Week. 1997: Look who's pushing productivity. *Business Week*, April 7.

Cohen, S. G. 1994: Designing effective self-management teams. In M. Beyerlein (ed.) *Advances in Interdisciplinary Studies of Work Teams*, vol. 1, Greenwich, CT: JAI Press.

Cohen, S. G. and Bailey, D. E. 1997: What makes teams work: Group effectiveness research from the shop floor to the executive suite. *Journal of Management*, 23, 239–90.

Cohen, S. G., Ledford, G. E., Spreitzer, G. M. 1996: A predictive model of self-managing work team effectiveness. *Human Relations*, 49, 643.

Cordery, J. L., Mueller, W. S. and Smith, L. M. 1991: Attitudinal and behavioral effects of autonomous group working: A longitudinal field study. *Academy of Management Journal*, 34, 464–76.

Halebilian, J. and Finklestein, S. 1993: Top management size, CEO dominance, and firm performance: The moderating poles of environmental turbulence and discretion. *Academy of Management Journal*, 36, 844–63.

Jackson, S. E., May, K. E. and Whitney, K. 1995: Understanding the dynamics of diversity on decision-making teams. In R. A. Guzzo and E. Salas (eds) *Team Decision-making Effectiveness in Organizations*. San Francisco: Jossey Bass, 204–61.

Katz, D. 1965: Explaining informal work groups in complex organizations: The case for autonomy in structure. *Administrative Science Quarterly*, 10, 204–21.

Katzenback, J. R. and Smith, D. K. 1993: *The Wisdom of Teams: Creating the High Performance Organization*, Boston, MA: Harvard Business School Press.

LeFauve, R. G. and Hax, A. C. 1992: *MIT Management*, Teaching booklet, 8–19.

Mckee, S. 1997: Can a baseball team buy its way to the World Series? *Wall Street Journal*. October 17, New York: Dow Jones & Company.

Mohrman, S. A., Cohen, S. G. and Mohrman, A. M. 1995: *Designing Team-Based Organizations: New Forms for Knowledge Work*. San Francisco: Jossey-Bass.

Novak, J. C. 1997: Proceed with caution when paying teams, *HR Magazine*, 24(4), April, 73–8.

Overman, S. 1995: *HR Magazine*, 40(3), March, 72–4.

Petzinger, T. 1997: The front lines. *Wall Street Journal*, October 17. New York: Dow Jones & Company.

Rizzo, J. R., House, R. J. and Lirtzman, S. I. 1970: Role conflict and ambiguity in complex organizations. *Administrative Science Quarterly*, 15, 150–63.

Shaw, M. E. 1981: *Group Dynamics: The Psychology of Small Group Behavior*. New York: McGraw-Hill.

Smith, C. and Comer, D. 1994: Self-organization in small groups: A study of group effectiveness within non-equilibrium conditions. *Human Relations*, 47, 553–73.

Wall Street Journal. 1997: *Wall Street Journal Interactive Edition*, October 6. New York: Dow Jones & Company. http://www.wsj.com/

Watson, W., Kumar, K. and Michelson, L. K. 1993: Cultural diversity's impact on interaction processes and performance: Comparing homogenous and diverse task groups. *Academy of Management Journal*, 36, 590–602.

Youngblood, S. A., DeNisi, A. S., Molleston, J. L. and Mobley, W. H. 1984: The impact of work environment instrumentality beliefs, perceived labor union image, and subjective norms on union voting intentions. *Academy of Management Journal*, 27, 576–90.

第九章

團體的程序與效能

團體的發展
團體的規範
團體的團結、合作與競爭
社會影響
團體成功的原因為何？

課前導讀

　　請找五位以上的朋友、家人、或同事，他們必須目前為體育、專業或學術性團體之一份子，並向他們詢問下列問題：

1. 請舉出對團體貢獻最多的人。
   - 他們在該團體中的正式角色為何？
   - 描述他們表現出來的特徵或人格特質。
   - 盡可能具體地描述讓他們顯得如此重要的行為。
2. 請舉出對團體貢獻最少的人。
   - 他們在該團體中的正式角色為何？
   - 描述他們表現出來的特徵或人格特質。
   - 盡可能具體地描述讓他們顯得如此不重要的行為。
3. 請利用調查所得的資料與你自身的經驗，建立一個理想的團隊成員之模型。
   - 他們必須具備什麼特質？
   - 他們的行為應如何？

248　　　要將一群不同的個體，變成一個成功的團體，需要技巧和耐心，
這正是卡爾‧弗德烈克擔任某個新成立的醫師學會的經理人之後，所
發現的第一件事。為了替這些醫師服務，卡爾著實有幾場硬仗要打。
首先，他所投入的是一個正因政府健保措施，而產生重大變化的行
業，這些接踵而來的轉變，對醫師們造成了不小的壓力，因為他們得
在預算緊縮的情況下，繼續維持高品質的醫療水準，通常這是個難以
達成的任務。再者，醫師這個工作向來擁有高度的自主性，中央健保
政策已經迫使他們必須與醫療機構更加配合，以控制健保支出，而現
在卡爾的職責是，要更進一步地要求醫師配合團體行事。第三，卡爾
是MBA出身，完全沒有醫療體系的實務工作經驗，對醫師們而言，
他只不過是個旁觀者。一個旁觀者，要如何管理這群身處變動行業當
中的獨立個體？並使該團體有更傑出的表現呢？我們來看看，卡爾到
底採取了哪些做法，才能將這一群特立獨行的醫師，改造成一個成功
的團體（Lancaster, 1998）。

　　　經過幾次「針鋒相對」之後，卡爾決定嘗試用其他方式，來改善
該團體的績效。首先，卡爾決定先從小小的變化開始，讓醫師們都能
信任他，並且也相信團隊合作。即使卡爾最終之目的，是希望加強收
帳機制，並改善醫師間的資訊交流，不過他還是先鼓勵醫師們，聯合
採購需要的消耗品。這種合作方式，可以使該團體以批發價買進醫療
耗材，因而省下一筆開支。

　　　接下來，卡爾開始考量團體中每位醫師的人格與價值觀，他了解
這些醫師都是在不情願的情況下，交出自己的決策權，也知道他們會
杯葛任何使他們無法為病患做出最好診斷的決定。於是，他尊重醫師
們對重要決定的決策權，但也先行提出更多選項，以縮小醫師們的選
擇範圍。他發現，只要醫師能夠握有決策權，就更樂於接受這些提
議。

　　卡爾發現的另一個重要手段，是他與醫師們的溝通方式。他發現，自己需要花更多時間，來聽取醫師們的意見，並對他們所關心的事情有所回應。同時他也發現，若能多花點時間，關心一些成員的個人問題，就能夠幫助建立其信任感，也更能讓他們了解，身為團體一份子的重要性（Lancaster, 1998）。

　　卡爾最主要的挑戰是，凝聚一群完全獨立的醫生，並且讓他們轉變為一個成功的團體。在第八章裡，我們介紹過團體與團隊效能模型，也探討過影響團體或團隊效能的環境因素，本章關心的重點則是，能提昇團隊效能的程序，以及個人在團隊中的行為。

　　圖9.1顯示的是，團體效能模型的一部份，正如我們在第八章探討過的，團體的績效環境，由足以直接影響團體程序與團體效能的產業、組織、團體因素所組成。現在我們要將注意力轉移到特定的程序上。

團體程序

　　我們都知道，人們加入團體之後，可以得到一連串不同的經驗。舉例來說，在團體初形成之時，成員需要經過一段時間，才能建立起合作的默契。此外，人們在團體中，也會遭遇到各種不同的壓力。我們會在這一節，討論部份的團體程序。

團體成熟度

　　團體的成熟度，是可能對團體效能造成強烈影響的因素之一。我們可以將團體成熟度比喻為個人的成熟度。就個人而言，我們會隨著

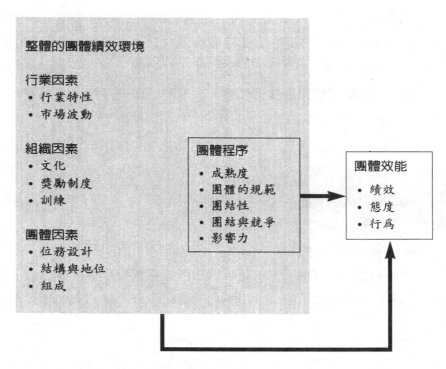

圖9.1　整體的團體績效環境與團體效能

時間而培養出對自已的信心，並提昇情感上的穩定度。使我們產生這種轉變的原因，部份是因為我們所受的教育，以及與他人的互動。我們可以用個人的情況來加以比擬，有些團體的成熟期較晚，有些則永遠無法達到完全成熟的階段。這方面的研究認為，團體的發展可分為數個階段（Bennis and Shepard, 1965; Tuckman, 1965），如圖9.2所示。

- 在團體生涯的早期階段，成員們會從事有助於讓**團體成型**及適應其他成員的行為。
- 緊接著初期成型階段與客氣行為而來的，通常是一個充滿**衝突**或**衝擊**的階段，在這個階段中，團體內部會經歷許多困難。

- 在下一階段，團體的組織會更完善、更團結，有人稱這個階段
  為規範形成時期。
- 在團體完全發展至高績效團隊前，隨著日益成熟，仍然會發生
  一些需要解決的關係問題。

　　團體若要成功，就必須善加組織。在團體形成之初，會經過一個
稱為成型的適應階段，團員們設法定義該團體的功能，並開始建立其
活動與優先順序。在這個階段中，雖然成員之間的對話主題並未受
限，但大部分仍以如何定義該團體的目標為中心。同時，這也是讓成
員們彼此熟悉的階段，他們通常也會在這個時候找到自己的定位、並
且試探團體當中的基本行為規範。

　　團體的初期階段，可能會非常混亂且不明確，如果在成員中，有
一個由組織指派的正式領袖，此人就必須擔負起帶領團體經歷這個階

適應　→	衝突　→	團結　→	成功的結構
- 定義目標 - 搞清楚其他成員 - 估計目前處境 - 逐漸熟悉 - 試探基本規則 - 定義規則 - 不確定 - 產生混淆	- 對工作分配和優先順序產生歧見 - 敵意、緊張 - 抗拒 - 不服領導 - 小團體、結黨結派	- 達成共識 - 接受領導 - 共享、互信 - 團結 - 全新的穩定角色 - 合作 - 標準	- 誤會、醒悟與接受現實 - 親近、開放 - 靈活、關聯到任務的角色 - 彼此協助 - 成功的績效
成型　→	衝擊	規範形成　→	高績效

不成熟　　　　　　　　　　　成熟

圖9.2　團體發展的階段

段的壓力。如果團體中沒有這樣的領導者，或許可以在成員中作選擇，或等待有人自動出線。在初期的適應階段中，還沒有什麼事情好反對的，不過談到團體的目標與功能、以及當領導者開始發揮影響力時，所謂的衝擊階段就會浮上檯面。這時候，領導者通常倍受考驗，成員們不服從領導，也是這階段常發生的事。經過這些波折後，整個團體可能會分裂成數個小團體，而不是試著重新整頓團體內部，或是換一個新的領導者。

251　　如果團體能夠順利解決這些可能的早期衝突，就可能更臻成熟，進入團結階段。若是能夠對團體的目標與領導方式達成共識，並且培養出互相欣賞與互信，人們就會有團結一致的感受，並準備邁向規範

發展團隊：靠一點發展團隊的技巧，來成立你的團體？

　　許多組織運用發展團隊的技巧，試圖縮短團隊成熟所需的時間，對於正陷入衝擊階段的團隊來說，這是個非常實用的策略，Outward Bound 公司就是一個很好的例子。Outward Bound 利用3-7天的課程，來教導成員團隊合作的價值，並建立某些團隊工作的技巧。此外，他們也有針對問題解決與目標設定而設計的專案。許多大學也將類似的發展團隊機會，納入課程當中。在某些學校裡，每個MBA新生，都必須與其他MBA新生一起參與發展團隊，這個經驗被視為該學科剛開始的學習工作。

形成階段。有些團體撐不過衝突階段，一切的爭議與反抗，都會在該階段中浮現，有些人會火上添油，有些人則乾脆選擇離開，留下來的人，也可能對團體產生疏離，開始沉默寡言、熱忱不再。

如果團體能夠安然度過適應期、衝突期及團結期，成員們就要開始準備面對與團體結構有關的問題：**績效表現階段**。在這個時候，他們會面臨因親近、公開等人際／關係引起的問題。我們可以從兩個層面來看這些問題：

1. 團體如何處理，因成員不滿所引起的情緒壓力？例如，成員們是否能夠暢所欲言自己遭遇到的不平等對待？

2. 創意的產生會受到什麼樣的影響？除非成員們可以自由地定義問題，並提供不同的解決方案，否則就會遇到解決問題與決策方面的問題。

我們將在第十章，討論其他可能發生在團體中的衝突。

如果團體在衝突階段後，能夠成功地繼續發展茁壯，就可以進入接納的階段。在這個時候，小團體的影響力減弱，成員間的溝通增加，大家對自己的需求也更能暢所欲言。如果能適切地處理成員們的任務與情感需求，該團體就能夠完全到達成熟的境界。成員與領導者必須運用許多技巧，才能夠使一個團體完全成熟。成熟的團體有五項特徵：

1. 該團體可完全接受各種感覺。
2. 成員們只會在真正重要的問題上產生歧見。
3. 成員們能夠理智地做出決策，並鼓勵不同的意見，但不會強迫其他成員接受，也不會表裡不一。
4. 所有成員都對團體的發展過程有所體認。

252

5. 成員都能了解彼此關係的本質。

團體規範的共同性

在介紹團體成熟度時，我們曾經探討，日趨成熟之團隊的凝聚成型階段。在這個階段，最重要的就是一套團體自行發展、所有成員都

團隊：土星的經驗

「與眾不同的企業，與眾不同的車子」是土星公司的座右銘。土星一向自豪於他們在汽車製造與團隊經營上運用科技的創新做法。即使他們已經預期，在發展汽車技術的初期階段，必定會遇上一些技術問題，但當他們發現連發展團隊概念都會碰上問題時，卻感到非常訝異。土星公司的領導者，原本預期以半年的時間培養企業的團隊概念，但是，這個過程卻耗費了四到五年的時間。

土星團隊經歷了一連串的發展階段：團隊成員費了一番功夫後，才了解自己在團隊中的角色，並適應團隊環境中，工作所需的新行為型態。土星公司發現，即使組織結構的設計已環繞著團隊概念來進行，但在實務上需要的不只是天時地利人和，還包括必須完整地教導員工，團隊工作所需的行為模式。這個過程需要時間，團隊也會從起初的互相禮遇階段，慢慢發展至各執所見的階段。土星所遭遇的團隊失敗，大多是因為尚未成熟的團隊，躁進地想處理複雜的團體活動。

能夠接受與了解的規範。規範與角色期望的不同之處在於：後者適用於個人，而前者則應適用於所有成員。但是，規範不見得一定公平，舉例來說，我們可能希望所有成員都能準時開會，但卻在某些情況下，允許某個成員遲到。由於共同規範對團體程序相當重要，因此我們在此更深入地探討。

　　規範的功能與發展　有了規範之後，團體就可以擁有控制力與可預測性，讓成員們感到更安全、更自在。規範也是我們表達價值觀、態度和信念的方法，因為它們反映的，正是人生中的「應當」和「必須」。當我們相信某人不應該做某事時，我們就是在表達我們認為何者正確、好與有用。

　　規範可能以成員行為為對象，就像在宗教儀式中不能看到踰矩情事，組織也同樣可以定出非常狹隘的規範。例如，在一家嚴格規定服裝穿著的公司裡，如果有員工在應該穿套裝的上班時間穿了牛仔褲，可能就會馬上受到上級的斥責。為了改善組織裡的風氣，許多公司紛紛制定了「便服日」，允許員工們在一星期或一個月中的某一天穿著較輕便的服裝來上班。不過，一旦實施了像這樣的計劃之後，你可能會發現員工們都在期待上級或其他人能帶頭示範，好讓他們知道在這樣的新規範下什麼樣的行為才是對的！

　　無論是對人或團體而言，規範都有其益處，即使只是像如何處理餐具的小規定，都有其功效。規範可以讓社交互動變得更容易，而且可以傳達共同分享的感受。此外，它也可以在人們的自我與認知中，注入團體或文化的概念。在小型團體中，由於人們通常奉行相同的社會規範，因此在飲食或穿著習慣上，通常不會出現問題。

　　重要的規範，比較容易建立在團體的中心價值觀與行為上。如果會議的出席狀況，會影響團體的成功與否，準時開會和出席所有會議

當然就會變成一項規範。問題愈重要、影響到的人愈多，愈可能盡快發展出一套規範。團體的重要規範通常會反映在成員必須遵守的內部章程、規定和程序中。然而，如果不是全體成員都奉行相同的價值觀，或成員對該事項並未感受到一致的重要性，規範就不會形成。

規範的力量　我們可由下列兩點，了解規範的力量。

1. 它使我們能敏銳地感受到他人的期望。
2. 規範的力量是我們遵守這些規範的能力與意願之函數。

規範的控制力，端視我們對違反規範之後果的評估。如果我們重視自己的團體身分，就會向規範妥協，以保護之。對於十分需要他人之接受與贊同的人來說，團體規範更能夠起作用。

團體須仰賴獎勵與道德約束力來鞏固其規範，包括接納遵守規則的人、給予更高的地位、更多的影響力，以作為對他們的獎勵；對於偏離常軌者，團體會予以警告、收回權利、懲罰、直接驅離。

工作團體的規範　組織中的許多規範，源自管理當局的期望，或組織正式的工作規定與程序，而這些規範都是發展並存在於非正式的團體中。要了解一個組織，新進員工必須學習其中的各種規範，這些規範可能會成為組織評估該員工的基礎，而違反規範的代價，可能也相當昂貴。有時候，個人會選擇偏離團體規範，在這種情況下，除非他們在團體中的地位無可取代，或是自信能承擔忽視規範的後果，否則只會導致失敗。

許多工作團體的主要規範，與生產力有關。人們可以藉由規範，制訂出生產力的上下限。「**不合群份子**」，通常意指績效超出團體之容忍限度的人。不合群份子很容易引起嚴重問題，因為團體成員對於何謂「一天的最佳工作量」，通常有著嚴格的規範。他們之所以要控

制生產力，目的不僅是為了將工作分攤給更多人，更是要避免管理者更高的要求。這種團體行為，在大學院校的課堂上非常普遍。你有沒有注意過，教室裡的學生如何排擠其他想加入的同學？冷嘲熱諷、故意訕笑同學的發言…這就是學生抵制不合群份子的方式。在你的班上，是不是也有類似的規範？

有些組織，在規範中特別強調對員工的社會關懷（Laventhal, 1976）。這類規範，可以促使人們對有需要的人付出關懷，或者有助於提昇員工的工作生活。舉例來說，在這樣的團體中，如果某個員工的家中發生變故，同事們就會盡可能地伸出援手。某些規範亦鼓勵某些行為，例如送生日卡片和蛋糕、共乘、或順道為正忙著的同事帶午餐…。組織中常見的規範還包括，品質與公平規範，以及順應社會的規範。

組織的管理可促進許多使組織更成功的規範，例如影響工作品質、效能或客戶關係的規範。若希望防止競爭對手竊取創意，保密規範就十分重要。在一個公司裡，如果員工們能夠謹守「我知道很多事情，但是我絕對不會說漏嘴」這個原則，就可以穩穩地守住這一道規範。

團體的凝聚力

團體程序的另一個重要元素，就是團體的凝聚力。凝聚力是指團體的成員間、以及成員與團體間的緊密程度。在一個高凝聚力的團體中，成員會有留下來的強烈慾望。雖然吸引力是凝聚力的重要因素之一，但也有人雖然沒有受到團體的吸引，卻希望能成為其中的一分子。例如某些人並不特別喜歡鄉村俱樂部的會員，卻因會員身分對事業的潛在助益而加入。然而，這樣的動機無益於團體的凝聚力，而且

吸引力的缺乏，會帶來凝聚力上的問題。

　　在同一個團體中，凝聚力會隨時間而改變，端視該團體的經驗而定。雖然凝聚力非常重要，但並非凝聚力高的團體才能存活；即使成員間的凝聚力不高，他們還是可以長時間地一起工作和生活。圖9.3
255　要說明的是影響凝聚力的因果關係，許多因素可以促進團體內的凝聚程度，部份已在第八章中介紹過，我們將再探討其他可提高凝聚力的因素。

　　團體的構成因素　有益於凝聚力的團體形成狀況如下：成員間有相似之處，擁有共同的目標和利益。別忘了，人與人之間的相似度，也是促進彼此吸引力的最佳準則，這種吸引力正是團結的主要定義。對成員而言，團體的目標愈重要，他們愈能夠感受到攜手達成目標的需求，而團結度也就愈高。

　　加入團體的困難性　在某些團體中，加入並不簡單。這些團體對於成員的挑選非常謹慎，欲加入團體的人，可能也需要經歷某些繁複儀式。團體的門檻愈高，可能會有愈多人對會員資格虎視眈眈，唯有獲准成為該團體的一份子以後，人們才會感受到地位與成就。成為大人物的感覺或態度，可能會產生鼓舞士氣與提高團結度的有利條件。

256　　**地位的調和性**　如果某團體的加入條件是一視同仁，會使得每位成員在團體中的起點即使不完全一樣，至少也會相當接近。當成員間開始互動後，他們的地位就可能發生變化，並衍生出階級式的地位區別。如果成員對這樣的地位階層達成共識，並且願意依自身地位行事，就會形成地位的調和性。地位的調和性有助於團體當中的團結度。地位的不調和，會引發挫折與憤怒（Heslin and Dunphy, 1964）。舉例來說，如果地位低的成員，配得最佳配備，就可能在團體中產生

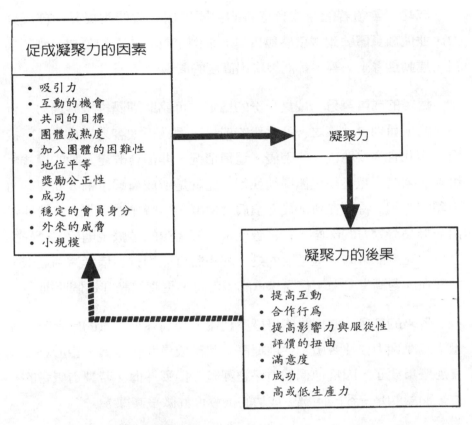

圖9.3 凝聚力的因果關係

嫌隙。

　　公平的酬償分配　酬償的恰當分配，亦即公平均分，對團體凝聚力非常有幫助。完全的公平，意味著個人所得的酬償必須與個人的奉獻或地位階級成比例；或在全體成員的共同協議下，將酬償予以平均分配。如果有人覺得自己的付出與收穫不成比例，就會使團體凝聚力面臨嚴重的考驗。

成功　團體若能達成有意義的共同目標，就能夠提昇內部凝聚力，並使成員體驗到成就感與自尊。舉例來說，成功的公司、戰鬥小組、運動團隊……等，都能展現出高度的凝聚力。

穩定的成員身分　成員身份的穩定，可協助團體維持凝聚力，新加入的成員則會破壞之。通常新的成員，因為不太容易為舊成員所接受，因此會導致地位上的困擾。這種情況，非但會改變互動的模式，也會使團體規範必須更徹底地執行，這就是新成員難以融入高凝聚力團體的原因，特別在新成員必須肩負領導角色時尤然。若新主管要帶領一群高凝聚力的部屬，在主管尚未了解團體的遊戲規則前，最好採取以柔克剛的策略，最重要的是，將團體可能的分裂情形減到最低，尤其在面對高生產力、倍受尊重的團體時，更應該謹守這個原則。

外來的威脅　當成員的目標與利益，受到外來力量的威脅時，團體中的凝聚力往往會戲劇性地提高。此時成員間的差異，相形之下就沒那麼重要了，因為他們必須保護團體、抵禦外侮。若製造威脅的一方，面對的是一致的回應，成功的機會也就微乎其微。

小規模的團體　規模較小的團體，往往比大團體更為團結，而且，大型團體常常發生互動與組織方面的問題。隨著規模的擴大，就要建立小團體與形式化的程序以避免失控。大團體內的小團體有較高的團結度。

小團體對凝聚力的貢獻，可分為數個方面來談：小團體讓成員有更多互動，並且增加參與的機會；不拘泥的形式也有助於凝聚力。在這種情形下，成員的滿意度，甚至可能因為凝聚力以外的因素，而有所提高。

257　　凝聚力的結果　團體凝聚力的結果，可能正負兼具。在此我們從

五個層面來探討其可能性，分別是：

- 互動程度
- 力量與影響力
- 評價的扭曲
- 滿意度
- 生產力

　　高凝聚力的團體，其互動程度也較高。在凝聚力較強的團體中，成員們較能分擔彼此的需要與困難。成員間的利益、共同目標、個人吸引力的相似性、及團體的規模會影響團體中的互動性。

　　高凝聚力的團體，會在成員身上加上許多力量與影響，使其穩定地對團體的需求產生回應。但是，太容易受到影響，也會造成很大的問題。如果成員們懼怕失去其成員身份，而怯於表達個人意見和感受，就難免貶抑個人的自我與尊嚴，如此一來，團體就無法醞釀出新穎的創意，並造成團體中的誠信問題。在第十一章裡，我們將說明這對團體決策所造成的影響。

　　然而，在某些情況下，抑制個人對團體的影響力確實有其作用。以沙場上的軍隊為例，在危急狀況下，整個戰鬥小組的成員，都必須順從領導者的指揮，此時的過度民主與自由，恐怕只會危害到成員們的生命安全。個人表達意見與互相影響的適當時機，應是在任務開始前的規劃階段、以及任務完成之後的檢討階段。

　　當高凝聚力的團體，對自身行為與成就產生了極高的自視時，他們評估其他團體，就容易產生凝聚力的另一個作用—評價的扭曲。在某工廠裡，即使存在著表現亦佳的其他團體，但某高凝聚力的團隊，可能自始至終都堅信自己才是第一。高度的自我評價，會增強團體所感受的價值和患難與共。這些團體，會對他人產生較低評價的原因包

括：

- 藉由貶低他人成就，來提昇自己的地位。
- 輕視他人只是一種自我防衛，團體會以否認自己的缺點，作為維持其凝聚力的手段。強調自己的優點，雖然可能不切實際，卻能夠維繫團隊士氣。
- 貶低其他團體，也可以為自己帶來安全感。

在高凝聚力的團體中，成員的滿足較高。我們之前曾經介紹過，滿足的來源，正是友善、支持、互動的機會、成功與抵抗外侮。由於團體亦能凝聚來抵抗外侮，因此成員之滿足也可能來自安全感。

最後，在某些情況下，團體凝聚力可以對成員的生產力造成正面的影響。在團結的團體中，個人對於成員間的強力牽絆，非但感到怡然自得，而且會更努力達成彼此的共同目標，因此，高凝聚力團體，成功達到目標的機率通常比較高。可惜的是，團體的目標不見得與組織的目標一致。我們稍後會再探討其間的影響因素。

團體的合作與競爭

在一個團體中，每個成員都要選擇與其他隊友合作或競爭。合作的意義不僅止於互助，還包括支持他人、與他人一起為達某個目標而付出時間與精力。一般而言，團體整體會受益於成員間的合作。如我們在第八章曾經提過，團體績效環境中的因素，會影響合作行為，有時正是工作設計的直接結果。舉例來說，在設計工廠或辦公室動線時，就可以考量如何促進成員間的合作。對棒球隊或籃球隊等運動團體而言，合作也是必然的結果。「團隊合作」一詞，正說明了團體是一項需要合作的活動。

　　除了合作之外，某些團體也會面臨成員間的*競爭*；在這種情況下，成員們除了自私自利之外，甚至可能為一己之利，而不惜犧牲其他成員。競爭會影響團體凝聚力，也會讓成員行為枉顧團體或組織目標。無論是為了爭取最高得分而「霸著球不放」的籃球隊員，或故意隱瞞重要消息好讓自己業績居冠的業務員，只要有競爭存在，就會對團體績效帶來不良結果。

　　競爭也並非全無好處，業務員會為公司設計的酬償方案而相互競爭，公司就可坐享競爭所帶來的績效提昇。雖然贏家的獎賞往往正是輸家的痛苦，但就整體利益而言，仍能為公司帶來極大收穫。因此，競爭對企業究竟是利是弊，必須視競爭所帶來的損益而定。

　　某些因素會導致個人或團體間的合作或競爭，如圖9.4所示。其中，某些因素與個人的人格有關，有些則與團體的組成及運作有關，其他因素則關乎團體工作或環境的本質（Jewell and Reitz, 1981）。

　　個人特質　個人的人格特質差異，會影響自身與他人的合作或競爭。舉例來說，男女兩性的競爭性就有其差異。一般而言，男性的競爭性比較強。除了社會上的人際差異，人類學家也發現，不同文化的競爭性與合作性，也有所不同。

　　團體的偏好與規範　團體的規範，可以決定是否接受合作或競爭行為。在某些情況下，例如運動場或商場上，競爭其實才是常態。組織內的團體，或許會為了爭奪某項資源而相互競爭。在組織環境中使合作與競爭取得平衡，其實是非常棘手的問題。　258

　　目標與獎勵　目標與獎勵，也會影響成員間的競爭或合作。若成員都能了解團體共同的目標、願意接受、並且相信成功的可能性，合作的可能性也會提高。在其中，獎勵的共享也是一大推力。然而，如　259

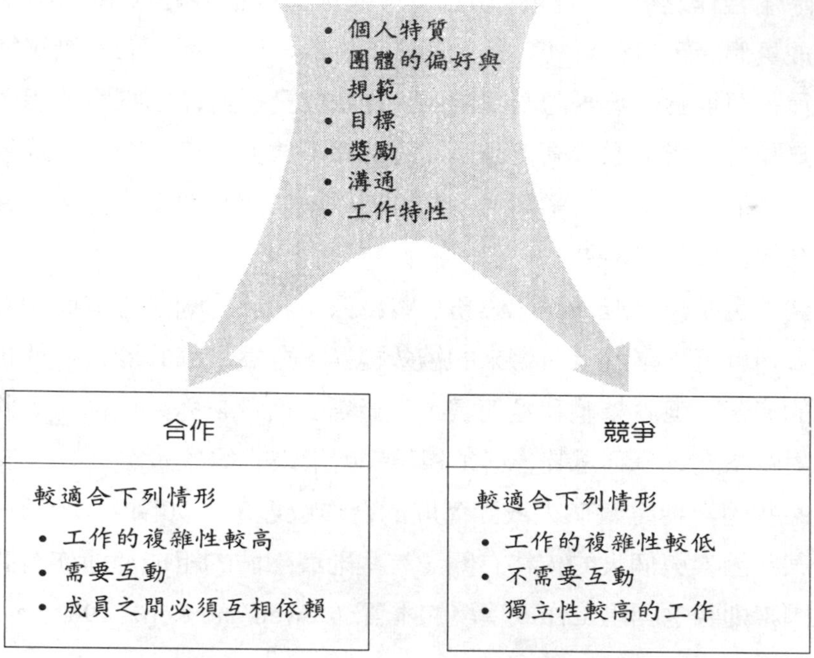

圖9.4　合作與競爭的力量與條件

倫理專題：你會怎麼做？

　　丹妮爾看著牆上的獎牌，默唸著上面刻著的「1998年度業務人員」，她想起，當她知道自己在五年內就得到這項莫大的榮耀—最佳業績暨最高客戶評比之藥品銷售人員一時，心中那股興奮與激動；當然，她對隨之而來的現金紅利也非常開心。她花了一番功夫，去學習有效的銷售技巧，以應付業務上必須面

對的醫師與醫護人員，不過最後她終於揣摩出一個得以年年得獎的銷售模式。她的目標，正是成為第一個連續兩年奪魁的人。

現在，丹妮爾遇到了一個可能會妨礙其目標的困境，她那一區的副總裁要求她開闢講座，將那一套幫她贏得今年年度大獎的銷售技巧，傳授給其他業務人員。他說：「把妳的『成功秘訣』分享給大家吧！」。為了這套融合個人簡報風格與客戶溝通技巧的「秘訣」，丹妮爾付出了許多心血，她知道，這些全都是她自己想出來的，從來沒有人幫助過她，為什麼她要和別人分享這個成果？丹妮爾覺得，眼前只有三條路可選擇：

1. 順從上司意旨，將自己過去五年來的研究心得完全公開，與其他同事一起分享。
2. 將心得說出來，但是保留最重要的訣竅。
3. 找藉口拒絕上司的要求。

現在，她真希望一切都沒有發生過。

- 如果是你，你會怎麼做？
- 丹妮爾是否應該將她的策略公開與同事分享？
- 她的上司是否應該做出這樣的要求？
- 如果你是那位上司，你會怎麼做？
- 丹妮爾的選擇中，涵括了哪些倫理上的啟示？
- 從這種促進競爭的獎勵制度中，我們學到了什麼？表面上，由於業務人員們都有各自的工作區域，看起來似乎是個良性的競爭。
- 丹妮爾的反應，能夠讓人理解嗎？

果組織只獎勵其中少數人或某團體，就可能會引起競爭。團體內的競爭可能會一發不可收拾：成員將資源佔為己有、故意封鎖消息、拒絕幫助他人、或其他確保自身於不敗之地的行為。組織必須謹慎地規劃酬償方式，以免引起惡性競爭。只要人們不會為了勝利而出賣他人，適度的競爭就是可以接受的。如果同一公司裡的兩個部門都可以得到適當資源，並且獨立工作，彼此間就不會為爭取表現而鬥得你死我活。

過去的經驗告訴我們：如果能讓員工覺得，他們有機會贏得重要的獎賞，就更能促成彼此間的互助合作。在工作團體中，唯有在利益共享的情況下，才能使人們的合作發揮最大功效，團體獎金制就具有這樣的特徵。不論個人貢獻為何，組織對成果的考評與獎勵，都以團體為單位，與個人獎金制相較之下，團體獎金鼓勵的是合作與創意的分享，成員間也更願意互助。不過，並非所有的研究結果都肯定團體獎金制的效果，有些人認為，組織應該要根據個人對團體的貢獻，來獎勵個人的行為。

260　　**溝通**　有效的溝通，可以促進成員間的了解或接受─或者兩者兼具。但是了解和接受，不見得會造成團體內的合作或競爭。舉例來說，也許你明知有人正在生氣或對你有敵意，但還是選擇與他們為敵的立場。即使溝通不見得能發揮作用，但溝通仍是成功的必備條件。如果人們要合作，就不可能不溝通，也不應該產生溝通不良或誤解。良好的溝通不一定有益於合作，但不良的溝通卻一定會妨礙合作。

　　　　工作的特性　工作的特性會影響團體成員的合作或競爭。複雜較261　高的工作，會使人們需要更多資訊。複雜的工作，其涵括的要素遠多於簡單的工作，若執行者不了解如何處理，就會引起更多問題。工作的複雜度，也意味著無法給予執行者明確的工作描述。這些問題，都

需要更多的互動與合作，才能夠有效解決。

　　現在我們來比較兩個不同的團隊，其一是向個人客戶推銷新產品的銷售團隊，另一則是負責研發新產品的研發團隊。銷售團隊可以在獨立的地點各自工作，成員間不需要特別的互動，這正是其工作的特性；然而，產品研發團隊的工作就較為複雜，產品的可行性、製程、行銷策略、技術性問題…等，全都環環相扣，而團隊成員在產品研發的每一個步驟中，都必須高度地互相依賴。若缺乏互動，成員就無法知悉他人的工作狀況，並導致事倍功半。當狀況有變時，產品研發團隊的成員就必須互相知會；他們必須經常開會，運用各種溝通方式，才能達到合作的目的。

社會影響力與行為

　　我們將在這一節強調，普遍存在於團體或團隊環境中的社會影響力，並考慮在團隊環境中，個人於社會影響下，所表現的正常與非正常行為。

　　對個人而言，他人影響力的存在，不需要任何看法、命令或壓力即可展現。只要有他人在場，即使此人無關緊要，也會影響個人的行為。他人的存在，對個人表現究竟是助力或阻力，取決於表現的本質，或團體成員對當下情況的看法（Zajonc, 1965）。一般而言，如果任務本身非常容易，或者之前已經熟練學習過，則他人的存在，將使我們產生更好的表現；反之，在他人面前進行新的或複雜的任務，則我們的表現通常只會更糟。這是想在組織中推行團隊的主管們，必須了解的重要原則，這種現象表示，如果能將團隊用在他們已得心應手的工作上，較可能提昇員工的工作表現。相反的，當人們在學習新任務時，最好提供獨立學習或進行的空間。

　　這種社會影響力如何運作？多數的人在受到被觀察或考評時，往往容易心生恐懼（Cottrell et al.,1968）。有他人在的場合，也較容易令人分心，並干擾我們的表現。另一個解釋方向，則借重個體差異的角度。有些人天生較易受到影響，無論他們的工作內容是什麼；有些人只是比較在乎別人的眼光，他們較關心他人的反應，而且更希望得到別人的接受或支持。社會助長也代表他人的存在的確可以激起我們的反應。人們會有此反應，並不只是因為擔心他人對自己的評價：即使工作本身並沒有對錯可言，我們的表現還是會受到影響。在第十一章，我們將探討幾個發生在團體決策情境中的社會影響現象。

262　　　　助人行為　　團隊中的個人行為，也會受到社會影響力正面的影響。團隊成員經常有機會表現其助人行為，例如幫助隊友解決工作問題、協助解決私人問題、自願多出點力、針對需要改善之處提出意見，這些所謂的或組織公民行為（Brief and Motowidlo, 1986; Organ, 1990），並非誇張、極端、英雄式的行為，其本身可能十分瑣碎且平常。但是，這些行為在促進組織效能方面，卻非常重要。

　　人們的助人意願，非但有程度上的差別，而且有些因素會影響團隊成員所表現的助人行為：

• 過去與現在的角色模範

　　父母、其他人、電視、廣播、報紙，是多數人的行為角色模範。我們可以從號召社區清潔的鄰居、或幫助他人的同事身上，學習到助人的行為。

• 外在的結果
　　當人們可以因助人而獲得有價值的回饋時，自然也更願意幫助別人，例如某人付錢請你幫他們做家事。把自己份內的工作做

好，也是幫助組織成功的一種方式。許多工作行為確實都會對
他人有幫助，尤其在他人因為缺乏這樣的幫助而手忙腳亂時。
組織通常都會獎勵熱心助人的成員。

- 內在的結果

有時候，助人可能只不過是讓自己覺得舒服一點而已。心理上
的獎賞，例如覺得自己做了一件正確的事情，或是對自己的行
為感到驕傲，都能夠提昇自我評價與自我形象。如果你拯救了
一個差點溺斃的孩子，即使這項行為不會帶來實質的回饋，但
是心裡必定會有非常好的感覺。我們常在醫院、圖書館、博物
館看到的無酬志工，就是最好的例子。

- 團體或團隊的規範

規範也會影響到助人的行為。人們最熟知的社會規範之一，就
是平等互惠，其基本概念是：要幫助曾經對你伸出援手的人。
同時，這個規範也牽涉到人類社會交流的公平與公正，告訴人
們要知恩圖報。由於這個平等互惠的原則，人們也期望自己曾
經幫助過的人，能夠對自己伸出援手。要達到平等互惠，就要
對需要幫助的人雪中送炭，並讓他覺得你的幫助出自內心、善
意、而且有意義。

- 心情或關注

研究顯示，一般人在心情不錯的狀態下，更願意對他人伸出援
手（Myers, 1983）。有許多事情會影響人們的心情，舉例來
說，覺得自己受到公平對待的人，比較可能會有好心情，也比
較願意幫助他人（Moorman, 1991）。

- 有他人在場

他人的在場，有時反而會降低人們幫助他人的意願，也會減少
人們在工作上的努力。舉例來說，當他人在場時，人們可能更

不會感受到「非幫忙不可」的壓力。同樣的，一件工作若同時有其他人插手，人們也不會付出那麼多心力。社會怠惰現象就是最好的例子，我們將會在下一節探討這一點。

社會怠惰　社會怠惰通常發生在大型團體，其原因在於：團體中他人的存在，會讓我們假設自然有別人會去做事，並因此忽略某項工作。如果人人都如此思考，到頭來必定一事無成。這個道理雖然人人皆曉，但人們還是會習慣性地將責任推到他人身上（Baron, 1983）。社會怠惰，使我們不想成為團體中最任勞任怨的人，也可以讓我們避免失敗。此外，他人的在場也使我們難以釐清責任歸屬。然而，如果人們相信個人貢獻終將得到考評，社會怠惰的現象就會大幅減少（Williams et al.,1981），因為沒有人希望他人知道自己的績效欠佳。當所有人對團體的貢獻都透明化之後，團隊成員的怠惰自然會減少，這種做法將使個人產生績效壓力（Nordstrom et al.,1990）。

社會怠惰在團隊中可能相當嚴重，如果怠惰的想法普遍存在於成員心中，他人的存在就會減少助人意願及個人努力。因此，若能讓個人的貢獻透明化，或建立一個願意為團體努力的文化，就能夠透過規範及上述抑制社會怠惰的動機，來克服該現象所造成的不良影響（Albanese and Van Fleet, 1985）。

264　團體與團隊的效能因素

現在，我們將注意力轉移到團體與團隊績效模型的最後一個部分，探討組織中團體效能的衡量方式。在第一章，我們已經找出幾個衡量效能的方法，並將其定義為組織活動的結果，這些衡量方法包括

歧異性專題：嬰兒潮世代與低出生率世代

263

本書介紹的歧異性專題，多半強調性別與種族上的差異。但經理人必須面臨的另一個歧異性，則是年齡上的差別。由於人人都得工作，因此職場可能包括了來自各年齡層的員工，他們的價值觀、動機、溝通方式，可能各有差異。研究者最感興趣的兩個世代分別是：一、出生於高生育率時期者（1946年至1959年出生的「嬰兒潮世代」）；二、在低生育率時期出生者（1965年至1975年出生的「低出生率世代」）。同處職場的嬰兒潮世代與低出生率世代，彼此間很可能產生衝突，要是這兩代人居於同一團隊，爭端更是家常便飯。

一位研究者曾針對這兩個世代的人、以及他們對團體的態度加以探討，她發現，嬰兒潮世代喜歡在團體中工作，而低出生率世代則多半偏好獨自工作。此外，嬰兒潮世代者也較喜歡團體程序、分享價值、達成共識。低出生率世代則不喜歡成為團體的一部份，也不喜歡開會。

- 經理人在了解這兩個世代對團體價值觀的差異後，如何使年齡分布廣泛的團隊提昇效能？

正如人各有異，經理人也可以藉助個人的長處，善用團體在想法上的差異，以增進團隊效能。職涯規劃師瑪莉琳·甘迺迪（Marilyn Kennedy）的建議是：在分配工作角色時，同時考量個人偏好。

- 喜歡團隊工作的嬰兒潮世代，可以分配需要大量與人互動的

工作。

- 至於不喜歡團體工作的低出生率世代，可以讓他們從事需要較少互動的工作，例如作研究。

這兩個截然不同的族群還有許多可資利用的長處。

- 嬰兒潮世代通常已有許多實際工作經驗，可以將他們的經驗與較資淺的低出生率世代者分享。
- 同樣的，低出生率世代者通常對科技較在行，他們可以將這個知識教導給屬於嬰兒潮世代的同事，以善加利用科技。

年齡差距，就像其他的歧異性一般，只要能夠善加利用，就可以提供許多智慧與能力，以提昇團隊與組織的效能。

資料來源：編修自Kennedy（1998）

264

生產力、工作滿足、員工態度、出席率、持久力、學習與適應、以及身心安樂。為了與團隊效能最新的研究結果一致，我們將不同型態的效能，作以下三種分類（Cohen and Bailey, 1997）：

- 績效的結果
- 態度的結果
- 行為的結果

績效的結果

團隊績效的衡量方式有許多種，其中包括生產力的提昇。在第八章關於摩納奇行銷系統公司的討論中，我們提過，該公司的生產力之所以提昇，百分之百都因落實了另一個團隊對產品裝配過程的研究結果。要衡量績效品質，我們可以利用最終產品與績效標準間的差距，也可以利用產品的失敗率、客戶的退貨率，更可以利用客戶對產品的滿意度之調查得知。主觀的團隊績效衡量方式，也可以包括經理人對個人績效之考評（Campion, 1996）。

對於希望改善團體績效成果的經理人來說，本章與第八章探討的議題，都非常重要。合作與競爭都有助於提昇團體效能，端視團隊工作的性質而定。對於需要互相依賴的工作而言，只要能促進團隊合作，就可以提昇績效。以產品研究團隊爲例，因爲成員間必須分享資訊、協調工作計劃與活動、互相幫助，因此互動與溝通是其成功的最大關鍵。團體中的團結合作，可以讓成員們感受到更多達成團體目標的壓力（Deutsch, 1949）。這種情形，可能與需要適度競爭才能有所表現的銷售團隊大異其趣。銷售人員，可能是最不需要與其他成員互動，就能創造出生產力的團隊之一。然而，他們必須更謹慎，以免因爲不夠團結而破壞大局。銷售人員間的競爭，可能引發的知情不報，反而會傷害整個銷售團隊。

266

265

隨堂練習

工作團隊的效能

　　這份表格，可以幫助你分析團隊的效能。

　　追憶你目前或最近參與的團隊。在閱讀下列二十個陳述之後，按照團體之實際情形，依序勾選你對各陳述的同意程度。評分標準如下：

1. 非常不同意
2. 不同意
3. 無意見
4. 同意
5. 非常同意

同意程度

1. 氣氛非常輕鬆與舒適。 _____
2. 成員經常討論手邊的工作。 _____
3. 成員們非常清楚團隊的目標。 _____
4. 成員們願意傾聽其他人的建議和想法。 _____
5. 大家都能容許歧見，並設法達成共識。 _____
6. 大多數的行動，都會經過所有人的同意。 _____
7. 整個團隊都能虛心接納來自內外的批評。 _____
8. 一旦採取行動，必定會將工作分配清楚。 _____
9. 成員之間的關係非常融洽。 _____
10. 成員之間互相信任。 _____

11. 成員們為了幫助團隊達成目標，都付出相當大的　　　_____
　　 心血。

12. 整個團隊會基於互助的心態，而提出或接受建議　　_____
　　 和批評。

13. 成員們之間的合作大於競爭。　　　　　　　　　_____

14. 團隊的目標設定得相當高。　　　　　　　　　　_____

15. 領導者與成員們，對團隊的能力均有相當高的自　　_____
　　 信。

16. 該團隊可以激發人們的創意。　　　　　　　　　_____

17. 成員們可以針對與工作有關的主題，自由地進行　　_____
　　 溝通

18. 成員們都有決策的自信。　　　　　　　　　　　_____

19. 每個人都很忙，但不至於超出負荷。　　　　　　_____

20. 領導者非常稱職。　　　　　　　　　　　　　　_____

　　　　　　　　　　　　　　　　　　　　總計　　_____

　　現在，請計算你所得到的總分。總分愈高，該團體表現良好
的可能性就愈高，而成員們的滿意度也會相當高。

資料來源：編修自 Dubrin（1982）

　　團體中的競爭，可能會帶來創新與創意提昇……等正面效果，但　266
一旦當事人只顧著將精力放在競爭上，反而會妨礙整個團隊的表現。
同時，競爭也會造成猜忌、敵視……等不良的副作用。

　　雖然在某些情況下，凝聚力有助於團隊的生產力（Stogdill,

1972），但某項研究發現，在某些情況下，團結與生產力之間並沒有
絕對的關係。有時候團結與生產力之間是密切相關的，而在其他時
候，團結性愈高的團體，反而生產力愈低。如果我們了解凝聚力與團
體目標間的關聯，就能夠理解凝聚力與生產力之間錯綜複雜的關係。
在另一項關於工業團體的研究中，研究者將數百個團體依其凝聚力分
類（Seashore, 1954）。令人意外的是，這兩類團體的平均生產力非常
相近，但是低凝聚力團體的生產力，大多集中在平均值附近，也就是
說，低凝聚力的團體的生產力不致太高或太低。然而，在高凝聚力的
團體中，生產力卻集中在與平均數相去甚遠的兩端，其生產力不是極
高，就是極低。

　　圖9.5是針對這些結果所做的描述。當高凝聚力團體擁有與組織
期望相近的目標與規範時，生產力就會升高。舉例來說，在一個目標

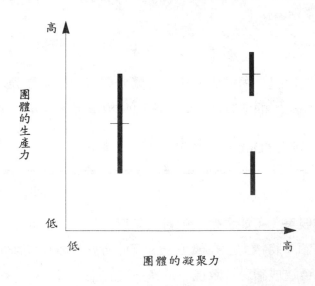

圖9.5　高凝聚力與低凝聚力團體與團體內部的生產力

明確的研發部門中，各團體的凝聚力，能夠用來預測他們在專案上的表現（Keller, 1986）。對高凝聚力的團體而言，如果團體目標和規範與組織的期望不一致，就無法達到極高的生產力。我們的結論是，無論生產力如何，團體的凝聚力愈強，對其成員的影響力也就愈大。

態度的結果

我們可以利用團隊成員的態度轉變，來衡量團體的績效結果。一般人，在成為團隊一份子後，在工作上對待隊友們的態度，可能會有很大的影響。這裡所談到的態度，包括員工對組織、上級、工作關係與其他組織生活的滿意度。有許多實例可以證明，由於自我管理式的工作團隊擁有自主權，因此員工的滿意度，與能否成為這一類團隊的成員之間呈正相關（Cohen and Bailey, 1997）。

某些研究，則專注於團隊成員對團隊與組織之承諾的變化。團隊參與與團隊承諾之間的關係，非常複雜。就一方面而言，成員們若為組織效力，就能提昇整個團隊的效能（Bishop, 1997）；就另一方面而言，成為團隊的一分子後，員工個人對組織的承諾也會增加。這一點與我們之前所提到的非常切合：團隊凝聚力可以增加承諾。若人們的承諾因加入團體而提昇，也會對組織造成正面影響。

當我們將目標鎖定在改變團體的工作態度時，也可以在團體效能的研究中，看到許多驚人發現。舉例來說，若以合作性高的團隊與競爭性高的團隊做比較，前者成員的工作滿足不見得會比較高。決定工作滿足的關鍵，在於成員的期望、及他們所得到的獎勵（Cherrington, 1973），獎勵是引起滿意度的原因，而在合作與競爭團體中，獎勵是有所區別的。合作性團體的獎勵通常帶有善意、讚賞、互助…等意味，而且由成員一起共享獎項。但是，獲勝對競爭團體的成員就是一

267

種獎勵，也是外界對其技術的回饋或褒獎。同樣的，個體差異也會造成不同影響，有些人喜歡競爭及其提供的獎勵；有些人則認為，互助合作能得到更多回饋。

在適當情況下，凝聚力和競爭都會影響團隊成員的態度，舉例來說，內部團體程序較有效率─因此也較合作─的團體成員，通常會比凝聚力低者更滿足。我們已經提過，滿意度的原因，包括友善、支持、互動的機會、成功、抵禦外侮。由於高凝聚力的團體，可以共同對抗外來的威脅，因此成員們的工作滿足也會隨安全感而提昇。

行為的結果

最後一個衡量團體效能的方式，考慮的是參與團體對個人行為所造成的直接影響。參與團體對個人行為的影響，可從幾方面來探討，包括成員的出勤與流動率。自從推行團隊以後，數家公司都發現，員工的出勤狀況與流動率都已有明顯改善。

在第五章介紹工作特性理論時，我們認為，若一份工作需要多種技巧，只要能夠提昇員工的認同、工作的象徵意義，員工就能夠體驗到工作的意義，以及更高的衝勁。伴隨著團體參與而來的，往往包括了對各種團隊技巧的依賴，以及對團隊目標與活動的強烈認同感。除了學習新技巧之外，團隊成員通常能發展出更佳的人際技巧，不僅能增進其人際關係，也能提昇成員未來對組織的價值。

有許多因素會影響團體的整體效能。我們在本章與第八章裡，已概略探討過其中的一些因素。

全球化專題：如何在國際間衡量團隊效能

　　團隊效能的衡量方式有許多，我們在英國也可以看到受惠於團隊的組織。其中「全國建築學會」（Nationwide Building Society）正可以說明，如何直接從工作滿足來衡量團隊的效能。1990年，該學會開始揚棄傳統的管理階層方式，在其客服部門推動平等式的自主團隊結構。當時，客服部門的員工，在該學會的年度工作滿足調查中，始終維持著中等的評分。然而，到1997年，該部門已躍居工作滿足的第一名。此外，自從推行團隊制度後，該部門的生產力提高了50%，而缺席率更降低了75%，在同一時期，工時延誤率降至零。

　　其他英國企業也因團隊制度而改善了組織的效能，米其林輪胎（Michelin Tires）和巴克西暖氣公司（Baxi Heating ），就是在製造業推行團隊制度成功的兩個例子。在這兩家公司，員工們可以運用自己對於工作程序的知識，來提昇生產力與產品的品質。

資料來源：Scott and Harrison（1997）

摘要

269

　　團體的發展型態，可能導致成功或失敗，端視團體成員在發展的各階段中，如何自處。在團體發展的初期，不僅要建立團體的共同目

標，也要解決領導與個人承諾的問題，如果要提高團體凝聚力，就必須解決此時所浮現的衝突，而其成員也要面臨與他人之間的親近與開放等問題。即使團體成員可以假裝一切都沒問題，但事實若非如此，這種幻像會在團體臻於成熟之前破滅，到時就必須面臨更嚴重的掙扎。

團體必定會建立一套足以定義成員行為、為達效能而施予控制的規範，對團體規範一無所知的人，無法了解該團體，也無法根據規範而適當表現。

有效率的團隊，必定有高生產力、高度滿足的成員、並且可以吸引並留住人才。為了維持效能，團體往往必須為其成員提供學習與成長的機會。許多方式，可以衡量團隊的效能。團體可以藉由改善產品的品質或提出改善生產力的方法，來提昇組織的績效。團體參與，亦會造成態度與行為上的影響。團體的功能在於使上級、同事有更高的工作滿足，並提高對組織的承諾。成為團體的一份子，也會影響出勤率與流動率。

關於團體與團隊，還有許多值得研究的地方，我們將在第十章討論衝突，在第十一章討論決策，並在其中檢討團體所扮演的角色。無論在個人或社會生活中，我們都曾經是團體或團隊的一員，即使個人的團體經驗極少，將來也不乏這一類經驗。若希望能有愉快的團體經驗，最重要的方法就是，多多了解與團體及團隊效能有關的議題。

270 ## 經理人指南：鼓勵有進展的工作團體

主管可以運用許多步驟，來提高團體的生產力、滿意度、凝聚力、學習，最好善用團體特性與變動的相關知識，以提昇團體的效

能，具體方法如下：

幫助團體發展與成熟

領導技巧、訓練及外界的輔助，都能幫助團體克服發展上的困難。團隊的成功，端視成員解決人際緊張、地位問題、其他難題的能力。注意工作與社會情感角色的發展，並建立一套控制頑劣成員的程序。讓團體有適度的時間與空間進行互動，才不至使其發展陷入瓶頸。除此之外，提供機會與資源，以支持本章所提到的團隊建立活動。

鼓勵與組織目標一致的團體生產力規範

最佳生產力的團體，擁有能夠幫助組織成功的規範與目標，本章所提到的步驟，均有助於這一類規範的形成。

處理因對抗組織而凝聚的團體

組織中若出現了非常團結、卻毫無生產力的團體，就表示員工與管理部門間必然發生了某些問題。員工們可能覺得自己在組織裡受到威脅，或是不受信任。這是一個棘手的狀況，但若能找出問題的癥結，就可以參酌使用第十章所介紹的化解衝突策略。

將團隊成員視為易受他人影響的社會性個體

請用週遭社會性的力量來解讀其行為，身為經理人，你必須了解並接受非正式組織與正式組織結構之間的互動。

利用目標與獎勵制度，克服社會怠惰的影響

為達此目標，方式之一就是，鼓勵工作團隊建立高生產力目標。

此外，也要確保獎勵制度能夠認可個人與團隊的貢獻。你應該獎勵團隊的生產力與團結合作，而個人若有以團體為重的行為，或是對團體的目標有所貢獻，也同樣應該給予獎勵。

若以競爭鼓勵團體生產力，則應謹慎採用

如果工作的性質不需要互相依賴，而成員之間發生惡性競爭的機會也甚為渺小，那麼競爭是有助於提昇生產力的。即使在充滿競爭性的環境下——例如銷售人員為了獎勵而競爭的情況——仍然應該鼓勵合作與互助的機會。在其他所有情況下，經理人都應該鼓勵合作互助，以提高生產力、滿意度、凝聚力、學習。

271　**重要名詞**（所附為原文書頁碼，請見內文邊緣處數字）

問題研討

1. 小團體的主要發展階段為何？使團體趨於成熟的必要條件為何？

2. 促使團體具有凝聚力的主要因素有哪些？

3. 假設你是一名主管，手下有一群團結程度介於中低之間的員工，你要麼做才能提高他們的凝聚力，以改善其生產力與滿意度？

4. 在第三題所描述的團體中，經理人可能做出哪些能使員工更團結、但卻使其生產力降低的事情？

5. 要管理一個凝聚力與生產力兼具的團體，最好的方法為何？經理人要怎麼做，才能改善高凝聚力的低生產力團體？

6. 經理人如何鼓勵並維繫團體中的助人行為？

7. 描述一個可因團體之間的競爭而受惠的工作情形。該怎麼做才能避免團體之間流於惡性競爭？

8. 經理人可以用哪些行動，來提昇團體的效能？

9. 如何衡量團體的效能？

272

個案研究

E設計小組

　　史托克飛行器材公司（Stork Aircraft Supplies），在飛行器零組件業界，夙以提供精密零件聞名。他們設計、生產各種噴射機

專用的泵浦、液壓設備及機械控制器。其生產的儀器，在業界都因可靠性與耐久性而頗受好評。該公司有一個部門，專門負責在生產銷售之前，模具的設計與測試。

研發部門通常會有三、四十個專案同時進行，內容都與新儀器製造或舊機型的校正有關。設計部是研發部門的支援團體之一，由大約二十位設計工程師與製圖員組成，負責每一個正在進行中的專案。為了處理客戶的特別要求、緊急狀況、額外訂單，該公司成立了一個E設計小組，小組內有六個員工與一位主管——丹恩·瑞德（Dan Reed）。

經過一個月的運作之後，E小組仍然一團混亂，六個設計師之間時有齟齬，也對工作大為不滿。其中三個設計師，對於丹恩希望建立工作排程的想法，大表不滿，他們認為這是個非常愚蠢的舉動，因為在他們的認知中，這個團體的工作是不應該有任何時間限制的。他們覺得E小組成立的目的，就是為了要迅速解決分配至該單位的工作。

另外三位設計師的不滿則來自他處。他們很氣丹恩老是不按排程表處理工作，不然就是在期限將屆之前突然更改排程表。他們也不喜歡每次一有更緊急的工作進來時，他們就得暫停手邊的未完工作；另外的三位設計師，也常常讓他們火冒三丈，這三個傢伙完全不管排程表，老是亂改既定的工作順序，將他們認為比較緊急的案子往前挪。

丹恩與設計師之間的緊張狀況與日俱增，他所帶領的團體，開始分裂為兩派，兩派間的合作情況也非常糟糕，他所期望的團隊合作與團結一致並沒有發生。

- 對E小組而言，哪一種情況比較有利？是彼此競爭還是合作共事？哪些因素，能協助或阻礙他們之間的合作？
- 對E小組而言，互助是否重要？請說明。
- 丹恩該如何提昇E小組的團結度？團結度對該小組有什麼幫助？

參考書目

Albanese, R. and Van Fleet, D. D. 1985: Rational behavior in groups: The free-riding tendency. *Academy of Management Review*, 10, 244–55.

Baron, R. A. 1983: *Behavior in Organization: Understanding and Managing the Human Side of Work*. Boston: Allyn & Bacon.

Bennis, W. G. and Shepard, H. S. 1965: A theory of group development. *Human Relations*, 9, 415–57.

Bishop, J. W. 1997: How commitment affects team performance. *HR Magazine*, 42, 107–111.

Brief, A. P. and Motowidlo, S. J. 1986: Prosocial organizational behaviors. *Academy of Management Review*, 11, 710–25.

Campion, M. A. 1996: Relations between work team characteristics and effectiveness: A replication and extension, *Personnel Psychology*, 49(2), 429–52.

Cherrington, D. J. 1973: Satisfaction in competitive conditions. *Organizational Behavior and Human Performance*, 10, 47–71.

Cohen S. G. and Bailey, D. E. 1997: What makes teams work: Group effectiveness research from the shop floor to the executive suite. *Journal of Management*, 23, 239–90.

Cottrell, N. B., Wack, D. L., Sekerak, G. J. and Rittle, R. M. 1968: Social facilitation of dominant responses by the presence of an audience and the mere presence of others. *Journal of Personality and Social Psychology*, 9, 245–50.

Deutsch, M. 1949: A theory of cooperation and competition. *Human Relations*, 2, 129–52.

Dubrin, A. J. 1982: *Contemporary Applied Management*. Plano, TX: Business Publications, Inc.

Heslin, R. and Dunphy, D. 1964: Three dimensions of member satisfaction in small groups. *Human Relations*, 17, 99–102.

HR Focus, 1997: Across the board. *HR Focus*, 74, 2.

Jewell, I. N. and Reitz, H. J. 1981: *Group Effectiveness in Organizations*. Glenview, IL: Scott, Foresman.

Keller, R. T. 1986: Predictors of the performance of project groups in R&D organizations. *Academy of Management Journal*, 29, 715–26.

Kennedy, M. M. 1998: Boomers vs. busters. *Healthcare Executive*, November, 18–21.

Lancaster, H. 1998: Managing your career. *Wall Street Journal*, November 10. New York: Dow Jones and Company.

Leventhal, G. S. 1976: The distribution of rewards and resources in groups and organizations. In L. Berkowitz and E. Walste (eds) *Advances in Experimental Social Psychology*, vol. 9. New York: Academic Press.

Moorman, R. H. 1991: Relationship between organizational justice and organizational citizenship behaviors: Do fairness perceptions influence employee citizenship? *Journal of Applied Psychology*, 76, 845–55.

Myers, D. G. 1983: *Social Psychology*. New York: McGraw-Hill.

Nordstrom, R., Lorenzi, P. and Hall R. V. 1990: A review of public posting of performance feedback in work settings. *Journal of Organizational Behavior Management*, 11, 101–23.

Organ, D. W. 1990: The motivational basis of organizational citizenship behavior. In B. M. Staw and L. L. Cummings (eds) *Research in Organizational Behavior*, vol. 12, Greenwich, CT: JAI Press, 43–72.

Scott, W. and Harrison, H. 1997: Full team ahead. *People Management*, October 9, 48–50.

Seashore, S. E. 1954: *Group Cohesiveness and the Industrial Work Group*. Ann Arbor, MI: Institute for Social Research.

Stogdill, R. M. 1972: Group productivity, drive, and cohesiveness. *Organizational Behavior and Human Performance*, 8, 26–43.

Tuckman, B. W. 1965: Developmental sequence in small groups. *Psychological Bulletin*, 63, 384–99.

Williams, K., Harkins, S. and Latane, B. 1981: Identifiability as a deterrent to social loafing: Two cheering experiments. *Journal of Personality and Social Psychology*, 40, 303–11.

Zachary, G. P. 1989: At Apple Computer proper office attire includes a muzzle. *Wall Street Journal*, October 6, 1.

Zajonc, R. B. 1965: Social facilitation. *Science*, 149, 269–74.

第十章

衝突

衝突的本質

分析衝突

衝突的反應類型

改善組織對衝突的反應

課前導讀

請檢視過去幾天的報紙，算一算其中提到幾樁衝突事件。將這些衝突狀況，分別歸類至政治、組織、商業、人際等類別下，準備討論下列幾個問題：

1. 你找到了幾則衝突的例證？

2. 每一則衝突分別牽涉哪些因素？

3. 參考圖10.5，判斷這些衝突狀況是否容易排解。準備好為你自己的分析結果做一評論。

276　　　請考量下列三則範例：

針對長久以來使前南斯拉夫分裂的衝突，科索夫（Kosovo）與波士尼亞人之間的和平協議，提供了一個世所週知的解決方案。於美國俄亥俄州簽定的波士尼亞協議，將波士尼亞分成了數個部分，分別由不同種族居住。雖然有人認為這份協議只不過是在分割一個國家，算不上是和平協議，卻不失為一個可以拯救生靈的政治策略。印度、巴勒斯坦、愛爾蘭都是類似的例子，由於這些國家的衝突益趨緊張，使得分裂國土終究成為唯一有效的解決方式（Kumar, 1997）。

美國聯合汽車工會（UAW, United Automobile Workers），與三大汽車製造商（克萊斯勒、通用汽車、福特汽車）最近達成了一項協議，意在解決兩造間因UAW會員工作名額而產生的長期衝突。衝突的起源在於：汽車製造商想要提高生產的效率，而UAW則希望保障會員的工作權。雖然協議已定，不過UAW對這些汽車製造商仍心存疑慮，抗議行動也從未中斷，希望能以此保障會員的工作機會。在這種情況之下，首先面臨威脅的，就是美國汽車工業長期保持的健全狀態，以及數百萬的工作機會。但是，儘管這場衝突如此重要，但是對於其處理方式，就連當事人都覺得過於離譜（Business Week, 1997）。

南茜覺得自己的體力已經不堪負荷，自從她擔任組織內的衝突調停者以來，這種感覺早已是家常便飯。每當她看見主管肯恩與下屬鮑伯兩人臉上那種堅定的神情，就知道他們不會輕易退讓，這必定會是一場很難搞定的衝突。鮑伯的績效欠佳，是這場爭端的起源，但在南茜看來，這已經不是衝突的重點了。現在肯恩和鮑伯兩人，都執意要證明自己是「對的」，他們的衝突已經

成為意氣之爭。

　　這三則範例，突顯了衝突在我們日常生活中的普遍程度。衝突是
生活的一部份，存在於政治、組織、個人生活中。雖然某種程度的衝
突，對組織有益（甚至有存在必要），但它也會增加壓力，並造成不
良的影響，因為人們可能會在預算分配、目標之優先順序、或公平問
題上，發生歧見而導致分裂。工會與管理階層，經常為薪資與工作條
件而起衝突。有時候，引發衝突的只是容易擺平的芝麻小事，但有些
卻是難以解決的問題，甚至會由小爭端擴大成為攸關「組織福祉」的
嚴重衝突。然而，衝突的影響不見得全然負面，重點在於，我們看待
並處理衝突的方式。

　　在本章，我們將探討衝突的過程與發生衝突的原因。我們會探究
衝突引發的反應類型，以及處理並解決衝突的更有效方式。

衝突的本質

　　衝突包括爭議、緊張情勢、或是其他在兩方或更多方之間的爭
論，可能發生在個人與個人之間，也可能在團體與團體之間。當個人　277
或一群人覺得他們的目標受阻時，就會引發衝突。衝突的形式可能是
公開或私下、正式或非正式、或是以理性或非理性方式處理。

衝突的過程

　　衝突並不是一種預設的固定狀況；它是牽涉到數個階段的動態過
程。當事人可能各自以許多不同方式經歷整個過程。圖10.1是整合了

不同衝突方式的模型（Pondy, 1967, 1969; Hickson et al., 1971; Filley, 1975; Thomas, 1976, 1990）：

- 衝突的前因
- 察覺衝突
- 形成衝突
- 衝突的解決或壓抑
- 衝突的後果

　　這個模型，將是本章所有討論的基礎。

　　衝突的前因是指引起衝突的原因，或發生在衝突之前的事件。有時候，光是簡單的挑釁動作就足以引發爭端，例如某位員工故意藏匿他人需要的工具，或某個部門認為其他部門擁有太多資源。衝突的前

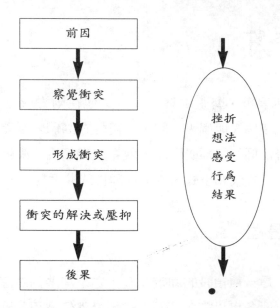

圖10.1　衝突的過程

因，可能只是無傷大雅的小事，如果生產部門有降低成本的壓力，那麼想要臨時塞進訂單的銷售主管可能會大傷腦筋。但是，在這個階段，衝突可能還不會浮上檯面，因爲沒有任何一方會堅持立場。

　　察覺衝突，是使衝突繼續發生的必要條件，當事人必須感受到威　　278
脅的存在。任何人都可能對他人不利，但是如果對方根本察覺不到，一切都不會發生。即使沒有任何實際行動，人們也可能在沒有對象的情況下感受到威脅，這可能會引發人們的沮喪、憤怒、害怕或焦慮等情緒，於是人們開始懷疑對方到底值不值得信任，並且對他們克服困難的能力感到擔心。這個階段的衝突，具有一定的關鍵性，因爲當事人會在此時釐清整個事件，並且開始尋求解決歧見的方式。

　　當人們開始對自己察覺到的事情產生反應時，就跨越了察覺衝突階段，進入**形成衝突階段**。例如員工可能會以向公司提出申訴來威脅你，使你不得不採取自我防衛的措施。其他形成衝突階段的象徵行爲包括：爭論、挑釁動作、尋求善意／建設性的問題解決方案。

　　衝突的排解可分爲幾種方式。當事人兩造之間，或許可以就問題的解決之道達成協議，甚至尋求避免再發生的方式。若當事人之一打敗了對方，彼此之間的衝突也同樣得以解決。有時候人們會壓抑衝突，而不是解決它。當意見不合的當事人不願意產生激烈的反應，或是故意不理睬對方時，就會產生壓抑衝突的情形。

　　無論衝突得以解決或是受到壓抑，當事人心中的感覺仍然是存在的。人們在衝突後果階段的行爲，和形成或解決衝突的原因一樣，不一而足。有時候衝突之後，會帶來很好的感覺及和諧的結果，並使當事人之間的關係得以重新釐清。舉例來說，若你同意工會的訴求，以解決最初的問題時，原本打算提出申訴的員工，或許就會打消念頭。

　　遺憾的是，衝突的後果也可能是更形惡化的工作關係。如果當事人對彼此仍然心存芥蒂，就有可能隨時引發另一場風波。舉例來說，

如果解決方法欠佳，或是其中一方在衝突中吃了虧，就可能因此降低了彼此溝通的機會，或者隨時都可能再度爆發衝突。最重要的問題在於，衝突的排解方式，是否能夠促進雙方的合作，還是只能讓兩造之間的分歧更加嚴重。

歷史在衝突中的角色

個人與組織單位之間的聯結，通常都已有相當的歷史，雙方對彼此的感覺、態度與行為，也都已有一定的認知。如果其中一方與他人的合作關係一向很好，偶發的一次不合作事件，是無傷大雅的。另一方面，過去的衝突事件，會影響當事人對彼此的信任，因而難以促成雙方的合作。在評估過去行為時，當事人可能更加著重於對方最近的行為。

舉例來說，我們提到過前南斯拉夫的國際政治衝突。發生於當地的衝突就和其他許多地方的衝突一般，均導因於歷史上積怨以久的不和，有時導火線甚至是數百年前的問題。如果衝突的雙方均認為自己過去有所損失，而留下無法解決的爭議，問題就變得更加棘手，對於希望將對立團體的注意力，轉移回現代議題上的當代協調者來說，這些長久以來的歷史衝突，著實增添了許多困難。

關於衝突的觀點

我們要探討的有下列三個觀點：

1. 衝突是可預防的
2. 衝突是無可避免的

279

專題：你喜歡僱用什麼樣的人？

　　一般經理人在面對週遭人士的工作衝突時，通常會有兩種反應。不喜歡衝突的經理人，就會僱用氣味相投的人，也就是背景相似、興趣相同、連想法也差不多的人，這種同質性有助於降低發生衝突的可能性。某些經理人則特別看重思考模式與自己不同的人，因此喜歡僱用能由不同觀點看事情的員工，這種做法也有其缺點，因為這麼一來，經理人就得特別留心員工間可能的衝突（Leonard and Straus, 1997）。身為經理人，在衝突事件中，往往就是決策的重要人物，無論你僱用的是什麼樣的人、用什麼方式來組織其活動，這是最終會避免或引起衝突的兩項決策。

3. 衝突是有益的

　　一般說來，人們都認為，只要能讓員工們改變工作態度與行為，就能促進彼此之間的合作，進而避免發生衝突。此外，人們也認為，如果經理人能夠透過良好的規劃、並且明定程序，確保勞資雙方都為共同目標而努力，也可以避開組織中的衝突。當然，這些觀點都有其優點，而經理人也應該如此看待自己的角色。組織裡的某些衝突是可以避免的，有些則可以讓人們察覺組織的問題，並及時加以修正。

　　在許多情況下，第二種觀點也有可能成立：衝突是不可避免的，因此沒有辦法完全消除發生衝突的原因；我們在本書中已提過許多相關實例。舉例來說，組織的目標有時會互相牴觸，降低預算這項目標，就常常與追求創新這一點產生矛盾。組織結構的設計也是引發衝

突的可能原因之一，因爲組織裡的員工，都依其專長而編入不同的專業部門，而各部門都有自己的觀點。不同部門的人，可能會因爲各自的工作需求而產生衝突；此外，如果組織的計劃與政策，不足以涵蓋所有狀況，也可能會引起衝突事件。

如果某些衝突無可避免，那麼將時間與精力花在預防上，也只是徒勞無功。最好的方法就是面對現實，接受已發生的衝突。你可以訓練員工們時時注意可能發生的爭議，並在事情一發不可收拾之前，先解決問題。這麼一來，我們就可以將衝突控制在可接受的範圍之內，並且有效率地加以處理。

280　　　第三個觀點認爲，某種程度的衝突對組織有益（Cosier and Dalton, 1990）。那麼，什麼樣的衝突才是有益的呢？假設公司裡的銷售、研發及生產等部門，彼此間從來沒有發生過緊張或不和的狀況，這種表面上的和平，代表的恐怕是，所有部門都沒有做好自己的事情。舉例來說，銷售部門的人，可能根本跟不上新產品的推出、或是抓不著行銷的機會，所以也很少提出與研發、生產有關的意見，自然不會與這兩個部門之間，產生任何衝突或不快。

衝突對於組織的好處，包括讓人們運用創意來解決問題與做成決策。在第十一章，我們會探討團體的某些缺失，例如團體迷思。當人們試圖達成共識並消除衝突時，就會陷入團體迷思的陷阱，雖然這可以促進團體的和諧，卻會產生不良的副作用。

圖10.2可以讓我們了解，或許衝突有其理想的程度。

- 組織中的衝突過少，對團體的效能可能非常不利。這可能代表每個人之間心存顧忌，無法產生良好的互動，也無法激發新的想法以及解決問題的創意。
- 衝突過多也會妨礙團體效能。如果組織經常出現意見的分歧，

或是經常到失敗後才能感受到他人的需求與問題，那麼該組織
或許永遠不會有任何創新的局面，即使客戶已經流失，最關鍵
的問題可能還是懸而未決。如果組織裡的成員只顧著自我保
護，或是要打贏組織內部的每一場仗，這個組織就會出現很大
的問題。

　　當衝突達到最理想程度的階段時，會使一切產生極大轉折。例如
提昇組織效能的品質，產生使組織更成功或更有效率的變化。在這個
階段，員工會受到激發，不再對工作感到枯燥無味、若即若離；各持
不同觀點的人，也願意貢獻自己的想法，這對績效會非常有幫助。人
們會坦然接受緊張與挫折，並將其轉化為工作上的努力，而非破壞
（Tjosvold, 1991）。

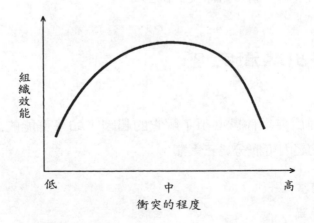

圖10.2　組織衝突的理想程度

281 # 團體與團體之間的衝突

當某個團體與其他團體發生衝突時，就會引發類似互相較勁的意味。衝突會刺激團體成員努力完成工作，尤其當這麼做可以讓他們顯得比其他團體更好的時候。這時，該團體就會變得更團結，所有人齊心一致、槍口對外，盡量避免內部歧見，以免削弱了自己的力量。隨著時間過去，如果團體與團體之間的衝突仍舊持續，團體成員也會比較願意接受指導型或獨裁型的領袖，只要這麼做，能夠讓自身繼續在衝突中立於不敗之地。

團體若與他人發生衝突，往往會對對方抱持著負面的看法，甚或惡言相向。團體成員對另一團體的一舉一動會更敏感，並且自然地減少與對方的溝通。團體間也經常會衍生與對方一爭高下的心態。這些行為若持續發展下去，就有可能產生不良的後果。我們會再探討幾種解決衝突的策略，請參考原文頁碼299。

是什麼引起衝突？

要處理衝突事件就必須了解它的起因，如果可能的話再加以修正。衝突的起因可概分為三大類：

1. 個人特質
2. 情境狀況
3. 組織狀況

圖10.3會詳細介紹衝突的起因。

個人的特質

由於個人特質的不同，某些人特別容易發生衝突。我們在前幾章，已經概略介紹過個人特質的部份，因此我們現在將重點，放在這些特徵對衝突的影響。

價值觀、態度、信念　我們的是非觀念、在事件當中的預設立場，都可以輕易地變成衝突的起因。一個重視自治與獨立的工人，在過於嚴格的監督之下，就容易產生不良的反應。價值觀也會造成個人與組織主流團體間的緊張，舉例來說，工會的領袖與經理人的理念，就可能有所不同。某項研究指出，工會領袖十分重視員工福利與公司內部的平等，最不在意的就是公司的利潤；經理人的價值觀則正好完全相反（England et al., 1971）。在本章之初，我們描述了UAW與美國三大汽車製造商間的衝突，其衝突起源就在於雙方對於鞏固美國汽車工業所抱持的不同看法，工會的訴求是保留所有勞工的工作，而汽車製造商會為了節省預算，將部份生產工作外包給未與工會聯盟的公司，這種舉動，對工會而言就構成了一種威脅。雖然雙方都是著眼於汽車工業的長遠利益，但他們對於如何達到這樣的利益，卻抱持著完全不同的看法。

需求與個性　另一個會導致衝突的不同點，在於個人的需求與個性的差異。試想一家擁有數座工廠之化學公司（Lawrence et al., 1976），其中有些工廠的產品，正是其他工廠的原料。工廠的經理人們在長時間的合作關係中，都沒有發生什麼問題。但年長經理人退休後，接替其職位的新經理人卻有不同的想法，他們更關心個人的成

282

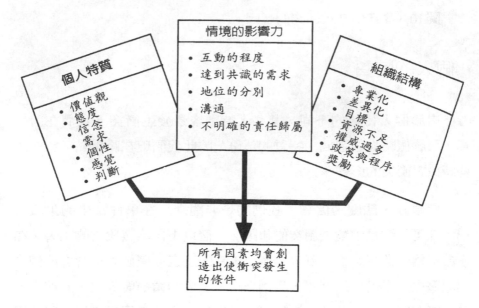

圖10.3　衝突的起因

就，對於合作共事反而興趣缺缺，新舊經理人之間的衝突於焉產生，也導致部份工廠績效的退步。

　　感覺與判斷　如果我們感覺到來自他人的敵意，可能就會做出一些容易引起衝突的舉動。人們的錯誤判斷，也可能引發衝突，發生衝突的其中一方，可能會為了某個問題而責怪另一方，並將錯誤責怪在另一方的頭上。模糊不清的情況，最容易產生衝突，因為這種狀況最容易造成誤解與誤判。

283　**情境的影響力**

　　第二類可能引起衝突的原因，是衝突發生的情境。在第二章，我

們提供了一個模型，說明行為是個人特質與環境交互作用的結果。由
於衝突也是一種行為，因此衝突的起源也包括環境因素在內。在這一
節，我們強調的是一般情形下的衝突起因；在下一節，我們將會探討
一般組織環境中，常見的衝突起因。

　　互動的程度　當人們有實質上的接觸、而且需要互動時，比較容
易發生衝突。頻繁互動可能帶來更多衝突。雖然互動在組織生活中十
分常見，但是互動不一定要以衝突為結果。根據研究，生產力較高的
工作團體，通常會藉由詢問、共同研究專案、分享資訊與成就…等行
為，以達到彼此的互動（Ancona, 1990）。研究顯示，在低衝突的組織
中，團體之間的聯繫較為牢固，而且經常會有頻繁、收穫豐富的互
動。在高衝突的團體中，團體內部的關係較深，但團體之間的聯繫則
較淡薄（Nelson, 1989）。

284

　　對共識的需求　衝突的另一項功能是，讓當事人了解是否需要協
商。舉例來說，許多組織有既定的採購程序，因此部門之間並不需要
太多的互動或協商，然而，在採購電腦或辦公室設備等公用設施時，
可能就需要達成共識。只要人們感受到需要達成共識的壓力，就可能
因品質、預算、地點…等問題而發生衝突。

　　地位的分別與不一致　曾有學者，以餐飲業為對象，進行了一項
地位衝突的分析（Whyte, 1949）。基於種種原因，有些廚師認為他們
的地位應該高於服務生，當服務生向廚師傳達客人的菜單時，廚師們
總會覺得自己被地位更低的人頤指氣使，結果便故意拖延出菜時間。
另外一項研究則發現，工程師經常駁回製圖員的創意，因為他們認為
製圖員的身份，不過是按照工程師指示畫圖的人，而不是與他們地位
相當的搭檔（Lawrence and Seiler, 1965）。

283

倫理專題：利益衝突

在員工組成歧異性特高的組織裡，經理人最容易遭遇源自個人想法與價值觀差異的衝突。

衝突的起源之一，在於決定哪些行為是組織可接受的，特別是牽涉到倫理方面的行為。

在現今的全球商業環境中，經常受到討論的，就是與利益衝突有關的問題。請思考下列的工作行為，並舉出你覺得有違倫理的行為。

- 某位資訊產業的資深副總裁，接受某家外國廠商的招待，享受了一次免費的高爾夫假期，廠商的用意，是希望這位副總裁同意簽下一份價值達數百萬美元的合約。

- 一位大學職員，用學校的電腦設立了一個慈善網站，而她自己也為該網站義務貢獻了許多私人的時間。

- 一位銷售電子零件的業務員，招待一位潛在客戶用餐，對方是一家大型連鎖建築材料商場的高級主管，那一餐的每人花費超過一百美元。

- 一家美國電腦軟體公司，購買了價值數千美元的電腦設備，並將它送給一家國際公司，好幫該公司省下一筆可觀的進口稅，結果，該國際公司就向軟體公司買進了大批的軟體。軟體公司的法律辦公室聲稱該公司並未違法，但是那家國際公司已經明顯違反了該國的法律。

上述每一個案例都有不合道德之處，端視個人自己的感受。

有些人可能認為，這只不過是做生意常見的行為，而且公司無權過問客戶或廠商的行為。

像這類在倫理問題上的不同意見，都可能是職場中引起衝突的原因。要解決這些利益衝突，主管們應該要確保所有相關規定，都已有白紙黑字的記錄，而且員工們也都了解每一項規定。員工們在遇到可能引起倫理衝突的事件時，必須先問清楚相關規定，才能採取下一步行動，這一點是經理人必須確實加以訓練的。

溝通　溝通可以說是一把兩面開口的劍。溝通障礙會引起衝突，但也是溝通的機會。我們已經了解，互動的需求如何引起衝突。當我們與他人溝通時，如果發現了某些不公平，或感覺到他人對自己的威脅，就會引起衝突。只要溝通減少，衝突的機會自然就會降低。在某項研究中，各部門對彼此之間的了解愈多，發生衝突的機會愈大（Waltonet al., 1969）。舉例來說，如果在溝通的過程中，其中一個部門的成員發現自己的工作環境（例如薪資或設備）不如對方，就有可能引起衝突。

不明確的責任歸屬　當角色與責任劃分不夠明確時，個人或團體可能為了定位而產生衝突。在某個組織裡，廣告部門主動尋找廠商，自行下單訂購用品，使採購部門指責其越俎代庖、違反程序。這會引發兩個部門間的持續衝突，使廣告部門的人無法專心工作，並影響其工作績效。

285

全球化專題：不同文化中的衝突

　　如果我們把個體差異視為社會化的產物，那麼，我們應該會在個人處理衝突的方式上，看到許多跨文化的差異。面對衝突，某種因應型態應該會較常出現在某文化中，而不是出現在另一種文化裡。由於對衝突的容忍性與反應，是文化的主要面向之一，因此，在不同國家中運作、設廠的組織，應該去探討這方面的文化差異。舉例來說，日本文化對於公開衝突的容忍度，遠比美國文化低許多。由於這兩個文化育兒實務上的差異，人們待人接物、取得情境控制權的方式也迥異（Kojima, 1984）。日本人會試圖以調解的方式，來取得控制權，而美國文化則強調競爭或直接衝突（Weitz et al., 1984）。

　　最近一項以美國、日本、中國、韓國、台灣（Ting-Toomey et al., 1991）為對象的比較性研究中，研究人員檢視了衝突的提出與解決方式的異同。亞洲文化重視團體目標與責任，甚於對個人需求的追求。以中國、韓國、台灣為例，最重視的是對方的自尊與形象，因此會避免讓對方窘困、蒙羞的情境，比起美國人來說，亞洲人更常為對方「保留面子」，也更常避免衝突。美國人則較常試圖主導對方，而不是去迴避或調解。這一類強調個人的文化，重視的是保留自己的自尊，美國和日本就是這種方式。有趣的是，雖然強調競爭，但強調個人的文化更常採取合作的方式。相較之下，亞洲文化比較容易向對方讓步或尋求調解。

組織的結構

因爲組織是多人的集合，舉凡角色、責任、相依性、目標、政策、獎勵制度背後涵藏的一切，都可能引發衝突。

專業化與差異化　組織的期望，也可能有礙合作。生產、銷售與研發單位之間的關係，就是一個很好的例子。每個單位都有自己的責任與利害立場，銷售單位關心的，可能是客戶與競爭；生產單位追求的，是降低預算並提昇效率；研發單位則著重科學技術的改良。這些因素，非但使各單位間產生極大的差異，同時也是許多爭議的根源。雖然每個單位所重視的不同，這現象卻十分合理。我們曾經說過，有些衝突無可避免，卻對組織有益，即使這些衝突可能非常棘手。

生產線與行政部門間的差異，也是引起衝突的根源之一。生產線是組織功能的一部份，而人資或法務之類的行政部門，則屬間接性質的組織功能，其存在之目的，在於支持並輔助生產單位。行政部門必須經常評估組織中的其他單位，並爲他們開發新的計劃與程序。但是，行政部門也經常制定一些生產單位不了解或不接受的政策與程序。相較之下，行政部門的員工通常比較年輕、教育程度較高、工作經驗較少，這使得兩個單位之間的問題更加嚴重。行政部門的職員，有自己的術語、不一樣的穿著、更容易上達天聽。

目標的設定　明確的目標，可以是組織裡最佳的指導來源與動機，卻無法確保衝突的減少或避免。即使有明確的目標，如何達成目標，也可能是引發衝突的原因。追求同一個目標的所有經理人，也可能因爲新產品／服務，或要不要退出某個市場，而爆發激烈的衝突。

目標也可能引發組織中單位內部的衝突。舉例來說，在同一個生

286

產部門裡，效率目標可能與安全及維修目標相互牴觸，生產部門的經理人可能會為了提高生產力與降低成本，而讓設備高速運轉，減少保養的次數。但是，這個手段可能會造成更多的意外，就長期來看，也會增加成本的負擔，因為缺乏保養的設備，其折損速度可能更快。

資源不足　組織中的資源，幾乎永遠都是不足的，也就是說，組織裡的資源，不可能讓所有人都能用到。一但缺乏應有的資源，人們就可能為了僅有的資源而產生衝突，這迫使人們必須共享資源、為資源競爭，無論是資源的分享或競爭，都可能引發衝突。

過多的權威與影響力　許多組織的設計，是讓每個員工都只有一位上級，管理理論將這種做法稱為令權統一。這是為了避免使員工陷入莫衷一是的困境。要維持令權統一並不容易，因為除了頂頭上司之外，每個員工都會受到許多影響力的左右，只要是來自公司主管的命令，我們很難不言聽計從。此外，同儕間的相互影響也實屬難免，這都會造成個人的衝突。

政策與程序　組織政策與程序的目的之一，在於釐清角色與責任、並緩和人際間的互動，以減少衝突的發生。舉例來說，某項政策可能會將電腦維修劃歸為某部門的唯一責任。這麼一來，一旦電腦出問題或當機了，就比較不會發生責任歸屬的問題。

然而，一旦政策與程序讓人們感受到來自過度控制而生的屈辱或挫折，衝突也可能發生。由於控制正是為了限制人們的自由與自主權，這正是許多人最重視的事情，在控制過嚴的情況下，一般人會覺得自己不受信任或尊重。

獎勵　獎勵的方式也常常引起爭議。假設你是保險公司的醫療申訴理賠員，公司要你提供優良的服務、適當地核發理賠金，但不可以

多付。當客戶來電詢問時，你必須花時間一一解答；當理賠申請尚未
核准時，你必須接洽相關的醫師或醫院。然而，每到月底，你的上級
就說，你所處理的案件數量未達標準。你知道，若要處理更多申請
案，就不能繼續花這麼多時間為客戶解答，或蒐集相關的資訊。這種
情況，讓人不得不面對質與量孰重的取捨。

287

衝突的分析

　　圖10.4介紹的是，一個用以分析衝突狀況的圖表（Greenlaugh,
1986）。當我們試圖了解某個衝突狀況時，我們必須考量衝突的各項
層面：

- 爭論的重點
- 利害關係的大小
- 當事人的相依性
- 互動的持續性
- 領導能力
- 第三者的介入
- 衝突進展的認知

爭論的重點

288

　　因當事人的原則問題而產生的衝突，是最難排解的。在這種情況
下，衝突的兩造會將爭論的重點，放在個人的價值觀與思考體系上。
有時候，他們甚至會將衝突結果的「輸贏」視為面子問題，這使得原

圖10.4 衝突分析模型

來引起爭議的焦點變得模糊不清，使衝突的排解變得更加困難。能夠
加以分配而一一釐清的衝突，是最容易排解的，因爲這一類衝突較可
能有妥協讓步的空間，至少可以讓雙方各退一步、求得皆大歡喜的結
局。舉例來說，因金錢而起的爭執，就有商量的餘地，因爲金錢是可

以分配的。

利害關係的大小

　　當結果所牽涉的利害關係非常重大，衝突就更難以收拾。如同之前所討論的，組織經常因為預算分配而引起衝突，解決這種衝突的困難程度，往往與預算的多寡成正比，預算愈多，爭議就愈大。因為人人都希望為自己的單位爭取到更多預算，才能有利於達成團隊的目標。

當事人的相依性

　　當事人的相依性，也是衝突分析的一個重要層面。在零和相依的情況下，甲方的成功就等同於乙方的失敗，這是比正相依更難解決的衝突。所謂的正相依，意指衝突的兩造可以達成妥協，使雙方各得好處。以預算協調為例，由於總預算有限，若各單位為預算配額而發生衝突，就會形成零和協商，因為得到較多預算的單位，必然意味著其他單位的預算遭到縮減。

互動的持續性

　　衝突分析的第四個層面，是當事人互動的持續性，這必須視當事人之間的關係而定。如果衝突發生在某企業與其長期客戶之間，這個衝突可能比較容易解決，因為雙方都希望鞏固彼此的長期關係。因此，兩造間可能比較願意妥協，也願意維護對方。如果發生衝突的兩方，在過去與未來都沒有交集，那麼要解決爭端就難上加難了。

289

領導能力

在衝突當中，雙方的領導力也是另一個必須考量的層面。如果有一位權威人士居中調停、決定，要解決衝突就容易得多了。這一點，在勞資關係的談判當中非常明顯，如果管理階層派出來的主要談判者不夠份量、沒有決策權，而且會招致董事會或其他高層主管的批評，談判過程就會顯得更加複雜；勞方也是同理可證。若衝突的兩方，都由強而有力的領導者出面，並且能夠果斷地進行談判，當事者對於談判的結果也會更有信心，因而更容易解決爭端。

第三者的介入

調停人或仲裁人等第三者的介入，可以緩和衝突的場面，並提高排解衝突的可能性。下一節，我們將會更深入探討，第三者在衝突中所扮演的角色。但是，第三者最主要的功能，應該是在衝突中保持客觀立場。第三者可以在衝突中，找出可能的妥協之道，這是一心想找出結論的當事者，最容易忽略的地方。

衝突進展的認知

最後，就衝突的排解而言，當事者對衝突進展的認知，是非常重要的。若當事人相信彼此都已有所妥協時，衝突就比較容易排解。如果其中一方，始終認為自己的損失比對方大，就可能拒絕進一步的妥協，直到他們覺得情況已有所改善為止。

衝突的反應型態

　　每個人處理衝突的方式都不同。有些人總是在初期逃避，有些人則較容易與人發生衝突。一旦陷入衝突，人們的行爲模式也不同。根據幾項重要的衝突理論，人們面對衝突的時候，通常會產生五種不同的反應（Blake and Mouton, 1969; Hall, 1969; Thomas and Kilmann, 1974; Filley, 1975）：

1. 逃避
2. 和解
3. 反抗
4. 妥協
5. 合作

290

　　圖10.5顯示的，就是這五種反應型態，橫軸代表的是，當事人對另一方之需求、利益與目標的關心程度。高度關心，反映的是一種合作與維持關係的渴望。縱軸代表的是，當事人對自身之需求與目標的關心程度，如果你在這方面顯現出來的是高度關心，表示你是個獨斷獨行的人，只關心如何達到自己的目標而不願委曲求全。解決衝突的五種型態，就是這兩個層面的綜合體，每個型態都有其特性與功能（Thomas and Kilmann, 1974; Thomas, 1977）。

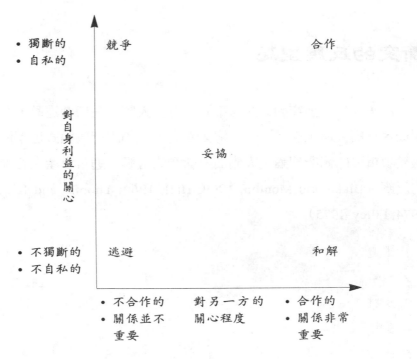

圖10.5　個人面對衝突時的反應型態模型

逃避

　　有些人容易因衝突而感到沮喪，源自過去衝突的痛苦經驗，會使我們對爭論的場面退避三舍。有些人，可能因為視衝突為洪水猛獸，而產生逃避的心態。當衝突發生時，當事人只需要轉身離開，就可以輕易置身事外，藉著沉默或改變話題，來避免引發衝突的可能。就心理上而言，當衝突發生的時候，選擇逃避衝突的人，也傾向否認衝突的存在，或對衝突視而不見。

291　　　當彼此陷入無意義的爭論，或激怒對方反而會使自己得不償失

時，避免衝突是個明智的做法。如果知道自己的勝算並不大，最好盡量避免發生衝突，何必打一場毫無勝算的仗呢？多一事不如少一事，這可以為自己省下許多時間。同時還可以給對方一個冷靜下來的機會，也可以讓他更清楚事情的原委。最後一點：如果別人有更好的方法可以解決爭議，或引起爭議的原因只不過是一場誤會，避開可能發生的衝突，是最好的解決方式。

和解

和解表示你對他人的要求妥協。和解型的人，認為為了堅持己見，而冒著與對方疏離或讓對方不快的風險，是非常不值得。就像逃避衝突的人一樣，在和解型的價值觀中，衝突是一件不好的事情，不過他們與逃避型的不同之處在於，他們願意為了維持或鞏固一段關係而讓步。這種作風可反映出人們的寬大、謙遜或服從性格。和解型的人也可能覺得「自私」——一種要不得的特質—是大部分衝突的起源。

當你是犯錯的那一方時，和解會是一個很好的策略；它可以讓正確的那一方贏得勝利，同時也象徵了你的通情達理，這可以是善意的表現，也有助於維持你與對方之間的關係。當對方特別重視引起衝突的問題時，妥協會是個很好的決定。如果對方豁出去了，你也得不到什麼收穫，那麼互相爭鬥也是無濟於事。

競爭

如果你面對衝突時，採取的反應屬於競爭類型，代表你可能會為了達到自己的目標而不惜犧牲他人。喜歡競爭的人，會將衝突視為非贏不可的競賽，他們絕對不願意成為輸家。這樣的人通常既獨斷又不

喜歡合作，對他們而言，贏之一字，代表的是功成名就；輸家意味著失敗、缺點、地位受損。競爭型的人，會爲了成功而利用各種手段，例如威脅、爭吵、勸說或命令等。

在沒時間與對方爭論時，採取強硬姿態或許是最好的方式。如果問題非常簡單、沒有爭論的必要，經理人大可不用擺出強硬的態度。身爲經理人的你，可能也會想用這種態度，來做出某些不受歡迎、卻十分重要的決策，例如命令員工加班，以完成某個重要客戶的交貨期限。在他人想佔便宜時，競爭也可能是一種反應的方式。總而言之，你可以將競爭視爲保護自己的手段。

妥協

如果你的反應作風是向對方妥協，那就表示你的理念是，人不可能永遠爲所欲爲，一時退讓又何妨；你認爲，自己應該試著找到一個可以生存的中立點。妥協型的人會設法運用交易、討價還價、縮小差距或投票等方式，尋求最合理的解決方法。你十分重視個人的意願，而且對他人的立場十分敏感。透過妥協的方法，如果人們能夠聽取其他人的想法，並且試著取得公平的協議，那麼彼此之間的關係還有繼續下去的可能。

妥協，是人們面對衝突時常用的方法，當雙方的權力不相上下，而且目標並不相同時，這會是一個特別有用的技巧。像這樣的情況就屬於零和的局面：其中一方所得到的，就是另一方所失去的。在時間有限的情況下，妥協也是個好方法。有些複雜的問題，需要時間來處理，當事人不見得每次都能有足夠的時間，來解決所有的問題，妥協可以暫緩眼前的問題，直到雙方有更多時間去面對尚未解決的難題爲止。最後，當合作或競爭都無法協助雙方解決問題時，妥協會是個有

效的解決之道。

合作

　　合作意指衝突的當事人，願意接受對方的需要，同時也堅持自己的需求。如果你願意合作，就表示你相信，同時令雙方滿意的解決方法是可能存在的，也許這種解決方案尚未出現，但合作型的人認為值得一試。舉例來說，正在計劃安裝新電腦系統的組織，可以採用合作方法，讓不同部門一起採購設備，或一起設計符合需求的系統。合作的必要條件是，雙方都必須說出自己的需求與目標，並且努力發揮創意、衍生出各種可能的解決方案。

　　因此，合作需要的是公開、信任與努力。這個方式完全符合良好的問題排解與決策原則。當當事人各自堅守不同的目標，或妥協的代價太過昂貴時，合作會是個非常有用的方法。如果人們有共同的目標，卻對實行的方法抱持不同意見時，也可以互相合作各取所需。合作可以讓人們了解他人的觀點，因此，如果彼此之間能互相尊重，合作就有助於加強雙方的關係。當合作策略成功地發揮功用之後，人們也會對這種解決之道，產生高度認同。

反應型態的彈性空間：過與不及

　　面對衝突的時候，無論你的反應型態屬於哪一種作風，過與不及都是有害的（Thomas and Kilmann, 1974）。經理人應該能在各種情況下，靈活運用不同的解決方案，分析衝突的狀況、選擇適當的作風、能夠並且願意運用不同的作風。經理人應該能夠分析並熟練每一種反應型態。表10.1說明了，反應型態的靈活性，有助於避免過與不及的

293 隨堂練習

衝突的處理風格

假設你與某人常常意見不合。在下列陳述中，指出你從事這些事情的頻繁度，請圈選U（經常）、S（偶爾）或R（很少）。

1. 我會對我們之間的不同點追根究底，不輕言放　U　S　R
   棄，但也不會將我的價值觀強加在對方身上。

2. 我會在公開場合提出反對的意見，然後針對彼此　U　S　R
   意見不合之處進行討論。

3. 我會設法找出一個讓彼此滿意的解決之道。　　　U　S　R

4. 我一定會讓對方知道我的想法，也一定會了解對　U　S　R
   方的想法，而不是讓對方自作主張。

5. 我願意接受妥協，而不是非找到滿意的解決之道　U　S　R
   為止。

6. 我會承認問題有一半是因我而起，而不探究彼此　U　S　R
   的不同點。

7. 大家都知道，我很容易遷就別人。　　　　　　　U　S　R

8. 我通常只會把真正想法的一半說出來。　　　　　U　S　R

9. 我會完全打退堂鼓，而不是試著改變他人的意　U　S　R
   見。

10. 我對問題的任何爭議之處，都會置之不理。　　　U　S　R

11. 我很容易同意他人的意見，而不是就某一點提出　U　S　R
    爭論。

12. 當對方開始情緒化時，我會立刻投降。　　　　　U　S　R

13. 我會試著打敗對方。　　　　　　　　　　　　　U　S　R

14. 我就是要獲勝，無論在哪一方面都一樣。　　　　U　S　R

15. 我從來不會在一場好的爭論中退卻。　　　　　　U　S　R

16. 我喜歡獲勝，而不是妥協。　　　　　　　　　　U　S　R

　　現在，依照下面的分數找出你的得分，選擇「經常」可得5分、「偶爾」可得3分、「很少」得1分。然後按照下列分類將各組總分計算出來：

A組：第13-16題　　　　　　　C組：第5-8題

B組：第9-12題　　　　　　　 D組：第1-4題

　　你必須將每一組分開處理。任何一組只要在17分以上就屬於高：12-16分是中等：8-11分屬於中低：而7分以下則屬於低。

　　A、B、C、D各組分別代表不同的衝突排解策略：

A=強勢：我贏、你輸

B=低姿態：我輸、你贏

C=妥協：你和我都有輸有贏

D=合作：你和我都贏

　　每個人都有一套潛在的衝突處理風格，你在這個習題所得到的最高分代表你最常仰賴的策略。

資料來源：編修自Von Der Embse（1987），並經麥克米倫出版公司（Macmillan Publishing Co.）授權重製

不良後果。

改善你的衝突管理風格

衝突管理意指經理人主動了解衝突事件，並且在必要時插手干
294 預。從衝突的預防到解決，經理人可以採取各式各樣的行動
（Tjosvold, 1986; Stulberg, 1987）。雖然避免衝突是有用的解決方式，
但是過度逃避也會對組織造成很大的傷害（Argyris, 1986）。

圖10.6描述的是三類管理衝突的方法：

1. 選擇並使用上述五種反應型態之一
2. 面對技巧
3. 組織實務的提昇

295　　有些人總是固守同一種衝突處理風格，很少或從不運用其他的風
格，如果能夠學著欣賞、運用所有的風格，經理人將受益匪淺。這麼
做，可以拓展經理人因應糾紛的能力，並且避免因各種風格運用上的
過與不及，而必須付出的代價。

295　**面對技巧**

一般人，並不是生來就懂得用合作來解決歧見。我們必須特別努
力、克服過去的習慣、試著與他人合作，這就是所謂的**面對技巧**，同
296 時，衝突兩造必須面對面、有建設性地進行彼此的合作。當事人必須
願意共同達成雙方都能接受的決定，不能逃避或放棄。他們可能會因
為某些原因，而互相競爭或妥協，但是面對技巧的主要訴求正是合

表10.1　反應類型的彈性空間、反應類型運用的過與不及

類型	反應類型的過度	反應類型的不及
逃避	使下屬失去援助 爭議仍然持續著 協調不良 由下屬做決策 議題未得到發揮	會產生不必要的敵意 下屬會喪失獨立性 不逃避的人負擔過重 無法決定優先順序
和解	失去自尊/自我認同 竊取他人的創意 被視為猶豫不決、軟弱 對他人造成過重的負擔 另一方覺得被設計進入互惠階段	顯得過於僵化、不合理 妨礙了善意 忽視規定的例外之處 當對方才是正確的時候，可能會產生丟臉的錯誤感覺
競爭	他人對競爭型的人敬而遠之 讓他人不斷失敗 切斷外界的資訊 下屬不願奮鬥 下屬容易放棄	失去自尊 覺得無力、受制於他人 放棄決策 過度地逃避/採低姿態
妥協	他人對於「交易」感到厭倦 充滿耍花招的氣氛 遊戲變得比問題本身還重要 議題的優勢可能流失	顯得僵化、不合理 陷入交易與權力的掙扎中 失去紓解壓力的機會
合作	有些問題不值得合作 利害關係不大時就沒有必要 低姿態反而不利 容易因遭人利用而受傷	失去互利的解決方式 過度悲觀 失去發揮創意的機會 失去下屬的認同感 失去團隊的凝聚力

資料來源：編修自 Thomas and Kilmann（1974）

295

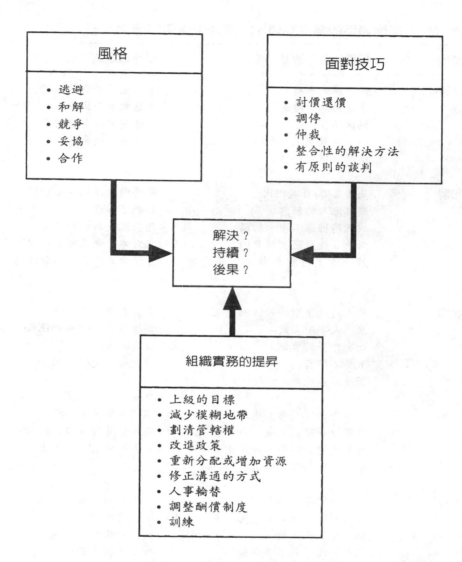

圖10.6　衝突管理策略

作，以找出彼此可以接受、而且可以長久持續的解決之道。其目的在於，盡可能滿足雙方的需求與目標。有效的面對衝突，需要技巧與經驗，最重要的是，讓當事人都願意接納意見與訊息，具備積極及建設性的態度。

在面對技巧中，常常需要外來的顧問或政府的調停人，有些組織體系中也有這樣的角色，多半隸屬於人事部門；有時候，組織裡可能會訓練某位主管，成爲衝突事件的第三者。如同之前提到的，第三者的存在，會使衝突更容易進入解決階段。第三者，可以確保當事人均未遺漏任何後續的步驟，可以給予幫助與建議，可以讓衝突的雙方充分了解對方的想法，並且在衝突的過程中，協助雙方做許多決定，例如什麼時候將雙方分開，讓他們各自去做自己的事情。在某些例子中，第三者甚至必須做出同時限制雙方的重要決定。

討價還價基本上算是一種妥協型態，不過聰明的人懂得運用各種技巧，他們偶爾會採取競爭的姿態，並輔以強迫威脅；他們會用低姿態的技巧，希望自己的讓步可以刺激對方同樣作出退讓的舉動。當事人雙方也可能就某些問題上進行合作，共同找出一個對彼此都有利的解決方法。在工作組織中最常運用到討價還價技巧的情況就是在勞資雙方協調合約問題時。

在許多討價還價的情況中，每一個當事人的目標通常都是讓對方付出代價，而使自己獲得最大的好處。如同之前討論過的，影響這種行爲的因素之一就是互動的持續性，如果彼此之間的關係並不長久，討價還價的餘地就小多了。買車的時候如果抱著「反正這裡買不到可以到別家買」的想法，通常就很難順利地討價還價。但是，勞資雙方的談判就顯得溫和多了，因爲在談判結束之後，雙方還是得共事下去。

在勞資談判的場合中，經常需要運用到調停的技巧，這在許多社

交場合中也是如此，例如調解委員會就可以幫助人們解決紛爭，而不需要鬧到法院去（Foldberge and Taylor, 1985; Moore, 1986; McGillicuddy, et al.,1987）。衝突的當事人可以藉由第三者的幫助而找到解決的方法。美國的聯邦調停與調解服務（Federal Mediation and Conciliation Service）就可以提供經驗豐富的調停人來幫助勞資雙方進行談判。只要經過雙方的同意，調停人就可以居中協調。調停人並不具有下決定或強迫採取某個解決之道的權力，但是他們可以運用許多技巧來化解當事人之間的歧見，他們可以提出建議，或在場監控雙方的互動。調停人可以運用方法來紓解緊張的氣氛，並且使衝突的過程更具客觀性。

　　仲裁是另一種常用以化解衝突的第三者策略。與調停者不同的是，仲裁者有權做出同時限制當事人雙方的決定。仲裁是勞資糾紛中最常見的解決之道，例如當談判陷入僵局時，仲裁人就可以派上用場了。仲裁的另一個功能在於讓當事人一吐為快。仲裁人必須聽取雙方的意見，甚至可以比照法院模式辦理，讓雙方都能表達自己的觀點，

297　當仲裁人覺得對事情已有足夠的了解之後，可以花一點時間研究問題的癥結，然後作出同時限制當事人雙方的決定。

　　原則化談判是由合作排解問題的方法衍生出來的，表10.2將這項方法的要素條列出來，同時也突顯其四項必要條件。我們將原則化談判拿來與解決衝突的「軟性」、「硬性」方法作個比較。

- 軟性的方法與採取低姿態十分雷同，強調以退讓作為維持良好關係的手段。

298

- 硬性的方法與競爭雷同，強調其中一方須勝過另一方。

　　原則化談判強調的是問題本身，並且要使發生衝突的當事人基於互利而合作。

表10.2　原則性談判與排解衝突的軟硬方法之比較

軟性 （以關係為前提）	硬性 （以目標為前提）	原則化談判 （以解決問題為前提）
當事人是朋友	雙方是敵對的	當事人就是解決問題的人
目標在於達成協議	目標在於求勝	目標在於達成最好的協議
為鞏固關係而退讓	要讓步做為維持關係的條件	對事不對人
對人與對問題均軟弱	對人與問題均十分強硬	對人寬厚、對問題強硬
信任別人	不信任別人	需要互信才能進行下去
容易改變立場	堅持己見	以雙方的利益為主，而不是彼此的立場
願意付出	對對方提出威脅	找出有利的條件
露出底限	不讓對方知道底限	避免有底限
接受單方面的損失以達成協議	要求單方面獲勝的情況下才能作出協議	找出有利於雙方的選擇
只要找出一個答案：使雙方都能接受的答案	只要找出一個答案：你能接受的答案	發展出更多可供選擇的選項；稍後再進行決定
堅持要達成協議	堅持自己的立場	堅持客觀的標準
盡量避免變成意氣之爭	試圖在意氣之爭中佔上風	試著根據雙方的意願來找出解決之道
會屈服於壓力	對對方施加壓力	保持理智、屈服於原則、而非壓力

資料來源：經Houghton Mifflin公司授權轉載自 Fisher amd Ury（1981）

原則化談判有四個特徵：

1. 對事不對人

當事人不應只顧著互相指責，而是要分享彼此的認知與需求，

並設身處地地為對方著想。這樣一來就可以避免產生傷感情的影響。當事人彼此必須要容許對方適度地發發牢騷，主動傾聽是最基本的要求。雙方必須以理性的態度說出問題所在，而不要抹煞彼此的目標與價值。「問題是我們對於如何測試這個產品無法達成共識」這個說法就比「你說的測試方法根本就是胡說八道，我們根本作不到！」好多了。

2. 重點在於彼此的利益，而不是雙方的立場

每一個當事人都需要說出自己的重點，並明確地表達自己的立場。舉例來說，其中一方或許會說「我要的是徹底、實際的產品測試。」而另一方可以這麼說：「我要的是合理的產品測試，而且要在一個月之內完成。」說重點可以讓人理直氣壯地表達自己的需要，而不對另一方作出要求。此外，說重點也可以使雙方將注意力集中在問題與未來的發展上，而不是只將焦點放在彼此與過去的問題上。當事人可以在問題的癥結上可以一絲不苟，但對人可以寬厚溫和。

3. 找出有利於雙方的選擇

當事人可以共同找出許多可能的解決之道，避免太早作出結論，在這個階段中，他們可能會發現更多的重點，他們可以檢視自己所能負擔的預算與風險到什麼程度，也可以發現到共同的利益。藉著這個方式，或許可以衍生出更多符合雙方需求的選擇方案。

4. 堅持客觀標準

最後，當事人應該要對現有的選擇方案作出評估。符合原則化談判的客觀標準包括公平、可行性與解決方法的耐久性。當事人必須公開地問道「你覺得哪一個方案比較公平？」或是「一起來找出真正可行、能夠持久的解決方案吧！」最後選擇的解

決方案也應該儘可能地滿足雙方的利益。

改善組織對衝突的反應

在前面我們探討過組織環境本身可能引起衝突的原因，你應該要知道並了解這些原因，才有辦法加以改變。

歧異性專題：組織的歧異性提高後，該如何減少衝突？

....

大部分成功的組織，都開始提高員工的歧異性，以吸引並留住最有天賦的員工，不論其種族、性別、宗教、國籍為何。這個趨勢所造成的影響之一在於：多元文化，也導致了信仰、態度、價值觀、行為上的多元化，若未能妥善管理這些差異，非常容易引起組織內部的衝突。

3 Com位於美國芝加哥的工廠，就是一個很好的例子。3 Com的這間工廠，僱用了一千兩百名員工，文化背景差異極大，員工使用的語言多達二十種，有許多人甚至連英語也說不好。結果，廠內的溝通變得非常困難，也造成了許多誤解。語言障礙，對於該廠教育訓練的負責人而言，真的是一大挑戰。後來，3 Com得靠大量的圖片與圖形，才能把機器操作等作業程序，教給所有的員工。工廠主管還說，比手畫腳也是他們常用的溝通方式。

3 Com發生衝突的原因，除了語言障礙之外，還包括員工的習慣差異，例如「請」或「謝謝你」等用語習慣。來自某些國家的員工，很少說「請」，這就讓人很難產生好感。另一個衝突起因則是，各民族形成的小團體，無論在餐廳或廠房，只要是員工的自由時間，這種派系分明的現象就特別明顯。在這些小團體中，來自同一文化背景的人，在聚會時總是使用母語，雖然理所當然，但卻會讓聽不懂的同事心生懷疑。慢慢地，工廠裡開始形成語言的不成文規定，只要有外人在場，小團體裡每個人都應盡量以英語交談。

雖然該組織很努力地提昇員工的歧異性，但是要能真正做到這一點，經理人必須確保，來自不同背景的員工能夠和睦相處。要克服價值觀、態度、行為、語言上的差異，對經理人而言，是一項管理上的挑戰。

資料來源：編修自 Aeppel（1998）

設定上級的目標

目標的設定，應該以能夠促使各單位的合作團結為前提。例如，商學院的院長，可以聯合會計、財務、企管、行銷等系所，共同進行募款活動。如果能讓行政人員、教職員、校友、學生，一同規劃整個活動，他們就可以決定如何募集不同的捐獻者。目標的設立，可以以募款金額的用途為主，大家可以整合商學院與各科系的需求，避免引起衝突。

減少模糊問題與權限的爭議

　　有很多方式，可以減少模糊不清的狀況，目標設定就是其中之一。明確而無異議的目標，可以釐清各方面的責任歸屬。這麼一來，員工與單位之間就不會互相干預，或在工作上互相競爭。清楚的工作描述，也可以釐清責任與期望，問題發生時才不會互相推卸責任。準備一份組織的關係圖，並討論好每個人的決策權種類，上下關係就可以一目了然。 300

改善政策、程序、與規定

　　組織裡的政策、程序、與規定一旦獲得改善，發生衝突的可能性也會隨之降低，某家大型設備製造商的研究部門，就曾經發生過這樣的例子。該研究部門的科學家與工程師，常常需要參與會議與專業聚會，才能更新資訊、發表論文、與其他科學家一起研究問題。每當他們參加這一類聚會時，衝突往往也會一再上演。有些員工參加的聚會多達五項，其他人則只參加了一項，因此部門之間經常因為公平性的問題而起衝突。後來，公司召開了一次會議，並擬定了一個公平政策，以解決這個狀況。結果公司不但得以控制預算，這方面的衝突也大大減少。

重新分配或增加新資源

　　如果衝突的起因，在於資源分享或人事分配，就應該檢視工作流程與時間表，找出有效的解決方法。在某家公司裡，維修部門與生產

部的督導，常常因為維修的優先問題而起爭執，彼此之間充滿了偏見與個人因素，也引起不少抱怨。自從生產部門的主管，重新編制分配到生產部的維修員工之後，這個問題就迎刃而解了，現在每一位生產督導，都必須負起維修的責任，也都有足夠的人手可供差遣，不但長久以來的衝突得以化解，生產延誤的問題也有明顯的改進。

修正溝通方式

要改善溝通的情形，其中一個方法就是避免某些溝通方式。請回想一下前面介紹的餐飲業研究（Whyte, 1949）。在這個案例中，廚師們對於必須「聽命於」服務生感到十分反感，因為他們覺得自己的地位比服務生高。自從要求服務生將顧客的訂單與要求寫下來，再送給廚師之後，這些問題就大幅降低了。現在，服務生會先把訂單夾在旋轉架上，讓廚師從中選擇。服務生與廚師面對面接觸的時間變少了，也使得衝突減少。現代，一般餐館已使用電腦，將菜單傳送到廚房。

人事輪替

人事輪替，能幫助員工了解每個單位的責任與問題。當員工回到301 自己原來的工作崗位上時，就能在單位間創造出團結合作的感覺。這種方式，通常用在新進的員工身上。

改變酬償制度

獎勵的實施方式，可能降低衝突的可能性。若經理人在促進公司內部和諧後，就可以得到上級的正面肯定、考績優等…等精神鼓勵、

或紅利等金錢獎勵，都能夠有助於減少衝突。在一家裝配重工業機器的公司裡，員工通常各自進行份內的工作，例如鍛造、焊接零件、組裝電路板等，他們常常因為工作分配、空間、工具而起爭執。許多人都覺得，幫助他人是沒有好處的。於是，該公司的管理階層決定組織工作團隊，供應每一組足夠的工具與空間以減少競爭。為了避免團隊間發生進一步的衝突，公司決定頒發紅利給生產力高、善於控制預算的團隊。過不了多久，這些員工開始會幫助同一組的成員，也會對其他團隊伸出援手。

提供訓練

許多組織會提供訓練計劃，教導員工學習如何避免、面對、解決衝突，讓員工評估最適合自己的衝突反應類型，並學到如何運用更多的類型。員工有機會練習解決衝突的技巧，尤其是前面討論過的面對技巧。

摘要

由於組織牽涉個人與團體之間的相依性，因此很容易引起衝突，進而演變成一連串不利於組織效能的威脅。只要處理得當，衝突也可以有益於組織的發展，增加組織的創造力、測驗組織的健全與否、以及使決策者了解更多不同的觀點。

衝突就像許多其他的組織行為一樣，通常源自各種因素。某些個人特質，可能會使某些人更容易引起衝突，有時候，現場情境的特徵也容易引爆衝突場面。在組織中，衝突可能是許多芝麻小事的結果。

當許多不同個體，一起在複雜的組織結構中工作時，發生衝突是在所難免的。

　　排解衝突，是一項非常重要的管理功能，雖然不同的經理人可能會選擇不同的衝突處理風格，但不變的是：有多少可能引發衝突的因素，經理人就應該要考量多少種衝突解決方法。正視組織的目標與結構，可以有效的了解與排除衝突，我們將在對經理人的啟示中，介紹五個有用的衝突排解方法。

302　經理人指南：建設性地處理衝突

　　除了以上討論到的方法之外，還有許多實用的方法，可以幫助經理人在處理衝突之餘，尚能保留那些能夠讓組織更有創造力、更有能量的衝突事件（Eisenhardt et al.,1997）。

就事論事

　　組織多半可以從客觀來源，取得符合時宜的資料。然而，一般人在討論時，往往會偏離事實，而專注在個人的意見上。試著以具挑戰性的想法與結論，來控制討論的內容，如果經理人的意見有事實基礎，盡量鼓勵他們直言不諱。

考慮各種選擇方案

　　不要將重點侷限於少數的選擇上。衝突較少的團隊，多半會考慮更多的可能性。許多人都會提出自己並不認同的建議，試著為團體提供較多的選擇方案，引發大家對現有選擇的新看法（Eisenhard et al.,1997）。多樣化的選擇，也有助於減少對立，因為這讓人們的考慮範

圍不再非黑即白。

建立共同的目標

如同我們在前面討論過的，如果當事人對彼此的目標有所爭議，必然會引起另一場衝突。建立共同的目標，比較容易引發合作，而非競爭。在第八章與第九章裡，我們探討過釐清目標對團隊效能的重要性。目標不明確且不一致的團隊，無法表現良好的原因之一，就是團隊中發生的衝突。

培養幽默感

在壓力下進行決策的團體，往往會產生許多緊張與壓力。研究發現，衝突較嚴重的團隊，往往較缺乏幽默感。同時，幽默感也是克服壓力的重要元素之一。

均衡權力結構

在許多問題當中，公平是人們能否接受決策的關鍵之一。如果權力分配失當，人們就會感受到更大的壓力。權力的均衡分配，可以避免讓單方面主導整個討論與決策的過程。如果團體成員覺得經理人對所有意見都能一視同仁，自然就會更願意發表自己的想法，接下來的決策過程如果也可以公平公開，會使大家都更願意接受最後的決策，並減少衝突的可能性。

303 **重要名詞**（所附為原文書頁碼，請見內文邊緣處數字）

問題研討：

1. 試定義並描述衝突過程的各個階段。

2. 試描述你所認同的一個熟悉的工作環境

　（a）可預防的衝突狀況

　（b）無法避免的衝突狀況，及

　（c）象徵組織健全性與效能的衝突狀況

3. 試說明足以引發衝突的個人特質與情境因素。

4. 試舉出五個組織結構狀況，並說明每一個狀況可能引起的衝

突。

5. 試描述五個面對衝突時的主要反應類型。

　並分別說明每一個類型特別適用於何處、有何作用？

6. 你喜歡哪一種衝突解決方案？

　哪一種類型會是你的第二選擇？

　在哪些情況下你會需要用到第二選擇的反應類型？

7. 過度使用特定的衝突解決方式可能會產生哪些問題？

8. 你在處理衝突狀況的時候較少運用哪些風格？

9. 定義並區別仲裁者與調停者之間的不同。

10. 原則化談判技巧運用了哪四項主要原則？

11. 試描述五個可能有助於預防或降低衝突之嚴重性的組織實
　　務。

個案研究

304

柴克電子零件公司（Zack Electrical Parts）

　　鮑伯・拜倫的雙耳，到現在還在嗡嗡作響。拜倫是柴克電子零件公司的稽核主任，剛剛才接到工廠廠長吉姆・懷墨打來的電話。懷墨非常的生氣，他剛剛才看過稽核人員對其裝配部門所作的一項預算問題報告。

　　懷墨咆哮地說，他非常不能認同這份報告中的幾個重要部分。他說自己非常了解稽核員的工作，可以提出反駁他們的證據。此外，他也質問為什麼沒有先給他說明的機會，就把報告交

出去。然而，令他最為光火的是，這份報告已經先讓公司裡所有高層主管們看過了。他覺得，即使高層主管們不會對工廠產生誤會，也已經對裝配部門產生偏見。

拜倫允諾會好好調查這個問題之後，就掛上這通電話。之後，他打電話給他的下屬金·布洛克，這個案子是她負責的。布洛克承認，自己交出這份報告之前，並沒有先跟懷墨談過，而且她也沒有時間跟裝配部門的主管戴夫·威爾斯詳談。不過，布洛克認為錯不在她，因為她已經找過懷墨和威爾斯好幾次了，她也留了電話口信給他們兩位，但是他們似乎總是忙得沒時間跟她談，每次她有空的時候，他們都剛好出城去了。因此她才決定，最好在期限之前先完成這份報告，並把它交出去。

同一天，懷墨和威爾斯利用午餐時間，討論這個問題。威爾斯非常生氣，他抱怨布洛克老是纏著他要討論，但她總是挑錯時機。威爾斯自己正在進行一項被懷墨視為第一要務的裝配區專案，他在之前已經跟布洛克提過這一點，但是布洛克說她沒有別的選擇。威爾斯還記得，去年他需要布洛克幫忙時，她是如何地推辭。雖然他沒有時間研究這檔事，但員工審核部的人似乎閒得很。懷墨說他會好好調查這件事，而且同意他們兩個人都淌進了這場沒有必要的混水。

- 在這場審查人員與工廠主管的衝突中，導火線與前因各是什麼？
- 請描述這場衝突的各個階段。
- 行政單位與生產線主管們，該如何使發生類似衝突的機會降到最低？

參考書目

Aeppel, T. 1998: Babel at work. *Wall Street Journal*, March 30, A1.

Ancona, D. G. 1990: Outward bound strategies for team survival in an organization. *Academy of Management Journal*, 33(2), 334–65.

Argyris, C. 1986: Skilled incompetence. *Harvard Business Review*, September–October, 64, 74–9.

Blake, R. R. and Mouton, J. S. 1969: *Building a Dynamic Corporation through Grid Organization Development*. Reading, MA: Addison-Wesley.

Business Week 1997: Trench warfare in Detroit. *Business Week*, May 5. New York: McGraw Hill.

Cosier, R. A. and Dalton, D. R. 1990: Positive effects of conflict: A field assessment. *International Journal of Conflict Management*, 1, 81–92.

Eisenhardt, K., Kahwajy, J. and Burgeois III, L. J. 1997: How management teams can have a good fight. *Harvard Business Review*, July–August, 111–21.

England, G. W., Agarwal, N. C. and Trerise, R. E. 1971: Union leaders and managers: A comparison of value systems. *Industrial Relations*, 10, 211–26.

Filley, A. C. 1975: *Interpersonal Conflict Resolution*. Glenview, IL: Scott, Foresman.

Fisher, R. and Ury, W. 1981: *Getting to Yes: Negotiating Agreement Without Giving In*. Boston: Houghton Mifflin.

Foldberg, J. and Taylor, A. 1985: *Mediation: A Comprehensive Guide to Resolving Conflict without Litigation*. San Francisco: Jossey-Bass, Inc.

Greenlaugh, L. 1986: SMR Forum: Managing conflict. *Sloan Management Review*, Summer.

Hall, J. 1969: *Conflict Management Survey*. Houston, TX: Teleometrics.

Hickson, D. J., Hinings, C. R., Lee, C. A., Schneck, R. and Pennings, J. M. 1971: A strategic contingency theory of intraorganizational power. *Administrative Science Quarterly*, 16, 216–29.

Kojima, H. A. 1984: Significant stride toward the comparative study of control. *American Psychologist*, 39, 972–3.

Kumar, R. 1997: The troubled history of partition. *Foreign Affairs*, 1, 22–34.

Lawrence, P. R. and Seiler, J. A. 1965: Experiments in structural design. In P. R. Lawrence and J. A. Seiler (eds) *Organizational Behavior and Administration*, Homewood, IL: Richard D. Irwin.

Lawrence, P. R., Barnes, L. B. and Lorsch, J. W. (eds) 1976: *Organizational Behavior and Administration*, 3rd edn, Homewood, IL: Richard D. Irwin.

Leonard, D. and Straus, S. 1997: Putting your company's whole brain to work. *Harvard Business Review*, July–August, 111–21.

McGillicuddy, N. B., Welton, G. L. and Pruitt, D. G. 1987: Third-party intervention: A field experiment comparing three different models. *Journal of Personality and Social Psychology*, 53, 104–12.

Moore, C. 1986: *The Mediation Process*. San Francisco: Jossey-Bass.

Nelson, R. E. 1989: The strength of strong ties: Social networks and intergroup conflict in organizations. *Academy of Management Journal*, 32, 377–401.

Pondy, L. R. 1967: Organizational conflict: Concepts and models. *Administrative Science Quarterly*, 12, 296–320.

Pondy, L. R. 1969: Varieties of organizational conflict. *Administrative Science Quarterly*, 14, 499–506.

Stulberg, J. B. 1987: *Taking Charge/Managing Conflict*. Lexington, MA: Lexington Books.

Thomas, K. W. 1976: Conflict and conflict management. In M. D. Dunnette (ed.) *Handbook of Industrial and Organizational Psychology*, Chicago: Rand McNally, 889–935.

Thomas, K. W. 1977: Toward multidimensional values in teaching: The example of conflict behaviors. *Academy of Management Review*, 2, 484–90.

Thomas, K. W. 1990: Conflict and negotiation processes in organizations. In M. D. Dunnette (ed.) *Handbook of Industrial and Organizational Psychology*, 2nd edn, Palo Alto, CA: Consulting Psychologists Press.

Thomas, K. W. and Kilmann, R. H. 1974: *Conflict Mode Instrument*. Tuxedo, NY: Xicom.

Ting-Toomey, S., Gao, G., Trubisky, P., Yang, Z., Kim, H. S., Lin, S. L. and Nishids, T. 1991: Culture, face maintenance and styles of handling interpersonal conflict: A study in five cultures. *International Journal of Conflict Management*, 2, 275–96.

Tjosvold, D. 1986: *Managing Work Relationships: Cooperation, Conflict and Power*. Lexington, MA: Lexington Books.

Tjosvold, D. 1991: *The Conflict Positive Organization*. Reading, MA: Addison-Wesley.

Von Der Embse, T. J. 1987: *Supervision: Managerial Skills for a New Era*. Indianapolis, In: Macmillan Publishing Co.

Walton, R. E., Dutton, J. M. and Cafferty, T. P. 1969: Organizational context and interdepartmental conflict. *Administrative Science Quarterly*, 14, 522–42.

Weisz, J. R., Rothbaum, F. M. and Blackburn, T. C. 1984: Standing out and standing in: The psychology of control in America and Japan. *American Psychologist*, 39, 955–69.

Whyte, W. F. 1949: The social structure of the restaurant. *American Journal of Sociology*, 54, 302–10.

決策

課前導讀

　　請利用網際網路或圖書館等資源，搜尋曾經在美國歷史上產生重大影響的決策，例如水門事件、豬玀灣事件、越戰、或者其他將在本章介紹的事件，並仔細思考下列問題：

1. 這些決策的背景，是否有任何共同點？
2. 這些事件的決策過程，有哪些問題？
3.「運氣」對最終結果的影響有多大？

　　請想一想你所屬的團體或組織之問題解決方式，並仔細思考下列幾點：

4. 你們如何發現問題？
5. 由誰提出可能的解決方法？
6. 如何決定解決方案？
7. 你們會根據哪些標準，來評估這些決策的成效？

308　　　某天早晨，珍‧摩根在上班的路上，一邊檢視著當天的行事曆。珍是一家電腦系統記憶體儲存裝置公司的CEO，雖然公司的規模不大，但前景非常不錯，對於行事曆上滿滿的會議行程，她早就習以爲常了。珍也知道，自己根本沒時間先研讀助理爲今天的活動所準備的資料。

　　早上八點，珍要和一位潛在客戶進行早餐會報，在這次會議中，珍希望能說服客戶簽下長期的採購合約。九點，珍和業務助理要開個三十分鐘的會，到時她得決定，公司要不要更換供應商，她心想「這關係到十萬美金，我可得花點時間好好考慮再做決定。」到了九點半，她還要和人力資源部的職員見面，遴選本年度的最佳職員，他們將會在公司全員到齊的午餐餐會中，頒發這個獎項。中午吃飯前，她要爲出貨的延遲，致電幾位客戶，對珍來說，決定該如何處理這件事情，實在非常困難，這幾位都是公司的大客戶，雖然延遲出貨並不是她們公司的錯，但她希望能讓客戶感受到公司解決問題的誠意。

　　珍想起助理替她準備的報告，昨天晚上，她已經花了好幾個鐘頭研讀，她眞希望自己有更多時間，可以好好思索手邊所有的資訊，其中包括早餐會報的客戶背景資料、業務助理提報的廠商資料、年度最佳員工的提名人資料。當她的思緒轉移到下午的行程時，她想起之前和公司高層幹部約好的策略規劃會議，在這個節骨眼上，策略規劃簡直是遙不可及，她想「我根本沒時間在下決定之前好好消化手邊所有資料，我需要的不是決策規劃－我需要立即的決策！」

　　就像珍‧摩根一樣，大部分專業經理人的時間表都忙碌不堪，也渴望自己能擁有立即決策的能力。她所面臨的決策環境，相當值得深思，如果有人將組織決策視爲經理人每日必行的理智性與思考性工作，更應該再好好思考一番。經理人並不像一般人認爲的那麼擅於思考、規劃與決策（Mintzberg, 1975），事實上，他們的工作步調非常緊

湊，他們是不折不扣的行動派，而非思考派（Mintzberge, 1975）。許多經理人愈來愈無法忍受冗長的決策過程，因為他們現在所處的環境比以前更為複雜。報告指出，近來經理人花在做決策的時間，遠比安排這些決定的時間還要多，現代的商業環境迫使他們必須消化大量的資訊，並且要在充滿壓力的環境下，平衡所有客戶的需求，他們根本沒有時間仔細地蒐集資訊，光是做出這些決策，就已經耗去太多光陰與金錢。

　　近年來發生了幾宗引人注目的事件，正好可以讓人們好好思考複雜資訊背景下的決策環境。1997年的特內里費島（Tenerife）空難、1986年的挑戰者號事故、1994年兩架美國空軍F-15戰機於伊拉克上空，「誤擊」兩架美國陸軍直昇機…等事件，都足以讓我們了解：即使再平常不過的小決定，也可能導致令人遺憾的後果。隨著本章關於這些案例的詳細研究，我們將發現最令人吃驚的一點：每一椿事件背後的關鍵因素，幾乎都大同小異。 309

　　在挑戰者號的悲劇中，到底發生了什麼事？美國Rogers委員會判定，導致七名太空人死亡的主因在於「右火箭引擎兩節較低的部分接合失敗」（NASA, 1986），然而，報告中亦指出其他四項重要的肇事原因，我們可由這幾點報告，來探究人們在高壓力環境下，可能的決策品質。

1. 決策過程出現嚴重瑕疵。
2. 挑戰者號升空前，沒有經過所有管理人員的檢視，因而忽略了發射限制，造成安全上的顧慮。
3. 太空中心裡的某個組織，偏好自行處理嚴重問題，未適時將問題反映給組織中的決策人員。
4. 主要包商的管理部門，在大客戶的壓力下，撤回了稍早提出的

停止發射建議。

　　挑戰者號的例子，讓我們能夠以一些具關鍵性的結果，來說明人們的決策處境。正如本章探討的其他案例一樣，經理人在做許多決策的時候，通常都可以參考一些資訊，以避免發生不幸。然而，決策過程中的一些小問題，卻常常使他們忽略真正重要的資訊，並導致錯誤的判斷。

310

壓力與決策：特內里費島事件中的災難

　　1997年的特內里費島空難說明了，有效的決策有多麼困難，尤其是在情況緊急時（Weick, 1993）。一架荷蘭航空KLM的747班機，在起飛時撞上泛美航空的747飛機，並因此造成583人喪生。這兩架飛機，都是因為原定目的地加納利群島發生炸彈轟炸事件，而轉飛特內里費。事故發生的原因是，KLM班機在泛美班機尚未離開之前，就駛進跑道準備升空，再加上機組人員與塔台控制人員的誤判，致使機師做出錯誤的決定。事故發生前，KLM班機的機長正設法縮短在特內里費機場的延誤時間，再加上在小機場操縱大型客機的困難度，無疑亦使機長面臨了雙重壓力。也許由於訊息的遺漏或人為疏失，機組人員與塔台之間的通訊亦發生了問題，除了訊息不明確可能導致的誤解，再加上視線的阻礙，KLM班機的機組人員更難控制全新的狀況。此外，各團隊之間的協調溝通也有問題，當飛機起飛的時候，竟然沒有一個機組人員發現異狀，並提出質疑或反對。

當然，並不是所有決策，都像挑戰者號出事的原因那麼錯綜複 309
雜，後果也不見得同樣嚴重。不過，大部分的決策過程，還是有一定
的困難度，而且多半無法達到很好的效能。和珍‧摩根一樣，身為經
理人的你也會發現，決策可以說是任務的核心，每一個角色，都要求
你做出許多大大小小的決定。以決策方面研究獲得諾貝爾獎的赫伯‧
賽門（Herbert Simon）曾說過，管理與決策根本就是同一件事情
（Simon, 1976）。決策錯誤所導致的後果，可能會影響到許多人，包括
決策者本身。如果因為錯誤的決策，而使員工安全遭受威脅，經理人
也必須負起道義及法律上的責任（Gerland, 1990）。

在本章，我們將探討疑難排解與決策，我們將描述該過程的特
性，並且深入探究個人與團體的決策。要找出改善決策過程的方法，
並加以實行，並非易事，我們將著重探討其中的困難。

決策過程的特徵 310

決策過程的某些共同特性，值得我們深思。無論是之前介紹的意
外事件，或是組織的日常決策，都能見到這些特徵。

決策中的決策

我們經常錯將最後決定視為決策的結果。事實上，在許多情況
下，最後決定不過是許多決定中，對結果之成敗影響最大的一個。以
挑戰者號事件來說，當中的一連串決定，不僅是導致後續決策的重要
關鍵，也是這些決策的前因。這就是決策中的決策。決定不將問題向
上呈報、過早決定停止考慮其他解決方案、甚至多年前關於太空艙主

311

錯誤訊息與決策：伊拉克上空的悲劇

1994年4月，兩架美國空軍噴射機在北伊拉克上空，意外將兩架美國陸軍直昇機擊落，造成25人喪生。後續的調查中，發現了許多致命錯誤。

- 當時飛機上的人，並未遵守美國陸軍與空軍之共同協議的程序。
- 直昇機駕駛未將正確電子辨識碼輸入機上裝備。
- 空中監視直昇機未將附近有兩架美國直昇機的訊息，告知空軍戰鬥機駕駛。
- 空軍戰鬥機飛行員，錯將美軍直昇機視為伊拉克軍隊常用的蘇聯直昇機

意外的深入調查發現，雖然當時戰鬥機飛行員所擁有的資訊，已足以辨識對方為美國直昇機，但是戰鬥機方面卻因為誤解、沒有求證對方身分…等緣故，導致了錯誤的發生。未能遵循著規定的程序，再加上其他「人為的錯誤」，悲劇於焉發生。

要設計的決定……，都是造成最終結果的因素。

決策的聚沙成塔效應

事實上，我們的日常決策多半（或者看起來）非常瑣碎，而且往往在倉促之間成型。然而，一連串的小決定累積下來，卻可能造成嚴

重的大問題。以發生於伊拉克的直昇機事件爲例,當時在空中監視機
上的空中交通控制員,決定讓陸軍直昇機使用非規定的廣播頻道;直
昇機駕駛與上方的控制機討論後,決定不調整至正確的電子辨識碼;
由於監視機上的裝配故障,因此指揮官決定將負責監視附近活動的控
制員調來維修,使得溝通效率大爲降低。這幾個原因單獨來看,沒有
任何一項值得構成意外事件的禍首,但是當這些因素加上F-15飛行員
將直昇機誤認爲伊拉克軍隊這個原因之後,其後果卻相當悲慘。

在一般的組織當中,這樣的特性更是一覽無疑。想像某位員工爲
了準時回家,而耽誤了致電給客戶;另外一位員工則因爲頭痛,而忽
略了該客戶的訂單細節;後來,負責處理貨運的員工,又沒有設法將
這批貨送上卡車。這些微不足道的決策加總之後,可能使公司損失一
名重要客戶。

決策只是部份或暫時的解決方案

312

在決策的過程中,錯誤幾乎無可避免。因此,大部分的決策,都
無法完全解決問題,即使勉強解決了問題,往往也會衍生需要注意的
新問題。這一切都是因爲,沒有一個決策是完美的,決策不過是部分
的解決方案,這表示我們必須徹底執行重要的決策,並且隨時做好修
正的準備。

決策模式

關於決策,有許多不同的模式可供利用。試圖說明人們如何做決
定的模式,我們稱之爲**理性／正規的決策模式**,之所以名爲「理性」

模式，是因為該模式的基本假設：決策者運用理智或一套謹慎評估的標準來做決定。另一個基本假設則是：決策過程會充滿理性。「正規」這個名詞則是因為，這些模式發展自對決策實務之常見錯誤的觀察，而且模式也嘗試提出避免或降低錯誤發生的方法。

也許，你會看出一個現象：理性的決策模式，與珍‧摩根的思考方式並不符合。我們由前面的描述得知，她的許多決定並非延襲上述的理性過程。赫伯‧賽門所提出的第二種決策模式—**管理決策模式**，就是希望能提供一個更精確的概念，幫助我們了解，經理人如何處理例行與非例行的問題。同時，這個模式也將人性列入決策過程的考量，這裡所謂的人性，也就是經常讓人們做出錯誤決定的天性。

理性／正規的決策模型

正規模型亦稱為理性／經濟模型（Etzioni, 1967; Miller and Starr, 1967; Simon, 1976, 1977），它們有幾項特性（Janis and Mann, 1977）。即使因為能力或可用資訊的問題而無法全力以赴，決策者仍應堅守這些原則。圖11.1提供的是，在理性決策模式中，被多數研究者認同的重要步驟。

在理性模式中，決策通常起於對現有問題、或需要改變之處的判斷。有時候，問題可能是希望消除的障礙或不利條件，例如生產線上的阻礙；問題也可能出現目標設定，因為目標正代表人們希望改變現狀的渴望，經理人之所以訂定新的銷售目標，就是因為他認為，新的目標將更符合公司的現況，問題只在於要如何達到新的銷售目標。

一旦發現，並界定出問題後，就必須尋求能消除不利條件、或能達成目標的替代方案。所謂的替代方案，意指個人相信可以改善現況的活動。嶄新替代方案的出爐，就是對後果的假設或預測。替代方案

313

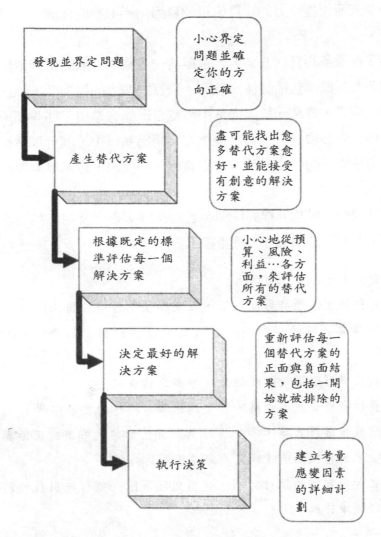

圖11.1　理性決策模式

與後果之間的關係並不簡單，一個替代方案，可能造成一個或多個結果；一個符合理想的結果，常常需要多個替代方案。雖然有些結果會在預料之中，有些結果卻會是意料之外的副作用。舉例來說，為了贏

得一場球賽而使盡全力的球員，可能會因為不必要的風險，而導致意外傷害。

為了在眾多的替代方案中，選擇其一，我們必須能用適當標準加以評估，常用標準包括彈性、時間、預算、個人的接受度。評估標準通常因人而異，雖然一般人通常不清楚自己到底運用了哪些標準，然314 而，選擇還是必須進行。一旦獲選方案開始執行後，就可以進行二次評估，這個階段的評估，可以找出執行上的錯誤，也可以發現決策過程的錯誤。

理性模式可供想要提昇決策品質的經理人參考使用。為達最高決策效率，經理人必須遵守下列步驟：

1. 探究大範圍的替代方案。
2. 調查你發現的所有可能目標，以及與預定選項相關的價值。
3. 根據預算、風險與利潤…各方面，謹慎評估正面與負面的結果。
4. 尋找更多可以進一步評估替代方案的新資訊。
5. 考量所有新資訊與收穫，即使超過原本設想的方案亦然。
6. 做出最後選擇之前，再一次評估所有已知替代方案的正面與負面結果，包括之前被評定為無法接受的方案。
7. 建立一個詳細的執行計劃，包括處理風險、或可能引發的新問題之後續計劃。

我們將在本章稍後，介紹改善各步驟的方法，請參閱原文頁碼316處。

管理的決策模式

　　研究管理實務的學者，曾經對正規模型的實用性提出質疑。他們認為，實際發生的程序，遠比理性程序所描述的更缺乏條理（Simon, 1957; March and Simon, 1958）。有兩項主要概念，形成了管理決策模式的基礎：有限的理性與滿意即止（satisficing）。

　　決策，是在*有限的理性*下完成的。這表示，決策者所能找到的替代方案有限，而且他們只能清楚每項替代方案部分的結果。由於人類的能力不可靠且有其限制、人們手邊的資訊永遠不可能完整、再加上時間與金錢的限制，這些環境上的障礙，迫使經理人必須繞過理性的決策程序，做出更有效的決策。

　　在本章的課前導讀中，我們曾請你想過，你所熟悉的團體或組織如何解決問題。我們希望把焦點放在一般常見的問題上。每當問題發生時，組織通常會開始針對問題，尋找可以「收拾善後」的辦法，其後果往往是，再衍生出一套新「計劃」，專門用以解決該問題之最容易辨認（或接受）的原因。如果有這麼一套例行公事與計劃，決策者就不需要蒐集一大串解決方案，甚至不用思考問題之定義。由於預算和時間上的壓力，決策者所能考量的意見，也會有數量上的限制。通常的作法是，一般人提出替代方案後，就會將它們與一套最不可能接受的標準做比較，第一個符合所有標準的替代方案，就能夠雀屏中選，這個過程就叫做*滿意即止*（satisficing）。

315

　　舉例來說，經理人對部門之績效考核的品質，相當不滿。若要發掘並釐清問題的成因，可能要花許多時間與精力；另一種作法是，將大部分的精力花在檢視其他替代性的考核體制，並且徹底地評估每一個人。在這過程中，我們會發現到許多障礙，而且有很多問題是無法

解決的，這就是無法取得某些資訊所造成的情況。要找出並選擇替代
方案並不容易，我們的理性能力會受限於許多複雜的因素，而你的決
策也會因此而不夠完善。在這種情況下，經理人必須面臨許多滿意即
止的狀態，也許是選擇一個看起來相當適合的考核方式，而不是比較
過所有可能的替代方案後，從中擇一。

垃圾桶決策模式

組織中有許多因素會使決策更加困難。舉例來說，不同的人在處
理同一個問題時，基於問題定義的個別差異，不同的決策於焉產生。
即使在正規模式中，組織的力量也會造成影響。幫助人們了解組織決
策的垃圾桶決策模式，又稱「有組織的混亂」（organized anarchy,
Cohen et al.,1972）就將這些影響力納入考量。垃圾桶決策，包括四個
要素：

1. 優先順序各不同的參與者
2. 待解決的問題
3. 可供選擇與應用的解決方案
4. 決策的機會

複雜組織裡的參與者，指與各種目標及問題相關的多位決策者。
由於他們的時間與精力有限，無法涉入每項決策，因此他們必須根據
自身的需求、目標、可行性，來決定是否參與決策的過程。決策者可
以直接涉入或負責決策的過程，也可以間接地干涉決策以影響結果，
例如上司可對下屬的決策提供「建議」。問題的嚴重性，對不同的決
策者而言，也會有不同的差別。請考量在跨部門小組中可能發生的景
象：雖然這樣的小組，在問題討論中可以激發出更多的創意與想法，

但是也可能造成彼此之間的歧見，進而造成鬥爭。

　　在決策情境中，不同的參與者對同一問題的看法可能不同，也可能必須同時面對各種不同的問題，同時，他們也希望自己的看法能夠被採用。有時候，人們會在問題尚未出現前，就已有預設的想法，不見得是在問題發生後才開始設法解答。舉例來說，生產部門的主管，可能在商展中看過一項新裝備，而且心動已久，這會使他努力去把握各種能採購該裝備的機會。在這種情況下，決策產生於目標設定之前，而非生於目標之後。

316

　　在這個模式中，時機也是一項非常重要的要素。我們可以將整個組織視為一個由人、問題、解決方案組成的流動架構。在不同的時間點，這些組成要素各自獨立。由這些要素隨意組合而衍生的決策，絕大部分必須取決於適當的時間點與機會（March and Weissinger-Baylon, 1986）。

　　若目標不夠明確、人們不夠了解達成目標的方法、組織結構過於鬆散，垃圾桶模式就是最適用的決策模式。如果組織中有許多功能不明或相互重疊的部門、委員會、專案小組，此法也可派上用場。此外，在決策情境中，若所有決策者的職責與忠誠度非常壁壘分明時，採行這套模式的機會也相當大。

改善個人決策品質

　　檢視個人的決策，可以幫助我們描述人們常見的行為，包括常見的錯誤。一旦我們了解這些行為之後，就可以找出足以改善個人決策的方法。因此，雖然我們的討論以理性決策為基礎，不過同樣能適用於非理性決策的模式。稍後，我們在討論團體決策過程時，也會沿用

專題　決策：「垃圾桶」中的選擇

　　現在我們來探討，美軍誤傷事件與垃圾桶模式之要素的關係。在當時的情況中，每位當事人都有種優先事項與問題，亟待解決。直昇機駕駛在機上的地位最大，他最擔心的是飛行協定；空中偵察機的機組人員，當時處理的不過是例行事項；F-15在飛行區域中，遇見意料之外的飛機，必然會有安全上的顧慮，因為其職責就是要保護地面上的居民。當時，每位當事人，都有許多腹案可供選擇，包括使用正確的辨識碼、辨識兩架己方的直昇機、將訊息傳送給F-15上的機組人員、或其他任何可行之決策。同時，在這個情況下，也有許多決策機會，包括決定允許違反既定的程序、將哪一個代碼輸入電子裝置、決定根據肉眼辨識飛機的機型等。

此處的許多決策概念；請參閱原文碼324。

317　影響決策過程的因素

　　在決策過程的每個階段，價值觀、態度、人格、知覺都有一定的作用，並影響當事人對問題的認知。在評估替代選擇、將決策付諸實行的過程中，態度與信念，影響的是個人判斷。整體而言，決策正是價值觀的運用，因為在我們界定問題、設定目標、做出選擇時，人類的偏見經常會油然而生。團體的決策，常因為價值觀的不同，而引發衝突，人們必須試圖在不同的觀點中達成共識。

歧異性專題：性別差異對升職決策的影響

最新的公司決策動態顯示，儘管組織重視管理高層的歧異性，但決策過程卻可能適得其反。美國創造力領導中心（Center for Creative Leadership）的一項研究，發現了某些問題。他們發現，男性決策者多半根據自己與男性員工的交情，來決定升遷與否；對女性員工的升遷，則取決於她們在基層工作上的表現。經理人通常會將女性留在基層工作久一點，以觀察她們是否有能力從事更高層的工作。這種決策模式導致的是，女性升遷至高階工作的速度，遠比男性來得慢。當然，看著男同事不斷升職，而自己始終原地踏步，對女性而言，是非常大的挫折。這種情況使組織希望提高歧異性的美意，大打折扣。

雖然，在個人決策過程中，這些偏見看似微不足道，卻是非常重要的關鍵，而且對組織有很大的影響。這項研究的學者表示，決策者應該正視這些偏見可能引發的問題。評估組織運作的方式，就是小心地追蹤決策的結果，例如能達到平等的男女升遷率，才能稱為良好的決策運作。其他因素，例如女性的停滯不前，都是觀察決策公平性的重要線索。當發現偏向時，決策者必須檢討自己的決策品質，包括假設、刻板印象、標準、其他相關因素。決策者對某些足以產生偏見之假設的忽略，會導致不公平的決定。缺失發現後，組織必須提供經理人適當訓練，以改善其決策過程，經理人本身也必須確保個人決策能符合組織的政策和目標。

資料來源：編修自 HR Magazine（1997）

　　決策是一個充滿壓力的過程，可能引起相當程度的焦慮，部分原因在於，我們都是不甘願的決策者。在某一集史奴比卡通裡，奈勒斯對查理布朗說：「沒有什麼問題，會大到、複雜到逃避不了的！」（Janis and Mann, 1977）。毫無意外地，一般人都不懂如何按部就班地處理重要決定，他們可能反應過度、莽撞因應、使盡渾身解數以逃避決策。當我們面對複雜而困難的選擇時，其中牽涉的預算與利潤愈高，情緒壓過理智的可能性就愈大。

318 改善問題的選擇與定義

　　身為經理人，週遭人士會迫使我們面對問題的存在，可能使我們在根本不存在的問題上浪費心力，也可能讓我們必須費力解決這些問題，以避免更大的問題。這就是問題的選擇與定義，之所以成為重要之決策過程的原因。

　　問題之選擇與定義的探討　無論是選擇或定義問題，都可能在決策過程中出錯。以下是在辨識、選擇、定義問題時常見的錯誤：

1. 我們的偏見，會使我們察覺某些錯誤，同時忽略其他錯誤。我們會根據自己的需求、價值觀、人格，暫時性地忽略某些問題。

2. 事件的發生順序，會影響我們對問題的選擇。我們通常按照事發之先後順序，來解決問題。

3. 我們會優先解決自認較緊急或較好處理的問題。

4. 我們容易反應過度。在步步為營與立即行動間，我們往往會選擇後者。

5. 我們經常沒有做好問題的定義；我們可能會對問題產生錯誤、

不完整或不夠有創造力的解讀。

6. 我們對問題的定義方式，可能會造成一成不變的解決方案，因而轉移人們對問題的注意力。

7. 我們往往在尚未將問題定義清楚前，就急著做出結論。

8. 我們常常帶著威脅性的語氣，來陳述某個問題的定義。

改善問題的選擇與定義　在問題選擇的過程中，為了避免過於主觀，或是避免受到其他因素的左右，以下幾點非常有用：第一，認清一件事—只有在你覺得某件事情是個問題時，它才會成為你的問題。問題，不過是當事情的發展，出乎人們的意料之外時，人們自身的主觀結論罷了。因此，在決定對某個問題採取行動前，最好先問問其他人的意見。

將問題列出來，並定出處理的優先順序，就可以有效地改善問題的選擇。要做到這一點，技巧之一便是，定期觀察週遭環境，隨時監視問題或機會之出現的可能。這麼做，可以幫助我們掌握情境，例如產品品質的控制、或新市場機會的觀察。

在澄清價值的過程中，我們可以表達自己的價值觀，並加以釐清。當我們的價值觀，對某個決策將具有重大影響力時，這個過程更不能夠加以忽視。舉例來說，假設你正考慮引進一項新產品，根據個人的價值觀，你也相信引進新產品將有其必要。然而，其他人對現有產品的可靠性與口碑，都有較高的評價。這個時候，澄清價值將可提供一個新的角度，你可以設法與大家達成共識，也可以堅持自己的想法，甚或同時生產新舊產品，或開發出產品的不同價值。

319

改善問題的定義　有幾個方向，可以幫助我們進入更完整的問題定義。第一，透徹研究問題的定義；第二，完整地界定一個問題。如果經理人做不到上述任何一點，就是該讓第三點上場的時候了。也就

是說，如果你的心中，已經有了解決問題的腹案，就要求自己將你所
想到的腹案，重新聯想至該問題的其他層面上。換句話說，當你想到
一種解決方案時，先問問自己：「問題是什麼？」這麼做，可以迫使
你將重點放在問題的定義上，而不是一心只想著解決問題。改善問題
的定義，將可以幫助你獲得並運用比較明確的事實與資訊。若經理人
得到的資訊不夠明確，就更容易對威脅產生激烈的反應，並坐失眼前
的機會。

有一個方法，可以幫你進入更佳的問題定義—追根究底。詳細研
究每一件可能與問題有關的事情－是否有共通的型態？問題是否特別
容易發生於某些時間或情況下？

我們可以運用創意，來定義問題。以下是幾年前的一個實例，當
時軍方正在設法改善飛機之噴射引擎的效能，專家認為，問題在於如
何提高氧化槽內的汽油燃燒百分比，以降低燃燒的不完全。據說，有
個孩子在飛行展中，問一名軍官：「為什麼不一開始就找出未燃燒的
汽油，並再次加以燃燒？」這個問句，使問題得到了新的定義。後來
軍隊解決問題的重點，就變成如何取得未燃燒的汽油，並再次加以燃
燒。很快地，能大量提昇汽油燃燒效率的後燃器，就出現在噴射引擎
上了。

改善解決方案的產生與評估方式

正規模式告訴我們，要以徹底、詳盡的方式產生、探尋、並驗證
所有可能的解決方案，並且評估所有可能結果的可行性與價值。

改善解決方案之激發與評估　即使我們盡可能地做好一切，還是
可能出現下列方面的失誤：

1. 貿然決定替代方案。我們往往在想法萌生的那一瞬間，就立即加以肯定或否定。

2. 由於太早對解決方式下定論，因此縮短了激發創意的時間，也會因為評估工作打斷了尋找方案的想法，所以造成一套不夠周全的解決方案，例如滿意即止現象（satisficing）。

3. 我們未真正將對問題的定義，用來產生解決方案。

4. 在尋求解決方案的路上，會有許多困難造成妨礙（Aams, 1974。）知覺障礙會限制創意思考，而社會與文化價值觀會限制人們的想法，以及思考的型態會使我們侷限於一隅。

5. 我們在衡量替代方案之前，往往沒有明確訂定評估標準。有時候，連我們自己也不知標準何在。

320

6. 要同時兼顧解決方案及其可行性會很困難，這兩者都相當重要，但是我們可能會忽略掉其中一方面。換句話說，如果某個問題的解決方案具有高度風險，我們可能會忽略其價值與潛力。

7. 情緒可能會導致自欺欺人。對於自己特別偏好的解決方案，我們可能會不斷地找藉口，使其合理化。

8. 有時候，我們會在沒有必要時，匆促決定。要避免這一點，只要問問自己，晚一點決定會不會比較有利就行了。

　　改善解決方案的產生方式　解決方案與概念的衍生方式，會使我們的決策帶來截然不同的效能。以下是該過程中可資運用的一些技巧。

　　重點之一是，不要將概念的衍生與評價相提並論。這是因為對一個概念的評斷，會阻礙其他想法的形成，正面評價甚至會比中立或負面評價更糟糕。如果你對某個解決方案的看法是中立或不甚滿意，你

還會有另謀出路的動力。但是若你非常滿意目前的想法，搜尋新想法的動作會就此打住，不再尋求更好的方法了。

　　腦力激盪，意指個人要敞開心胸、自由想像，不要考慮自己說了什麼、或想了什麼。當然，也不要對別人的想法和說法，妄下斷語（**Osborn, 1957**）。所有想法都非常可貴，旁人激發出的創意，往往更有助於解決問題。首先，這麼做更能協助衍生更多想法，更重要的或許是，因為這些「旁人」受到干擾的程度可能較輕。事實上，缺乏處理類似問題的經驗，會相當不利於決策。但在決策過程中，經驗可以載舟、也可以覆舟，在評估解決方案的可行性時，經驗有其利益；不過，我們同樣會受到經驗的限制，而忽略不同的思考角度。

　　社會或文化障礙，也是難以克服的問題。事實上，我們在決策之時，也不希望忽略道德限制，這些稱為「受限裁量」的限制，會直接或間接地影響所有的決策（**Shull et al.,1970**）。雖然劫富濟貧或為拯救公司而行騙，也可以是解決問題的方式之一，但是受限裁量限卻能發揮「有所不為」的警惕效果。不管如何，雖然受限裁量是端正人們行為的重要力量，但是偶爾的異想天開，卻也有出奇制勝之效。

　　經理人必須知道，自己選擇了那一個心理模式來運作（**Senge, 1994**），這邊指的心理模式，就是會影響到我們對真實世界之反應的種種假設與歸納。這些模式會左右我們解決問題的方法。許多人總是以直線式的思考方式，來看待週遭的所有問題（**Senge, 1994**），例如，當我們在發掘問題根源時，通常會先想了解問題發生前的一切，接著再對可能原因進行假設，然後推敲可能不相干的重點。其實，最重要的一點是，了解每件事情間的關係，以及我們對這些關係的假設。

321　　　**改善解決方案的評估方式**　每個想法，最終都必須經過測試。第

一關往往正是個人心理與情感上的考驗。在其他情況下，想法則可先經過較正式的測試，例如進一步的討論、電腦模擬、建構一個規模相同的測試模型（例如飛行器的測試）。

另一個方法是，在評估之前，先將所有的腹案歸納為不同群組。假設，某位經理人正在思考如何降低工廠意外，他可以將手邊的腹案，區分成幾大類，例如改善機器、改變工時、員工訓練…等。接下來，經理人只需要針對不同類型的腹案，加以評估即可。這麼一來，決策的困難度也會因而降低。

另一個經常被忽略的方法是，建立一套各種解決方案的評估標準。標準的建立並非易事，但是只要標準明確，就可以對決策過程產生非常大的助益。因此，在繼續決策的下一步驟之前，應該先訂出標準。

如何在解決方案上應用評估標準，其實是非常複雜的工作。舉例來說，在找工作時，若以薪資多寡為唯一的考量標準，只要不符合該標準，工作機會就會被淘汰，例如其他要求完全符合亦然。另一個因素則是，每個解決方案的可行性，可行性低的選擇，其加權指數也比較輕。許多決策技巧，必須同時兼顧解決方案的可行性與價值。

如果你能充分了解自己的天性，就更能改善解決方案的評估技巧。有些人冒險進取，重視成功的機會，不會為損失心痛，甚至寧願犧牲自己的某些利益，以換取最大的收穫。有些人則是得失心重，他們最大的動機是，避免自己的損失，即使一時的損失可以為他們帶來更大的利益，亦不為之。這種心態，是一種失敗的防禦策略，而且容易導致過於保守的決策。

改善決策的執行

有些決策在完成之後就可以立即執行，即使決策過程非常複雜。舉例來說，一家公司在決定是否要向特定供應商採購時，可能需要考量諸多因素，但是一旦做出選擇之後，只要下單就行了。有些決策則顯得複雜許多，例如擴展一條新的生產線，在這種情況下，這個決策只不過是一連串漫長過程的起點，為了準備新產品，他們還必須面對數以百計的新問題，包括產品的設計、生產、銷售，這是一段必須謹慎為之的漫長瑣碎過程。

實現一個決策的容易度取決於我們過去處理相同決策的經驗。如果已經有很多處理類似情況的經驗了，那麼這件事就像是例行公事般簡單，但若是在全新的領域中執行一項決策，我們往往還會遇到需要新決策的新問題。

執行決策的問題　**決策後失調**可能有礙於解決方案的執行。做出一項決定之後，人們經常會發生舉棋不定、躊躇猶豫的感覺，等到將自己的決定付諸執行之後，隨之而來的焦慮可能會大過理智的判斷，決策者可能會因此而變得極端謹慎與過度警戒，這個時候很可能會湧現出後悔的念頭，他們可能會對小小的挫折太過在乎，因而對原先的決策產生新的不確定感。

做出決策之後，感覺的錯誤與認知的誤差往往也會隨之而來。如果人們對於自己的決定非常有自信，可能會對一些顯示出決定無效的徵兆視而不見，還會將週遭發生的現象解讀為原決定的正確無誤。就認知誤差的理論而言，人們會有目的地降低誤差感覺。假設你強烈地贊同某一個解決方案，但是一些與你意見相左的資訊卻使你的心中產

生誤差，你很有可能會對這樣的資訊充耳不聞、或是加以扭曲，以支持自己最初的決定。如果你對某個決策抱持著反對的立場，也會發生相反的情況，你可能會故意扭曲有利於該決策的資訊。

　　有時候，人們會對自己所做的決定過於執著，即使是錯誤的決定也一樣，這就稱為積重難返（Staw, 1981; Whyte, 1986）。人們會因為一些因素而對既定的行為模式執迷不悟（Staw, 1981; Satw and Ross, 1987a）。為了表現出自己的能幹與始終如一，他們拒絕承認自己犯了錯誤；只要能守住他們原來的主張，就可以保住自己的面子。他們可能認為一旦改變心意，就會讓別人看不起，他們也會因此受到更多責難或剝削。此外，人們或許也覺得自己原來的決定才是改善現狀最有效的建議，於是，他們就會產生積重難返的心態，例如有些人會不斷地將錢投入一個已經衰退的企業、或者是在爭吵中拒絕承認自己的錯誤。如果你真的犯了錯，可能就會因為積重難返而必須付出昂貴的代價（Staw and Ross, 1987b）。在某些情況下，積重難返是可以避免或減弱的：

1. 支持該決策的資源已經耗盡了。
2. 有人可以分攤做出錯誤決策的責任，或者當人們覺得罪魁禍首不只有一個人。
3. 有強力的證據可以顯示還會持續發生不好的事情（Garland and Newport, 1991; Whyte, 1991）。

　　改善決策的執行與評估　你必須接受一項事實：一旦做出決策之後，衝突自然也會接踵而來，不要試著壓抑或忽視它。這樣的衝突是很常見的，因為大部分的決策都有一定的複雜度，而且牽連甚廣，其中可能還有許多風險與不確定性。要化解決策之後的衝突，至少有三種方法（Janis and Mann, 1977）。 323

322

全球化專題：亞洲經理人的積重難返心態

有一項研究專門探討亞洲的經理人是否也像北美洲經理人一樣經常發生積重難返的現象。該研究的假設是亞洲經理人面臨行動出現問題時，比較不會積重難返。如同他們所預料的，亞洲經理人在遇到挫折時，通常會選擇另謀出路。由這一點可以了解，決策行為的某些層面是與文化差異有關，以及適用於美國的行為理論並不見得同樣可以用於其他文化背景。或許在類似亞洲社會常見的集體文化中，社會群體的力量對於這種行為比較無法接受，因此個人也比較不會因為一己之利而這麼做。

323
1. 堅持原來的決策、再次肯定它的價值，衡量輕重之後再繼續依照計劃進行。

2. 修正或縮短執行該決策的期間，你可以堅持原先的決策，但將執行的速度放慢。

3. 推翻原先的決策。如果繼續進行該決策所需的預算與風險均高於可得利益，最好可以及時打住或是改變計劃，不要執迷不悟。

一般而言，最好能夠對積重難返的心態有所了解，並且對自己的決策過程加以分析，這樣才有助於確保你自己的判斷不會因積重難返的心態而受到影響。

作為一位決策者，你可以廣納多方的意見與資訊，這種開誠佈公的作風可以避免在執行決策時產生偏頗不公的情形。另外一個方法則

是公平徹底地考量你所得到的每一個資訊，不要加以抹煞或誤解，但是要做到公平公正、不偏不倚，必須花費非常大的心力。

改善個人決策之摘要：系統化的思考方式

系統化的思考方式十分有益於解決在決策過程中所發生的問題（Senge, 1994）。系統化的思考就是尋找決策空間中所有變數之間的相互關係。舉例來說，某位大學校長非常擔心學校入學率下降的問題，由於該校的學生來源若非當地高中畢業生，就是由其他社區學院轉進來的轉學生，因此校長認為問題的重點在於這些提供學生來源的學校。結果，她決定以吸引附近高中與社區學院的學生作為提昇入學率的策略，開始投入大筆的行銷經費，將該大學宣傳為那些學生的最佳求學途徑。可惜的是，這項決策忽略了一點：當時全美國有愈來愈多年齡較長的學生開始回到大學或社區學院唸書，因此學校裡一般年齡學生所佔的比例也降低了許多，由於忽略了這樣的結構性因素，該校長的策略並未奏效。然而，當她考慮吸引其他類型的學生、以及來自其他區域的學生時，就在問題當中發現了不同的可能性，也因此解決了入學率不足的問題。系統化的思考方式可以鼓勵我們找出造成問題的各種原因，並且根據不同的原因找出適合的解決方案。

改善團體的決策

324

在決策過程的所有階段中，組織經常會運用到團隊、委員會、專案小組與其他類型的團體，通常這種經營哲學的目的是藉著讓員工參與和他們息息相關的決策過程，進而做出較好的決定，並且一方面可

以得到更高的認同感，另一方面可由員工們共同分擔決策的責任，而不是由經理人獨自承受。

　　有時讓員工參與決策可以運作得很好，有時則不然。若要使這個策略成功，就必須讓員工們對團體的決策完全認同，此外，更需要運用各種技巧。首先，身為主管的我們必須學習本章前半部所討論之各種做好決策的步驟與技巧，而了解團體與團隊的動態也非常重要。我們需要清楚團體決策與個人決策相較之下的優點與缺點。最後，在團體決策的過程中，領導者的領導是不可或缺的，否則是不可能做出有效的決策。

團體決策的優缺點

　　以團體來進行決策各有利弊（Maier, 1967），這一點由表11.2便可看出。若要使團體成為決策的助力，就必須仰賴領導者的技巧。與個人相較之下，團體可以集合更多的知識與資訊，同時，他們也可以對一個問題激發出許多不同的解決方案。當思考陷入膠著時，成員之間也可以互相給予當頭棒喝。團體的參與有助於提昇人們對決策的了解與接受，同時也會更有完成該決策的使命感。主管部門所做的決策往往會因為員工之間的溝通不良而窒礙難行，員工們總是不了解一個決策的背後隱含了多少不被採用的腹案、障礙、目標與原因，如果能使團體參與整個決策過程，這些問題就可以迎刃而解。

　　團體決策的缺點之一在於從眾的社會壓力。多數人可能會扼殺少數人的好想法。為了與他人達成共識，人們也可能隱瞞心中的反對意見。有些解決方案—無論好或壞—可以得到大多數人的支持，一旦支持者達到某種程度，獲選的可能性就相當大，而其他解決方案被駁回的機率也相對提高。即使是少數分子，只要積極地堅持自己的意見，

團體的優點	團體的缺點
• 較多知識 • 較多資訊 • 較多解決方案 • 接受度 • 了解	• 必須服從多數 • 漸增的支持度 • 作風強勢的成員 • 在爭論中追求勝利的現象

關鍵性的領導者技巧

• 爭議 • 互利 • 冒險 • 時間 • 改變的人
各有利弊

表11.2　團體決策的利弊

還是有可能建立起很高的支持度，因此，支持度多寡成為決策的關鍵，解決方案的品質如何反而不是重點了。有些難以駕馭或是會對他人進行勸說、威脅或堅持己見的人也有可能主宰一個團體的決策。當團體當中的重點變成在避免發生不和的情形，或是要在爭論當中獲勝，而不是好好評估解決方案，這時團體的最後一個缺點就浮現出來了。若要避免意見分歧或產生爭論，就會對公開、客觀的討論造成妨礙。我們會在稍後的章節中討論這些社會壓力；請參閱原文第328頁。

有些因素有利有弊，端視該團體領導者的技巧如何而定。無論團
體中的領導者對爭議採取壓制或放任的態度，都有害於他們所做出的
325 決定。然而，如果領導者能夠接納不同的意見，就有機會激發出更創
新的決策。此外，領導者著重於衝突或是互利也會造成不同的結果。
從問題的界定開始，團體成員們在整個決策階段中都應該要尋求彼此
之間的互利。

共識起始於尋求彼此能夠接受的決策之過程，但是領導者必須盡
全力地探詢所有成員共同關心的問題，若非如此，成員之間的衝突就
有可能導致錯誤的決策。領導者也會影響一個團體所能承受的風險程
度：他們可能會做出非常安全、保守的決定，也可能會做出更冒險、
更創新的決定。

時間對於團體的決策也是利弊互見。團體花在決策上的時間通常
比個人還要長，即使團體與個人同樣花一個小時的時間做決定，但是
該團體若有五個人，就等於花費了五個小時。領導者若是為了節省時
間而倉促成事，就必須冒著被打回票的風險，而且決策的品質也會大
打折扣。最後一個可能幫助或妨礙決策的因素是「在團體中，是誰有
所改變？」如果是想法最糟糕的人做出改變，那麼團體的決策就會好
326 一些，但若是最有創意的人被迫改變，那麼該團體做出來的決策只會
更糟。

決定運用團體決策的時機

並非所有決策都可以―或應該―由團體來決定，經理人可以自行
做出決策，或是在決策過程中參考他人的意見，他們可以將責任指派
給個人、委員會或是專案小組。問題是：什麼時候是運用團體決策的
最佳時機？

以品**質**與接受度為標準　在考量是否採用團體決策時，品質與接受度是非常實用的標準（Maier, 1963）。決策品質指的是可行性與技術層面，其中事實、資料分析及客觀性都是非常重要的要素。另一方面，決策的接受度則與人們的感覺、需求與情緒有關，基本上非常主觀。

一般而言，決策可根據品質、接受度或兩者並重而歸類爲數種類型。在某些決策中，品質的重要性高於接受度，這一類問題通常偏重於技術性或科學性層面，例如如何控制活栓的壓力、或是策劃一套可挑選各產品的測試系統。如果品質是主要的考量重點，你就不太可能會對結果或決策投入太多的情緒，因此，身爲主管的你只需要找到具有相關技術或知識的專家，就可以做出一個合乎品質的決策，他們可以研究、開發、並測試出最有可行性的解決方案。在這樣的決策過程中，事實與分析是主要的關鍵。

然而，在其他的問題中，接受度可能是最重要的標準。舉例來說，要決定由誰加班就是一個接受度問題，前提是所有能加班的人都有能力擔任這項工作。有些改變可能會關係到職場程序，或是會對某個團體造成影響，而需要成員們盡可能地成功執行決策，這些改變使得接受度這個標準顯得更加重要。

其他同時牽涉到品質與接受度的問題：決定如何提高生產力、引進新技術或設備、降低缺席率或建立新的安全標準等。在這裡，高品質的決策非常重要，因爲受影響的人會有強烈的感受。如果員工不接受這些決策，或是無法徹底加以執行，那麼這些決策就有失敗的可能。

我們可運用的決策守則在於「只要接受度是主要的考量因素，經理人就必須考慮在決策過程中至少運用一個團體。由經理人單方面所做的決策有可能會受到誤解或排斥。」即使時間不足可能會引起問

題，但是團體決策還是達成接受度的方法之一。

Vroom-Yetton 模型　Vroom 與 Yetton（1973）二人曾發展出一套用來決定是否運用團體決策的模型；請參閱原文第 330 頁。他們根據327 員工影響力的大小而提出五個不同的決策型態，其中一端是由主管自己所做的單一決策；這可說是一種既快又有效率的決策方式。另外一端則是團體共同參與的決策。以下就是這五種決策的型態。請注意當決策方法由 AI 向 GII 移動時（A 代表專制，C 代表共議，G 代表團體），員工對最後決定的影響力也隨之增加。

1. AI：你以目前可得的資料做出決策。

2. AII：員工必須提供必要的資訊，不過決定權在你一人手上。員工的角色祇是負責提供資料而已，他們與激發或評估決策無關。

3. CI：你會個別與相關員工討論問題，然後再做出決策，不過員工們並不會形成一個團體，你的決策也不見得會採用他們的意見。

4. CII：你會在團體會議中與員工共同面對一個問題，收集他們的想法與建議，然後自己做出決策，不過不見得會將團體會議中的意見列入考慮。

5. GII：你會與團體共同分擔問題。在這種情況下，你所採用的是參與式的管理風格，你的角色是提供資訊與協助、幫助團體做出自己的決策，而不是選擇主管屬意的決策。

這個模型可以幫助你決定使用哪一種決策方法，最有效的型態取決於情況的七項特性（SC1 至 SC7）：

• SC1 —決策品質的重要性

做出高品質決策的重要性有多高？如果不要求品質，那麼管理者可以滿足於任何可接受的決策，而且團體也可以做出決定。舉例來說，團體可以自行決定如何完成或分配不要求品質的例行工作。

• SC2一決策者所擁有的資訊多寡

有兩種資訊可以造就有效的決策：員工們對於各種選擇的偏好，以及是否基於理性的基礎來判斷這些選擇的品質。

當你對員工們的偏好一無所知時，讓員工參與決策會是一個好方法。如果你知道員工們偏好哪一種選擇，但是對於你所面臨的問題而言，個人的決策會比團體的決策好，那麼顯然在這種情況之下你必須自行做決定。

在什麼樣的情況下團體所做的決策會比個人決策好？研究顯示當問題的解決方案非常顯而易見，或者當決策必須牽連到許多複雜的階段時，個人決策會比團體決策好。如果問題的本身非常複雜，可分成許多不同的層面，那麼團體的決策會比個人決策更佳，而且三個臭皮匠可以勝過一個諸葛亮，團體比個人有更好的洞察力與創造力（Kelley and Thibault, 1969）。

328

• SC3一問題本身的結構

在結構性的問題中，解決方案或是找出解決方案的方法都是已知的。大多數的組織所運用的標準程序就足以提供個人所有或大部分的資料。在結構不健全的問題中，個人所需的資訊可能分布在整個組織當中，可能需要將不同的個人結合起來，才能解決問題或是做出共同的決策。舉例來說，只要得到一套指示與規格，電腦組裝工人就可以完成所有元件的裝配，但是如果有新的材料或元件，可能就需要問問別人該怎麼處理才行。

• SC4一員工接受度的重要性

主管的決策讓人心悅誠服與否，員工的接受度並不是最重要的因素，在這種情況下，員工們執行決策不過是照章行事罷了，當然，決策的執行若愈需要員工們的投入，那麼員工對該決策的接受度就愈重要。

- SC5－人們接納專制決策的可能性

如果人們認為某項決策是在主管的權力範圍之內，即使他們沒有參與決策的過程，也會接納主管的決定。

- SC6－員工們達成組織目標的動機

有時候，上司與下屬的目標並不一致，這個時候，讓他們共同參與決策過程可能比較冒險。當雙方可以互蒙其利的時候，共同決策方式可以達到較好的效能。

- SC7－員工對結果的意見不合

員工本身對於可能的決策腹案可能也會產生意見不一致的情形，達成決策所用的方式必須有助於排除員工之間的紛爭，因此讓員工參與決策是有必要的。

　　這些特性在表11.3的Vroom-Yetton模型中都是以問題的形式呈現，而問題的答案均為「是」或「否」。決策的樹狀格式依序列出了須由經理人加以解答的問題。在決策樹狀圖中，每一個路徑的底端代表一個或多個可行的決策方法。

團體迷思

　　有時候團體可能會陷入稱為團體迷思的思考模式而做出錯誤的決策（Janis, 1972），在這種情況下，達成共識似乎比做出最好的決策更為重要。當整個團體聯合起來變得有防禦心，拒絕直接了當且實際地

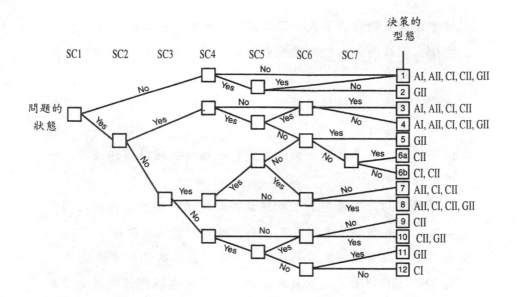

表11.3　Vroom-Yetton 決策模型

決策情況的特徵
SC1　是否有品質上的要求，使某個解決方案比其他更理智？
SC2　我是否有足夠的資訊可以做出高品質的決策？
SC3　是否為結構性的問題？
SC4　員工對決策的接受度是否足以影響決策的效能？
SC5　如果我要自行做出決策，是否能為我的員工所接受？
SC6　員工們在解決問題時是否會顧及組織目標？
SC7　最後決定的解決方案是否會引起員工之間的衝突？

面對問題時，就會發生這種情況。任何一個組織的會議中，都有可能
發生團體迷思的狀況，例如當一群經理人被迫做出重要的決策時，一
樣會有類似的問題。表11.4提供了團體迷思的模型。　　　　　　　　329

　　團體迷思有八個主要的徵兆：

　1. 刀槍不入的假象　整個團體的行為彷彿不受外界輿論的干擾，

這會讓成員們過於樂觀，因而容易冒著更極端的風險。

2. 強辯　團體的人對於強迫他們妥協的事實或想法往往會加以辯解。

3. 道德的假象　一種認為團體是在做好事的信念，卻忽略了造成倫理上的結果。

4. 懷有成見　將團體之外的敵人或對手都視為難以溝通或不堪一擊的禍害。

5. 從眾的壓力　團體中的所有成員必須同意該團體所抱持的假象與成見。異議分子會因為不符合團體的期望而受壓抑。

6. 自我要求　團體中的成員往往習於隱藏自己的懷疑或異議。

7. 全體一致的假象　沉默就代表同意，同時也讓團體中的大多數人覺得大家已經達成真正的共識。

8. 故步自封的心靈防衛　為了避免團體受到不利的資訊而影響，有些團隊成員會採取保護行動。

在政府的高層決策團體中，我們可以發現幾個較廣為人知的團體

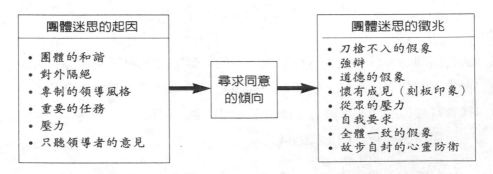

表11.4　團體迷思模型

迷思例子（Janis, 1972）。

- 即使事前已經知道在豬玀灣入侵古巴的行動有可能失敗，而且有損美國與其他國家之間的關係，甘迺迪總統與其幕僚還是決定採取行動。
- 美國總統尼克森與助理做出危害民主選舉的水門事件，還甘冒風險不斷地掩飾下去。
- 在1986年的挑戰者號事件中，決策者不顧反對意見而決定讓太空船升空。

　　團體迷思的成因　團體迷思現象往往發生在高度團結的團體當中，成員們為了要成為團體的一分子，因而出現了其中一項或多項的團體迷思徵兆。如果一個團體能夠與外界隔絕，而且有著強勢、善於管理的領導者，那麼發生團體迷思的機會也會特別大。壓力也有可能造成團體迷思，譬如當團體需要做出一個重要的決策，而除了領導者或其他有力成員想用的方法之外，不太可能找出其他的解決方法，在這樣的緊要關頭下，團體迷思的情況自然更加嚴重。若將這些因素結合在一起，很可能導致慘不忍睹的狀況。試想某工廠的主管與其員工正因為總公司要他們完成客戶的急件而備感壓力，在這種情況下，即使機器故障、員工疲乏或工會抵制，他們或許都可以輕易地讓自己相信這些並不成問題。抱持異議的團隊成員可能會面臨到服從團體、隱瞞己見的壓力。

風險轉移與極化作用

332

　　團體迷思若是伴隨著其他常見的團體現象一起發生，就比較容易讓人了解（Whyte, 1989）。團體迷思潛在的一個問題是團體成員們願

330

習題

Vroom-Yetton模型的應用

為了說明Vroom-Yetton模型可以應用於哪些實際的管理情況，我們將會提出一個案例，並運用Vroom-Yetton模型加以分析。

說明

請閱讀下列的案例描述，請記住，雖然我們已盡可能地描述整個案例，以提供運用該模型進行判斷所需的資訊，不過仍有些許未盡客觀之處。讀完這個案例之後，請完成下列問題，並根據你對其形勢特徵的認知圈選「是」或「否」。

SC1（品質？）

SC2（主管的資訊？）

SC3（結構性？）

SC4（接受度？）

331

SC5（接受專制決策的可能性？）

SC6（與組織目標的一致性？）

SC7（衝突？）

接下來，完成表11.3的決策樹狀圖，建立問題的型態與可行的選項組合。

問題型態（1-12）

可行的選項組合（AI、AII、CI、CII和/或GII）

案例

你是一家大型電子工廠的生產主管。貴公司的管理部門一直在尋求提昇生產效率的方法,他們最近裝設了新的機器,並且引進了一套簡化的工作制度,然而,出乎大家意料之外的是,這些努力對於提昇生產力一點幫助也沒有。事實上,工廠的生產力開始滑落、產品品質一落千丈、而且員工之間的嫌隙也愈來愈多。

你相信機器並沒有任何問題,其他工廠裡同樣使用這套設備的人也有同感,生產這套機器的廠商也派人來詳細地檢查過,他們說機器的效能正處於顛峰階段。

你懷疑有部分的新工作制度才是罪魁禍首,不過各部門第一線監督人員及庫存部門的主管多半不這麼認為。生產力的低落可歸咎於操作人員訓練不良、缺乏適當的金錢獎勵制度及士氣不足等原因。很顯然地,這應該是員工之間觀念懸殊與意見不合所引起的問題

今天早上你接到一通貴公司地區主管打來的電話,他剛剛拿到你最近六個月以來的生產圖表,所以打電話來表示關切,他說,無論如何你都必須負起解決這個問題的責任,不過他希望能在一個星期內知道你打算怎麼做。

你將地區主管的意思轉達給員工們,你知道他們對於欲振乏力的生產力也感到同樣憂心。問題在於你必須決定採取哪些計劃來化解這種窘境。

作者的分析

就以上所能得到的案例資訊而言，GII 會是最適當的決策程
序，也就是說，你必須與員工們一起面對眼前的問題，並且團結
一致地達成決策。

SC1（品質？）＝是

SC2（主管的資訊？）＝否

SC3（結構性？）＝否

SC4（接受度？）＝是

SC5（接受專制決策的可能性？）＝否

SC6（與組織目標的一致性？）＝是

SC7（衝突？）＝是

問題型態：11

可行的組合：GII

• 你的答案與我們的有何不同？

意承受風險的程度（Kahneman and Tversky, 1979），舉例來說，如果
他們認為決策是在兩種利益之中做選擇，往往就會選擇風險最小的一
332　個決定。如果在所有選項之中，其中一個結果註定會有所損失，而另
一個則是需要承擔某種程度的風險，不過也會有較大的獲益機會，那
麼就算要冒著承受更大損失的風險，人們通常還是會選擇後者
（Kahneman and Tversky, 1979）。

　　團體迷思第二個潛在的問題是一個眾所皆知的觀念，也就是深為
團體的一分子，人們難免會感受到必須**一致性**的壓力。傳統上來說，
團體當中與大多數人意見相左的少數分子往往必須服從多數人的看

法，這樣的一致性就是人們在問題討論中彼此互動的結果，並且會伴隨著極化作用，也就是壓倒性團員們一開始所持的立場會隨著不斷的商討與爭論而顯得愈來愈極端（Myers, 1982）。

我們可以在團體當中發現一個因社會影響力而造成的現象，也就是團體或團隊往往比個人更容易做出冒險性的決策，這樣的影響就稱為風險轉移。人們總是認為團體的決策會比較保守或謹愼，這個現象打破了這樣的迷思。後來的研究發現團體所做的決策不見得總是比較高風險，不過這些研究對於社會影響力對冒險行為的影響也提供了一些洞察。

與個人相較之下，有哪些因素會讓團體選擇做出比較冒險或比較保守的決策？答案莫過於社會影響力。在團體決策的情境中，個人在開始參與團體的討論之前，往往已經有了自己的決定。一般來說，在團體的討論中，這樣的情況會更加明顯（whyte, 1989）。討論結束之後，團體討論的過程常常會讓原本已有所選擇的個人對自己的選擇更加堅定，這樣的過程就稱為極化作用，也就是指成員們在某項議題中的立場隨著團體內部的討論而有愈來愈極端的傾向，在團體中，當意見相似的人各自形成小團體時，就會發生這樣的現象。隨著整個決策過程的進行，小團體會繼續在相同的問題上形成極化。舉例來說，某公司的人力資源部門對一項針對第一線監督人員的評估制度投下了贊成票，但是這些監督人員一開始就預設了不做任何改變的立場。兩個團體的人共同討論這個問題時，我們由極化理論就可以猜測到雙方會各自堅持自己原有的立場，這麼一來可能會在兩個團體之間造成更大的鴻溝。如果同樣的程序發生在一個願意考慮其他較冒險的辦法之團體中，會有什麼樣的結果？這就是表11.5將告訴我們的資訊。在討論問題之前，小團體當中有半數的立場比較傾向於妥協，但是請注意在會議之後，極化作用使團體成員的立場開始產生變化，有半數的人開

討論前的立場

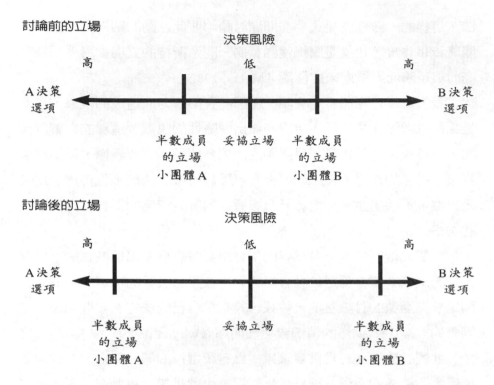

表11.5　極化作用對決策風險的影響

始認同風險性較高的決策。

　　極化作用是引起衝突的關鍵因素，經理人可運用一些管理方法以使這個問題最小化。要減少發生極化作用的情況，立場相反的小團體之間最好不要倉促地進行會議。此外，也可以將團體內的所有會員打散，或是偶爾請旁觀者或另有想法的人來參與團體內部的討論。任何能夠讓人們體認到組織目標的行動都有可能降低極化的可能，只要讓團員們了解產生極化的可能性，就可以讓他們建立一套使極化作用的影響降到最低的程序。

334　　當你了解團體對成員的影響之後，就更容易知道有多少的決策會

倫理專題：團體中的倫理行為

　　藉著一些對團體迷思現象及團體決策行為的討論，我們或許可以對倫理行為有更深層的認識。在團體中，即使所有組成分子都是循規蹈矩的人，仍然可能做出違背倫理的決定。社會學家曾經針對個人在團體中所抱持之無懈可擊的感覺及道德假象做過研究，當這樣的特質結合了團體對風險的容忍度時，身為主管者就必須加以注意了。要避免這個可能性，方法之一就是保持開放的態度並公開團體的程序。一個願意為自己的決定及整個決策過程而向他人負責的團體，通常較不可能認為自己無懈可擊。團體應該不斷地問自己該如何辯護自己的決定，而且應該要開誠佈公地讓他人看到所有的決策過程。如果能做到完全公開，就可以避免發生違反倫理的行為。只要團體希望內部活動的資訊不要對外公開，那麼該團體就有可能掉進團體迷思的陷阱。

以悲慘的結果收場。NASA的領導者可能是在兩種結果當中選擇了讓挑戰者號升空的決定（National Aeronautics & Space Administration, 1986），其中之一是不斷地延後出發時間，讓大眾與客戶對整個太空梭計劃的可靠性失去信心。其二則是假設安全沒問題，而讓太空梭在機件問題堪慮的情況下升空。如果NASA當時選擇繼續延後升空，勢必要面對更多壓力與不良的後果，而第二個選擇至少有成功的可能，而且後續的討論中也更讓他們確信成功的可能性。挑戰者後升空後的結果正足以說明團體決策中潛伏的危險性。

335 **摘要**

　　決策通常不是個完美的過程，往往需要做出新的決定來彌補過去的決定。最基本的決策過程包括定義問題、衍生與評估可行的解決方案、選擇最後的決定及執行決策。在整個決策過程中，評估及創意都有一定的重要性，每一個步驟都有可能出現敗筆。人們經常將問題定義得過於狹隘，或想不出足夠的可行方案。此外，妄下定論及評估不全也是常見的問題。由於有這些錯誤，因此學者提出了許多有助於做決策的模型與技巧，這些模型與技巧都可以有效地幫助人們做出決策，但是卻很少能產生出完美、持久的解決方法。

　　決策團體也常犯下與個人一樣的錯誤，因此，這些理想模型與技巧也同樣適用於團體決策。當我們做決策時，第一個步驟就是決定是否要採用團體來做出決策。團體決策有助讓人們對決策產生接受度與認同感，而且團體也可以凝聚所有人的智慧與想法。不過，要克服團體的缺點需要練習與技巧，經驗豐富的團體領導者不僅要克服團體的缺點，還要發揮團體最大的優勢，才能夠使決策的品質及接受度截然不同。

經理人指南：改善團體決策

　　在團體的決策中，責任最大的就是團體的領導者，他們必須站在吹毛求疵的立場來督促決策的品質與接受度。如果你是團體的領導者，就必須像交響樂團的指揮一樣：你的責任並不在於彈奏樂器，而是要領導及指揮所有的團員（Maier, 1963）。

　　領導者的注意力必須同時集中於團體的程序與實際的決策內容。
重視團體程序的領導會督促成員們做出很好的決策、並幫助他們想出
可行的解決方案等。隨著領導者對團體的關注，他可以知道成員們是
否有進取的意願、而且可妥善處理所有的爭議。如果領導者堅持高標
準的決策品質與接受度，並且可以阻止成員們做出不可行的決定，就
可以左右決策的內容。有許多領導者往往因爲對問題瞭若指掌，以及
容易直覺性地對團體決策提出自己的意見，因而忘記保持中立的地
位，這麼做是不對的，特別是在決策的進行未受到注意，更不能夠發
生這樣的錯誤。要將自己的注意力集中在團體程序上是需要練習，你
必須拋棄過去的思考習慣，試著學習接受決策中可能的出現的異議與
試驗（Osborn, 1957）。以下是在處理團體決策的過程中可以應用的原
則（Maier, 1963）。

完整而精確地界定你要面對的問題

　　團體常犯的錯誤就是將問題想的太簡單，或是太早急著下定論，
因此你必須先克服這個缺點。先問問你的成員們對問題有什麼看法，
並讓他們想想可能引起該問題的原因，接著聽取整個團體的意見，盡
可能地爲問題做出界定。當成員們發表意見時，記得將他們的想法記
錄在黑板或活動掛圖上。你可以要求成員們將問題簡化，如抽絲剝繭
般地將最基本、最深層的問題起因發掘出來。最好不要將問題導向個
人身上，舉例來說，聰明的領導者就不會將問題的焦點放在「如何讓
查理晚上留下來加班」。如果問題不牽涉到個人，那麼成員們就可以
更客觀地對問題的各個層面提出自己的意見。

　　一般而言，團體當中的成員會犯下太早作結論的毛病，發生這種
情形的時候，你必須將大家的注意力轉回問題的定義，並且提醒你的
成員「現在還不適合妄下斷語」或「你們覺得得這個辦法跟我們的問

336　題有什麼關係？」

利用問題來激發解決方法

　　做好問題的界定對後續的討論助益頗大，定義當中的每一個細節都有可能幫助你們解決問題。你必須做的就是幫助成員們想出符合問題所有細節的辦法，這麼一來，不僅可以鼓勵他們提出各種不同的解決方案，更確保你們不會遺漏掉任何一個重點。如果能夠兼顧到問題所有的細節，最後決定出來的解決方案也不至於不夠完整。

避免太早對解決方案做出評價

　　激發創意的過程有可能因為人們對創意的評價而受阻。當團體成員們迅速達成協議，並採用他們所想到的第一個可行方案時，情形尤其如此。因此，領導者與成員們都該等到時機成熟時才提出自己對某項提議的意見。

達成共識

　　最後，團體的成員必須評估自己的想法，並且達成一個彼此都能接受的共識，在這個階段，你可以提供一些協助。你可以為整個討論的過程做個總結，確定團體中的所有人都已經做好下決定的準備；也可以讓成員們為自己想出來的腹案定出評估標準。當面詢問成員們對任何事情的同意與否，可以直接看出整個團體對某項腹案的共識。若要獲得真正的共識，你或許必須將整個團體的討論加以組織，並為他們重溫一遍。

避免由領導者做最後決定

　　團體的領導者—特別是具有正式職權的人—應該避免為團體下決

定。要做到這一點或許並不容易，畢竟你也會有想要提出意見的時候，問題是團員們在評估上級的想法時往往並不容易保持客觀，他們可能只會注意到這是你說出來的想法，而忽略了要判斷你的話到底有沒有參考價值。如果是客觀的評估，成員們就不會考慮到上級對結果的反應。很少有人會將上司當成自己的同伴。當成員們沒有時間準備或考慮他們所遇到的問題時，反而能夠激發出比較好的解決方案（Maier, 1963）。當你有所準備時，往往會發現自己很難不說出來。

價值觀的爭議與混亂

意見不合往往會比太快達成協議來得有價值。當團體成員們對彼此的意見達成共識時，通常就不會再有進一步的想法。然而，一旦發生意見不合的情況，他們還是有機會激發出其他的想法。你必須訓練員工們對不合理的事能提出反對意見。在這種氣氛下，如果有人不經思考便提出反應，就會自行投降。這種事情最有可能出現在下列四種情況：

1. 當我們有所期待時。
2. 當我們有所求時。
3. 當我們正忙於某件事情時。
4. 當我們結束某件事情時。

這表示你應該坦然面對混亂的場面（Weick, 1993），要接受一件事情：即使是在一團混亂的情況下，事情還是有一定的發展模式。你必須不斷設法找出可行的模式，並且要考量到各種可以解決問題的方法。請回頭想想本書提過的挑戰者事件、特內里費島空難及美軍擊落自家直昇機等幾件事情，其中有一個共同的錯誤，就是他們的決策者在事前就應該要注意發生這些問題的可能性，這麼一來才能夠做好預

防的措施。領導者往往會爲了停止紛爭而說：「如果再這麼吵下去，我們永遠也沒辦法解決這個問題！」你所說的這些話、充滿挫折感的嘆息或其他無聲的暗示就是在暗示成員們避免意見不合的情況，而且他們通常很快地就會接受這樣的暗示，因爲沒有人會希望自己讓人討厭。

　　有時候，爭執也有其益處。當領導者願意接受並探究團體當中的爭議時，就有可能產生這樣的結果。這個時候，領導者可以說：「菲力斯，你跟約翰的想法眞是差了十萬八千里，不妨告訴我們你的想法，然後我們再來聽聽約翰的意見。」這麼說可以讓團體了解到你是可以接受不同想法的，沒有人會因爲提出相反的意見而受到處罰，而且你也願意接受各種新想法。通常我們會發現到爭議其實是來自於對同一個問題的不同定義，或者是大家之前並未考慮到的目標。對爭議追根究底可以避免人云亦云、或是讓成員們不敢提出意見的情形。你應該藉由故意唱反調或是徵求相反意見等技巧，在討論的過程中故意安排一些意見不合的情況。

337 **重要名詞**（所附爲原文書頁碼，請見內文邊緣處數字）

問題研討

1. 請訪問一位主管或是最近曾經做過重要決定的人。
2. 在決策的所有階段中，評估與創意都是非常重要的一環，請舉例說明原因。
3. 請定義決策的正規模式之要素。
4. 如何評估某項決定或解決方案對解決問題的效能？
5. 請自行回答或找一位朋友幫忙，找出一個需要你或你們做出決策的問題。

   你是否問對了問題？

   你能否能將問題的定義修改得更好？
6. 盡可能地簡單描述可以激發解決方案的技巧。
7. 與個人相較之下，團體決策的優缺點各有哪些？
8. 主管應該用什麼樣的標準來決定是否讓團體參與決策？

   團體對決策的參與是否有不同的層次？請說明。
9. 請舉例說明不應該讓團體參與的管理決策，然後再舉例說明何時是最適合採用團體決策的時機，並說明你的選擇。
10. 列出領導者在下列情況下可以說的話語：

    （a）促使人們為問題界定出好的定義。

    （b）幫助人們激發想法。

    （c）建設性地處理爭端。

    （d）避免太早對解決方案做出評估。

338 個案研究

艾斯卡培旅行社

　　當黛安·雷蒙結束一堂人事管理的夜間課程時，她感到非常興奮。她的教授剛剛講授了某些公司目前正在使用的新工作時間表，他提到了工作天數的精簡化，員工們只要在四天內完成一星期的工作時數，剩下的三天就可以過個自由自在的週末了，公司行號也可以隔周實行這樣的制度。此外，教授還提到了彈性工時，員工們每週工作五天，但是可以在一定的限度內遲到或早退，舉例來說，有時候員工們必須在早上十點到下午三點之間工作，不過他們可以自由選擇提早工作、提早下班，或是晚一點工作、晚一點下班。其他的變化方式包括了將一星期中其中幾天的工時拉長，然後縮短其他幾天的工時。在課堂上，他們討論了許多這方面的可能性，包括如果組織每週必須上班六天，該如何規劃彈性工時的問題。

　　黛安認為她任職的艾斯卡培旅行社也可以沿用這樣的彈性工時時間表，就個人而言，這麼做對她大有好處。黛安已婚，有兩個小孩，她目前正在社區學院攻讀商科的學位，如果能夠實施彈性工時，她就可以同時兼顧工作和家庭，甚至還可以修幾門日間部的必修課。黛安相信同事們也會喜歡採用彈性工時，他們都跟黛安有類似的問題，何況就算他們不需要彈性工時，還是可以按照目前的習慣上下班。

　　後來，黛安在公司會議上提出彈性工時的提案。他們公司多半是在早上營業之前開會，主持人通常是老闆兼經理伯狄先生，所有的員工都必須參與開會，包括兩位負責管理十五名旅遊經紀

及兩名接待員的督導。黛安希望自己的提案能得到一些附議，輪到她發言的時候，她概略地描述了彈性工時的做法，然後暫停下來等候聽眾們的反應。

很快地，黛安的提案就得到了反應，有好幾位旅遊經紀贊同她的意見，他們認為這個方法可以讓他們有時間處理自己的事情，而不需要拜託其他同事替自己代班。他們認為這樣一來既可以有效地利用時間，也不會損害到他們對客戶的服務。有些經紀投反對票的部分原因是，他們擔心以後偶爾得負責接待工作，這樣會貶低自己的地位，而且他們喜歡朝九晚五的工作型態，覺得沒有必要改變工時。接待員並沒有發表什麼意見，黛安也不知道他們是怎麼想的。

最大的阻力來自於兩位督導，他們所想到的全都是他們得花大部分的時間來規劃工作時間表，他們就是覺得這樣行不通，尤其每到旅遊旺季時，要安排星期六和平常晚上的工作時間就已經夠叫人頭大了。

從頭到尾，伯狄先生只是安靜地坐在一旁聆聽大家的討論，沒有人知道他的意見是什麼。接近營業時間的時候，伯狄先生宣佈會議結束，並且答應第二天早上再繼續討論這件事情。

- 彈性工時問題中有哪些不同的要素？請辨別它們是屬於品質問題或接受度問題？
- 有哪些方法可以解決問題中的要素？
- 伯狄先生該如何處理各種解決方案？

參考書目

Adams, J. L. 1974: *Conceptual Blockbusting: A Guide to Better Ideas.* San Francisco: Freeman.

Cohen, M. D., March, J. G. and Olsen, J. P. 1972: A garbage can model of organizational choice. *Administrative Science Quarterly*, 17, 1–25.

Cosier, R. A. and Schwenk, C. R. 1990: Agreement and thinking alike: Ingredients for poor decisions. *Academy of Management Executive*, 4(1), 69–74.

Etzioni, A. 1967: Mixed scanning. A third approach to decision making. *Public Administration Review*, 27, 385–92.

Garland, H. and Newport, S. 1991: Effects of absolute and relative sunk costs on the decision to persist with a course of action. *Organizational Behavior and Human Decision Processes*, 48, 55–69.

Garland, S. B. 1990: This safety ruling could be hazardous to employees' health. *Business Week*, February 12, 34.

HR Magazine 1997: Managerial promotion: The dynamics for men and women *HR Magazine*, April, 85.

Janis, I. L. 1972: *Victims of Groupthink.* Boston: Houghton Mifflin.

Janis, I. L. and Mann, L. 1977: *Decision Making: A Psychological Analysis of Conflict, Choice and Commitment.* New York: Free Press.

Kahneman, D. and Tversky, A. 1979: Prospect theory: An analysis of decision making under risk. *Econometrica*, 47, 263–91.

Kelley, H. H. and Thibault, J. 1969: Group problem solving. In G. Lindsey and E. Aronson (eds), *Handbook of Social Psychology*, vol. 4. Reading, MA: Addison-Wesley.

Maier, N. R. F. 1963: *Problem-Solving Discussions and Conferences: Leadership Methods and Skills.* New York: McGraw-Hill.

Maier, N. R. F. 1967: Assets and liabilities in group problem solving: The need for an integrative function. *Psychological Review*, 74, 239–48.

March, J. G. and Simon, H. 1958: *Organizations.* New York: John Wiley.

March, J. G. and Weissinger-Baylon, R. 1986: *Ambiguity and Command: Organizational Perspectives on Military Decision Making.* Marshfield, MA: Pitman Publishing.

Miller, D. W. and Starr, M. K. 1967: *The Structure of Human Decisions.* Englewood Cliffs, NJ: Prentice-Hall.

Mintzberg, H. 1975: The manager's job: Folklore and fact. *Harvard Business Review.* July–August.

Moorhead, G., Ference, R. K. and Neck, C. P. 1991: Group decision fiascoes continue: Space shuttle Challenger and a revised groupthink framework. *Human Relations*, 44, 539–50.

Myers, D. 1982: Polarizing effects of social interactions. In H. Brandstetter, J. Davis and G. Stocker-Kreichgauer (eds), *Group Decision Making* London: Academic Press, 125–61.

National Aeronautics & Space Administration. 1986: *Report of the presidential commission on the space shuttle Challenger accident.* June 6, US Government Printing Office.

Osborn, A. F. 1957: *Applied Imagination.* New York: Charles Scribner's Sons.

Senge, P. M. 1994: *The Fifth Discipline.* New York, Currency Double day.

Sharp, D. J. 1997: Project escalation and sunk costs: A test of the international generalizability of agency and prospect theories. *Journal of International Business Studies*, 1, 101–12.

Shull, F. A., Delbecq, A. L. and Cummings, L. L. 1970: *Organizational Decision Making.* New York: McGraw-Hill.

Simon, H. A. 1957: *Models of Man.* New York: John Wiley.

Simon, H. A. 1976: *Administrative Behavior: A Study of Decision Making Processes in Administrative Organization.* 3rd edn. New York: Free Press.

Simon, H. A. 1977: *The New Science of Management Decisions*, 2nd edn. Englewood Cliffs, NJ: Prentice-Hall.

Staw, B. M. 1981: The escalation of commitment to a course of action. *Academy of Management Review*, 6, 582.

Staw, B. M. and Ross, J. 1987a: Knowing when to pull the plug. *Harvard Business Review*, (March–April), 68–74.

Staw, B. M. and Ross, J. 1987b: Behavior in escalation situations: Antecedents, prototypes, and solutions. In L. L. Cummings and B. M. Staw (eds). *Research in Organizational Behavior*, vol. 9, Greenwich, CT: JAI Press.

Vroom, V. H. and Yetton, P. W. 1973: *Leadership and Decision Making.* Pittsburgh: University of Pittsburgh Press.

Weick, K. E. 1993: The vulnerable system: An analysis of the Tenerife air disaster. In K. H. Roberts (ed.) *New Challenges to Understanding Organizations.* New York: MacMillan Publishing Co., 173–98.

Whyte, G. 1986: Escalating commitment to a course of action: A reinterpretation. *Academy of Management Review*, 11, 311–21.

Whyte, G. 1989: Groupthink reconsidered. *Academy of Management Review*, 14, 40–56.

Whyte, G. 1991: Diffusion of responsibility: Effects on the escalation tendency. *Journal of Applied Psychology*, 76, 408–15.

第十二章

文化：國家文化與組織文化

Hofstede 的國家文化模型

文化差異對組織的影響

組織文化

組織文化的類型

組織文化中一些特別的例子

課前導讀

　　由於本章在於討論文化對組織頗為重要的兩個層面，因此，在你準備功課時，要作兩件事情：第一，討論國家文化的不同，將如何影響組織的運作。最簡單的方式，就是找個你認識的外籍同學談談，利用下列問題，釐清其母國的職場如何處理這些狀況：

1. 員工對自己的工作，擁有多少控制權？
2. 員工如何與領班或經理人打交道？
3. 低階經理人有沒有許多晉升機會？

　　第二，藉由回溯自己的工作與學習經驗，來瞭解組織文化如何影響發生在組織內部的事。

1. 列舉在這些工作中，文化或氣氛的不同。
2. 比較這門課程的師生，與其他課程師生的差異。

342　　　如果你到某地工作，卻無法瞭解當地文化的基本價值觀，可能會招致災難。例如，如果你要去越南做生意，你可能會希望先僱用一個雙親在越戰時赴美，自己在美國成長，會講越南話的顧問。即使條件不盡然如此，但你會希望你的顧問會講越南話，熟悉越南的風俗民情。就像許多美籍外裔人士一樣，甫來美國的雙親，會盡力將母國的部份文化，傳遞給在美國土生土長的子女。

　　　這正是美國兩家大型的國際企業，要進入越南市場時的企圖，這兩家企業其一來自油品產業，另一個則出自食品產業。他們的中高層經理人中，有好幾個表現優秀的越南僑民Viet-Q（越南人就是如此稱呼持有外國護照的越南人），這些Viet-Q都出自名校MBA，例如哥倫比亞大學、密西根大學、華頓學院與史丹福大學。整件事看起來很合理：用語言能力良好，熟悉風俗習慣的員工，去談判貿易條件，可以使他們的公司在全世界成長最快速的南亞世場中，佔有一席之地。

　　　各家公司派這些受過美式訓練，最頂尖、最聰明的Viet-Q，擔任語言、風俗民情的翻譯者，高階經理人授權他們為與當地政府交涉的代表。不幸的是，河內的政府官員卻憎恨這些Viet-Q。這種憎恨，部份源自Viet-Q的富裕以及西化。因為這些Viet-Q，無論在政治或文化上，都與越南的發展漸行漸遠。Viet-Q是在美式政治、亞當史密斯、西方政治思想的環境中成長。然而，越南本地人受的訓練，則偏向以馬列著作為基礎的社會主義思想。至少從越戰之後，這些價值觀就深植於越南的文化中。此外，Viet-Q在越南人的心目中，是臨危棄國的投機者，現在才想回到越南，為「美帝」奪取利益。這些因素，都讓這兩家企業在進入越南市場時，遭遇不少困難。

　　　這個例子，讓我們對文化在企業之海外拓張的影響，有了個初步且明晰的印象。但最重要的是，這一類問題在今日已經比二十世紀初還要普遍。例如，在美國，十萬家以上的企業，投入了超過一兆美

金，參與全球性的商業冒險。五分之一的美國員工，爲擁有海外版圖
的企業工作（Solomon, 1998）。例子之一就是高露潔（Colgate
Palmolive），它有三萬五千名員工，所產生的八十億美元營業額中，
百分之七十是來自於在194個海外國家的銷售（Anfuso,1995）。這意
味著，這家公司的利潤，有40％以上，來自總公司在海外各地的佈局
（Solomon,1997）。

　　廣義來說，文化意指人們生活、居住的社會環境背景。它影響了
工作組織的本質，以及個人對世界的認知及回應方式。文化是……

　　　　思考、感覺、反應的模式，主要以符號象徵來獲得與傳遞，
　　代表人類族群中的特殊成就，包括工藝品的具體化。文化中最重
　　要的核心，包括傳統、觀念、所有的價值觀（Kluckholn and
　　Strodtbeck, 1961）。

　　　　一種心靈的集體化軟體，可以區分出某個人類族群跟另一族
　　群的不同。若將人類視為一集合性的個體，文化即是該個體的性
　　格（Hofstede, 1980a）。

　　國家文化來自一國之內，人人都必須試著調適其差異的眾多力
量，這些力量源自一國的歷史、地理、資源、氣候、以及其他因素
（Hofstede, 1980a）。從這些因素顯現出來的，就是一套主流的價值觀
與信念，並在社會中左右人們的行爲、促進彼此的關係。這些因素是
如此的基本，以至於他們的存在與效果，幾乎不被它的成員所察覺。
這種隱而不見的特點，使得文化的力量強而有力；它在不被察覺的情
況下，驅策著人們的行爲、知覺與判斷。例如，在十七、十八世紀，
歐洲人開始赴美定居時，他們發現的是幾乎無限的資源和土地。他們
可以舒展，可以只考慮自己、可以盡情浪費資源。而日本人呢？先天

343

343

344

全球化焦點：中國社會的文化價值觀

國際間的貿易往來中，了解對方的文化價值觀，是非常重要的部分。美國企業經常發現，對地主國文化的不甚瞭解，會影響跨國事業的成敗。若要試圖瞭解另一文化的管理策略，應該以有其結構的信念、當下的世界觀、和社會關係為基礎。目前正在全球市場快速竄紅的中國大陸，正是一個便於解說此點的實例。中國文化，涵括了下列的文化影響：包括儒家思想、家族思想、群體取向、中國人的生活理想，以及中國人的特性。

儒家思想，將人與人之間的關係，以五種美德來定義：

1. 人性／仁心（仁）
2. 正直的（義）
3. 恰當的行為（禮）
4. 智慧（智）
5. 值得信賴（信）

第二個焦點，則是廣為接受的階級關係：

- 君臣
- 夫婦
- 兄弟
- 朋友（地位相近者）

這些關係，為中國井然有序的官僚體系，以及敬老、儀式、喪禮、商業關係，建立了穩定的基礎。

　　家族思想，則構成了中國社會的基本單位。在家庭中，每個人都扮演了儒家學說所定義的一項角色，這種重要性，甚至擴大到雇主與員工間的關係，也被視為家族關係的一種，每個人的工作和家族都密切相關，僱主應該提供員工居所、醫療照顧、乃至教育。

　　在中國，群體取向意指：因為有群體利益，個人才有存在之意義。個人的身分認同，似乎是由周遭人士來下註腳。成員以接受團體目標，來交換群體的照顧。也許，與美國文化兩相對照之下，在中國，社會性需求遠較個人需求重要。

　　中國人的理想生活，強調的是家庭與社會完美平衡後的簡約生活。這個理想強調自然與簡約，以及所帶來的無憂無慮、自足、不慌亂。

　　中國社會的特性，就像我們所謂的心智「成熟」，來自對人我關係之洞察。

　　中國人的理想生活和相關的思考模式，對企業的經營方向有很深的影響。想在中國發展跨國事業的美國企業，應該對中國文化的這些機制，有適當的認識。這些公司，必須對各種管理與談判風格，保持開放的心態。

資料來源：改編自Elizabeth Campanelli-Johnson，發表在Xing（1995）。

環境中，適合開墾耕種的土地很少，天然資源也有限，因此他們必須以結構化的群落團結在一起。以水稻的種植為例，建造大規模的灌溉系統必須仰賴眾人的合作，因此他們必須以較節省的方式，運用資源

來建築家園、取得糧食。在美國，耕種方式可能就大不相同，即使農事還是需要人手，但大部分的工作可以在一個家庭的人力限制內完成（Hofstede, 1980a）。

一個國家的主流價值觀，我們稱之為國家特徵，或模式性格（Hofstede, 1980a）。模式性格指在社會中主流性格取向的同質性與強度，這也是社會化的結果。社會化的定義是，社會將基本價值觀與信念灌輸給其成員的過程。這些價值觀與信念，成形於個人生命的極早期，也是社會控制的基礎（因為這是大多數社會成員所接受的）。在社會化過程所獲得的各種價值中，工作、對權力的反應、權力傾向，是較重要的幾項價值觀。

345 突顯文化特徵的方式

突顯文化特徵的方式非常多元，也許最常見的方式就是，以文化的刻板印象來進行思考。想想，提到以色列人、土耳其人、法國人、英國人時，我們都會在心中浮現所有相關的圖像和概念，這些圖像和概念反映的正是：我們相信他們就是這樣的人。有一個有趣的文化分類方法，和刻板印象略有不同的，就是使用文化隱喻（Gannon, 1993）：以某個文化中的情境或事件，來捕捉並釐清文化的基本要素。例如，我們可以用「管絃樂團」來形容德國，這不僅是因為德國是坐擁最多管弦樂團的音樂之鄉，也因為這個國家的運作方式，與管絃樂團非常類似。管絃樂團非常重視一致性與規則的建立，並期待每個人為整體的利益而努力。德國的企業，就像管絃樂團一樣，偏好強勢的領導，但在實行強勢的領導時，應該以大量的授權以及給下屬做決定的方式來執行。歌劇是義大利的隱喻，因為義大利是一個可以經

常強烈感受戲劇與情感的國家。其他的文化隱喻則包括了，日本的花園、土耳其的咖啡屋、以色列的集體農場。

Hofstede 的模型

在研究文化對組織與工作的影響方式上，最重要的模型，也許是 Hofstede 的文化模型（Hofstede,1980a,1981b,1992）。這個模型概括描述了文化的五個面向，包括態度與行為、組織管理、社會常規，如結婚、葬禮、以及信仰儀式：

1. 對不確定性的迴避
2. 權力距離
3. 個人主義v.s.集體主義
4. 男子氣概v.s.女子氣質
5. 長期與短期的思考模式

在某些文化中，人們面臨高風險與模糊不清時，會特別不自在；而某些文化則較有冒險的傾向。**不確定性的迴避**較高的社會多半偏好規則，也喜歡在可預期的情況中運作；相對的，他們不喜歡曖昧情境。有高度迴避不確定性的人，偏好穩定的工作、有保障的生活、避免衝突，對於反常的人與想法有較低的容忍度。日本在對不確定性的迴避上，較美國的得分為高，但兩者的得分都大於瑞典。例如，這就代表日本比美國更不能容忍行為的超常，相對下，瑞典則是極具包容性的社會。日本大多數的教育與訓練規劃，都著眼於學習各場合的慣例行為，包括如何鞠躬，如何吃某種食物，在葬禮中如何進退……等社會習俗，有句諺語正可說明日本社會不喜歡突出顯著的心態：「豎立的釘子被鎚打」（Ferraro, 1998）。

346

　　在一些不確定性的迴避較低的國家，如美國，對規範的接受較低，比起德日等在不確定性的迴避上高得分的國家來說，他們對於權力人物的期望之一致性也較低（Brislin,1993）。遲到和缺席這種事情，在日本比在其他國家重要，而瑞典則較能接受不確定性。

　　權力距離意指文化中的權力與地位之差異。有些國家接受不同社會階級或職業階層成員之間，權力與職權有高度差異；但其他國家則否。例如，法國的權力距離相當高，然而以色列和瑞典就很低。在以色列和瑞典，工人團體對工作分配與工作條件有相當高的要求，同時也具有實際權力（Cole, 1989; Adler, 1997）。法國經理人則很少跟下屬有社交性互動，也不希望和他們協商工作的分配。一位在美國公司實習的法國MBA學生的經驗，說明了法國的權力距離意識。在美國公司實習的第一天，她驚訝的發現一些員工直呼經理人的名字，甚至還一起討論週末上哪去。她覺得，這種情況幾乎不會發生在法國企業。

　　權力距離的落差，還有其他的影響。例如，在低權力距離的國家，如美國，有權力的人，可能受到權力低的個人或團體逼迫，而離開他的職位（Brislin, 1993）。1998年11月，Newt Gingrich遭受黨內同志的攻擊，不得不黯然辭去美國眾議院的發言人職位。這種情況，在高權力距離的國家，就不可能發生。在低權力距離的國家，個人與上司若意見相左，感受到的不自在或壓力也較輕。在香港（一個高權力距離的國家），低層者受高層羞辱時，比起在美國（低權力距離）的同樣情況，前者的難受程度會輕一些。

　　個人主義v.s.集體主義意指面對議題時，所偏好的是採取個人行動，還是集體行動。在文化偏向個人主義的國家，如英、美、加拿大，人們對自身需求、顧慮、利益的強調，通常更甚於團體或組織的需求、顧慮以及利益；然而，在偏向集體主義的國家，例如日、台等亞洲國家，情況則恰好相反。在一個集體主義的國家，個人必須與團

體成員互動，我們很難看到「個人」的存在，只能從和這個人有關的團體中，看到其存在與身份（Brislin, 1993）。因此，在造訪一個集體主義的國家時，帶著詳細記載所屬組織與頭銜的名片，會非常有用。

通常，在集體主義的國家裡，若認為某項決策有益於組織，就不再考慮當事者的個人需求。例如，員工可能被任意調派到其他的工作地點，無論這種調派是否會影響到員工的個人或家庭。曾經有位來自台灣的經理人，獲選至美國修習MBA課程，這並不是出自個人意願。後來，他的妻子難產、新生兒在生產過程中死亡，總公司仍不允許他回台灣探視，他被告知的是：公司的利益不允許他這麼做，而且他也應該學習承受這種情況。

這種傾向也會影響工作行為。例如，在個人主義的社會，如美國，當工作是被指派給團體而非個人的時候，個人會有逃避怠惰的傾向。這種傾向在台灣這種集體主義的國家是不會發生的（Grabrenya et al., 1985）。

男子氣概—女子氣質意指男子氣概的刻板印象（如積極進取與支配）與女子氣質的刻板印象（如同情、移情作用、開放的情感）受到強化的程度。高度男子氣概的國家，如日本、德國與美國，傾向於較為性別分化的職業架構，某些工作幾乎都是女性的專利，而某些工作則非男莫入，在工作中也強調成就、成長、以及挑戰（Hofstede, 1980a, 1980b），在這些文化中，人們較為獨斷，不那麼關切個人的需求與感受，關心的是工作表現而非工作環境品質。在一些高女子氣質面向的國家，如瑞典與挪威，較強調工作環境、工作滿意度以及員工參與。

長期與短期的思考模式反映的是文化對於未來的看法。短期取向的國家，是一種西方文化的特質，認為當下比過去更為重要，關心社會義務的履行。長期的思考模式，則是多數亞洲國家的特質，著眼未

347

來，相信節儉、儲蓄與永恆。在長期取向的國家，計劃有很長的時間
範圍。公司願意在員工的訓練與發展上做大量的投資，有長期的工作
保障，且升遷的速度緩慢（Ouchi, 1981; Jackofsky et al., 1988）。企業
也希望與供應商和顧客發展長期的關係（Adler, 1991）。

國家群組　有類似模式性格、語言、地理環境以及信念的國家，
可納入所謂的**國家群組**，如表12.1所示。盎格魯群組的權力距離介於
348　低度至中度間，對於不確定性的迴避是低度到中度，對於男子氣概與
個人主義的程度是高度。拉丁國家則顯示高度的權力距離偏好、高度
的不確定性迴避，高度的男子氣概程度，但對於個人主義，拉丁美洲
較拉丁歐洲的得分較低。

　　然而，在每個群組裡，仍然存在著顯著的差異。有人說過，英國
與美國是被相同語言隔離的兩大民族（Hall, 1969），空間的使用方式
是這兩個國家的差異之一，在美國，家與辦公室的位置，是地位的重
要線索；在英國，社會階級才是重要的因素。另一個不同則是隱私權
的尋求。一個想要獨處的美國人會移駕另一個房間，用門把自己和其
他人隔開；英國人則多半非常安靜，即使他人在場亦然。

文化差異對組織的影響

　　文化對組織與組織文化的影響，有幾種重要方式。例如，權力距
離的落差，可用以預期下屬和高階經理人不同的互動方式。以以色列
爲例，這是一個高度不確定性迴避、低度權力距離的文化，這使得有
349　效的組織運作會傾向於清楚的角色定義與程序，而非積極的使用科層
組織（Adler, 1991）。在不確定性的迴避與權力距離兩項得分皆高的國
家，如墨西哥，傳統家庭則是組織的模範，高階經理人就像一個擁有

表12.1 以文化分類的國家群組

盎格魯團體
　　澳洲、加拿大、愛爾蘭、紐西蘭、南非、英國、美國
阿拉伯團體
　　阿布達比、巴林 、阿曼、阿拉伯聯合大公國
遠東團體
　　香港、印尼、馬來西亞、菲律賓、新加坡、越南、台灣、泰國
德國團體
　　奧地利、德國、瑞士
拉丁美洲團體
　　阿根廷、智利、哥倫比亞、墨西哥、祕魯、委內瑞拉
拉丁歐洲團體
　　比利時、法國、義大利、葡萄牙、西班牙
近東集團
　　希臘、伊朗、土耳其
北歐集團
　　丹麥、芬蘭、挪威、瑞典
獨立文化
　　巴西、印度、以色列、日本

資料來源：改編自 Ronenm 與 Shenkar（1985）

高度權力的家庭領導人，員工則以忠誠作為受保護的回報，組織就像一座層次嚴密的金字塔，擁有平行而非垂直的溝通管道（Adler, 1991）。

　　管理理念與文化　文化的差異，也會反映在管理理念上。例如，Laurent（1986）如此分析美國某跨國企業不同國籍的經理人：

　　　　德國的經理人，與其他國籍的經理人比起來，更相信原創性對工作的重要。在他們的心中，成功的經理人擁有正確的個人特質。他們的願景是理性的：他們將組織視為擁有決策所需之專業能力與知識的個體，所組成的合作網路。

英國的經理人對於組織，則採取一個較人際觀點與主觀的看法。對他們來說，搞清楚該做什麼、讓自己的工作成果清晰可見，是個人職涯成功的關鍵。基本上，他們將組織視為個人經由溝通與協商影響其他人，以完成工作的關係網路。

法國的經理人則將組織視為權力網路，在其中控制成員的權力，來自於他們在階級制度中的職位。他們將組織視為一個取得、處理權力的階層式金字塔。法國的經理人認為，有效地管理權力之間的關係，以及使系統運作的能力，才是成功的關鍵。

如果我們試圖將在某文化下可運作的經營理念，移植到另一個國家，可能會產生許多複雜的狀況。例如，在1990年代初期，日本鋼鐵有一位派駐義大利多年的Hayo Nakamura先生，獲派到Ilva擔任高階主管，Ilva是義大利的國營鋼鐵集團，在獲利與生產上都有嚴重的問題。他的派任之特別令人矚目，是因爲他正是第一位在義大利大型國營事業體系擔任高階主管的外國人。他上任後，提出的促進績效方案，就是引進日本的管理方式，增加員工參與、實施「品管圈」、推動組織扁平化。在幾個月之後，Nakamura對績效的改善情況並不滿意，他開始向員工宣導「公司就是你們的家」的理念－這是一種非常日本式的方法，但不是義大利式的方法。

350

倫理專題：不同的文化，不同的倫理道德

在企業裡，倫理的問題非常複雜，特別是與文化相關時尤然。例如，在任何國家，僱用合約都會受到當地法律和文化的限

制，這樣的限制，再加上跨國集團總部的母國文化之影響後，會
與事先設想的大不相同，類似的情況，就曾發生在兩家跨國企
業：耐吉與美黛兒。

美黛兒是一家玩具公司，耐吉是一家運動用品公司，他們的
生產設備多半在海外，特別是亞洲。即使大多數的生產都交由其
他廠商代工，而且符合當地的法律和倫理標準，但因為這些標準
並不合乎美國的標準，因此這兩家企業在美國本土受到嚴重的批
評。評論包括不當使用童工，因為童工在中國與越南的每日工資
為1.6美元，在印尼則連1美元都不到，但這些地方至少要3美
元，才能達到最低的生活水準。即使後來耐吉調整了童工政策，
但評論家仍咬住其工資政策不放。

美黛兒在經歷工資以及童工問題的嚴重壓力之後，對世界各
地的承包商三令五申，必須維持最低工資水準，同時也禁止僱用
童工。為此，公司甚至結束了與某些代工廠商的合作關係，因為
印尼的廠商不願意確認員工的年齡，而中國廠商則拒絕達到工安
水準。

這些問題的起因都非常單純：何謂適當的工資與工作環境，
每個國家都有不同的概念。某文化視為正確的，可能從其他文化
的角度來看，卻是一個大問題。當高階經理人必須同時符合這些
不同的標準時，問題就會發生，尤其在成本考量下，不得不與低
成本的代工廠商合作時尤然。經濟與正義間，會產生嚴重的衝
突，然而，這兩個因素都源自文化的定義（McCall, 1998）。

組織設計　表12.2顯示文化面向影響組織架構的方式。例如，高權力距離，意味著對於強勢的權力組織系統、高地位差異的接受程度較大，而且願意接受上司的命令。因此，在墨西哥、委內瑞拉、巴西……等國家，組織的中央集權程度較高，擁有較多的組織階層與經理人，在其薪資結構中，白領階級與專業工作獲得了不成比例的高度重視。

領導能力與管理風格　在管理與領導風格上，當然也有文化的差異（Child, 1981）。例如，在德國與法國，領導風格與控制都有集中的傾向，德國的經理人希望得知任何事情的進度，他們對於下屬較不關心；法國的經理人，則將他們的工作視為一個需要密集分析的智慧活動（Beyer, 1981），他們重視也擅長數量分析與策略規劃，此外他們認為大企業領導人必須非常聰明，他們對聰明才智的強調，在徵才廣告中即顯而易見，例如，對管理職的要求，完全不會將動機與幹勁放在首位。法國人理想中的經理人，必須具有分析能力、獨立、智慧、剛強。他們對於智慧的偏愛，遠過對行動的重視。法國人不像盎格魯薩克遜人，在管理上，他們並不特別強調人際與溝通技巧……等特質。在英國，經理人則較常授權與分權，他們與德國人不同，他們較關心下屬，同時，他們只希望被告知例外事項。美國經理人則傾向努力型和解決問題導向。斯堪地那維亞的經理人則偏好意見的一致性。各地的經理人，解決問題的方式各有不同，美國經理人較直接，他們會給你行動計劃，歐洲人則對問題會有較策略、理論性的看法。

激勵策略的效果　組織在某個文化中，能激勵員工的方法，可能因為價值觀與偏好的差異，無法在另一個文化中運作。例如，一個版圖橫跨46國，員工超過兩萬人的美國大型企業，就感受到了員工的偏好差異（Sirota and greenwood, 1971）。

表12.2　不同國家的組織特色與文化價值觀　　　　　　　　351

低　　　　　　　　權力距離構面　　　　　　　　高	
（澳洲、丹麥、以色列、挪威、 　瑞典）	（巴西、印度、墨西哥、菲律賓、 　委內瑞拉）
• 較不中央集權	• 較中央集權
• 較爲平坦的組織金字塔	• 較高的組織金字塔
• 較少的督察人員	• 較多的督察人員
• 較小的工資差距	• 較大的工資差距
• 在架構中，手工和智力的工作受到相 　同的重視	• 在架構中，白領階級的工作較藍領階 　級的工作受到重視

低　　　　　　　　迴避不確定性構面　　　　　　　　高	
（丹麥、印度、瑞典、英國、美國）	（法國、希臘、祕魯、葡萄牙、日本）
• 較少結構性的活動	• 較多結構性的活動
• 較少文字化的規定	• 較多文字化的規則
• 較多的通才	• 較多的專家
• 變異性高	• 標準化
• 較願意冒險	• 較不願意冒險
• 較少儀式性的行爲	• 較多儀式性的行爲

低　　　　　　　　個人主義—集體主義構面　　　　　　　　高	
（哥倫比亞、希臘、墨西哥、台灣、 　委內瑞拉）	（澳洲、加拿大、尼德蘭、英國、美國）
• 組織就是「家庭」	• 組織較與個人無關的
• 組織保護員工的利益	• 員工保護自己的利益
• 運作是以忠誠、責任感、群體參與爲 　基礎	• 組織的經營鼓勵積極進取

低　　　　　　　　男子氣概—女子氣質構面　　　　　　　　高	
（丹麥、芬蘭、瑞典、泰國）	（澳洲、義大利、日本、墨西哥、委內瑞 拉）
• 性別角色最小化	
• 組織不介入人們的私人生活	• 性別角色被清楚的定義
• 較多婦女從事勝任的工作	• 組織可能會介入保護成員的利益
• 柔軟的、柔順的、直覺的工作技巧較 　受讚賞	• 較少婦女從事勝任的工作
• 社會性報酬受到重視	• 積極、競爭性、正義較受讚賞
	• 工作被看做是生活的中心

短　　　　　　　　長期與短期思考模式構面　　　　　　　　長	
（法國、俄羅斯、美國）	（香港、日本）
• 短期焦點	• 強調長期的策略
• 組織的社會化留給社會處理	• 對於組織的社會化有正式的計畫
• 重視協商的結果	• 重視協商的過程

資料來源：改編自 Jackofsky et al.（1988）與 Child（1981）

352

- 英語系國家，強調個人的成就，甚於安全與保障。
- 法語系國家與英語系國家相比，傾向將重點放在工作保障，而非挑戰。
- 在北歐國家，休閒時間是重要的，重視員工需求甚於組織需求。
- 拉丁國家，德國與南歐國家較重視工作保障與附加的福利。
- 日本員工最在意的則是優質且和善的工作環境。

溝通 要讓來自不同文化者，進行有效溝通，其實並不容易，因為人們有不同的價值觀，因此也有不同的領會。而且，人們對文字的意義，並不總是有一致的看法，表達方式也五花八門，Ferraro（1998）舉了一個例子：

> 在東方文化裡，有許多不同的說「不」的非語言方式，絲毫不需用到這個字。當然，這使得美國人跟日本人溝通的時候，產生很多誤解。舉例來說，日本人的日常對話大量使用的「嗨」（是的），並不一定代表同意，多半時候的意思是，他們瞭解你說的話。

你也不應該因此認為，使用同一語言的國家群之間，就沒有溝通的困難。例如，雖然英文幾乎是全球最通行的語言，但是，這並不代
353 表美國人在其他國家只要碰到可以講英文的人，就可以把情況處理得很好。這個誤解忽略了價值觀、感知、修辭、溝通方式等差異的重要性。舉例來說，德國人的溝通方式相對於法國人來說，是較為緩慢與深思熟慮的，因此他們的決策速度較慢。日本人則不願意在其他人面前開誠佈公，而法國人較願意表現出衝突矛盾（Ting-Toomey, 1991）。研究顯示，美國人的態度最有民族優越感（Hall and hall,

1990）。他們傾向於不全然置信從其他國家來的人所說的話。例如，1980年代晚期，AT&T和一家義大利的電腦生產廠商Olivetti合併，因為AT&T想要強化電腦生產的能力。這項合併後來之所以失敗，是因為AT&T派駐義大利的經理人往往認為自己對，把錯都推給義大利人。

組織文化

感受國際文化最好的方式，就是離開自己的國家到另外一個國家。同樣地，從一個組織到另一個組織時，也是感受組織文化差異的良機。原因是，就像國家一樣，在同一個文化裡的組織，也會有不同的文化。**組織文化**就是存在於每個特定組織、分支機構裡的思考、感覺、反應……等模式，也就是組織獨特的「心理運作程式」（Hofstede et al., 1990）。

構成組織文化最明顯、最普遍的力量，就是國家特徵與文化價值觀，這包括了個人自由、對人性的看法、對於行動的取向、權力距離等等（請參見原文頁碼第345-8）。此外，還要加上其他外在的影響力，如這個社會的自然資源、歷史，這些外部因素，都是組織很難控制的部份。最後，對於組織本身來說，最直接的文化影響，就是組織本身的因素。因此，兩個位於同一國家的相似企業，即使受到相同的國家文化影響，這兩家企業的個別境遇，也會導致組織文化上的差異。例如，新力公司（Sony）和日本最高齡的松下（Mitsui）商社，就有不同的組織文化。這部分是因為，新力成立的時間，比松下晚了大概三百年，經濟和文化情況都大不相同。新力不能像其他公司一樣，依賴從學校或大學裡直接招募來的有能力的員工，因為它立即需

要有經驗的經理人與專家。因此，它向其他企業挖角，這在日本大型公司裡，實屬罕見。

354　　　組織文化是**模式組織性格**的直接反應（Hofstede et al., 1990），模式組織性格指的是，在組織內部，特定性格傾向的同質性與強度，由下列四個因素決定：

1. 個人在社會化的過程中發展出價值觀，以適應社會的各種組織類型。
2. 甄選過程中，篩掉「不適合」的人選。對雀展中選者，組織又以社會化改造了他們。所以，組織開始發展出性格上的同質性（Etzioni, 1963）。
3. 組織內的酬償，選擇性的再強化了某些行為與態度。
4. 升遷的相關決策，通常把候選人的績效與性格併同考慮。

還有某些組織因素，會影響組織文化，如公司所屬的產業特徵即是其一。在同一產業的公司，有相同的競爭環境、相同的顧客要求、相同的法律、社會期望（Gordon, 1991）。例如，直銷組織通常有獨特的文化，例如，玫琳凱化妝品、安麗、Tupperware……等公司，雖然沒有明文制定徵才標準，但他們不鼓勵經銷商之間的競爭、對經理人的規範很少、強調即時的領袖魅力而非理性的領導風格，同時，他們都鼓勵員工的配偶及小孩，參與他們的銷售活動（Trice and Beyer, 1984）。

組織歷史上的重要人物，也是非常重要。我們從研究中，已經看出組織創始人或重要經理人對公司的長期效果，如比爾蓋茲之於微軟，亨利福特之於福特汽車，還有玫琳凱之於玫琳凱化妝品。他們做了什麼？就是在他們開始營運的早期，就建立非常堅強的高階管理團隊，即使創始人離開公司之後，還是能維持很多年的效力。

　　危機不但會在組織內，成爲口耳相傳的傳奇故事，甚至還會成爲員工價值觀與信念的參考點。例如，1984年，蘋果電腦面臨兩大困難，一是IBM的強力競爭，另一則是內部組織與技術上的難題。Steven Jobs於是在年度業務會議上，發表一場強有力的演說，並以高達天花板的超大螢幕強化演說效果。他向IBM挑釁的方式，公開地激勵了員工與通路商。事實上，蘋果電腦在財務、市場、產業技術上，都沒有改變，光是改變「組織本身及員工（以及競爭者、潛在客戶）對組織的看法，就夠了」（Pfeffer, 1992, p.287）。像這樣的事蹟，以及與Steve Wozniak同樣身爲蘋果電腦開山元老的身分，就讓Steven的形象，在公司內部屹立多年。

組織文化的多階層模型

　　一個多面向和多階層的文化模型，如圖12.1所示，是了解組織文化的一種方式。圖12.1顯示構成組織文化之因素的三個相關階層，正是始於主流派的基本價值觀。流派之所以能成形，就是爲了使某些價值觀能在公司內根深柢固。這些價值觀，構成了下一階層的基礎──組織文化的展現（這些因素─甄選與社會化、意識型態、神話傳說與符碼─稍後都會在這一章裡討論（原文書第357頁））。最後，對外人來說，只有在與該企業互動時，才能感受到其文化的實際影響力。這種思考組織文化的方式，可以幫助我們了解，爲什麼組織文化可以持久、強而有力、以及組織文化與甄選、社會化、酬償制度、甚至產品／服務之間的相互影響（Gagliardi, 1986）。

355

歧異性專題：企業文化與資深員工的結合

在美國人口中，55歲以上的比例已超過20%，這個比例在未來幾年內還會更高，即使除了年輕員工的比例下降之外還有其他原因，許多企業的年長員工比例也正在升高。麥當勞、家庭購物網路、AT&T、德州精煉公司等企業，已經開始順應這股潮流，讓年長員工順利的融入工作團體中。這些企業努力地掃除僱用年長員工的社會與組織障礙，並認真的嘗試創造一種尊敬長者、讓年長員工也發揮所長的組織文化。像這樣的支持性文化，應該具有那些特徵？

- 讓其他組織成員，了解年長員工的經濟貢獻。通常來說，一個成熟的員工（年紀大約也已五六十歲）在工作崗位上平均都已15年，他們的出勤率較其他年齡群的員工好、事故率低，因此人事成本（包括保健上的開銷）與其他年齡層相較之下較低。一般說來，成熟的員工有高度的可訓練性，也可以適應不同種類的工作。

- 某些情況下，為了年長員工的體力限制，必須調整工作內容。例如，某家醫院就規定，助理護士必須協助年長員工搬移病人、換床單等較費力的工作。

- 發展有利於年長員工的政策，包括彈性上班、半天工作的可能性。

- 維持不同年資員工的薪資公平性會非常重要，這能確保公司留住的不是次級員工。

- 若讓資淺經理人與年長員工一起工作，可幫助他們了解年長

員工因為不同的社會化過程，所產生的價值觀差異。例如，年長員工對權力、參與決策的價值、工作的意義……等，都有不同的看法。此外，年長員工通常非常重視工作，視其為一種責任、生活中重要的一部份。相對下，很多年輕人將工作視為達到目的的手段。

即使這種敬老文化在今日尚不普遍，但隨著潮流演變，年長員工的比例與重要性日漸增加，將使此種文化日漸廣泛。更何況，若企業希望符合顧客的需求，就必須聘用年長的員工。

資料來源：改編自（Solomon, 1995）

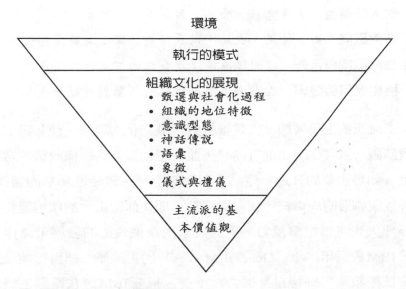

圖12.1　組織文化的多階層模型

356　## 主流派的基本價值觀

　　組織文化源自主導控制與權力之主流派的基本價值觀，也許始於企業創辦人，包括他認爲企業該做什麼、如何做、誰應該去做、如何與組織成員相處……等基本信念。重要人物的基本價值觀，正是**組織文化橫剖面**的基礎，也是評斷員工行爲、想法、態度正確與否……等的標準。形成組織文化認同的價值觀排序，與主流派的導向有關（O'Reilly et al., 1991）：

1. **創新與冒險**　*找新的機會、冒險、實驗、不被外在的政策與常規所限制。*
2. **穩定與安全**　*重視可預測性、安全，以及使用治理行爲的規則。*
3. **對人的尊重**　*表現寬容、公正、對其他人的尊重。*
4. **結果取向**　*對於結果、成就，以及行爲的關心與高度期望。*
357
5. **團隊取向與合作**　*以對等協調以及合作的方式共同工作。*
6. **積極進取與競爭**　*在市場中採取猛烈的行動對待競爭者。*

　　主流派的主要興趣，就是維持對組織文化的認同，使其與主流派的價值觀一致（Gagliardi, 1986），並合理化重要的組織政策、常規與決策（如最主要的升遷、產品或服務的選擇、策略性利基的選擇），這可以使聯盟的成員維持權力與控制。即使面臨重大的環境變化，高層經理人也可以維繫權力。美國幾家大企業最近的發展可以作爲例證，IBM與通用汽車（General Motors）的主流派，運用行銷企劃與工業技術策略，維持自身權力而不墜。只要IBM還在電腦主機的產業，即使個人電腦的技術有所改革，管理當局的權力結構仍然能維持

穩定與完整。在幾次嚴重的損失之後，Louis Gerstner取代John Akers
的位置，獲命扭轉IBM的劣勢，也就是要改變IBM員工思考模式與商
業經營方式，並改變企業內部的主流價值觀。通用汽車也發生了相同
的情況，在1980年代，在Roger Smith領導下的通用汽車，面對國外
廠商的競爭，失去了大部分的市場佔有率。Robert Stempel取代了
Smith的位子，也許因爲同樣出自主流派，也或許是因爲任期太短，
看不出有何建樹，最後董事會決定終止他的任期，從其他派系另尋一
個CEO。

組織文化的展現

主流派的基本價值觀，在甄選、社會化、組織的地位區別、意識
型態、神話傳說、語彙、象徵、儀式、禮儀等實務間，傳達出其概
念、意義、與訊息（Trice and Beyer, 1993）。這些元素有兩項目的，
傳達出兩層訊息。一是工具性／理性的；另一則是表達性／感性的。

- **工具性的意義**，將價值觀與信念，反映在組織內有形的事件，
  以及做事的方法。這種意義，廣泛地定義出產品／服務的性
  質、目標市場、品質理念、人事傾向、組織內的工作關係之性
  質、以及組織對各種利害關係人的一般性政策。
- **表達上的意義**，則意指同樣的要素對於成員之心理上以及社交
  上的意義與影響。「它們創造了一個象徵性的領域，並尋求保
  護其穩定……它們使這個團體能維持其集體認同，並對外界提
  供一可辨識的身份」（Gagliardi, 1986）。表達上的意義通常包
  括創造對於成員有重要意義的象徵，通常能讓人一眼認出與該
  組織有關。

358

　　我們可以從1990年代初期，Robert Horton上任英國石油公司CEO的例子中，瞭解工具性與表達性的意義與效果。前任者的粗劣決策，使公司發生困難（The economist, 1992）。Horton用以扭轉公司狀況的策略是改變組織策略、文化，以降低成本，減少管理階層，於是英國石油公司大舉擴張在美國的煉油與行銷業務，以超過77億美金的代價接管標準石油公司，並隨即在北海、墨西哥灣、哥倫比亞從事重大投資。為了降低成本，英國石油公司還裁員八千人。Horton致力於培養出一種強調協力與合作、員工賦權、減少官僚作風、強調全球化的組織文化。這些改變的工具性效果是：降低成本、一個簡便有效率的組織。這正是他想要的結果。

　　然而，其表達性效果，並不如Horton所預期。員工憎恨的並不是Horton想要開展出來的授權文化，而是單方面強制執行文化變遷。很多人覺得，這種文化變遷，是為了迎合外界公共關係上的偏好，而不是打從骨子裡想要改變英國石油公司的價值觀。由於縮減階層，他們覺得工作負擔過重，認為英國石油公司仍然是一個從上到下來管理的公司，並不覺得被授與了權力。

　　現在，我們按順序討論每一個組織文化要素：

- 甄選與社會化策略
- 組織的地位區別
- 意識型態
- 神話傳說
- 語彙
- 象徵
- 儀式與禮儀

　　組織會運用和組織文化一致的價值觀，來遴選與訓練員工。若能

導致受僱者符合組織文化的價值觀，結果將會是工作滿足的增加，組
織承諾的提昇，流動率也會降低（O'Reilly et al., 1991）。某公司曾試　359
圖發展強調團隊合作、承諾與合作的文化，當時，他們會在面試時詢
問求職者，是否曾經自願在消防部門服務，因為這種工作需要團隊合
作與貢獻的意願，也是該公司企求的兩項價值觀。在該公司，第一批
員工是以團體的方式進行社會化與訓練，很少個別進行，這是為了要
增加組織凝聚力。

　　階級區分，或**組織的地位區別**〔索引 12.17〕—在組織內被接受
的個人之間與團體在組織中的權力與地位關係—是合法的影響關係之
基礎，最顯而易見的就是層級。層級和組織階層的次序、以及相關的
職權與職責一致。

　　階級區別有各種形式。在某些組織中，某些職位的地位較高，甚
至會高於隸屬同一層級的其他職位。例如，在大學裡，教授有地位的
差別，如醫學系的教授與教育系的教授。我們可以看到，職業團體也
有類似的差別，例如擁有專業能力者，與專業能力較弱或背景不同者
一起工作時，亦非常明顯。地位高的團體擁有較多權力，而且較容易
得到資源。

　　任何組織文化的建構環繞著共享的**意識型態**（Trice and Beyer,
1984）—「緊密相關的一套信念，將人們結合在一起，並且以因果關
係向他們解釋他們的世界」（Beyer, 1981）。意識型態能夠幫助成員合
理化他們的決定。例如，在 1970 年代中期，重要的幾家美國汽車公
司，對小型車進口數量的成長及石油危機，並未及時反應。他們深信
沒有積極進入小型車市場的必要，因為到最後，他們的技術與管理優
勢仍會贏得市場。他們對此信念奉行不渝，即使面對種種不利證據，
他們仍不覺得應該為此辯解。

　　一個關於過去的**神話傳說**，可以用來解釋某些事情的起源與轉

換，並導致人們相信，某些技巧與行為是百分之百的正確。但是，事實上人們並沒有多少支持該信念的證據，擁有的只是對神話傳說的接受（Trice and Beyer, 1984）。當然，神話傳說有真有假，但都代表了組織世代接替過程中，傳承的重要事件或環境，並轉變成行動的基礎。組織文化中神話傳說的真實性並不重要，重要的是它能否傳遞組織的核心價值觀，能否使核心價值觀成為控制的基礎。

以艾科卡為例，在他領導之下，1980年代初期克萊斯勒從瀕臨破產，到1990年代，已儼然是汽車產業中的佼佼者。早在1960年代，他還在福特時，就已經儼然是意志堅定、高效能經理人的一代教主，英雄事蹟包括福特1960年代熱賣車款Mustang的設計，另一則是他乖謬的行事風格，舉例來說，他曾經在會議中途，因為認為某個傢伙的表現不佳，而當場開除他。當年他在福特時，已是一人（亨利福特二世）之下，萬人之上，這些事蹟正可宣揚其管理風格的堅定英明；但在艾科卡與福特二世因故鬧翻被解聘後，同樣的事蹟，就成了呈堂證供。

離開福特之後，艾科卡沒有任何工作，直到克萊斯勒發生破產危機，需要一個意志堅定的CEO為止。他在1979年獲聘。從產品組合的觀點來說，克萊斯勒是一個組織、財務雜亂的企業。一個關於艾科卡在克萊斯勒期間的故事提到，艾科卡上任後首先採取的大動作，就是公告他把自己的薪水從年薪35萬美金減為年薪1美金（雖然他仍然保有日後市價數百萬美金的股票選擇權）。此外，當UAW為爭取時薪提高到19美金而罷工時，艾科卡的選擇是：走入工廠直接跟員工對話。他告訴他們：「克萊斯勒沒有一小時19美金的工作，但我們有很多每小時17美金的工作。」即使他沒有給員工調薪，但員工卻因為相信艾科卡挽救了他們的工作而大受鼓舞。

每個組織都有其獨特的語彙，就像各國語言迥異一樣。組織成員

往往是最熟悉這套語彙的使用者。事實上，能夠合宜地使用語彙，就
能讓你得到接納。術語、俚語、手勢、信號、標誌、笑話、幽默和隱
喻，都是組織語彙的一部份，成員能用以傳達非常特定且清楚的意義
（Trice and Beyer, 1993）。解釋行為時，若用「對」了語彙，因為能恰
如其分地反映文化，因此也更容易被接受。例如，當年福特汽車風頭
正盛，福特二世卻親自開除艾科卡。面對艾科卡的質疑，據說福特先
生的回答是：「因為我不喜歡你」，每個在那裡工作的人都知道，也
永遠知道，即使福特已躋身美國最大企業，仍然受到家族緊密的控
制。員工們在流傳這個故事時，每個人都了解其原因所在：個人忠
誠。亨利福特所用的語彙，正說明了他的意識型態。

　　象徵指已與組織的意義產生連結的物件，包括職稱、停車位、特
別用餐室、辦公室大小、位置、設備以及其他的位置與權力（Pfeffer,
1981）。每個組織都有其獨特的象徵，而且深植於成員共同的意象
裡。例如廠長可能在工廠會議室裡放個圓桌，以企圖傳達人人平等的
觀念：沒有「首領」，每個人應該同等地付出。但通常還有其他更強
力的象徵同時存在：停車場的那個特殊保留位，是留給廠長一人的。

　　象徵可以區分出同階層不同的個人、團體的地位與權力差異。每
一個公司裡，都很容易從位置、辦公室大小與薪水差別，知道哪個副
總裁最重要。事實上，若有人希望獲得與同階層者不同的辦公室位置
與大小，就會在組織內造成某種驚愕。同樣的，當低階員工獲得高階
主管適用的象徵時，也會造成問題。

　　儀式是「精心製作、引人注目，經過計劃的一套活動。在一特定
場合裡，結合各種型式的組織表達方式。此等情境充滿了社交互動，
通常目的是為了某一群觀眾的利益。」**典禮**則是「儀式與情境或事件
結合的一個系統。」（Trice and Beyer, 1984）和象徵與神話傳說一
樣，儀式與典禮以動作與互動傳遞重要的文化意義。以下我們討論幾

361

項重要的組織儀式（Trice and Beyer, 1984）。

傳承儀式帶領個人進入或離開組織。例如，新人進入組織時的報到儀式，其中就傳遞了一些重要的準則與價值觀，可能非常複雜，就像軍隊的基本訓練，也可能極爲簡明，例如人事助理會在你第一天工作時，向你解釋公司的規矩以及政策。某間企業傳達工作責任的標準方式是，在升遷時，請獲得晉升員工的配偶也到公司來，當著大家的面，清晰且精確地說明新工作的優缺點。

離別儀式則讓個人與組織清楚的「分手」。退休晚宴表示職業生涯的終點，而送舊餐會則將個人從甲組織過渡到乙組織去。離職儀式通常包括精緻的晚宴、酒宴、一連串懷舊的談話。

摘貶儀式則是將某人從某個職位、甚至是從組織中移除。大多數組織並沒有正式的摘貶「儀式」。但是，在美國某大型娛樂出版事業的歷史中，曾有一項免除高階經理人職務的貶職序曲：他們的CEO會公開宣稱，某位經理人因爲「無法處理女性問題」而造成公司困擾，但事實上，每個人都知道，這家公司的女性經理人與員工都以魅力聞名，而且複雜的兩性關係在該公司是相當公開的事實。然而，一旦CEO想要免除某個經理人的職務時，原本公開的事實就成了摘貶的「罪名」，稍後CEO會宣告此人的具體工作表現不佳，這個儀式會以辭職或開除告終。

增強儀式則用以提高個人的職階或地位，實例包括了象徵的運用，或宣佈升遷。有時候，這些儀式是非正式的。在公司裡，升遷到高層之前常見的增強儀式，通常是CEO要求某個中低階主管，在某公開場合加入高層的行列。

更新儀式的目的則是爲了強化與改進人際結構（Trice and Beyer, 1984）。教育訓練、發展計劃，都是一種更新儀式。這些儀式在組織裡通常非常明顯，因爲組織會要求組織成員放下手邊所有事情參與課

程，而且，課程通常使用全新的象徵與語彙。例如，Service America 362
在幾項重大財務損失後預備重整，新任CEO帶頭推動一系列組織發展
計劃，而且幾乎所有經理人都被要求參加。發展計劃的內容，乍看下
是為了增進經理人對最新商業經營知識的了解，但事實上，要求經理
人全員出席，是為了確保經理人接觸新任CEO的經營理念，並了解他
企圖發展的文化類型。

多數組織希望避免或減少衝突；然而，組織的本質會燃起衝突。
為了解決衝突，組織會使用**減少衝突儀式**，如集體協商、申訴程序、
每個經理人的門總是敞開以聽取下屬問題的「大門敞開政策」、成立
委員會，讓各種聲音都有表達的機會，委員代表則應該以不偏不倚的
態度，擔任員工利益的代理人。

融合儀式則為了促進組織成員的互動，使大家更加容易共事
（Trice and Beyer, 1984）。在融合儀式的短暫時間中，職務頭銜與組織
性差異都暫時被消除，讓每個人都還原到「個人」的身分。融合儀式
的實例之一，就是美國空軍的「會餐盛宴」（dining in）傳統。

文化落實的幾種模式

一旦個人適應組織，並在其中生活一段時間，原本對組織文化和
效應感受到的差異，就會慢慢消失（參閱原文書第100頁）。另一方
面，如果你是外來者或顧客，無法直接體驗組織文化，可以透過該組
織對產品與服務的設計、處理顧客問題的政策、管理人力資源的方
式、正式結構與控制型態……，來追溯主流派的價值觀。這些價值
觀，同樣地反映在上述提到的部份。所以，體驗組織文化的方式，就
是透過你對這家公司的感受、對產品與服務的使用、產品服務的設計
方式、品質水準、價格、服務品質。求職也是一種體驗組織文化的方

式，組織的僱用決策在無形中就傳遞了許多訊息。象徵、商標、標識也可用來體驗組織文化：Joe Camel、GE、耐吉的 "Swoosh" 都傳達了一些訊息。最後，個人也可以透過組織處理社會責任的方式，感受其文化。

高階經理人的模式性格與組織文化類型

363　　主流派的性格原型，會決定價值觀轉化成動作、政策和行為的方式。由於高階經理人負責市場策略、組織設計、酬賞系統、升遷決策，因此，他們的眼光、信念、行動透過決策管理，轉化為政策、產品以及經營方式，並成為文化。

　　某個研究指出，神經質傾向的經理人，會造就*神經質的組織*（Kets de Vries and Miller, 1984），我們可以從這個研究看出很多訊息。神經質的組織，其實與神經質傾向的個人非常相似。神經質的個人通常有極端的心理傾向與行為，並引發問題，影響自己與他人。當然，通常問題不致於嚴重到與社會脫節的地步。同樣地，神經質的組織雖然有麻煩，但仍然可以運作。在神經質傾向的經理人或團體領導之下，會造成神經質傾向的文化。

　　當然，並不是所有經理人都有神經質傾向，也不是所有的組織都有神經質文化。很多組織有健康、支持性、創新、合作的文化，可以為成員創造一個良好的社會與心理環境。這些健康的組織，通常不會僅有一個主導性／極端的性格，而是好幾種性格型態的組合（Kets de Vries and Miller, 1986）。我們之所以要介紹下列的極端性格型態與組

364　織文化，是為求了解「正常」公司的文化。神經質傾向文化與正常文化間，只有程度上的差異，並沒有質上的差別，前者只是較極端、強烈而已。我們現在來看五種文化：

聚光燈─融合儀式：空軍的"Dining In"

　　"Dining In" 是美國空軍的一項正式社交聚會，源自軍隊晚宴的古老傳統，某些人認為發揚自古代的軍事盛宴。其目的是讓新進軍官與士兵有機會結識他人，並發展更緊密的結合。

　　做為正式宴會的一部份，"Dining In" 有非常詳細規定的準則，同時也能增強成員在其他場合的行為。以下是 Dining In 的正式規則：

- 應該在指定時間內十分鐘到達。
- 應該盡全力與每位客人接觸。
- 應該使用適當的舉杯祝賀程序。
- 應該盡情享樂。

　　違反這些規則，則會遭到戲謔性的制裁。例如：違規者得向大眾自我介紹，並接受其他成員的「批鬥」，如果違規情事嚴重，違規者就要接受懲罰，懲罰內容通常是「浸酒缸」，也就是罰酒。

　　"Dining In" 包括很多軍階內與跨軍階的善意戲謔與玩笑，但很多人相信，這能夠幫助各軍事單位的整合。

1. 奇魅型文化

2. 偏執多疑型文化
3. 逃避型文化
4. 官僚文化

5. 政治化文化

　　奇魅型文化與引人注目的管理性格有關。戲劇性經理人有誇張的情緒，強烈的需要其他人的注意，無時無刻都想把注意力拉到自己身上。他們是鋒頭主義者，尋求刺激與鼓勵。然而，他們通常缺乏自律、無法長時間集中注意力，迷人卻膚淺。他們吸引的下屬，往往具高度的依賴需求。

　　在奇魅型的組織中，對於個人主義的強調非常驚人，在高層裡尤然。經理人極端需要公司外部的可見度與認同。公司以快速成長為目標，決策根據直覺、臆測、以及預感，對環境或組織本身，都未進行仔細的分析。通常，這種組織的架構和人力資源，跟不上主事者所欲的快速成長。

　　戲劇性經理人剝削他人，權力集中在高層。這造成兩個現象：高層經理人緊緊抓權，也是大眾注目焦點所在；集中化的控制，則為組織所吸引到中、高階層的人而進一步促成。他們極度需要依賴、指引，同時忽視領導者的缺失。對下屬而言，每件事都以高階經理人、管理高層為核心。下屬信賴組織的領導者，認為他們絕對不會做錯事。

　　多疑型文化則起於多疑的形式性格取向。多疑的經理人不相信任何人，並在週圍建立圍牆與密探。他們相信，所有下屬都懶惰、沒有能力、總在暗地裡想把上頭搞掉。這種經理人，對他人總是滿懷敵意，特別對於同儕與下屬尤然，並且以侵略性的舉動對待之。如果你的工作文化正是偏執多疑的類型，你會有強烈的不信任感與猜忌感（Kets de Vries and Miller, 1986）。

　　多疑企業的高階經理人不鼓勵主動進取，恐懼與猜忌主導整個組織，同時也降低了經理人對策略性機會的反應速度與能力。經理人會

想知道一切的一切，而情報來源管道是非常固定的，他們認為這些情
報是處理危機的必備武器，然而，這些情報往往極度扭曲，而且多半　365
被經理人引用來證實自己的猜疑。

在偏執多疑的文化裡，因為害怕傷害自身利益，人們很難分享重
要資訊，這使得人們消極被動，不願積極參與組織的活動，結果要不
就是組織麻痺，要不就是管理高層一個口令一個動作。

抑鬱性格則導致逃避型文化。生性壓抑的人，非常需要他人的情
感與支持，總覺得自己無法按照指示行事或進行改變。這種自卑感與
被動及怠惰有關。壓抑者，往往尋求職權來合理化自身行為，例如經
理人之依賴專家或顧問。

高階經理人，在逃避型文化裡極度避免改變。他們被動、毫無目
標。因為可能對組織價值觀與權力架構造成威脅，因此任何改變都會
遭到抗拒，正常的應變也被避免。低度的外在變遷，加上經理人抓緊
控制權，導致組織活力全無、自信不足，高度焦慮，組織文化極端保
守。

經理人關心的是，眼前能否在公司裡維持原有的位置，他們不關
心創造性與創新。程序、規定與政策，都被過度強調，這種經理人的
前途也在此劃上了終點。他們將管理的重點放在規定的順從，而非公
司的營運績效。

官僚文化源自強制型的組織性格。**強制型經理人**抓緊控制權不
放。任何事情，在他們眼中都有主從之分，他們重視的老是那幾項瑣
事。強制型的經理人，會獻身於他的工作，而且對於能獨斷待下的高
層常懷敬意，他們喜愛秩序良好的體系與程序。

官僚文化重視事情的表面，而非運作的實情。這種經理人重視規
定的文字，而非目的。在這種文化中，通常有特定、鉅細彌遺的正式
控制系統，監督成員的行為舉止。所有的控制皆事出有因，通常非常　365

366

神經過敏傾向的組織文化的分析

　　這個練習，運用本章介紹的概念，能幫助你對組織文化的主要取向及其極端程度，有更深層的了解。

　　首先，先挑出我們觀察的目標：最好是你熟知的某個組織，可以是你或親朋好友所待過的任何公司組織。

　　然後，以一分到七分，評估每個特質與觀察目標符合的程度。七分代表完全、精確符合；一分代表最不符合。

367

奇魅型文化

* 管理高層是注意力的中心。　　　　1　2　3　4　5　6　7
* 當高層經理人高興的時候，每個人都　1　2　3　4　5　6　7
  高興。
* 高層經理人以直覺反應來運作。　　1　2　3　4　5　6　7

偏執多疑型文化

* 很難知道任何事的進展　　　　　　1　2　3　4　5　6　7
* 非常擔心競爭者會佔我們便宜。　　1　2　3　4　5　6　7
* 在這間公司裡，你不能信任的人很　1　2　3　4　5　6　7
  多。

逃避型文化

* 規定非常的重要。　　　　　　　　1　2　3　4　5　6　7
* 經理人通常延遲決定。　　　　　　1　2　3　4　5　6　7
* 我們已經佔據很好的市場位置，不應　1　2　3　4　5　6　7

該再冒風險。

政治化文化

- 權謀非常適用。

- 經理人非常自私。

- 權力競爭在公司裡很平常。

官僚文化

- 基本的規則就是遵守規定。

- 位置比位置上的人還要重要。

- 在組織裡面，幾乎每件事都有詳細的程序與計劃。

現在，加總每個文化型態的分數，將分數填入以下文化剖面分析中的適當欄位。用筆把點圈出來，連接起來，看看分數的分佈。

文化剖面分析

	低						高
偏執多疑型	3	6	9	12	15	18	21
逃避型	3	6	9	12	15	18	21
政治化	3	6	9	12	15	18	21
官僚	3	6	9	12	15	18	21

- 有任何文化型態的得分特別不同嗎？

- 這間公司中，有哪些你注意到的特性，是我們未曾計入的？

- 這家公司的員工是哪種類型？經理人呢？

瑣碎（Kets de Vries and Miller, 1986）。計劃，以及計劃所衍生的績效指標，就成了估測績效的標準。

緊密的壓迫，源自高層經理人強迫性的控制需求。精細的規劃並掌控一切，爲他們帶來安全感；一旦他們發現鉅細彌遺的規劃，能幫助他們掌控低層員工，這種安全感便更爲加強。經理人的高度控制需求，反映在權力架構的實務上。階級與地位非常重要，服從才是準則。他們期待下對上的「儀式」與各種服從的行爲。

政治化文化則出現在管理高層有**抽離性模式組織性格**的組織裡。這類經理人欠缺對他人的認同，與外在環境也缺少連結。他們相信，與他人的互動會導致傷害；因爲害怕他人的需求，所以他們避免各種情感關係。疏離與冷淡是他們所有關係的特性。無論在社交或心理上，他們都是孤立的，但他們並不在乎。

政治化的組織缺乏明確的方向，最高專業經理人並不強勢，對組織缺乏向心力。由於缺乏領導，低階經理人也會試圖影響公司走向；同時也會有小山頭或派系相互競爭，以獲取權力。經理人則投入各大小競爭，以增加個人的權位，他們最不關心的就是組織的成敗。

組織的次文化

事實上，多數的大企業也沒有同質文化。通常存在的是，一組**組織次文化**，或是（Trice and Beyer, 1993, p174）

由各種意識型態、文化型式、其他習慣所凝聚出的組織內小團體，每個小團體的文化都不相同，也和整個組織的文化不同。

團體成員可能認同的組織次文化，有下列幾種（Sackmann, 1992）：

- 階級次文化
- 職業／工作次文化
- 文化差異次文化

　　這種認同起源自，　　　　　　　　　　　　　　　　　　　368

- 相似的態度、價值觀與信念。
- 共同的目標。
- 與其他人在一起時，比獨自一人更有影響力。
- 時常互動。
- 發現自己的需求，可以被其他有相同次文化價值觀的人所滿足。（march and Simon, 1958; Rentsch, 1990）

　　這些因素越強，特定次文化的存在就愈明顯。

　　每個階層中，都存在著**階級次文化**，經理人與員工在象徵、地位、職權、權力上，都有明顯的不同，這在層次分明的組織中最常見。特別當低階工作的特質為高度勞力密集、技巧需求低時尤然，低階員工的權力會被削弱，控制權和決策權都非常集中。若管理階層的升遷，需要能力、價值觀與主流派一致，也會促進次文化的產生，並導致管理階層與一般職員的涇渭分明。

　　在**職業／工作次文化**中，成員對於擁有相似技巧的人，懷抱強烈的認同感。通常，這些技巧對組織的成功非常重要，而且必須經過密集訓練才能取得，訓練過程中，也有強烈的職業社會化。擁有相同職業或工作的人，無論在組織內外，都會是一個重要的參考團體。

　　許多公司都像迪吉多電腦一樣，已經歷員工歧異性的洗禮。迪吉多一家工廠的350個員工，出自44個不同國家，並使用19種不同語

言。近年來，隨著非裔美人、西班牙人、亞洲人、美洲原住民大量加入勞動力，各企業也致力降低遴選與升遷過程中的歧視門檻，多樣性已大為增加。這些與組織主文化迥異的團體，產生以自身價值觀和信念為基礎的多元次文化。

多樣性可以促生高生產力，因為人才的多元化，有助於創造力的激發，並減少團體迷思的可能（Alder, 1991）。就另一方面來說，多樣性也可能產生衝突，也減少向心力。重點在於組織如何管理多樣性。有些公司將**多元論**融入其企業理念：在工作背景、經歷、教育、年齡、性別、種族、人種、體能、宗教信仰、性傾向等方面都具明顯差異的人們來說，營造一個可以促進彼此之間尊重、接納、團隊合作以及生產力的文化（Caudron, 1992），格外重要。為落實這種理念，企業不可避免的必須訴諸訓練與教育。最重要的是，必須有管理高層的強烈支持，並在政策、執行、策略上都反映該理念。唯有如此，多樣性多種族融合的訓練與教育才能生效。一旦適當落實，可以降低不適當的刻板印象，幫助每個人在對事時，運用不同文化或團體的觀點，降低面對「非我族類」時的焦慮，並減少與文化無關的評判（Brislin, 1993）。

組織文化－特例

一旦經理人逐漸體認組織內部文化對個人行為的影響力，他們就會試圖管理文化，以促進公司營運的效率。雖然每個組織都有其文化，文化也會變遷，但我們究竟能「管理」多少？我們認為，在一些特例之下，組織文化會造成公司管理上的問題。

- 在新生組織內實施文化
- 合併、購併
- 環境的改變
- 改革既有文化
- 更換CEO

在新生組織內實施文化

在一個新的組織內，藉由細心地規劃人事遴選、社會化策略、象徵與語彙的持續使用，就可以塑造出文化。雖然，組織成員並非一成不變地接受管理高層想要的價值觀，但是，很快的，文化會呼之欲出。通常在組織初成立時，經理人多半清楚，應該營造一個健康的文化，以支持第六章（原文第176頁）介紹的高度投入組織（HIO）。這有一些重要的優點：因爲直接監督較少可以減輕成本，員工的信念與滿意度都較高，缺勤率與人事流動也會降低。

創造這種支持HIO的文化並不容易，特別當管理階層的基本價值觀與假設，和這種文化的特質衝突時尤然。通常，經理人想要的，與組織文化所支持的員工行爲間，有很嚴重的差距。舉例來說，在某家新成立的工廠中，管理階層想要的是一種參與型、擁有能自我管理的工作團隊、團隊合作、願意積極參與決策的勞工、高生產品質、充滿承諾與信賴的文化，就如圖12.2所示。他們採行的方法如下：小心地遴選員工，他們要找的是願意參與決策、過去沒有參與工會經驗、技能水平高、有意願執行不同任務的員工。薪資結構則以員工技能爲基礎，而非以所從事工作爲基礎。他們希望，這樣能夠增進員工操作不同機器的彈性與意願。

370

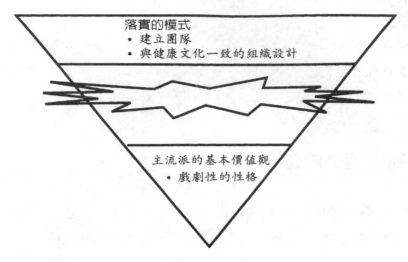

環境

落實的模式
• 建立團隊
• 與健康文化一致的組織設計

主流派的基本價值觀
• 戲劇性的性格

圖12.2　在新生組織內落實文化

　　在開始營運的初期，似乎每個人都很有工作熱誠、樂於參與、彼
此信任。然而，員工很快的就知道，管理階層的所謂「文化」，許多
都只是口號，而非眞正落實。例如，廠長在上頭宣示高生產品質的重
要，但品管卻讓僅在及格邊緣的產品出貨。

　　所謂的參與式管理也漏洞百出，表面上要求員工提報任何生產問
題，讓管理階層改進。但每個人都會很快發現，廠長根本不想理會新
設備的問題。很快的，參與熱情就會降到冰點。

　　無法落實文化的原因之一是，文化的性格與經理人的性格不一
致。如圖12.2所示，經理人的性格非常明顯，總想壓制授權及參與的
價值與信念（Gagliardu, 1986）。事實上，當初提倡授權文化的唯一原
因是，公司總裁的強烈意願，工廠經理人只是依令行事。當總裁離開
後，工廠經理人自行其是的空間就更大了，最後，他的強烈性格就成

為這個工廠的主流。

合併

　　當涉及合併的兩家公司，文化不同或不一致時，問題就產生了；圖12.3所示是基德（Kidder）家族的Peabody，被奇異（GE）購併時 371 的情況（Schwartz, 1989）。奇異以六億兩百萬美金，購得Kidder Peabody，認為這是與自家奇異金融互補的大好策略。然而，一項互補性的策略，卻遭遇了嚴重的文化水土不服。

　　奇異的架構較傳統，因為管理階層的努力，奇異的經理人都深深蘊染著「奇異風」，這種文化風格追求的是官僚體系的最小化，非常強調「just-do-it的團隊合作」（Stewart, 1996），同時認為：經理人的

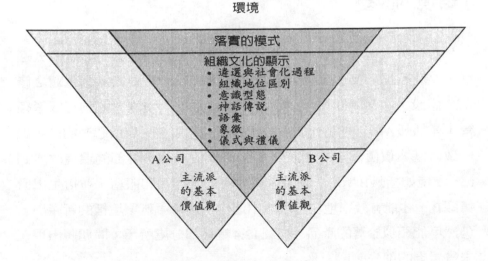

圖12.3　合併兩個文化不相容的公司

成功和屬下的成功，密不可分。企業裡的所有程序，在設計時都以這種理念爲基礎。就像奇異總裁傑克威爾契認爲的，獲利是團隊合作的結果。

基德是非常賺錢的金融證券公司。基德的文化非常具有創業技巧，允許每個人各憑本事操作，完全不強調團隊合作的重要性。後者，正是奇異文化基礎的核心。

購併之後，奇異的經營理念在基德可謂格格不入，基德的高階經理人大爲不滿，很多人離開，這使得基德獲利大減，也讓奇異更覺得有必要介入。就在這節骨眼上，和向來獨立運作的基德經理人槓上了。基德的另一項傳統：個人的成功和公司的成功毫不相干。這更是奇異管理高層難以接受的觀點。這些差異，導致奇異不得不在1994年以六億七千萬美元，把基德賣給另一個證券公司Pain Webber。據外界估計，奇異大概賠了一億七千萬美元。

372　環境的改變

當企業環境發生重大改變，爲了繼續生存，企業便必須要去適應，文化也開始轉型。圖12.4說明，環境改變需要組織文化隨之修正。假設，在某時間點（t_1），甲企業在這個環境裡，能夠有效率經營，如括弧A所示。這代表，公司的產品和服務，與所起源的價值觀一致（基本價值觀A）。然而，經過時間的演變，外部的環境改變到t_2，環境如括弧B所示，這時，需要不同的產品和服務，並衍生出價值觀B，才能有效率地在該環境中運作。通常，新環境裡的新產出，仍然可能相似於舊的產品，如圖12.4重疊部分處所示，問題將出現在未曾重疊的部分。

改變文化以適應環境變動的一個例子，就是美國的汽車業。對福

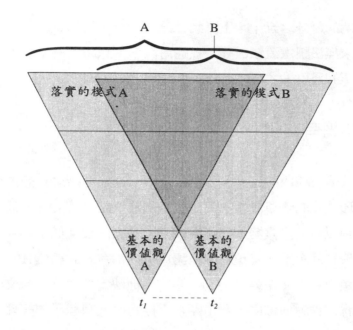

圖12.4　組織文化如何隨環境改變

特、克萊斯勒、通用汽車有利的大環境，已經在1960年代，隨著外國競爭者的出現而開始改變。當時，通用汽車在美國的市佔率高達百分之五十，福特第二，克萊斯勒只佔非常小的一部份。雖然環境在短期內，沒有突發的激烈變化，外國車廠運用價廉物美的策略進入美國市場，其市佔率正逐漸提高中。因應此種變化，所有的美國車廠都在設計下功夫，卻未試圖提昇品質。此外，這個產業裡很多人相信，最後消費者還是會偏好大型的傳統車款。經過一段陣痛期後，福特才開始　373
針對環境的變遷加以調適，自1980年代中期，福特開始痛定思痛，追求品質的真正提昇，在一次極端的文化改變後，終於在十年後的1992年實現，福特的 **Taurus** 首次取代本田汽車，重回美國汽車市場龍頭。通用汽車卻沒有這番好運，光是在1990年代，它的市佔率就從1970

年代早期的百分之五十，下降到百分之三十。我們認為，是因為通用
汽車從來無法讓主流派改變。在通用汽車，想爬上高層的人，必須是
血統純正的通用人才行。

改變既有文化

　　要改變組織內的既有文化相當困難，若管理階層只想借重外部顧
問，和形式化的變革計畫，更是難上加難，請見圖12.5。通常，文化
變遷必須以活動／實務的修正為核心。我們假設某個由具強制性格的
總經理帶領的企業，這位總經理認為，第六章所討論的HIO文化可以
提升生產力（原文書第176頁）。也許，他決定要改變官僚文化，也許
是請教育訓練師或顧問，藉由團隊合作的發展課程，讓經理人們體驗
一下眾志成城的經驗。也許還要進行組織再設計，建立單位間的新相
依性，來促進團體之間的活動。然而，因為管理高層的基本價值觀與
這些改革實務不一致，因此也導致了變革的失敗。建設性的文化，就
是與強制性的性格不相容。

更換CEO

　　新的CEO進入企業，通常會帶來影響文化的改變：董事會成員的
更換、管理高層的變動，通常是副總裁。結果是，與新任CEO價值觀
相似的主流派開始影響內部程序，並反映在本章所介紹的文化中。
　　文化的效果強弱，與新舊主流派價值觀之相似程度有關。如果新
主流派的價值觀與舊當權派相似，改變通常不大，一切看來如昔，特
別在新任CEO擢昇至企業內部時，我們可以預期，新任CEO之所以
出線，是基於既有文化的社會化與遴選程序。當公司已達到股東與董

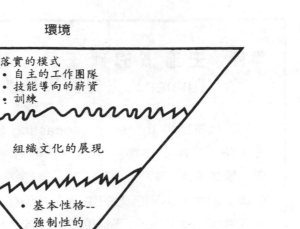

圖12.5　改變現存組織文化的企圖

事會期望的獲利表現，而且沒有跡象顯示必須調整文化的重大環境改　374
變存在，內部繼承會是合理的策略。理由是：內部人員已經習慣支持
企業既有的文化。

　　當企業營運不佳，從內部拔擢CEO通常不是明智的策略，除非我
們可以確定，新人與昔日的在位者，有截然不同的價值觀。企業經營
不善，通常表示文化與運作過程，已與外在環境的要求脫節，企業已
經懶得革新，也疏於與市場互動。當主流派對現況還算滿意，並且希
望繼續掌權時，他們會從內部晉用新人。這就是通用汽車在1990年，
晉升Robert Stempel以取代Roger Smith的想法，當年在Smith的管理
下，通用汽車的市佔率下降百分之十一。晉用Stempel的目的，當然
是爲了減輕失血、並發展守住市場佔有率的策略。然而，Stempel在
通用汽車待了二十五年以上，在這漫長的期間，他早已深受通用汽車

375

專題：主流派的新主角：泰德透納（Ted Turner）以及時代華納

時代華納與 Turner Broadcasting System 在 1995 年合併時，時代華納所獲得的不只是一個專播新聞、亞特蘭大勇士隊、懷舊電影的媒體，還包括了泰德透納。透納是一位有開創精神、坦率、富創造力的生意人，他在企業營運方面的名聲，已成為美國傳奇。到了他想更積極涉入時代華納的管理時，他堅持要改變過去代表華納權力與階級的做法，這更引發了討論熱潮。

有一件在時代華納的舊文化中允許的事，在透納的心中卻成了「一群各行其事的部門，隨心所欲、浪費資源的蠢事，更糟的是，甚至可能對組織造成傷害。」例如，在購併之前，Turner Broadcasting 曾買下一家影片博物館，當透納發現時代華納以超過五千萬美金的價錢，將一組影片賣給 CBS 時，他氣壞了。他打電話給總經理 Edward Bleier，清楚地讓 Edward 知道，透納認為這個生意非常之差。為什麼不先找自家人的公司談談？不過，這個侵犯媒體從業人員向來引以為傲的自主權的動作，倒是還沒動搖透納在時代華納主流派的地位。

接下來，他把矛頭針對其他時代華納的象徵。他堅持要賣掉的東西之一，就是時代華納的美國畫藏，都是博物館品質的畫作，原本是用來裝飾時代華納的董事會與執行主管的辦公室。最後，來自透納的壓力，讓他們不得不賣掉這些畫作。另外一個被透納強力炮轟的是，時代華納高層的主管專機。他認為，如果這些高層人士這麼喜歡坐飛機到處跑，大可以掏自己的錢買私人專機（Shapiro, 1997）。

的主流價值的薰陶，但是，這種主流價值正導致了過去的衰退。Stempel企圖扭轉局勢，但是失敗了，董事會也對他失去信心，因此在1992年底換上Jack Smith。雖然Jack也同樣出自通用汽車內部，卻被視為比其他同僚更具創新能力。當他開始掌權，他調整了企業產品組合，並且大刀闊斧縮編人力，至少在筆者撰寫本書時，至於這些改變是否有效，仍留待觀察。

當新任CEO的價值觀，與既有文化的價值觀不同時，我們可以預期會有嚴重問題發生，遲早會有遴選、升遷、政策等可以反映出文化變革的程序變遷。在文化轉變之間與之後，組織內部會有許多成員對新文化感到不安、不自在、甚至是挫折感，這將導致高度的員工不滿與流動率。但是，這可能是企業營運不佳時，所需要的重藥。IBM讓Louis Gerstner接掌John Akers職位、克萊斯勒讓艾科卡在1970年代接掌時，都必須面臨此種衝擊。由於人事浮濫，即使克萊斯勒的管理高層有危機意識，仍須面臨嚴重的財政困難，艾科卡的對策是，讓克萊斯勒的市場定位更精確，改造管理高層與員工的信念，方使企業存活。

然而，有些情況是，新任CEO帶著強烈性格以及與既有文化迥異的價值觀，進入一個已經很有效率的企業。這是一個很有趣的情況，因為組織運作良好，很可能是因為運作程序與既有文化及環境搭配無間，所以應該不需要文化或運作程序上任何的改變。就我們曾經討論的多層次文化模式，你應該已經可以預期，在這個例子中可能會發生什麼事。無疑地，第一件應該是內部對變革的抗拒。萬一，新的經理人真的改變了文化，反倒可能成為真正的危機。除了喪失文化／程序／環境的一致性之外，效率也會降低。若內部阻力夠強，新經理人很難在文化上有重大的影響，但由於某些人支持新經理人的變革方案（特別在其為變革的受益者時），與其他人因為變革威脅既有權力而生

的反對，組織內部的衝突將非常明顯。由於反對派抗拒成功，最可能的結果是，請新任的經理人走路。

摘要

社會的基本價值觀，是非常強大的力量，可以影響組織內人們的行為。文化是思考、感覺、反應的模式，它是人類團體的特徵同時也解釋人類族群間重要的不同。價值觀是對於是非、好壞的觀念，是大部分人類行為的基礎。文化則由社會化程序來傳遞。

當然，組織文化深受組織所在之社會的強力影響。然而，由重要的經理人，特別是CEO所作的決定，影響力會更明顯，而且反映出他們的主流價值。每個組織文化都非常獨特，包括獨特的管理高層，以及所浮現出的特殊政策。組織文化，造就了組織的現在與未來。會有人努力的維持這個文化，因為他們支持在組織裡現行的權力架構。因此，可以預期社會化策略、意識型態等等，會強化現行組織價值觀的取向。同樣的，組織內的人們可能會做很多事情，以確保文化的源頭並未改變，也不會影響到組織的價值觀體系。許多擁有強烈資本主義文化與個人主義文化的美國公司，都支持強化自由企業體系的團體與基金會。一個好的例子就是美國商會（Chamber of Commerce）廣泛受到企業的支持。這些公司也會直接對社會大眾詳述其經濟與政治理念。即使外在壓力已經強到不得不從事內部改革，組織仍會抗拒。例如，即使社會壓力與法律都保護婦女與少數民族的權益，但在以中產階級白種盎格魯撒克遜男性為主流的文化中，他們仍可能遭遇工作組織內的問題。組織內部的這些變革，腳步會很慢，事實上，即使法律規定已強制要求種種的平等，仍有人因為組織文化／權力架構

將隨之而來的改變，而抗拒此一潮流。

經理人指南：因應文化的問題　　377

處理國家文化

　　即使你不曾到其他國家旅行，你從在學校中所學及從報章雜誌中知道關於文化差異這件事。到海外一些有趣的地方，如中國大陸、英國、法國、埃及與以色列去旅行，會引起大多數人的興趣。但是想到要到國外，並且在那裡和當地人民工作，共同完成一些事情，則是另外一回事。以下是一些可以幫助你更輕鬆適應外國文化的方法。

事先準備很重要

　　準備在另一個文化中工作，心理的準備大過於其他的準備。在準備一趟旅行時，大多數人都沒有想到的一點，就是好好的審視自己的文化。因為我們生活在自己的文化中，早已水乳交融，視為理所當然。然而，你可以確定，在那個你即將前往的國家中，當你正要像在家中一樣反應時，不同的情況正在等著你。當然，你應該學習一些該國文化。這些資訊相當容易取得，而且頗有幫助。通常包括交通、風俗、當地貨幣……等等。

　　你也會發現，再思考一次「究竟什麼是文化？」這個問題，會很有幫助。重新安排一點關於文化的閱讀，你就可以喚醒自己的記憶，知道文化影響的深遠，以及文化在社會中的反映。這會使你抵達時，比較能進入狀況。然後，當你發現差異遠比想像中還多時，不要太訝異，因為，你也會發現，竟然還有一樣多，甚至更多的相似之處。

和當地人發展長期的關係

　　如果你要去另一個國家一段時間，而且就像大多數的駐外經理人一樣，你會想要在這裡找到其他的駐外經理人（特別是來自同地的）。這些人，是當地資訊與心理支持的必要且良好的來源。然而，不要只把自己當成駐外主管，應該把自己就當成是那裡的主管。在當地交些朋友，可以幫助你在當地的生活更輕鬆。他們可以告訴你許多觀光行程永遠看不到的好地方。

最後，要保持彈性

　　如果你能在當地發展友誼，對文化的瞭解進展會大大加快。大部分的當地人，都希望，能向外來客展現文化中較正面的部份。要能利用這個機會，你必須保持彈性，並且願意冒險。相信你的當地朋友，雖然，他們會帶你到一些地方去，請你吃些第一眼看來很可怕的食物。但是，我們也都曾聽過外國朋友們，談論我們並不覺得怎樣的美食。所以，你在這裡的規則應該是，「如果他們能吃，我應該也會喜歡」。

不要在工作環境裡，強迫他人接受你的工作方式

　　當你與其他文化背景的經理人共事時，也許，你會犯的最大錯誤就是，認為自己的方法最好，其他經理人都應該採用。如果你曾用心地檢視各國管理風格史，你會發現，在1960年代晚期，當Volkswagen與Mercedes主導全世界的汽車市場時，德國的管理風格曾引起相當的興趣。1970年代早期，全世界都緊張的認為，在美國受教育的MBA，可能是世界經濟的主導力量。然後，1980年代晚期，日本式的方法變成了模範。這些管理風格，都曾經紅過，有些已退居幕後。

確定的是，每個文化都有它有效的方式，當你身處其中，相信他們所 378
作的事，不要企圖在他們身上施用你的方法。

處理組織文化的問題

　　最需要你去處理組織文化問題的時間，就是你剛進入文化之時。
組織文化會在各種時候，以各種方式向你展現。在其中，許多都是我
們在第六章中介紹過的觀念。你應該趕快讀讀，然後再決定你該從那
裡著手。以下是一些方法，可以幫助你盡早了解當地文化（Deal and
Allen, 1982）。

不要驟下斷語

　　不要驟下斷語。不要犯這個過錯，當你加入一個新組織時，千萬
別太快相信你第一天所聽到和所看到的。記住，第一印象的重要與可
能會發生的錯誤；參閱第三章第73頁（原文書頁）。

多聽少說

　　你會希望與公司融合，為達到這個目的，你必須與同事多聊聊。
當你這樣做的時候，特別注意聽他們口中關於公司與管理方面的資
訊。如果你聽到很多正面的事情，那會是一個好的開始。但你仍然必
須抑制你的評斷，直到你可以去驗證你所聽到的事。

　　如果你聽到負面的評論，要小心，也許你真的聽到了問題所在，
也可能你正好碰到一個不滿分子，你應該對他小心謹慎。

研究環境擺設

　　環顧四週，看看環境中不同地點的一致性。細心的觀察，可以讓
你知道關於公司內部地位區別的重要線索。你也可以經由觀察員工的

心情、如何待人（尤其陌生人與訪客），知道人們是否喜歡在那裡工作。仔細看看公司文獻，你可以看看公司如何向外人介紹自己，與你所看到的真實例子作一個比較。

尋找出問題文化的徵兆

仔細閱讀有關神經質文化的介紹，再看看四周有無此類徵兆。同時，也試著去感受員工士氣，是否說的是一套，做的又是一套，以及所透露出的強烈情緒。這些都是讓你知道「有問題」的線索。

當你覺得不自在，找個方法離開它

第一，確定自己真的是因為文化而不自在。第二，盡你所能確定沒有誤解。一旦肯定自己並不適合這個文化，試著找個方法離開它。不要認為你可以改變它，除非你是以CEO的身分進入公司。你不能改變它，文化總是贏家。

379　重要名詞（所附為原文書頁碼，請見內文邊緣處數字）

問題研討

380

1. 有些人說，文化是身處其中者所看不到的。你相信這個陳述嗎？在這個議題上採取一個立場，並提供支持它的論點。

2. 全球化對你的教育經驗有何影響？在課程、學生與其他教育過程相關的因素中，你看到哪些改變？

3. 回憶一些你最近遇到的外國學生。在他們的行為或思考模式上，你發現哪些差異和本國人不同？

4. 考慮被派到海外職務三年的可能性。在搬到國外之前，你想要

受到那些訓練？多少訓練？

5. 本章介紹了許多國家與其特徵，若你為美國企業在海外操盤，你會認為那個國家會讓你生活最愉快？為什麼？

6. 試討論社會文化與組織文化間的關係。

7. 組織歷史如何影響它的文化？組織規模是否也有影響？

8. 把組織文化視為多層次的概念，有什麼優點？

9. 組織文化寫照是什麼意思？一些已經被發現，適合做為這種寫照的面向是什麼？

10. 什麼是「模式性格」與「主流派」？他們與組織文化有何關係？

11. 神經質文化的起因為何？你認為大多數組織都有這種文化嗎？選擇一個你曾經工作過，或曾在大眾媒體讀過的神經質文化。請描述這個文化在組織政策、實際經營與儀式的展現。

12. 組織文化的結果是什麼？如何使這個文化抗拒變革？選擇一個你熟悉的大型知名組織，它的文化必須是你認為會限制其發展。你會如何去改變它的文化？

381

個案研究

MBA研究所

　　Garden City 大學位於東南方的一個大城。多年以來，它一直是都會區的重要教育機構，因爲它讓那些不能遠赴200哩外College 城就讀州立大學的優良學生，也能得到絕佳的大學教

育。Garden City 大學課程廣泛，分散於不同的學院中。

　　Garden City 的企管學院，過去主要提供大學課程。這裡培養出的大學畢業生，都獲得良好的訓練，大部分都在 Garden City 的企業找到工作。企管學院有五個部門：經濟、財務、行銷、管理與會計。除了經濟系有 30 個教職員之外，其他每個系有 20 名教職員，系主任都向院長 Delbert Andrews 報告。

　　企管學院只有一個小型碩士班，主要是因為教授忙於教授大學部課程。像其他 MBA 課程一樣，這些學生也要修習行銷、財務、管理方面的課程。大部分的 MBA 課程，都只由八位教授負責。他們身兼研究所課程的原因有二：第一，他們比其他教授更有興趣，第二，他們是非常好的老師，具有豐富的教學經驗。

　　兩年前，一群在 Garden City 頗具影響力的企業主，聯名拜訪 Garden City 大學校長，建議擴大 MBA 課程，以滿足他們對 MBA 的人力需求。這些企業主之所以會這麼建議，是因為 Garden City 的大學部課程相當成功，MBA 應該也不會差到那裡去。他們也同意在財務上支持這個課程，並且將運用 MBA 在他們的管理發展上。

　　在與企業主們會晤之後，校長向 Andrews 轉達這個提案。Andrews 知道，要增加 MBA 課程會需要 20 名教授，而非 8 名教授。他將情況告訴校長，並且要求增加編制。由於企業主的財務支持有限，校長拒絕了這個提議，卻作了一個重要的讓步。他讓企管學院限制大學部的入學人數，如此一來，就有更多教授可以投入研究所課程。校長認為這樣是正當的，因為他相信這個商業團體的支持，對於整個大學的募款是特別重要的。

　　現在，這個新的 MBA 課程已經兩歲了，問題不少。許多學

生抱怨，課程整合不佳，教授的教學也不理想。這種騷動是如此之緊急，原來支持這個課程的企業主到 Andrews 院長那裡，告訴他，除非情況改善，否則將停止支持這個計劃。企業主之一質問 Andrews：「為什麼你會指定這麼差勁的老師，來教這些課？你難道不知道這對我們兩者，以及對學校的重要性嗎？」Andrews 回答：「事實上，課不是我排的，每個系主任都會自行排課，院長辦公室只負責讓每個系知道這學期的課程，再由系主任安排時間與講師。我已經告訴過每個系主任，這個課程的重要性。他們也知道，但是，要找到適當的老師來教課，並不是容易的事。」

這些企業主很驚訝。他們不相信，院長會把這麼重大的決定，在沒有清楚的政策與規範的情況下，授權給屬下處理。

- 你認為這個 MBA 課程為什麼會出問題？
- 應該採取什麼樣的方法，來解決這個問題？
- 由 MBA 課程的問題看來，企管學院的組織架構有什麼問題？
- 你認為大學的組織文化和大部分營利公司的組織文化不同嗎？你會如何解釋這個問題？

382

參考書目

Adler, N. J. 1991: *International Dimensions of Organizational Behavior*. Boston: PWS-KENT Publishing Company.

Anfuso, D. 1995: Colgate's global HR unites under one strategy. *Personnel Journal*, 74(10), October, 44–51.

Beyer, J. M. 1981: Ideologies, values and decision making in organizations. In P. Nystrom and W. Starbuck (eds) *Handbook of Organizational Design*, vol. 2, London: Oxford University Press, 166–97.

Boeker, W. 1990: The development and institutionalization of subunit power in organizations. *Administrative Science Quarterly*, 34, 388–410.

Brislin, R. 1993: *Understanding Culture's Influence on Behavior*. Fort Worth: Harcourt Brace Jovanovich.

Caudron, S. 1992: US West finds strength in diversity. *Personnel Journal*, March, 40–4.

Child, J. C. 1981: Culture contingency and capitalism in the cross-national study of organizations, in L. L. Cummings and B. M. Staw (eds) *Research in Organizational Behavior*, vol. 3, Greenwich, Conn.: JAI Press, 303–56.

Cole, R. E. 1989: *Strategies for Learning: Small Group Activities in American, Japanese, and Swedish Industry*. Berkeley: University of California Press.

Deal, T. and Kennedy, A. A. 1982. *Corporate Cultures: The Rites and Rituals of Corporate Life*. Reading MA: Addison Wesley.

The Economist, 1992: BP after Horton. *The Economist*, July 4, 324, 59.

Etzioni, A. 1963: *Modern Organizations*, New York: Prentice-Hall.

Ferraro, G. 1998: *The Cultural Dimension of International Business*. Englewood Cliffs, NJ: Prentice Hall.

Gagliardi, P. 1986: The creation and change of organizations: A conceptual framework. *Organization Studies*, 118–33.

Gannon, M. J. 1993: *Cultural Metaphors: Capturing Essential Characteristics of 17 Diverse Societies*. Chicago: Sage Publishing.

Gordon, G. G. 1991: Industry determinants of organizational culture. *Academy of Management Review*, April, 16, 396–415.

Grabrenya, W., Wang, Y. J. and Latane, B. 1985: Social loafing in an optimizing task: Cross cultural differences among Chinese and Americans. *Journal of Cross Cultural Psychology*, 16, 223–42.

Hall, E. T. 1969: *The Hidden Dimension*. New York: Doubleday.

Hall, E. T. and Hall, M. R. 1990: *Understanding Cultural Differences: Germans, French, and Americans*. Yarmouth Maine: Intercultural Press.

Hofstede, G. 1980a: *Culture's Consequences: International Differences in Work-related Values*. Beverly Hills, CA: Sage Publications.

Hofstede, G. 1980b: Motivation, leadership and organization: Do American theories apply abroad? *Organizational Dynamics*, 2, Summer, 42–63.

Hofstede, G. 1992: Cultural constraints in management theories. *Academy of Management Executive*, 7(1), 81–94.

Hofstede, G., Neuijen, B., Ohayv, D. and Sanders, G. 1990: Measuring organizational cultures: A qualitative and quantitative study across twenty cases. *Administrative Science Quarterly*, 35, 286–316.

Jackofsky, E. F., Slocum, J. W. and McQuaid, S. J. 1988: Cultural values and the CEO: Alluring companions. *Academy of Management Executives*, 2(1), 39–49.

Kets de Vries, M. F. R. and Miller, D. 1984: *The Neurotic Organization*. San Francisco: Jossey-Bass.

Kets de Vries, M. F. R. and Miller, D. 1986: Personality, culture, and organization. *Academy of Management Review*, 11(2), 266–79.

Kluckholn, F. and Strodtbeck, F. 1961: *Variations in Value Orientations*. Evanston, Ill.: Row, Peterson.

Laurent, A. 1986: The cross-cultural puzzle of international human resource management. *Human Resource Management*, 25(1), 91–102.

McCall, W. 1998: Critics have Nike stumbling; shoe company blasted for tolerating sweatshops. *Chicago Tribune*, October 11, Sunday, Sports, 6.

March, G. and Simon, H. 1958: *Organizations*. New York: John Wiley.

O'Reilly, C. A., Chatman, J. and Caldwell, D. F. 1991: People and organizational culture: A profile comparison approach to assessing person–organization fit. *The Academy of Management Journal*, 34, September, 487–516.

Ouchi, W. 1981: *Theory Z: How American Business can Meet the Japanese Challenge*. Reading, MA: Addison-Wesley.

Pfeffer, J. 1981: *Power in Organizations*. Boston: Pitman Publishing.

Pfeffer, J. 1992: *Managing With Power*. Boston: Harvard Business School Press.

Rentsch, J. R. 1990: Climate and culture: Interaction and qualitative differences in organizational meanings. *Journal of Applied Psychology*, December, 75, 668–81.

Ronen, S. and Shenkar, O. 1985: Clustering countries on attitudinal dimensions: A review and synthesis. *Academy of Management Review*, 10(3), 435–54.

Sackmann, S. A. 1992: Culture and subcultures: An analysis of organizational knowledge. *Administrative Science Quarterly*, March, 37, 140–61.

Schwartz, F. N. 1989: Management women and the new facts of life. *Harvard Business Review*, January–February, 67, 65–76.

Shapiro, E. 1997: Brash as ever, Turner is giving Time Warner a dose of culture shock. *Wall Street Journal*, March 24, 1.

Sirota, D. and Greenwood, M. J. 1971: Understanding your overseas workforce. *Harvard Business Review*, (January–February), 53–60.

Solomon, C. M. 1995: Unlock the potential of older workers. *Personnel Journal*, 17(10), October, 56–66.

Solomon, C. M. 1997: Return on investment. *Global Workforce*, 2(4), October, 12–18.

Solomon C. M. 1998. Global operations demand that HR rethinks diversity. *Global Workforce*, 3(4), July, 24–7.

Stewart, T. 1996: Why value statements don't work. *Fortune*, June 10, 138.

Ting-Toomey, S. 1991: Intimacy expressions in three cultures: France, Japan, and the United States. *International Journal of Intercultural Relations*, 15, 29–46.

Trice, H. M. and Beyer, J. M. 1984: Studying organization culture through rites and ceremonials. *Academy of Management Review*, 9, 653–69.

Trice, H. M. and Beyer, J. M. 1993: *The Cultures of Work Organizations*. Englewood Cliffs, NJ: Prentice Hall.

Xing, F. 1995: The Chinese cultural system: Implications for cross-cultural management. S. A. M. *Advanced Management Journal*, Winter, 14–23.

組織結構及設計

組織結構的本質

組織環境

組織設計

正式組織結構

課前導讀

讓我們一起來想想，本章所述的兩種組織類型：正式組織／非正式組織。

1. 以這兩種組織類型為基礎，從你所熟悉的組織中，各舉一例。
2. 在紙上列出你對這兩種組織類型的劃分標準。

現在，我們開始考慮這些組織所處的環境。

1. 你認為那些環境因素，對組織類型的影響最大？
2. 就你對組織所處環境的了解，這些組織是否已發展至最具市場競爭力的程度？
3. 為什麼？

386　　　觀察IBM、戴爾電腦、Gateway、康柏等個人電腦產業巨擘，能讓我們學到不少重要且有趣的組織結構知識：即使這些企業的技術面與市場面皆十分近似，執行的活動也所差無幾：無非就是個人電腦的設計、製造與販售，卻有截然不同的組織結構風貌。此外，在這個產業中，我們也會看到組織如何爲了提昇效益，及提高競爭性市場的佔有率，而屢屢調整組織結構。儘管在同一價格水準上，每家公司出產的個人電腦規格都大同小異，但每家公司在產品的製造與流通上，都經歷了不少變革。舉例來說，過去每家廠商都只生產標準規格的電腦，生產完就交由經銷商鋪貨，現在呢？康柏、**IBM**、戴爾電腦都可以在接單後才開始生產，只要一通電話，說明規格需求，廠商就能針對客戶的需求量「訂單」生單。在通路上，經銷商仍然存在，但直接

全球化專題：寶鹼的組織設計

多年來，寶鹼都採用以區域作劃分的組織設計，全球業務就以四大轄區分別統籌。現在，寶鹼已改採產品線的結構，包括嬰兒用品、美容保養、織品家具、女性用品、食品飲料、保健研發、家用紙巾，共分七大事業部門。此外，寶鹼在北美、中南美、中東非、中東歐、西歐、日韓印澳、中國、拉丁美洲，也設立了行銷發展組織，在這八個區域為上述的七大事業部門開疆闢土。

之所以有此變革，是為了將寶鹼由區域導向（佔地為王）轉變為產品導向（以客為尊），並藉此提高總部的作業效率（Manufacturing Chemist, 1998）。

對顧客銷售的模式也日益盛行。其他的變革也隨時在發生，例如IBM
的採購，早期IBM要求個人電腦部門必須向內部採買磁碟機，現在，
隨著組織的重新架構，IBM的政策也做了調整，如今個人電腦部門已
經可以向外採購磁碟機，就像其他廠商的作法一樣。

　　個人電腦產業恰巧是說明組織設計的絕佳範例，可用以說明一件
事：即使執行的活動大同小異，但仍然有截然不同的組織架構方式
（此言同樣適用於汽車、服飾、食品等產業）。組織的活動、資源、架
構方式，對工作如何完成，以及企業效益的高低，都有重大的影響。

組織結構的本質

387

　　本章將解釋組織差異的原因。當然，分處不同領域的組織，必然
會產生顯著的差異（舉例來說，醫院與百貨公司的組織方式就截然不
同，其差異並非只源自醫事人員與行銷業務人員的不同）。但是，即
使屬於相同產業，不同企業的行為模式也有極大差異，我們只要在精
品店和Sear's百貨各逛上一天，就能感受到不同。

　　差異之所以存在，部分原因與組織所處的大環境有關。為了與不
同的環境互動並求生存，組織勢必要做某種調適。整個概念，是非常
直截了當的。

1. 組織必須適應所處的環境。

2. 為求生存，環境的差異會衍生某些活動，並在這些活動間，產
   生不同的相互關係。

3. 在設計、協調這些生存必需的活動時，不同的管理決策，會對
   組織效益產生不同的影響。

組織的部分屬性

組織由一群為某目標而工作的人員組成，會發展出相當穩定、可預測的行為模式，並將該模式維繫下去。即使組織人員已改朝換代過多次亦然。下列是組織行為模式的三大向度：

1. 複雜性。
2. 形式化。
3. 集權化（Hall, 1991）。

上述三個向度的排列組合，就能反映出不同的組織結構與組織文化。**組織結構**指的是，組織成員所進行之活動的相互關係，可以從分工、部門、職階、政策規章、協調控制機制……窺其一二。組織文化則是成員憑之判斷行為、決策之主流價值觀、信念、態度、常規的集合，可參考我們在十二章所作的介紹。

組織複雜性可以用活動種類的多寡、功能、職位、階級的數目來表示。複雜性高的組織，因其必須執行更多的任務，涉及的人際關係數目亦多，因此會產生較多的協調與控制問題。一般說來，組織越大型，內部的人際關係也越多。

形式化的程度，則可由限制成員選擇之政策、章程、規範的正式書面化數目來表示。在高度形式化的組織中，成員的裁量權力與行動自由，都必須在上述之組織規章的範圍內。在形式化程度較低的組織中，成員則享有較多的選擇與較高的行動自由。

集權化一詞，意指權力與職權的分配情形（Hall, 1991）。分權化則意指職權與權力在組織中的垂直分配狀況（Hall, 1991）。若組織政策與章程容許基層成員擁有較多的決策權限，其分權化的程度亦較

倫理專題：形式化與窺探電子郵件

　　組織是否有權開啓組織電郵系統中的員工個人信件？員工可以為個人私事使用公司的電郵系統嗎？

　　現代人最常用的溝通媒介－Email，已為企業帶來許多問題。舉例來說，可能有員工利用公司的email聯絡、處理個人私事，也有公司自認有權讀取員工經由企業email系統所收發的信件。也有員工因信件被企業內部人員窺閱，告上法庭控訴隱私權遭侵犯的例子。雖然企業通常會勝訴，但付出的代價卻十分昂貴。

　　問題的解決方向之一，就是制定一套正式政策，說明所容許的行為範圍，以及不容許的行為。但調查指出，大約只有36%的企業會去制定此類政策，DHL轄下的DHL Systems認為：「我們應該讓每個人知道明確的規範內容，清楚地知道那些是可接受的行為，那些不是。」DHL Systems搜尋了相關法律、要求員工的意見回饋、接下來才制定員工使用email及上網的正式政策。

　　員工可以因私事使用email，但不得濫用此一特權。該政策的但書是，雖然企業內部電腦的資訊有其隱私性，但DHL Systems保留查覈電子訊息及檔案資料來源的權力，以確保員工確實遵守規定。

資料來源：改編自Greengard（1996）

高：若決策多半出於組織高層之手，基層成員行事必須受限於正式規範及章程的話，該組織即為集權化的組織。

　　職權意指個人爲執行任務、擔負責任，而擁有的決策暨控制權。
擁有職權，意味著個人得以不徵求他人贊同而工作。對員工來說，職
權意味著對工作本身的控制。對經理人來說，職權是對自己與轄下人
員之資源使用的控制與指揮權利。由於組織經由分工之程序，畫分出
個人績效之任務與責任，因此職權有其存在的必要，可視其爲一種協
調並整合工作的機制。

389

　　職權可在組織的垂直暨水平方向分佈。**職權的水平分佈**，可視爲
控制幅度的函數，並透過部門化程序（請參照原文頁碼401）中的決
策而發生。**控制幅度**，意指在一位經理人下，有多少部屬必須向其報
告。當然，這數目與部屬能力、決策者的控制理念、管理工作性質、
組織規模、複雜度……等因素有關。在一定的組織規模下，控制幅度
會決定結構與階層的數目。若控制幅度大，職權的水平分佈也較高，
就會形成組織層級較少的**扁平式組織**；若控制幅度小，職權的水平分
佈程度低，就會形成組織層級較多的高聳式組織。

組織與環境

　　本書採用組織的系統觀，也就是把組織視爲將外在環境的資源運
往內部，轉化爲服務或產品活動的系統。組織必須與環境中的其他組
織或團體交換產品或服務，以追求維繫組織存活所需的利潤。

　　組織之外的團體、機構或其他組織，若能提供組織立即性的投
入、能對組織的決策施加壓力、使用組織的產出，則可稱爲組織的
「**關聯環境**」。任何時候，關聯環境中都有些團體與企業與組織的關係
會較爲密切，也較具影響力。舉例來說，商業組織必須與客戶及供應
商互動，後二者就構成此等組織最重要的關聯環境，客戶需求的改變
可能導致組織內部的變化。例如，銷售疲軟可能使企業不得不資遣員

工。

　　情況也可能改變關聯環境之外部團體的組成，一但構成足夠壓力，組織就必須開始調適。舉例來說，在聯邦政府的公平機會法案甫通過時，許多企業便開始調整其雇用程序與昇遷標準。現在有一些州政府已經改變這些法則，於是企業又必須再度修改其內部程序。組織的關聯環境至少包括下列八種外部團體：

1. 市場
2. 供應商
3. 工會
4. 競爭者
5. 公眾壓力團體
6. 政府機關
7. 投資人
8. 科技

390

　　關聯環境可以很簡單，也可以很複雜（Thompson, J. D. 1967），簡單環境中，只含少數幾個同質性部門（sector）。例如，提供長途通信服務的公司，其面對的技術環境通常十分單純。而複雜環境則包含許多部門，例如，在各國承包營建廠房的跨國工程公司。

　　環境部門　由於多數大型組織的關聯環境相當複雜，組織多半將環境直截了當地區分為市場環境與技術環境。這種區分，有助於解決多數商業組織或經濟組織的管理問題。

　　市場環境由使用組織產品、並賦予價值的個人、團體、機構組成。對提供汽車、電腦、鋼鐵、電視機、麵包的製造商，提供創意與服務的廣告公司、顧問公司、旅行社，市場都提供組織一個以產出換

取回饋的環境。

　　技術環境包括二大部份。一是組織用以生產產品或服務的流程組合，在這個定義之下，**技術**意指組織可得的方法與硬體組合。組織對技術的選取與整合，會決定其生產活動的形式。雖然組織的生產活動無法僭越技術的限制，但企業的確可以不使用全部的可得技術。舉例來說，雖然電腦可以處理大型百貨公司的客戶信用資料，但規模較小的商店，可以選擇不使用電腦，只以檔案夾來處理客戶記錄。

　　技術環境的第二層面，則是產品或服務的生產或配銷過程背後的觀念與知識，也就是將科學轉化爲應用實務的過程。

　　環境的特徵　不確定度（或說環境的變遷）會使組織的環境適應問題更爲複雜，並影響組織的內部結構（Burns and Stalker, 1961; Lawrence and Lorsch, 1969）、以及即將加入組織的成員類型、組織成員的知覺、態度與價值觀。但是，環境最重要的效應則在於，組織結構內部之活動與流程是否具例行性。

391

　　我們可以將變化的程度視爲一連續光譜，穩定與動盪分居光譜兩端。在**穩定環境**中，改變的程度相對較小，對組織結構、流程、產出的影響也較小，而且可依幾個常見指標做出相當正確的市場預測。舉例來說，我們可以用正確的人口、收入、車輛平均使用期限等數據，合理預測汽車的銷售水平。

　　環境通常會影響規模，特別在有擴增廠房、設備、物流設施的投資需求時尤然，並使企業採行短期的調適。常見的手段通常是增減勞動力，而非變更產品本身或製造流程。舉例來說，啤酒的生產成本極高，由於相關技術不斷緩慢更新，因此啤酒廠可以在效率和利潤的考量下，逐漸引進新技術；但是，若啤酒需求遽降，組織通常不會開發新產品，而是資遣員工，直至低潮期過去爲止。

在**動盪環境**中，變遷往往十分快速，包括客戶與需求層次都可能有大幅度的改變。女性時尚市場，就是一個很好的例子。設計師與製造商的產品決策，都是基於對顧客品味及偏好的預測上，而品味與偏好的確非常難以捉摸。現在，我們不妨試著預測看看，Norma Kamali、Giogio Armani、Gianfrance Ferre、Elizabeta Yanigasawa是否仍能在未來獨領風騷。

技術方面的動盪，通常意指新觀念、新創意的不斷產生，而且會造成生產程序本質上的改變。近年在整合積體電路、導電材料、奈米科技上進展神速的電子產業，正是技術與市場策略同樣影響產品性質的說明範例。舉例來說，這類技術變遷就為IBM帶來不少問題。因為，多年來IBM一直以大型主機為其產品主力，但是，近年來晶片運算容量的大增、運算單元價格的下降，使得運算成本不斷下降。這催生了強力個人電腦的上市，以及個人電腦廠商間的價格戰。再加上網路的發展，使得個人電腦逐漸取代客戶對大型主機的需求。這些發展，還更進一步地提昇了軟體的重要性，這正是IBM當年棄若敝屣，交給微軟比爾蓋茲的市場。

組織的基本類型　如圖13.1顯示，環境及組織調適環境的動力學，與組織類型有關。我們以技術環境作為橫座標軸，以市場環境為縱座標軸，兩者皆介於穩定及動盪之間。為求簡化，我們在此僅介紹落於兩極的四種基本組織類型，但要注意的是，真實的組織通常介於這四種極端之間（Tosi, 1992）。以下就是這四種基本的組織類型： 392

1. 機械型組織。
2. 有機型組織。
3. 技術主導的混合型組織。
4. 市場主導的混合型組織。

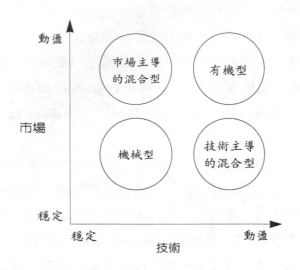

圖13.1　環境與組織類型的基本關係

　　這些基本組織，反映出權力及控制本質、職權分配、調適環境所需之彈性程度的重要差異。每種組織類型，其內部還有各部門與環境（及其他部門）間的不同互動。舉例來說，行銷及研發部門，必須與環境直接接觸，而製造部門通常埋頭在組織內部活動，與外界環境尚有緩衝空間。此外，這些活動也會受環境性質的影響：當環境穩定時，通常以例行活動居多；當環境動盪度大時，活動彈性也會提高。

　　圖13.1指出，若市場與技術環境皆十分穩定，就會造就出機械型組織，例如汽車產業、鋼鐵業、麥當勞、溫娣漢堡、漢堡王等速食店皆屬之。機械型組織特有的效率，正是企業在穩定環境生存之所需〔Blauner, 1964〕。機械型組織的生產活動，如我們在速食店或工廠生產線所觀察到的，通常極具重複性、分工極細、標準化程度高、任務小而簡單。但是，當工作窄化至此時，工作者往往無法察覺分內工作

與組織任務間的關連。

在機械型組織中，權責的定義十分明確，而且組織結構層級分明。溝通多半循著由上往下的垂直方向進行，這部分是因為，長久以來這就是在組織中最能傳遞資訊的方式，而擁有資訊的單位，就擁有影響力。

至於誰能取得這麼多成本及其他績效的資訊，也是有明文規範的，通常由執行控管功能的部門負責蒐集，因此控管部門在這一類組織內可謂大權在握。

機械型組織的決策，通常高度集中於組織的頂端，而且高層通常能輕易且迅速地取得決策所需的資訊，即使決策內容與基層相關，也不需要基層經理人的參與，這就又限制了基層的參與及發展。

圖13.1還指出，動盪大的市場與技術環境，會造就有機型組織（Burns and Stalker, 1961），專業顧問公司、廣告公司、與Lucent類似的技術研究中心皆屬之。Lucent的客層十分廣泛，都是為尋求問題解決方案而來，而Lucent的專業人員來自各技術領域，因此可以解決來自各方的問題。

在有機型組織中，關係與工作的定義都較鬆散，使組織能更輕易地適應環境的變遷。結果，我們會看到，隨著環境不斷變遷，工作任務也不斷的遷移、重新定義，這使得在機械型組織裡隨處可見的階層分明，在有機型組織中簡直不可能。

這會產生幾個效應。一是，組織中的員工必須擁有多種技能，才能執行範圍各異的功能；另一則是，資訊很難匯集到高層，垂直方向的溝通頻率，遠不及水平方向的溝通。因此，個人的地位與重要性，完全奠基於能力，而非組織中的高位。

有機型組織的管理結構，必須更具彈性。決策過程也極少借重既定政策的助力，這是因為，積密制定的政策會在環境的快速變遷下，

393

專題：組織類型—有機型組織

　　國際創意管理（International Creative Management, ICM）是一家演藝經紀公司，旗下藝人包括理查吉爾、歌蒂韓、費唐娜薇、威廉柏德溫等明星。ICM副總裁Ed Limato的工作，就是要推動、經營這些大明星的職業生涯。他們的市場客戶包括了娛樂事業、電影公司、劇場、電視製作人。

　　我們很容易就能感受到，這個市場是多麼的難以預測。那麼，Ed Limato是憑何本事，能為旗下藝人規劃生涯呢？事實上，他正是一個不做規劃的人。他的名言是：「這一行，沒有規劃這回事。」

　　……任何號稱有策略的人，都在說謊。當他們希望簽下某人時，他們總是提出一些看起來很漂亮的規劃。但是，我們不做規劃。我們就是盡量去找劇本、盡可能找出我們能提供的服務，然後把不夠好的案子推掉。說句不客氣的話，任何宣稱有規劃的人，都只是在唬弄手段而已。沒有規劃這回事，一切靠的就是努力而已。

　　ICM是有機型的組織，它必須回應不同顧客的需求，需求來自影片製作人、劇場、音樂界。基於市場需求的動盪與不穩定性，ICM與Ed Limato必須保持相當高的彈性。

資料來源：改編自Reginato（1998）

394

顯得過時無用。此外，績效的控管與評量也較主觀，較少借重客觀的績效指標。常見的績效指標包括，個人的工作態度、成員間的互動效率。

在有機型組織中，隨著工作需求的不斷日新月異，員工必須游走於專案之間，視各專案所需的工作性質不同，也會產生大不相同的職權結構。員工可能必須同時為多位經理人效力，而不同的專案也會集結出不同的工作團隊，一旦專案完成，團隊成員就會打散進入其他團隊。在這種情況下，對情境變化忍受度較低的個人，可能會有問題。

比起機械型組織，有機型組織的規模往往較小。小規模能夠促進組織對環境的調適能力，然而，隨著有機型組織的成長，組織還是必須發展出某種程度的剛性與層級，相對的，這會使組織適應環境變遷的難度增加。

技術主導的混合型組織（technology-dominated mixed organization, TDM），是兼具機械型和有機型組織元素的混合型組織。康柏、戴爾、Gateway等個人電腦經銷商，就是TDM組織的範例。由於電腦產業的技術日新月異，正如摩爾定律（Moore's Law）所述，矽晶片可儲存的資料量會每年倍增，更新的速度使得這一類公司開始採用量單打造、彈性組態等方式。但是，對Gateway這一類郵購公司來說，個人電腦的行銷方式，事實上非常固定。

在TDM組織中，由於技術環境的擾動與不穩定性，會帶來生存與效率上的威脅，並使組織的有機體部份必須與技術環境直接互動。我們方才介紹的電腦產業，以及三十年來的照相產業，面臨的就是這種情形。自從1960年代，拍立得相機開啟了第一波的技術革命後，Nicon和Canon隨即發展出能自動對焦、調整快門速度的傻瓜相機，現在連價廉物美的可拋式相機都已問市，數位相機更是當紅的熱門商品。

395　　　　控管TDM組織的難度在於，要在架構特質各異的單位間，維持
管理工作的一致性。通常，在TDM組織中，科技屬性的單位是較具
彈性的有機型組織；而行銷部門，由於面臨穩定市場，結構通常也較
傾向限制度高的科層體制。這種差異，會造成不同單位間的張力與衝
突。

　　　　TDM組織中，不同部門的管理結構也有所差異。例如，在行銷
部門中，工作責任、負責對象、決策權力的範圍通常十分明確；然
而，其技術部門通常享有較高的行動自由；生產部門則落於中間，一
方面要承受來自工程研發部門推行新技術的壓力，另一方面也要滿足
行銷部門對產品相容性、延續性的需求。

　　　　另一種亦屬混合型組織的類型是，**市場主導的混合型組織**
（market-dominated mixed organization, MDM）。這一類組織的技術面
十分穩定，但市場面的擾動卻很大。在MDM組織中，由於必須與變
動極大的顧客保持密切接觸，因此，行銷單位在企業政策與策略上，
較具影響力。音樂、影劇、時尚產業，都可算是MDM組織的一種。
企業往往藉由行銷與生產部門主管的經驗、直覺、判斷，來了解市場
的波動，而不是借重人口資料、收入估計、購物型態等標準化指標來
進行市場分析。舉例來說，在時尚與唱片工業中，設計師或唱片製作
人的判斷，往往比系統性的市調更具影響力。相對的，MDM組織的
生產管理問題就小得多。唱片與影劇工業所需的複製設備已十分普
及，而CD、卡帶、錄影帶的生產方式，也不是影片成功與否的關
鍵。一切只看製作人能否發掘市場樂於接受的好歌或好故事。

　　　　不同的環境種類，也會影響控制活動。行銷與通路系統的彈性與
動態本質，再加上通路型態與系統的變遷，都使得我們很難蒐集過去
的相關成本資料，此外，還會引發績效量測上的問題。

　　　　在MDM中，技術部門的管理結構會較具階級性，也較剛性。但

行銷通路部門的職權結構則較鬆散，在決策上也允許較多的個人參與
與自由。企業對環境變化的監測與調適，通常由行銷部門主導。
MDM組織的領導人，通常出自行銷或業務背景。MDM的企業文
化，通常是隨行銷部門起舞，因爲該部門掌握因應環境波動的必備知
識與技能。

　　和TDM一樣，MDM也要面臨有機型單位與無機型單位的協調問
題。技術部門的明確結構，不僅讓身處其中的專業人員有調適上的困
難，也讓其與有機程度更高的行銷部門互動時困難重重。

正式組織：設計與結構

　　光看組織圖，我們無法得知某組織所屬的基本組織類型（機械
型、有機型、TDM、MDM），我們能看到的只是**正式組織**，或主要
的次級單位（部門）的組合形式。部門內包含一組獨特的活動，經理
人在其中被賦予職權，也必須爲特定的成果負責。舉例來說，大學內
部的活動，可畫分爲法學院、商學院、文學院……，並由院長負責管
理。像寶鹼這類擁有多種產品線的企業，則將其活動整合爲清潔用
品、潔牙產品等生產單位，並由產品經理負責。

　　組織由兩大程序來創造部門：結構分化、結構整合。**結構分化**意
指組織工作活動的拆解與分離。舉例來說，大學內部的整體教學活
動，依其不同的拆解分化方式，可創造出不同的學院與系所。會計系
學生修習的學分，多半由會計系自行開設，音樂系則提供音樂方面的
學分課程。結構分化的方式包括：根據產品（服務）、執行的工作
（功能）、專案、地理區域、顧客類型……等等。這些分化方式，並非
一成不變的要組織照單全收，加上環境條件、管理偏好……等考量

396

後，自然會有更合理、更具效率的分化方式脫穎而出。我們將在原文頁碼401處，做更進一步的介紹。

結構分化到一定程度後，就必須進行**結構整合**，以協調不同單位的活動。結構整合，透過權責關係，聯結不同的次單位，進而建立起管理結構。和結構分化一樣，結構整合程序也有類型與整合程度的不同，經過整合後的聯結，可能相當緻密，也可能僅是鬆散聯結。

與分化、整合程度相關的決策，我們稱之為**組織設計**，意指組織藉由重新安置工作活動的方式（安置為次單位或列出層級差異），以促進策略性的環境調適，並建立能落實組織策略的內部條件。在組織設計之前，首先必須決定組織在環境中的定位策略與運作戰略。舉例來說，女性服飾市場範圍極廣，遍及時尚至保守款式，單一公司只能在其中擇一發展。所以，The Limited 專營高價位的正式禮服，而Armani 與 Gianni Versace 則主打流行市場。擇一發展的策略，讓企業能將焦點鎖定在環境的部份而非整體，非但能減少調適的問題，也促使企業發展專業競爭力，而非大小通吃。

其次，須制定與組織結構直接相關的決策：

1. 工作如何分化：分工。
2. 工作如何群組化為組織次單位：選擇部門分化方式。
3. 運用權責分配，定義次單位之間的關係。

這三大決策，將建構出結構的層級面向。

分工與任務的相依性

分工意指組織內部分割、指派工作的方式。假設你是個天分獨具的木匠，正打算開一家櫥櫃公司。草創之初，你必須一手扛下圖13.2

所列的全部工作，舉凡生產、銷售、採購、運送、安裝，以及規劃、組織、控管等管理工作，全得一手包辦。如果一切順利，櫥櫃公司會開始成長、壯大，你勢必得雇用他人代勞部分工作。在決定何者可假手他人時，你，身為老闆，當然會希望新的作法仍然能帶來高品質與高獲利。這時，我們可以考慮兩種不同的作法，但這兩種作法對人員的工作內容、工作的管理方式，都會產生不同的影響。作法之一是「科學管理取向」，也就是簡化工作，減少每個人負責的工作項目、安排專人檢視工作成果、降低員工的自主性、並規定工作上的責任額；「工作豐富化取向」則是另一種作法，把每個人的工作弄得複雜點，由數項簡單的任務組合而成，員工對工作的控制度、自主性、責任，都比科學管理取向所允許的來得高。表13.1列舉了這兩大取向間的部分重要差異。

　　無論選擇那種作法，你都會碰觸到分工的程序。分工導致專業化，也就是讓工作者只從事整體工作的特定面向，以櫥櫃公司為例，你可能會雇用某人專事上漆前的磨砂打光工作，這就是所謂的**任務專業化**（Thomas, V., 1967）；你也可能選擇請一位製櫃師傅，這就是**人員專業化**。這兩種專業化的不同在於，前者所要求的知識與能力之水平較低，請參見圖13.3。

398

　　在任務專業化中，工作被切割為數個較小的任務元素，再重新組合成分派給不同人員的工作。若工作的任務專業化程度極高，則該工作往往極具重複性，員工只負責整體任務的一小部份，工作週期（工作起點至下次起點的間隔時間）極短。由於工作本身簡單且具重複性，因此也容易學習、執行。這使管理階層不需以耗時的緊迫督導方式來確保工作的正確性，只要檢視最後成果即可，而員工對工作的投入程度也較低。同時，高度例行性、重複、程序化的工作，也較難維繫高度的士氣與動機（Wyatt and Marriott, 1956; Blauner, 1964;

399

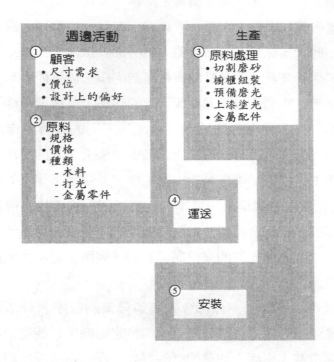

圖13.2　櫥櫃產銷的所有活動項目

Kornharser, 1965）。

　　雖然，任務專業化能帶來效率增加⋯⋯等正面效應。但是，根據 Presthus（1978）的說法，任務專業化的問題如下：

　　有些問題雖小，卻具蔓延性，會導致與個人自主性、統整能力、自我實現⋯⋯相關的問題。（應該繼續討論的）是一種將工作內在價值轉移成收入、保險、社會地位、休閒生活等工作副產物的錯置現象。這種錯置，源自典型大型組織常見的去人性化、

表13.1 科學管理取向與工作豐富化取向的部份差異

科學管理	←	工作特徵	←	工作豐富化
簡化	←	工作設計的基本理念	←	增加複雜性
少	←	工作中的任務項目	←	多
由他人執行	←	督導與控制	←	由自己執行
低	←	員工自主性	←	高
受限	←	任務的責任水平	←	增加
低	←	任務的激勵潛能	←	高

專業化、工作的群體性格。

　　爲避免任務專業化的弊病，你可能會想聘用一位能全程處理工作流程的一流製櫃師傅，也就是採取人員專業化。員工有能力負責執行範圍廣泛的不同工作活動，而非只執行任務專業化的特定有限項目。選擇人員專業化的結果是，你和你的新員工都會開始忙著釘新櫥櫃，一旦業務量又增加了，你就得再找個同樣具備好手藝的一流師傅。在人才短缺時，這會非常困難，而且成本將遠較任務專業化高出很多。400

　　通常，法律及醫事業，是會採行人員專業化的行業。擁有相關專長者，會在律師或醫師開設的小型組織裡工作。會在大型複雜組織工作的專業人員，包括科學人員、工程師、電腦科技人才、會計師、人力資源專員。專業人員之所以重要，是因爲他們擁有能影響組織成功關鍵的高水平技術。專業人員往往必須投資大量時間、精力、訓練時間、金錢，才能取得技能。舉例來說，完成醫學院的課程，需要的不僅是大量金錢，還包括了時間與努力。

　　當專案、產品、次生產線將任務切割成更小單位，並交由不同人員執行時，這些單位任務間，就存有**任務相依性**。若任務相依性高，

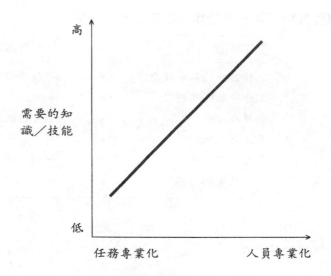

圖13.3　知識技能與專業化類別的關係

只要有人尚未完成手上的任務，就無法完成整體工作。舉例來說，罐頭上蓋工廠的任務相依性就很高，他們的生產程序是這樣的：先在一大片鋁片上壓模、傳送到另一台機器捲邊、加上墊片、再到另一台機器加上拉環，然後送到另一台機器裝袋進庫存。某個員工的說法，就是任務相依性的絕佳說明：「一有機器停工，進度就會落後，一旦進度落後，就永遠別想趕上。但是，在大部份情況下，這都不是我自己的錯。」

　　任務相依性可分三種類型（Thompson, J.D., 1967）：

1. 序列式。
2. 互補式。
3. 匯總式。

　　上述的罐頭上蓋工廠，就是序列式任務相依性的例子。這些工作

必須依序完成，工作的流程，基本上是依循著生產單位間的線性模式。圖13.4所示的櫥櫃公司，其工作的組織方式，正是序列式任務相依性的範例。

　　互補式任務相依性，指的是兩人以上的任務，會相互依賴。若前述的櫥櫃公司雇用了一位執行圖13.5所示工作的專業人員，我們將會看到櫥櫃半成品在員工間來來去去，每個員工都必須依賴他人才能完成工作，這就是互補式的任務互依。

　　圖13.6則以**匯總式任務相依性**，來設計櫥櫃公司的結構。公司雇用四位專業木匠，每個人都負責完整的製櫃作業，在這種結構之下，每個人的自主性都較高，雖然個人工作不完全繫於他人的表現，但匯集每個人的獨特貢獻後，即造就了組織的成敗。採取這一類互依方式的行業，包括法律事務所和診所。

401

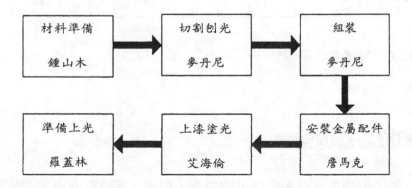

圖13.4　櫥櫃生產的任務分配

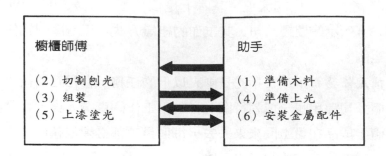

圖13.5　互補式任務互依

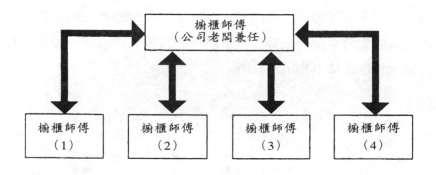

圖13.6　匯總式任務互依

組織設計的選擇

　　若能搞懂本章至今所呈現的觀念，經理人應該就能決定如何設計

402　組織結構，如何將不同的任務組合為部門，並將部門進一步組合成單

　　位。以下是組合各種活動的幾種方法：

1.活動是否與同一產品有關？

2. 活動是否要求相似的技能？

3. 活動是否為特定顧客或客戶服務？

4. 活動是否在一特定地理區域執行？

我們相信，某些基本組織類型，會有一些較適合的組織設計方式。舉例來說，生產式或功能性的組織設計，會使機械型組織更具效率；混合型組織較適合採用矩陣結構；而有機式組織則多半採用專案式組織結構。

產品式組織設計／功能性組織設計 這是機械型組織常採用的兩種形式。在**功能性組織設計**中，主要部門由類似的工作功能／責任所組成，例如會計、採購、生產、人事等部門。經理人和員工則被指派到各單位，各自負責類似任務。圖13.7是一個虛構組織－鷹牌啤酒的功能性組織圖，該公司生產兩種品牌的啤酒：一是美鷹、另一是傑佛遜。他們的釀酒部門的生產方式是：先讓發酵槽生產美鷹啤酒一段時間後，再輪替生產傑佛遜啤酒。這兩個品牌，則交由同一行銷部門銷售。簡而言之，就是釀酒部門負責所有的生產工作；行銷部門負責所有的銷售工作。

由於組織中主要單位的專業性很強，因此才用功能性組織設計來提昇營運效益，這對生產單位尤其如此。由於所有生產活動都在同一部門內，所以很容易達成經濟規模。功能性部門內部成員背景的相似性，使人們因為共通的參照架構而易於溝通，「行話」就是幫助溝通的一個例子。但是，團體之間則會因為方向上的差異而產生溝通困難。

單位間的協調，是功能性組織設計的一個難題。舉例來說，鷹牌啤酒的行銷部門，當然希望兩個品牌的貨源都同樣充裕，以因應顧客的需求。但生產部門可不是這麼想，為達經濟規模，降低生產成本，

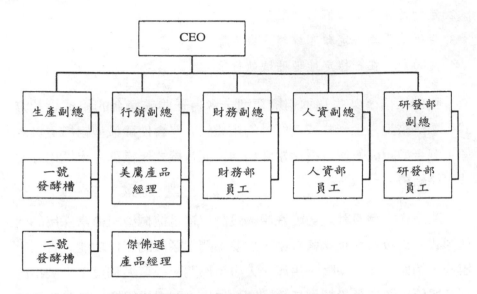

圖13.7　鷹牌啤酒公司的功能性組織設計

他們當然希望一批只生產一種品牌。不同的目標，意味著這兩個部門最佳利益上的差異。

歧異性專題：唯女子與小人難養也？

　　跨部門團隊的運用，為的是以更多元的技巧，來解決組織所遭遇的難題。跨部門團隊，為解決困境，必然要將來自組織各部門的英雄豪傑湊在一起。因此，能否協同合作，是團隊成功的關鍵。

　　但是，在跨部門團隊中，部門差異並不是唯一要克服的難

題。我們還要考慮性別與種族的差異，由於職場中女性與少數民族的比例與日漸增，這個問題也愈見重視。

　　一項某州政府機關所執行的研究，試著從由成員自己與外人來評估團隊效能的角度，切入性別與種族的議題（Baugh，1997）。結論之一是，與女性或少數民族成員同屬一跨部門團隊的白人成員，認為自身所屬團隊的效能比均質團隊低。然而，其他並不認為所屬團隊的人際工作效能比均質團隊低。另一個有趣的結論是，混合團隊中的白人成員，比起少數民族／女性成員來說，更常覺得工作分配不均。然而，這項研究的關鍵是，外部評估者並不認為團隊裡少數民族／女性的比例，與分工不均有任何關係。這意味著，即使混合團隊的成效良好，其內部團體程序的管理也應多加留意。

　　在*產品式組織設計*中，主要部門的形成以各項產品／服務為核　404
心。圖 13.8 所示的鷹牌啤酒，正是一種以產品為核心的組織形式，每個主要部門有自己的生產、行銷單位，負責生產、行銷自己部門的產品，並享有較高的自主性。但是，請注意，在產品核心部門內部，仍然有相當明顯的分工，美鷹啤酒部的負責人，配有一位生產主管、行銷主管、及其他功能的主管。這些主管，很少有機會與傑佛遜啤酒部的主管們互動。

　　以產品為核心的組織形式，在簡化某些管理問題的同時，也會造成其他問題。舉例來說，會計制度的建立、內部交易成本的降低，都會因為產品的生產行銷成本歸屬明確，而變得較易進行。然而，因為部門內的功能單位很難達到經濟規模，某些成本將因此而提高

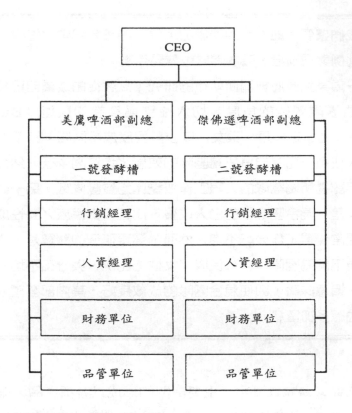

圖13.8 鷹牌啤酒的產品式組織設計

（Filley, 1978）。

405　　　**矩陣式組織設計**　對混合型組織（TDM和MDM）而言，矩陣式
組織設計非常適用。可以在允許專業化組織單位存在的同時，整合各
種專業人員的活動，將來自不同部門的專業人才，分配到一個（或一
個以上）的專案，與其他人員一起工作。

　　圖13.9所示，是一個擁有穩定市場對象（政府），但技術環境變

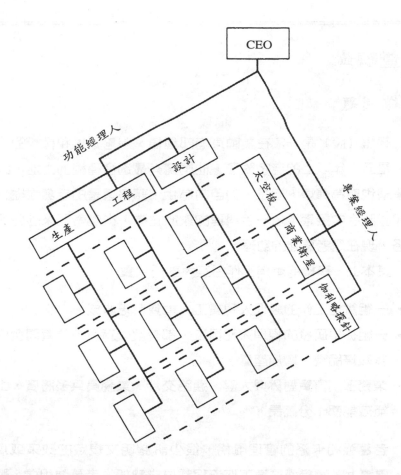

圖 13.9　典型的矩陣式組織

遷極快（**TDM**）的大型航空企業轄下的軍機部門，其所採行的矩陣組
織。該部門有六個功能單位：產品品質、企業管理、原物料管理、操
作管理、工程技術、人力資源。每個單位都必須與專案經理人共事。
這個部門共有六位專案經理人，各負責一種機型或維修服務（Overhaul　407
Services, E2C production, E2C modification, F14, EA6B, S3）。我們可以

406

隨堂練習

組織問題

　　蘋橙（股）是一家在美國東南部種植、銷售蘋果和柳橙的公司，是五十年以上的老字號了。他們擁有最適合種植的土地，銷售業績也頗為輝煌。但是，到目前為止，蘋橙還是由老葛強從父親和叔叔手中接管後，一手料理的家族企業，從越南回來的兒子卡洛，現在是老葛強的助理。

　　基本上，蘋橙的產銷工作由三大部門負責：

- 一組實地工作的經理人和員工，負責栽培收成。
- 一組從事研發的經理人和員工，都有農學背景，負責開發更多栽培品種，增加產量。
- 業務部門負責對外與大盤、通路交涉，業務員兵多將廣，士氣效能都十分高昂。

　　老葛強和卡洛的管理風格，很少訴諸明文規定的政策或規章。**事實上**，蘋橙連標準工作流程都付之缺如。老葛強相信，聰明的人，怎麼做都能把工作做好。

　　到了現在，老葛強父子都覺得，蘋橙的規模已大到必須建立正式的組織結構。他們邀請了著名的管理顧問 D.J.布萊爾來協助，布萊爾提出了兩個方向，一是以功能劃分部門，另一則是以產品為核心。圖13.10即是這兩套方案的比較。

407

　　如果讓你來選擇，你會選擇那種方案？是功能劃分部門？還是產品核心部門？為什麼？

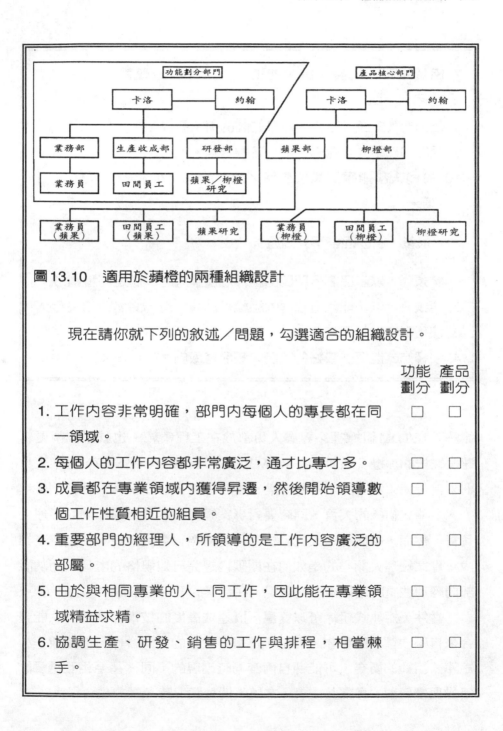

圖13.10　適用於蘋橙的兩種組織設計

　　現在請你就下列的敘述／問題，勾選適合的組織設計。

	功能 劃分	產品 劃分
1. 工作內容非常明確，部門內每個人的專長都在同一領域。	☐	☐
2. 每個人的工作內容都非常廣泛，通才比專才多。	☐	☐
3. 成員都在專業領域內獲得昇遷，然後開始領導數個工作性質相近的組員。	☐	☐
4. 重要部門的經理人，所領導的是工作內容廣泛的部屬。	☐	☐
5. 由於與相同專業的人一同工作，因此能在專業領域精益求精。	☐	☐
6. 協調生產、研發、銷售的工作與排程，相當棘手。	☐	☐

---

7. 協調生產、研發、銷售的工作與排程，比較輕　☐　☐
   鬆。

8. 各部門（生產、行銷、研發）間的衝突較少。　☐　☐

9. 組織內部不太可能有過度分工的問題。　　·　☐　☐

10. 每個人都能學到某項產品／服務的所有相關事　☐　☐
    項。

　最後，請你回答下列問題：

1. 請預測，以產品劃分部門的組織規模擴大時，將是何種情形？

2. 請預測，以功能劃分部門的組織規模擴大時，將是何種情形？

3. 那種形式的效率較高？為什麼？

4. 那種方式能提供較好的產品／較顧客取向？為什麼？

瞭解，在 TDM 組織裡，專業人員都放在工程領域，也就是技術更新速度較快的那邊；然而，在 MDM 組織裡（例如唱片公司），專業人員則來自行銷領域，例如古典音樂、搖滾音樂、鄉村音樂、西部音樂。

408　　　矩陣式組織的人員，同時要對專案經理人及其所屬部門的經理人負責。然而，兩個經理人的目標卻可能衝突。舉例來說，在航空產業內，專案經理人關心的是如何在期限內趕完已知規格的產品，而功能部門經理注重的是技術上的表現，在這樣的要求下工作，壓力不小。

　　當然，矩陣式組織可以雙贏，既達成高度的技術性績效，又能整合來自不同領域的專才，但是，這需要大量的協同合作，而非競爭。矩陣式組織的衝突，可能源自兩套同時出現的不同／甚至相互牴觸的目標與價值觀。身在其中者，在搞不清楚狀況時，壓力也會很大。

　　專案式組織設計　若因環境的快速變遷，工作的性質常常變動，則組織的結構形式也必然因此而改變，在此時，專案式組織設計就是最好的選擇。所謂「專案」意指為達到某項成果（例如新產品或新建築的規劃），所需的一系列相關活動。之所以要區隔出專案，正因為沒有兩個專案會一模一樣，每個專案都有其獨特性。在專案式組織中，每個人都被分派到一個（或一個以上）的臨時團隊，專案結束後，團隊也就隨之解散。由於不同的專案會需要不同的技能，因此也將衍生出不同的團隊組成，這完全依專案的內容而定。

　　圖13.11所示的建設公司，正是專案式組織的一個例子。每棟由公司所營造的住屋或商業大樓，都可視為一個專案，只是專案時間有長有短而已。每個員工手上，都可能有一個以上的專案在進行，甚至可以用「游走在多個專案間」來形容。每個專案，都由專案經理來負責執行任務、協調工程進度、管理財務、分配人力資源。一項專案完成後，該專案原本分配到的人力與資源，會重新打散分配到新的專案。　　　409

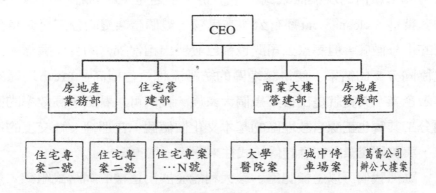

圖13.11　房地產建設公司的專案式組織設計

　　網路式（虛擬）組織設計　所謂的網路式組織（或稱虛擬化組織），是組織為適應今日經濟的快速步調、面對全球競爭、提高效能等需求，而採用的一種新策略。這與本章所介紹的其他組織設計形式非常不同。其他組織設計形式，至少在一定的範圍內，都具備有形的子系統（部門、專案、團隊）在運作。而網路式組織的運作方式，比較像是在相關產業環境裡，與某家核心組織做生意的眾多公司／組織（如供應商、客戶、銀行／其他資金來源）。傳統組織與網路式組織最大的差異在於，前者與環境的關係受到規範管理。例如，企業如何與客戶或供應商往來，都奠基於經濟／財務關係。對這樣的關係，市場本身就是最重要的調節機制。

　　網路式組織設計的不同點在於，除了經濟因素外，關係的建立更奠基在優勢的互補，以及彼此的信賴上（Powell, 1990; Lorenzoni and Lipparini, 1996）。舉例來說，在典型的長期買方／賣方關係中，通常都有合約／契約的規範存在。網路式組織則不然，我們可以用義大利紡織重鎮Prato地區為例（位於佛羅倫斯附近）（Voss, 1996）。在這裡，有將近兩萬家公司，大部份的規模都很小，而且分工非常明確，沒有那家廠商的規模能大到上中下游一手通包，紡新紗、舊紗、染紗、整紗、clean、cut都有公司在專營。整個產業鏈的分工可說是分割的十分徹底，但每家公司間也都已發展出相當綿密的合作關係。如此協同分工的結果，使得該地區的紡紗流程效益極高。Proto地區的無數企業，其實就是出自某幾個大家族。我們可以看到，高效率的協同分工其實也正源自該地區的基本文化價值觀，在那裡，社交上的連結，與美國企業所在意的傳統式往來關係一樣重要。

　　雖然我們可以這樣認為，義大利能發展出這樣的網路式組織，是因其緊密的家族觀念所衍生的互信使然。但是，我們在其他地方，仍然能看到類似的網路式組織。舉例來說，美國喬治亞洲Dalton的地毯

專題：組織設計—網路式組織

410

　　上例提到的 Prato 地區，其強而有力的社會性連結，顯然是撮合產業中眾多企業的結合劑。讓我們想想看，若將社會性連結／地理區域的範圍拉的更大的話，這種更大、更分散的網路式組織，會是什麼樣子？

　　要構成大型的虛擬組織，基本上必須有三大要素：

1. 企業間存在著重要的差異與互補性。
2. 信賴同時建立在經濟關係／人際關係上。
3. 能夠使用資訊科技，毫無阻礙的能力。

　　請參見以下三例：

* 世界盃的保全、公關、行政、公共資訊系統，分別由 Sprint、EDS、昇陽公司共同承攬。

* 某些航空業者，允許乘客在其聯營的公司內，相互轉機、訂位……。例如，英航與美航是聯營夥伴；而荷蘭皇家航空則與西北航空結盟。

* West Bend，一家生產家庭用品的公司，將其生產線與威名百貨的銷售業務系統連線，使生產線能依實際銷售情形，動態地生產產品（Christie and Levary, 1998）。

產業，也有許多神似之處。另一個例子則是，半導體產業中的設計代工業者（Sematech），大大的提昇了美國半導體產業的競爭力。

本章稍前介紹過的組織模式，應能增進我們對網路式組織設計的理解。一旦工作可細分爲次單位，我們就可以自問：這些次單位，究竟在內部執行較佳？還是外包，才較具成本效益？其實，這就是一般企業常面臨的「跟別人買？還是自行生產？」的決策問題。網路式組織設計，就等於把工作都外部化，並仰賴供應商提供企業所需。至於「那些工作該外包？」，則應考慮下列因素：

1. 比較自製與外包的成本。
2. 該項目是否爲企業核心競爭力的要項。
3. 該項目對企業本身的重要性。
4. 整合外包項目與內部流程的難度。

在網路中的核心企業，即所謂的「策略中心」（Lorenzoni and Lipparini, 1996）。策略中心必須能掃瞄產業環境，做出產品設計、流通、內部協調等決策，以及強化網路內所有企業的協同合作。

411 摘要

組織必須／必然與所處的環境互動／交易，將環境提供的投入，轉化爲產品／服務，並輸出至環境中。這個過程由組織內部的活動來完成，因而組織的型態，會與所處的環境之特性密切相關，其中有一些是本章中介紹的基本組織型態。如果市場環境與技術環境皆屬穩定，應該衍生出機械式組織，例行性高、官僚味重就是這一類組織的特點；有機型組織則存在於高動盪性的市場與技術環境，這一類組織

較具彈性、調適能力、官僚味也較輕：組織所處環境若兼有穩定與動盪的環境，其內部結構就會兼具機械型與有機型組織的特質。技術環境動盪／市場環境穩定，所產生的就是所謂的「技術導向的混合型組織」（TDM）；而市場環境動盪／技術環境穩定，則會產生所謂的「市場導向的混合型組織」（MDM）。

　　為了創造出組織結構，必須在組織設計的程序中，這些基本組織類型的活動會加以細分與整合。首先是分工，也就是把活動劃分為組織性任務，然後再將歸納為組織的次單位。這就是組織設計的過程，可能的結果包括產品型組織／功能型組織／矩陣型組織／專案型組織，然後再創造出協調、控制內部活動的職權結構。

經理人指南：設計你的組織

　　組織設計是經理人的重要任務之一，此項任務有下列三大要素：

1. 瞭解必須完成的工作。

2. 劃分功能，然後將較特定的任務集中於各個部門，或逕指派予個人。

3. 建立結構與人際關係上的機制，以協調／整合上述劃分的活動。

　　每項要素，都須以智慧作抉擇，以下是一些可供行事參考的經驗談。

瞭解必須完成的工作

認清一件事：組織必然依賴外在環境

你我都必須清楚，組織生存所賴為何。產品或服務必須與顧客同在，我們必須確定自己的服務／產品，在顧客所需的時機、地點，以顧客認為合理的價格送到他們手上。一但身為經理人／事業主的你不能認清這一點，就無法帶來維繫組織活動所需的營收與利潤。

要做到這一點，需要具備對環境要求的敏銳度，並願意調適自己。所謂的調適，有時指的是新產品，有時指的是企業必須降低營運成本。

弄清楚：顧客願意為那些工作內容付錢

顧客當然願意為產品付錢，包括生產、物流、行銷、原料成本。通常顧客對那些能幫助企業順暢運作、甚至改善產品品質的內部活動，如人資、甚至品管的興趣沒那麼高。當然，這些也都不是組織的核心工作。所以當務之急是，把重點先放在核心工作上，思考如何有效串連這些核心工作，然後讓那些支援性質的活動，自然存在於它們所在之處。

功能畫分

組織部門所需的就是劃分工作所需的各種活動，並將其指派給不同的單位／個人。進行部門功能畫分有兩大方向：功能性劃分／產品性劃分。

在產品性劃分的設計中，每項產品所需的主要活動會被劃分在一起，並與其他產品線分開。

在功能性設計中，所有類似的活動都會劃分在一起，例如生產部門、行銷部門、人資部門。

每個決策在解決問題之餘，必然也會留下其他待解決／管理的問題。舉例來說，選擇產品性組織的結果，能使對顧客的服務最大化（Filley, 1978），但經理人必須留心效率及效能的問題。對混合型組織而言，最大的問題在於管理矩陣型組織中不同產品與部門間的相依性。

如果產品的歧異性大，產品性組織會是較佳選擇

這是由於不同產品的生產、行銷、管理工作，本身極具歧異性。這種作法，會讓每個產品線看起來就像獨立的公司，可能產生的問題如下：

1. 由於每個產品線都自成一格，所以彼此間會產生溝通問題。
2. 會有一些幕僚活動的重疊。舉例來說，每個產品線都有自己的人資部門、品管部門。
3. 每個產品線關心自身的表現，可能忽略了企業的整體效能。

表13.2列舉了產品性／功能性組織的不同之處。

弄清楚理性組織設計的政治意涵

通常，組織設計都出於對獲利、效能等組織目標的合理考量。但是，我們將在第十四章看到政治方面的意涵，簡單說來就是一某些職位／部門的功能，其實就是為了控制他人／其他部門。這一類部門的負責人，可能為了自身利益（非組織利益）而產生政治行為。

協調／整合機制的設計

組織階層／分權是最常見的協調／整合機制，以下是經理人在賦權（empowerment）時必須謹記在心的重點：

盡可能向下賦權，讓任職者能擁有做決策所需的必要資訊

對經理人來說，賦權是最難的事情之一，在組織階層較少時尤然。因此，經理人必須牢記一件事：「做事情的人，最瞭解問題所在，也是最佳的決策者。」

413

表13.2　功能性／產品性組織的差異

	功能性	產品性
單位的溝通與協調議題		
主部門間的衝突	高	低
部門內的溝通	易	難
部門間的溝通	難	易
協調機制的複雜性	高	低
人力資源議題		
解決困難的專業知識	高	低
團體和專業的認同	高	低
管理高層的訓練背景	低	高
組織效能		
幕僚活動的重覆性	低	高
產品品質	高	低
效能	高	低
顧客導向	低	高
對長遠性議題的考慮	低	高

單位負責人應擁有做單位決策的職權

　　這是管理學上最陳腐的金科玉律了，翻成白話來說，就是別讓無法掌控事情的人員，必須爲此負責。

　　除此之外，組織設計當然還有其他值得關心的重要議題，只要經理人願意認眞思考，並試著以本書介紹的概念來檢視組織，其他重要的議題自會陸續浮現。

重要名詞（所附爲原文書頁碼，請見內文邊緣處數字） 414

415

問題研討

1. 為什麼在穩定的技術環境與市場環境中，部門式分工或產品式分工的組織結構皆可行？
2. 在技術環境與市場環境皆穩定的情況下，組織若採矩陣式部門分工，將會如何？
3. 在不同的組織設計中，會計稽核制度與績效考核制度會有何差異？
4. 如何用分工與整合的概念，來說明不同的組織設計？
5. 研發部門對機械性組織／有機型組織的效益為何？試說明之。
6. 管理「混合型組織」的典型困難為何？
   TDM／MDM組織（技術導向混合／市場導向混合）組織間有何重要差異？
7. 試比較產品劃分／部門劃分組織的優缺點。
8. 試說明分工／組織次系統概念的關係。
9. 任務專業化／人員專業化兩者有何差異？
   通常高度專業的工作，比所謂的「藍領」工作更能進行任務

　　分工，試說明之。

10. 試解釋「任務互依性」。

　　試列舉任務互依性的不同型態。

　　請從自己的工作經驗中，舉例說明之。

　　在不同的運動項目中，是否存在著不同型態的任務互依性，
試舉例說明。

個案研究

416

柯爾威利

　　柯爾威利是全球最大製藥公司之一，其產品範圍囊括醫治各
種疾病的知名藥物。該公司負責英國地區的銷售經理華金賓，接
受一全國知名商業雜誌記者潘瑪琍的採訪，介紹該公司對業務團
隊的管理制度。

潘：讓我們先來看看，你們的醫藥代表在出去執行業務時，通常
　　作些什麼？

華：他們的主要任務，就是讓醫師瞭解我們的產品，知道我們產
　　品的優勢何在。他們每個月應該拜訪責任區內的醫師至少一
　　次，並且介紹我們當時的主力產品與劑型，通常每次拜訪，
　　應該帶出我們的二或三項產品，並把重點放在其中一項之
　　上。

潘：那麼，公司會如何協助業務代表來說服醫師採用你們的產品
　　呢？

華：公司在這方面提供非常多的協助，舉例來說，他們可以利用這本小冊，來介紹癲癇和我們最新的抗癲癇藥物。此外，我們也提供醫師免費的試用品，以及關於我們產品的最新研究報告。另外，贈送醫師印有我們產品名稱的便條紙，也是讓醫師記得我們產品的一種方式。

潘：在增進銷售上，應該還有其他的作法吧？

華：當然，首先，我們在晉用新人時非常謹慎。因為我們要找能與醫師迅速溝通的人材，所以希望新人有理工科系的背景，最好在研究所時擁有商學方面的訓練。此外，我們也非常注重教育訓練，舉例來說，我們最近推出治療青光眼的新藥，比起另一家公司的老藥來說，副作用更少，這本青光眼教學手冊，就是專為我們的業務代表所設計，他們可依自己的時間分配進行自修，公司每年也為業務代表安排在波士頓總部舉行的醫藥／行銷課程。我們也訓練他們如何對醫師做簡報。

潘：當代表們拜訪醫師時，是否必須按照一定的程序？

華：當然了，我們的訓練中包括了呈現產品訊息的內容、時機、方式。這都是我們長年工作所累積的心血結晶，新人如果能照表操課，就一定會有好成績。

潘：他們的工作就是拜會醫師而已嗎？

華：不只如此，他們還必須安排區域性的會議，讓醫師及其配偶一起在享用餐飲的同時，順道觀賞我們行銷部門所拍攝的錄影帶。這是我們全國行銷計畫的一部份，內容通常都是與藥物相關的醫療問題及資訊。在各醫學年會召開時，我們的業務代表也會在場設攤提供服務，此外，他們也要拜會開業藥

師。

潘：他們如何在藥局裡介紹產品呢？

華：他們到藥局的主要目的是，讓藥師知道那些項目是目前行銷的主力產品，其實，這就是醫師們最近可能開立處方的藥物項目。他們還要確保藥局裡的安全庫存，並介紹每月最新的行銷活動。

潘：你們會規定業務代表在固定期間內，一定要拜會多少位醫師嗎？

華：有的，我們的業務代表都有每日的固定行程，如果行程沒有完成，他們必須提出解釋。當然，行程裡會把必須的交通時間計算在內。如果客戶所在區域太遠的話，我們希望他們在前一晚就到達當地。

潘：你們如何評估業務代表的績效？

華：我們公司採用目標管理制，在責任區內，每位代表配有一定的藥物銷售責任額度。這就是他們的目標。每一季，他們會拿到責任區內，每種藥物的銷售業績報表，讓他們知道自己超出目標或低於目標多少。

潘：你讓業務代表自行設定目標嗎？

華：我們的作法不是這樣，目標由公司設定，但業務代表若反映目標不切實際無法執行，我們會試著調整。

潘：除了銷售業績之外，業務代表還有那些目標？

華：以我帶的團隊為例，在每年進行績效考核時，我為他們每個人設定了自我成長的目標，我為凡蒙特區的魏伯所定的目標就是：增進非類固醇消炎藥的相關知識。

潘：業務代表達成或超越銷售額的話，你們會給他獎金嗎？

418

華：不，我們不希望業務代表因為這項誘因，而在拜會醫師時顯得太性急。我們相信，真正的業績，是公司研發高品質藥物，並提供醫師最正確資訊的結果。

潘：關於這一點，能否請你介紹一下，研發部門在這方面的貢獻？

華：我們的研發部門真的很棒。我們推出新產品的速度，遠勝過其他對手。而且我們的產品都具有真正的創新性，不是那種抄襲別人的 me too 貨色。

潘：能否請你多介紹一點你們的研發部門，我相信你一定去參觀過。

華：沒錯，我去過一兩次。我們的研發部門在賓夕法尼亞，擁有非常先進的設施，那真是個棒呆了的工作環境。

潘：他們採用那種管理方式呢？也是目標管理嗎？

華：不，他們那裡的風格比較隨性，就像是大學裡研究室的氣氛一樣，沒有緊迫盯人的進度，也不會有人盯著你怎麼工作。

- 柯爾威利的組織結構型態為何？
- 不同部門的結構如何？

參考書目

Baugh, S. G. 1997: Effects of team gender and racial composition on perceptions of team performance in cross-functional teams. *Group and Organization Management*, 22(3), September, 366–84.

Blauner, R. 1964: *Alienation and Freedom*. Chicago: University of Chicago Press.

Burns, T. G. and Stalker, G. M. 1961: *The Management of Innovation*. London: Tavistock Institute.

Christie, P. M. and Levary, R. 1998: Virtual corporations: recipe for success. *Industrial Management*, (40), 7–11.

Filley, A. C. 1978: *The Compleat Manager; What Works When*. Champaign, IL: Research Press.

Greengard, S. 1996: Privacy: Entitlement or illusion? *Personnel Journal*, 75(5), May, 74–88.

Hall, R. H. 1991: *Organizations: Structures, Processes and Outcomes*. Englewood Cliffs, NJ: Prentice Hall.

Kornhauser, A. 1965: *Mental Health of the Industrial Worker*. New York: John Wiley.

Lawrence, P. R. and Lorsch, J. W. 1969: *Organization and Environment: Managing Differentiation and Integration*. Homewood, IL: Richard D. Irwin.

Lorenzoni, G. and Lipparini, A. 1996: *Leveraging Internal and External Competencies in Boundary Shifting Strategies*. Working Paper, Faculty of Economics, University of Bologna, Italy.

Manufacturing Chemist 1998: P&G to overhaul its corporate structure. *Manufacturing Chemist*, October, 5.

Powell, W. 1990: Neither market or hierarchy: Network forms of organization. In L. L. Cummings and B. Staw (eds.) *Research in Organizational Behavior* Greenwich, CT: JAI Press, 295–335.

Presthus, R. 1978: *The Organizational Society*. New York: St Martin's Press.

Reginato, J. 1998: Special agent. *WWD*, September, 266–70

Thompson, J. D. 1967: *Organizations in Action*. New York: McGraw-Hill.

Thompson, V. 1967: *Modern Organization*. New York: Knopf.

Tosi, H. 1992: *The Environment/Organization/Person Contingency Model: A Meso Approach to the Study of Organizations*. Greenwich, CT: JAI Press, Inc.

Voss, H. 1996: Virtual organizations: The future is now. *Strategy and Leadership*, 24(4) July–August, 12.

Wyatt, S. and Marriott, R. 1956: *A Study of Attitudes to Factory Work*. London: Medical Research Council.

組織內的權力與政治

影響力的基礎
獲得與維繫以組織為基礎的影響力
獲得與維繫以個人為基礎的影響力
在組織內運用經理人的權力

課前導讀

　　組織內的權力通常是組織環境中重要的面向。在組織內有勢力的人，通常會利用這種權力，使自身的處境更愉悅宜人。我們都知道，資深經理人通常會有較大、較豪華的辦公室。在多數情況下，如果你想了解某個組織的權力分配，在辦公大樓中走一遭是最好的方法。

　　上這堂課之前，選一個你可以自由游走的組織，企業或學校都可以。當你經過辦公區時，注意一下辦公室的大小、設備、裝潢設備，並觀察所在位置與停車位、行政資源的有效性與可獲得性。

1. 你注意到的權力與環境間的關係有那些？
2. 除了舒適性之外，有沒有任何裝飾物，有助於維繫個人的組織權力？

420 　　1997年AT&T公司要選擇CEO羅勃亞倫（Robert Allen）之接班人的過程，正是本章（組織內的權力與政治）的一個絕佳實例。這個例子說明了，權力與政治行為是公司上位者的雙刃利器，一旦失手也可能傷害自己。亞倫在小貝爾（Baby Bells）分裂及電訊產業解除管制後的幾年內，擔任CEO。這段期間，因為要與其他新進的電訊服務業者（如Sprint和MCI）競爭長途電話市場，企業的營運非常艱苦。從那時起，AT&T的股票從一個安全可靠，適合退休人員購買的好股票，變成有可能泡沫化的高風險股。

　　當亞倫快退休時，他跟AT&T的董事會，開始尋找繼任者。通常，這種尋找繼位者的行動，都由董事會與一個獨立的顧問團隊所負責，現任CEO的建議是次要的（Dobrzynski, 1997）。但是，此次卻大不相同，通常在甄選CEO時，慣例上會由兩家獵人頭公司來負責尋找適合的候選人，即使局外人也看得出來，這部份，是連董事會也很難介入的。但是，據報導，亞倫對甄選流程的控管可謂「滴水不漏」，第一回合的整個流程，幾乎全由亞倫控制。此外，亞倫的要求也非常特別：新的人選進入公司後，要先擔任亞倫的「見習CEO」，而且當亞倫退位之後，他還要擔任董事。事實上，這也或多或少點明了亞倫之支持的重要性。

　　亞倫對甄選過程的控制，使得獵人頭顧問手上可用的「候選人清單」大為銳減 （Dobrzynski, 1997）。事實是，已經有資格角逐CEO一職的候選人，怎麼可能願意成為見習CEO？還必須引前任CEO進入董事會？這些優秀人選其實也有別的公司正在禮聘他們，不是非進AT&T不可。

　　兩家獵人頭公司、亞倫、董事會最後終於找到一位候選人，他們指派約翰華特（John Walter）為總經理以及「明日CEO」。華特沒有電訊產業的相關經驗，他曾是電話簿公司Rueben Donnelly的總經理。

九個月後，華特向AT&T提出辭呈。據說是因為董事會認為他缺乏擔任CEO的能力（Landers, 1997）。但很多人認為，那是因為華特無法和亞倫共事（Keller, 1997）。當然，華特自己也許不這麼認為，但他也沒有其他選擇。AT&T董事會付給華特超過二千五百萬美金，作為他的下台階（Landers, 1997）。

　　尋覓CEO的動作再度展開，但這次，董事會將甄選流程的控制權從亞倫之處取回。這次，候選人的實力也較強，有的是原本AT&T的員工，有的則是來自其他公司的競爭者。最後，董事會任命麥克阿姆斯壯（C. Michael Armstrong），原Hughes Electronics的董事長為CEO。在第一次甄選時，阿姆斯壯原本就在候選清單上，只是很早就出局了。傳聞出局的原因是：他不同意亞倫的「見習CEO」提議，也不願意提名亞倫進入董事會。阿姆斯壯上任後發表聲明，說明亞倫將退休且不會進入董事會。

421

　　在本章以及第十五章，我們將檢視這些事情發生的原因與過程。為什麼董事會的世故之士，會順從亞倫的自保計畫？在這一章，我們將特別討論在每個組織內都有的影響力、權力、政治等議題。我們也會討論不同型態的權力，包括權力的獲得、運用、維繫，以及它們與組織型態的關係。

影響力在組織中運作流程的模式

　　在上述的例子中，羅勃亞倫成功地運用影響力，而董事會成員扮演的正是服從的角色。影響力發生在，有人運用合法的職權或權力時，這種關係正如圖14.1所示。組織內影響力的基礎包括：心理契約、合法職權、權力。影響力能讓持有者達成其企圖，或調整持有者

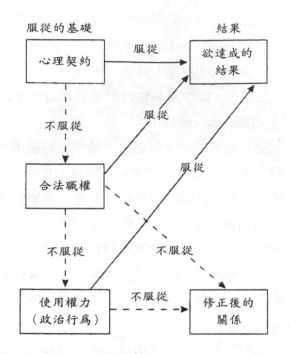

圖14.1　組織中影響力的基礎

與與目標的關係。

422　　**影響力**是令他人如你所欲而服從的過程。影響力若存在，雙方（A與B）必然處於一種互動且依賴的關係中。這意味A的行為可以影響B的行為，反之亦然。影響力發生在一方（A）誘導另一方（B）做出前者（A）所期望的方式。思考一下羅勃亞倫及AT&T董事會的例子。為何董事會的成員在選擇新CEO時，會願意採取被動的角色呢？也許他們相信，他們的角色應該較不主動。或者他們不想浪費時間，或許亞倫過去展現了很大的能力，所以董事會信任他。無論如何，很清楚的是，亞倫和董事會成員間有強烈的依賴關係。

在組織中，**依賴關係的形成可能有不同的誘因基礎**（Etzioni, 1961）。例如，共享重要的價值觀、想加入一個組織、希望與他人互動。這些情形通常發生在加入政黨、宗教組織或是其他涉及意識型態的動機。這些關係的基礎就是**承諾**，也就是依賴關係中一種強烈、正面的參與。在依賴關係這件事上，經理人必須記得：不要錯將服從視為承諾（Zaleznick, 1971）。服從的原因不僅於此，稍後我們會看到許多。

有時候，依賴關係可能因強迫而來，例如坐牢或是療養院成員。這些人遭受外界的疏離，而且想從這種關係中逃脫。因此，這種依賴關係的存在，繫於外力。

第三類的依賴關係，則類似**精打細算的投資**（calculative involve-ment）。雙方都評估過維持關係的經濟成本與利益。大多數組織都存在著這種依賴關係（Etzioni, 1961），當然，也包括某種程度的承諾與疏離。

影響力的相對強弱是兩項要素的函數。其一是維持關係的需求，當個人可以選擇關係的維繫與否時，影響力就會較無法選擇的關係為弱。擁有相同強烈信念的團體成員中，有強烈政治信念的人，與信念較弱的成員相較，受團體領導人的影響較深。第二個因素是權力的不對稱，與第一個因素有關，但卻未必是同一件事。權力的不對稱意指一方（B）較依賴另一方（A），使A方有較大的影響力。

影響力的基礎

前述合法職權與權力的差別所在，正在於我們第四章介紹過的心理契約。心理契約是組織與個人共有的（一套）期望。這些期望包括，薪資、所有的權利與義務模式（Schein, 1970）。相對的，你也被

423 　期望要對工作與承諾有所貢獻。只要要求、命令與指令都在心理契約的範疇之內，你就要遵守。以羅勃亞倫的例子為例，它對董事會假設的心理契約如圖14.2。一般來說，他會做心理契約範疇內的任何事，就像你在圖14.2所看到的。亞倫不會壟斷價格或是做違法的政治獻供。它們不但違法，而且落在他的心理契約範疇之外。

　　然而，範疇有兩種：**公開界線**與**真實界線**。公開界線包括一些活動，是你希望其他人（特別是你的上司）相信這些活動是心理契約的要素。在這個例子中，董事會希望亞倫會定期報告最近計劃的投資報酬，做一些典型CEO應盡的職務，並且在大眾媒體上代表AT&T。

　　在某些情況下，他可能必須做一些公開界線以外的事。**真實界線**是心理契約「真正」的界線。在我們的圖例中，兩種活動落在這個區域：參加特定政黨、在某些宗教組織中扮演積極的領導角色。顯而易見的，他會希望董事會相信，心理契約必須受限於公開界線，因為服從那些落在公開界線與真實界線之間的要求，這種超出工作要求的事件，看起來就像為了某種好處的交易。例如，在第一次的CEO甄選過程中，**AT&T**的董事會可能已經決定，亞倫不應該全程參與，而且他們能在沒有亞倫的協助下，控制整個過程。要這麼做的話，董事會必須明白地告訴亞倫，這些就是接下來會發生的事，並適時祭出公司章程來行事，以減亞倫之氣焰。他們可以讓亞倫的心理契約，包含「禮
424 讓董事會」這一項條款。

　　這些界線並非靜止不動，它們也會改變。有時隨著雙方的同意而改變，就像一個人的工作因升遷而改變；有時它們因其他人使用權力而改變。

　　我們對合法職權的定義就是：落於心理契約中的真實界線內，並為屬下接受的上司要求。若要求對方服從一些落於真實界線外的要求，所應用的就是權力。上司的要求，若落在真實界線與公開界線之

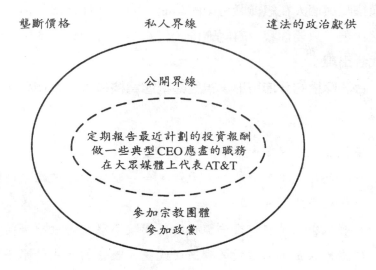

圖 14.2　CEO 的心理契約

間，也常常必須使用權力。

　　合法職權　合法職權意指個人對他人有決定命令的權力。這種權力源自組織的授權與准許。合法職權根植於心理契約中，透過它，主管可以期待下屬會順從組織授權的要求。

　　只要接受影響力的對象相信另一人正在使用，或企圖使用的影響力是正確且適當的，職權就會被視為合法。董事會使用合法職權，要求亞倫定期報告公司的營運狀況，如果他拒絕，董事會就能夠開除他，因為合法職權的架構中，可能包括董事可以使用這些決策權，來處理不服從事件。

　　合法職權可反映在組織結構中，因組織結構定義了各職位合法職權的分派。高層職位比低層職位擁有更多的合法職權。此外，因為合

法職權賦與個人在組織職位中的功能，而且這種合法職權可以轉移。這意味著，只要你我一離開職位，就不再享有相關的職權，因爲會有取代者出現。

合法職權的分佈情形，視組織型態爲機械型或有機型而定（Tosi, 1992）：

- 在機械型組織中，會有相對高度集中的職權、政策以及決策機制。此外，由於少有外力干涉，合法職權的分布在長時間看來仍然較爲穩固。
- 在有機型組織中，合法職權的架構較不穩定，會隨著組織環境的變動與企業對環境的調適而改變。職權的集中情形不明顯，若有集中，多半落在公司正執行的專案附近。在矩陣型組織中，由於同一人可能身兼不同專案工作，或同時擔任技術／部門主管，所以也可能出現雙重職權的情形。

組織文化也會反映合法職權的架構。當各階層的經理人存在較大的職權差異時，階層象徵的差異也可能較明顯。高階經理人的辦公室不僅寬敞、裝潢精緻，而且還坐落在總部內的好位置，次階經理人的辦公室可能就小一點、看來也較平凡。

425 對合法職權的接受度，受某些因素的影響。第一，每種文化對於何謂合法職權的概念各有不同，除了職權之外，還包括適當的上下從屬關係。例如，拉丁語系的國家（如義大利與西班牙）對高度極權的公司之接受度較高，但在盎格魯撒克遜國家（如英國、加拿大、美國），則偏好職權在各階層平均分布（Hofstede, 1980）。

第二，個人加入組織後，便藉由組織社會化的過程，接受了組織文化。社會化中的重要主題之一，正是將組織的職權架構合理化，要讓個人能夠接受，並且接受其合法性。第三，由廣義社會化過程所發

倫理專題：*CEO的薪酬以及合法職權的使用*

在出現問題之前，亨利（Henry Silverman），Cendant集團的CEO，被華爾街視為天才。Cendant集團的事業，在他的努力下涵括經營租車事業的艾維斯（Avis）公司，經營連鎖旅館的蘭瑪達（Ramada）公司，以及CUC（這是一家專門行銷折價俱樂部的公司）。買下CUC是非常誘人的決定，因為過去經驗指出，它的獲利成長非常快速。投資者認為，買下CUC是Cendant的大利多，所以Cendant的股價也隨之水漲船高。

亨利面臨的問題是，Cendant集團在購買CUC之前，CUC就有嚴重的會計詐欺問題，但Cendant一直到買下CUC後才發現。外界發現這項詐欺行為後，Cendant集團股價開始狂跌，1998年四月到十二月間，股價從每股41美元直落至每股12美元以下。

這不僅是公司外部股東的問題，也是Cendant管理團隊的問題，亨利自己也持有市值二千五百八十萬美元的股票選擇權。然而，董事會的決議是，亨利不必為自己承受的損失憂慮。他的選擇權價格，就是strike price，可以隨著市場股價下跌而調降。雖然某些人認為董事會的處理方式十分恰當，這個案例也的確讓人們想到，手握權力的CEO會如何去轉虧為盈（Byrne, 1998; The Economist, 1998）。

展出的對組織的一般看法，也會影響對合法性的接受度。

- 通常，組織主義者對於高層的指令，較無適應的困難。
- 專業傾向的個人，可能會認為很多指令於法不合，對於同事展現影響力的企圖，也會有較快的反應。
- 漠然者，只對工時內的合理工作要求有反應，其他要求，在他們心目中都是不合法的。

426　　　**權力**　**權力**是一種可以獲得服從的力量，但它與合法職權不同。權力不受心理契約的約束，而合法職權則位於心理契約的界線內（Pfeffer, 1981）。事實上，權力的運用，可以扭曲心理契約的界線。心理契約的界線之所以能被扭曲，是因為心理契約的界線有彈性、可修改，當然，修改心理界線可能必須施加大量壓力。在組織中運用權力，即所謂的**組織政治**（Pfeffer, 1981）。

　　權力可以用來達成組織認可的目的，或是政治活動者希望達到的目的。為避免某些不良後果，有些人會在有權力者的強迫下以組織不能接受的方式行事。例如假設某個組織的文化，鼓勵成員從事道德行為。其CEO遭受對手鼓吹聯合壟斷價格，此時部份董事會的重要成員也暗示這是一個好主意。在壓力很大的情況下，CEO可能在損及個人及心理成本的情況下，做出不道德的行為。若結果真的讓該企業聯合壟斷價格，那麼，董事會使用的是權力，而不是合法職權。

　　即使在沒有實質傷害或經濟損失的威脅下，人們還是會對權力有所反應。擁有合法職權的人，若在合法範圍之外使用權力，人們通常會服從。即使在沒有實質傷害或經濟損失的威脅下，或即使此種行為可能傷害到其他人，人們還是對權力會有所反應。這可以在一項心理學的行為研究中，非常戲劇化地看出來（Milgram, 1974）。施測者告訴受試者，他們所參與的是一項研究懲罰對學習之影響程度的實驗。

受試者被要求扮演「老師」，施測者的同謀則扮演「學生」，這個同謀會被帶往另一個房間內，「老師」聽得見「學生」的聲音，但是看不到其人。接下來，施測者示範如何操作電擊產生器（這是一個假的儀器，並不會有電流真正傳出去）。依據標示，電擊的強度從15伏特到450伏特，包括「輕度電擊」、「危險：強烈電擊」、「XXX」（意指高到不能再高）的三種量表。只要「學生」答錯，扮演「老師」的受試者就要按鈕給予電擊，錯的愈多，電擊強度愈高。由於扮演「學生」的同謀會在按鈕時呻吟、尖叫，因此雖然沒有真正的電擊，但受測者會相信對方正在遭受電擊。當電擊仍輕時，施測者的同謀只是低聲呻吟；但當電擊強度增加，同謀會開始大吼、尖叫、哭泣要求停止實驗。在330伏特之後，同謀那邊會完全無聲無息。一但扮演「老師」的受測者開始抗拒，施測者就會督促受測者執行更強烈的電擊。在一項實驗中，20到50歲間的40位受試男性，有百分之六十三按下了最強電擊的按鈕。

　　個人可能會有不同種類的權力（French and Raven, 1959）。若擁有給予酬賞或強制的能力，就可以獲得其他人的服從。成為專家或擁有奇魅型領袖魅力亦然。

　　當你有能力控制別人想要的酬賞時，你就有**酬賞權力**。有較高合法職權的人，可以在組織認定合理的評判標準下，決定酬賞及升遷的分配。當他們使用組織認可的評判標準時，他們是在使用合法職權，而非酬賞權力。然而，酬賞權力可以透過政治方式，由擁有合法職權者來行使。根據第四章之升遷的「夠好」理論，獲得升遷的候選人，不必然是最勝任者，但是必須好到可以進入候選名單內。通常，進入候選名單的評判標準，組織會列出相當清楚的標準。能列在候選名單中，通常都是評審們認為正確的人選。當評判標準與評審反映出的是權力的使用，而非合法職權的使用時，我們可以說組織內的升遷是一

427

種「政治性」考量。

　　強制權力在組織內存在的原因，跟酬賞的權力之所以存在是一樣的。他們的差別僅在於，酬賞的權力是在酬賞他人，而強制權力是對他人威脅或施以懲罰。讓我們回到升遷的例子，那些可以做決定的人，可以使用他們的判斷，以懲罰來對付他人。例如在組織中，某經理人被撤換的理由是因爲其上司堅持說他的表現不好，而且不適合團隊合作。例如遲交報告，並且與其他同層的經理人在合作上有困難。然而，分析所有事實後，我們可能發現其團隊在組織裡最有生產力，其屬下是公司裡最優異的，其顧客滿意度也最高。然而，因爲他曾在會議中公開反對上司，而且通常都是對的。最後，他被跟他一樣有效率的其他經理人取代。取代他的理由是在沒有他的情況下，經營團隊可以運作的更好，而組織在短期內的效應不會有明顯落差。但是，這對其他經理人的啓示顯然是，想在公司裡勝出，能力沒那麼重要，重點是必須能夠跟老闆共事。

　　我們仰賴並接受會計師、律師以及醫師的建議，是因爲我們相信，他們在專業領域方面的知能，可以幫助他們做出正確的決定。同樣的事情也會發生在組織中，擁有**專家權力**意味你因爲有某些工作上必須的特殊技巧或知識，使得你有能力去影響其他人。例如在設計資訊管理系統時，系統專家設計系統，指定配備，指揮系統的使用。專家權力通常要花一點時間去發展，個人在獲得這種影響力之前，通常需要花費一些時間接受正式訓練，或在工作上發展一些技巧。專家權力與特定的工作種類及個人有關。例如，系統專業人員在執行電腦資訊系統時的影響力很大，但對於經理人的薪資計劃，可能毫無影響力。

　　由於有其特定性，因此，專家權力不能像合法的職權一般，能很容易地從某甲移轉給某乙。例如，假設你是一個工廠經理人，你可以

歧異性專題：專家權力與視覺損傷

　　麥克，在勞僱課題的法律與經濟面向，都是表現卓越的專家，在一所重要大學中教授這些課程，並撰寫許多相關的書籍與文章。他的專業知能使他過的很好，因為他常以顧問之名獲聘，並且在一些案件中出任專家證人。在他三十多歲拿到法律博士學位時，他開始了教書和顧問生涯。這些年來，他的研究檔案跟他的顧客名單一樣，都有良好的成長。

　　幾年前，麥克開始發現視力方面的問題。他發現當他打網球時，他很難看到球。當他的對手把球打回來時，那顆球就好像不見了。慢慢的，這個問題影響到其他的生活領域，他開車、閱讀時有些困難，他要靠近一個人，聽見他的聲音才能認出對方到底是誰。大約十年以後，麥克被認定失明了，還好，他殘存的些許視力，還能讓他在費盡力氣的情況下閱讀。

　　這意味著他必須改變大部份的生活方式。例如，教書的時候需要一些協助，利用學校提供的科技產品來作授課的準備；不再開車，另尋其他交通工具；也不打網球了。然而，他的視力問題並不影響他的專業能力。他仍然寫一些相關的學術性文章，雖然他在必要時需要一個助理唸給他聽。他仍然在僱用案例中擔任專家證人。他大部分的客戶還是會打電話給他。這就是專業權力的重點：知識給予麥足以影響他人的能力。

擁有前經理人所擁有的職權，你甚至可以運用我們上面討論到的酬賞或強制的權力來擴張你的職權。但是，專家權力的發展，必須靠你展現的能力，或者由某人因為你的教育水準、認證、經驗、能力的顯

現，而授與專家的權力。持有專家權力的人，一旦離開公司，繼位者在取得專家權力前，不見得能擁有相同的影響力。

魅力權力發生在有一些人因為認同某個人，而容易受其影響時（French and Raven, 1959）。這是基於對於對方的認同感，或希望成為對方的。吸引力越強，這種力量越強。

擁有魅力權力的領袖和一般人不同。那些超乎自然、超乎常人，至少異於常人的力量與特質，是一般人不容易得到的。重要的是，他們的追隨者對他們的看法（Weber, 1947）。被公認具號召力的政治領袖包括雷根（Ronald Reagan）、甘迺迪（John F. kennedy）、卡斯楚

429

專題：具號召力的CEO：西南航空的賀伯（Herb Kelleher）

賀伯是個會鼓勵員工打破成規，享受樂趣的老煙槍，也是一個喜愛保守的異議者。他的熱忱使西南航空整整獲利了17年（Sellers, 1997）。他在西南航空發展出一種「飛行應該樂趣十足」的氣氛，而且他確保這個信念確實會經由員工傳遞給乘客。他跟西南航空的員工在一起時，總是非常友善，員工都直呼其「賀伯」，而非其他正式的稱謂。他跟員工的關係非常好，即使早該屆齡退休，員工們仍然希望他留下來。為什麼呢？因為他讓員工感覺為西南航空服務，尤其是跟他共事的感覺很好。他會跟他們一起開玩笑，也善用自諷式的幽默，此外，西南航空走在產業尖端，也讓員工樂於共事。

（Fidel Castro）、哈珊（Saddam Hussein）。化妝品業的玫琳凱（May　428
Kay）、Turner廣播公司的Ted Turner、西南航空的賀伯（Herb
Kelleher），則是公認魅力十足的領袖。

　　有號召力的人和具有其他權力的人，不同之處在於其與追隨者的
互動。有號召力的領袖，其追隨者不會覺得被壓迫或被壓制。有號召
力的領袖具備下列特性：在修正其信念時，仍能獲取異常高度的信
任；能贏得追隨者對他的仰慕、順從的意願、及認同；能激發追隨者
對任務的情感投入，具高度的目標，覺得自己能完成任務，或自覺應
對任務的完成有所貢獻（House, 1984）。

　　就像專家權力一樣，魅力權力也無法從某甲傳遞給某乙。然而，　429
當魅力權力可以轉換成合法職權時，它可以成為制度化的權力
（Weber, 1947），例如：一個有號召力的領袖會吸引追隨者，隨著追隨
者人數的增加，自然會開始產生階級制度。有號召力的領袖，藉由指
派其他人幫忙並授與權力，讓他們可以自己做一些決定。在組織內的
其他人，會服從這些決定，因為他們知道這些人是由領袖指派的。最
後，規定、政策及程序都在領袖的精神與實踐下發展出來。當領袖過
世或是離職時，權力系統仍然存在，並且變成組織內合法的職權
（Etzioni, 1963）。隨著時間流逝，成員們會服從這些現在已經變成合
理且適當的影響力。加入組織的新成員，則經由社會化程序，會接受
這個合法職權的體系（Pfeffer, 1992）。

影響力的結果

　　運用合法職權或權力，可能導致想要的結果，或導致影響者與對
象的關係改變（如圖14.1）。

想要的結果　想要的結果是指使用影響力所預期達到的結果。從組織的角度來看，服從應該導致組織重視的結果，例如高生產力與獲利。然而，有時候並非組織，而是某些特定人士的期望，導致了想要的結果。例如，亞倫希望新總裁能將他這位前CEO安插到董事會。這個希望並非來自董事會，而是亞倫自身想要的結果。我們可以看到，他在華特身上達到這個目的，卻無法在阿姆斯壯身上如法泡製。

430　　通常，使用合法職權、魅力權力或是專家權力之後，目標對象會做出權力施用者希望的反應。我們可以將目標對象的這種心理反應稱為接納，或是順從。他會從事被期望的行為，就像將順從合理化，視為正確的行為方式。事實上，這就是我們在第四章所謂的組織主義者（organizationalists）對合法職權的反應。

魅力權力或專家權力也會導致接納。當使用魅力權力時，對象通常以意識型能來合理化自己的接納。至於專家權力之所以能得到接納，是因為對象相信，專家的能力足以符合組織需求。

酬賞的權力與強制的權力也可以帶來接納，尤其在這兩種權力源自合法職權時，更是如此。亞倫就是一個例子，當他是手握合法職權的CEO時，他以政治手腕，試圖成為董事。在這種情形下，要獲得接納，權力施用者必須找出一個理由，是組織想要的結果，也就是說，亞倫使用他的職權，迫使華特接受亞倫必須成為董事的條件，這樣的企圖得到了董事會的接受，同時也被合理化。

關係的修正　當影響力的目標抵抗或是無法順從影響力時，雙方的關係會有所修正。通常，權力施用者（經理人）會對下屬採取諸如解僱或是訓誡的手段。例如，當華特與亞倫在共事上出現問題時，亞倫和董事會便迫使華特辭職。對於不服從他們的屬下，通常上司還有其他方法可以修正它們之間的關係，例如指派他們到較不受歡迎的計

劃中，升遷或加薪時不予以支持，或是在工作上的人脈動手腳。

　　通常，在使用酬賞的權力與強制的權力時，接受影響力的目標對象，也自有修正關係之道。方法之一就是**抵抗**，有各種可能形式。

- 要求說明原因。
- 最小程度的妥協，也是另一種有效的抵抗策略，包括根據標準規定的字眼，而非其精神來行事。例如：美國航管人員常用的抗爭手段是，在某幾個較大的機場，如芝加哥及亞特蘭大，以正確的法定標準，來控制兩架飛機間降落的距離，這樣就會造成班機的延誤。
- 蓄意破壞，則是抵抗的另一種方式，例如策略性地延遲決策的執行，以達到訊息或設備的損壞。
- 發展對抗的勢力，則又是另一種方式。某些人會以本章介紹的權力獲得方法，來發展個人的權力基礎，包括進行聯盟、增加專業知識技巧、影響環境、爭取贊助者。這些策略的成功，也會修正權力的平衡。
- 離開組織，可能是抵抗的最後一種方法。不能順應權力結構或修正權力結構的人，可能乾脆辭職，去追求另一個更好的生活與工作環境。

431

以組織為基礎的影響力及以個人為基礎的影響力

　　人人都可以經由特殊管道，來獲取影響力。組織職位所賦予的合法職權固是其一，但更多的情況是，因為施用者的特質，而獲取影響力。

以組織為基礎的影響力　很明顯的，在科層制度中，較高階職位的人，比低階者擁有更多合法職權，使得合法職權成為一種*以組織為基礎的影響力*。此外，研究也指出，個人擁有的以組織為基礎的影響力，可能超乎合法職權所賦予的範圍（Milgram, 1974）。職位效應的形式可以如下：通常，職務的工作內容，會讓在其位者，擁有重要資訊的控制權，例如擁有控制他人接近某重要人物的能力，權力也將隨之而生。執行秘書及高階員工的助理，其權力便由此而來。同樣的，某些人的工作內容本身即會影響他人的未來，例如處理調職、工作分配、人事精簡的人事主管。

以個人為基礎的影響力　若我們擁有他人想要的特質或技巧，就能獲得*以個人為基礎的影響力*。這些特質通常和組織的控制無關。以下是兩種型態的以個人為基礎的影響力。

- 當一個人擁有其他人所需要的能力時，就會存在專家權力。
- 當一個人對另一個人有心靈上的依賴時，就會存在魅力權力。

獲得與維持以組織為基礎的影響力

*權力結構*是指組織內各單位之權力與影響力關係的型態。例如行銷部門可能會比人事部門更有權力，財務部門會比行銷部門與人事部門更有權力。然而，組織內權力與影響力的分布，絕不僅止於組織結構的表面型態，同時還受情境因素及個人特質的綜合影響。例如，大學中的各院院長在編列預算的過程中，每個人的影響力與權力都不盡相同。因為，若各院院長的影響力與權力都相等，那麼，預算的編列

將只考量學生人數、教育成本等簡單因素。除了這些因素外，系所或學院的權力與重要性，會影響到所能得到的預算（Pfeffer and Salancik, 1974）。某些學院會較另一些學院更重要，而某些院長會比其他院長更常使用影響力或權力。

　　在這一節，我們先考慮影響組織權力結構的情境因素，考慮在各單位之合法職權的重要差異，然後我們再檢視獲得合法職權的個人特質，以及將職權擴散為酬賞權力與強制權力的傾向。最後則介紹，以組織為基礎的影響力，應該如何維持。 432

以組織為基礎的影響力—情境因素

　　只以重要性來論各組織單位的權力多寡，是不夠的。重點在於：「這些單位如何讓自己看來更重要？」組織權力的策略性權變理論，正能夠說明這些權力的不同（Hickson et al., 1971）。組織單位的權力，決定於該單位對組織內之策略性權變事物的控制能力。「權變事物，是某單位受另一單位影響的必要條件（Hickson et al., 1971）。」

　　以下是組織單位變得具有策略重要性的三種可能條件：

1. 處理變動情境。
2. 活動的可置換性。
3. 工作流的集中性。

　　面對較多的變動情境、威脅性、不確定環境的組織單位，會比穩定的單位擁有更多的權力（Boeker., 1990）。如果這個組織單位，可以成功的解讀環境的不明確因素，幫助組織進行更有效的處理，就可以影響組織的政策與策略。這就是為什麼醫師在醫院擁有較多權力。他們控制醫院的三個重要變數：入院許可、住院時間長短、對輔助服務 433

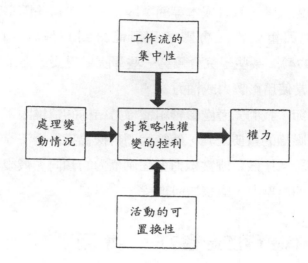

圖14.3　策略性權變理論中影響權力的因素

的要求。

　　當一個組織單位沒有**活動的可置換性**，該單位會非常的有權力。例如，大部分醫師在醫院裡面無法被取代，尤其當他是個專家的時候。因為醫師有專門的能力去解決病人的問題，其他人或缺乏該能力，或受限制無法使用這種能力，所以他們有顯著的權力。

　　工作流的集中性有兩個面向。有高度工作流集中性的單位，會和很多人產生互動。例如，會計部門通常擁有高度的工作流集中性，因為他們要蒐集很多單位的資訊，然後提供資訊給其他組織單位。工作流集中性較低的單位，可能只需要提供服務給其他單位。

　　集中性的第二個面向是**工作流的急迫性**，也就是「單位工作流的速度與嚴重性，會影響組織最後的產出」（Hickson et al., 1971）。工作流的急迫性越高，權力就越大。假設某公司的生產管理政策是－「讓

成品存貨最小化」，這會賦予生產部門極高的工作流急迫性。因為，一旦生產停擺，成品就無法交給顧客。

策略性權變理論很能夠解釋組織的權力關係。某個研究顯示，煙草工廠的維修部門之所以擁有權力，是因為它控制首要的不確定性—排除生產機器的故障（Crozier, 1964）。如果我們仔細分析，可以發現，供應商的權力跟三件事情有關：

1. 是否有其他可替代的供應商。
2. 供應商所控制的資源是否非常重要。
3. 供應商跟顧客的交易量（Bagozzi and Phillips, 1982）。

在生產半導體的公司中，組織單位的影響力，跟公司成立時市場的特徵有關（Boeker, 1990）。在產業發展初期，主要顧客為美軍以及國防工業，R&D就是那個階段的主導部門。當產業面臨價格競爭時，在這個階段創辦的公司中，生產部門是最有影響力的。當產業進入消費者導向的階段，新成立的公司中，行銷部門最有主導力。

環境改變與權力

組織的權力結構通常相當穩定，因為，權力擁有者通常不希望權力結構有所變動。例如，在半導體公司中，創業者在公司待得越久，部門權力的變動就越少（Boeker, 1990），這使得在起點就居主導地位的部門，可以維繫初始最有利的權力狀態，甚至加以制度化。

權力結構，在面對破壞管理主流派系之競爭力的重大環境變化時，較容易有所改變（Tushman and Romanelli, 1985），例如在市場面或科技面需要不同的技術或能力時。在90年代初期，美國運通（American Express）的主席－詹姆士羅賓森（James Robinson）遭到

434

替換，就是因爲獲利與市場佔有率的同步下滑。多年來，美國運通提供的信用卡和其他金融服務都有極高的獨特性，這帶來了令人艷羨的市場利基。而 Visa 卡及萬世達卡（MasterCard）進入同一市場後，不但提供了選擇性，還推出極具競爭力的套裝服務。美國運通之所以失去它的地盤，是因爲金融服務市場，尤其是信用卡市場，產生了極大變化。使美國運通在羅賓森爲首的管理高層統領之下，無法因應市場的改變（Tushman and Romanelli, 1985），因此，在幾項組織重組計劃失敗後，羅賓森的主席地位遂遭撤換。新管理團隊在幾項嘗試錯誤之後，美國運通重新獲得部分的市場，而且在信用卡事業中成爲擁有一些特定利基的領袖。

獲得以組織為基礎的影響力－個人特質因素

某些人會有強烈的傾向，去尋求、獲得、使用權力與職權。而且，具有相同傾向的人會相互競爭（House, 1998）。我們將在這一節中，討論這些人士的個人特質，以及他們所尋求的權力，尤其是合法職權、酬賞及強制的權力。

因爲合法職權與個人在組織中的職位有關，所以要增加職權，個人必須在組織階層中晉級，增加現職的影響力，或轉到更具權力的單位。這樣的人，通常有以下四種特徵：

- 有能力
- 有自信
- 組織導向
- 具有權力需求

能力是必要的。個人必須能在工作岡位上表現得夠好，才有更上

一層樓的機會，而能力通常展現在過去的表現和成就上。自信，則是
一種相信自己會成功的信念。有高度自信心的人，通常更相信自己可
以成功地發揮影響力（Mowday, 1980）。通常，組織導向也是追尋合
法職權者的特徵。組織主義者尋求組織成就、重視昇遷，更高的職
位，正是他們心目中認為值得追求的價值。這種心理取向，也會促成
昇遷的到來，因為根據「升遷的夠好理論」，一個擁有適當能力水準
的組織主義者，通常具有正確的成功要素組合。此外，也必須擁有強
烈的權力需求。權力需求的定義是：個人希望對其他人有影響力，且
能建立、維持、重建權力的威望。同時，權力需求也是領導動機的一
個面向，和管理的成功有關（McClelland and Boyatzis, 1982）。

　　在組織中，酬償和強制的權力，源自合法職權的延伸，而個人擁
有斟酌如何使用此等權力的自由。因此，上述的個人特質之所以必
要，是因為你必須先站在一個能賦予合法職權的職位，而且能夠帶來
酬償和強制的權力。此外，這種人也必須有政治導向。政治導向的定
義是：願意、企圖使用超越合法職權範圍的影響力（House, 1988）。
政治導向愈強的人，愈會追尋並獲得酬償和強制的權力。具有政治導
向的人，通常擁有下列傾向（House, 1984）：

- 權謀主義
- 有強烈的個人化權力動機
- 認知複雜性
- 能言善道

　　權謀者通常有高度自信，高自尊，且依自己的利益行事。高度權
謀者很冷酷，不為情感左右，能夠在權力真空時施展控制力。他們使
用虛誇的讚美去操弄他人，並且將人與情境畫分得清清楚楚。需要酬
償和強制權力的人，通常擁有極強的**個人化權力動機**，這種人非常重

435

436 隨堂練習

權謀主義量表

這是一個測量「權謀程度」的簡化量表，可以讓你我解讀自身權謀傾向的強度。請閱讀下列每一句陳述，指出你對該陳述同意的程度

	強烈的不同意	不同意	有點不同意	中立	有點同意	同意	強烈的同意
• 為保護自己，必須接受「人性本惡」，人只要有機會，就會做壞事。	強烈的不同意	不同意	有點不同意	中立	有點同意	同意	強烈的同意
• 若不試圖走捷徑，事情很難有進展。	強烈的不同意	不同意	有點不同意	中立	有點同意	同意	強烈的同意
• 比起父親的過世，大多數的人更容易記得他們損失的財產。	強烈的不同意	不同意.	有點不同意	中立	有點同意	同意	強烈的同意
• 一般來說，除非有外力施壓，否則一般人不會努力工作。	強烈的不同意	不同意	有點不同意	中立	有點同意	同意	強烈的同意
• 犯罪者和其他人最大的不同之處，就是犯罪者被逮到了。	強烈的不同意	不同意	有點不同意	中立	有點同意	同意	強烈的同意
• 要掌握人們的最佳方法，就是說些他們想聽的話。	強烈的不同意	不同意	有點不同意	中立	有點同意	同意	強烈的同意

- 完全相信他人，只是為自己找麻煩。

強烈的不同意	不同意	有點不同意	中立	有點同意	同意	強烈的同意

- 絕對不要告訴任何人，你作某件事的真正原因，除非這樣做是有用的。

強烈的不同意	不同意	有點不同意	中立	有點同意	同意	強烈的同意

- 諂媚重要人物是明智的作法。

強烈的不同意	不同意	有點不同意	中立	有點同意	同意	強烈的同意

　　將每種同意程度的出現次數，填寫在這裡的空格。

☐	☐	☐	☐	☐	☐	☐
× 1	2	3	4	5	6	7
☐	☐	☐	☐	☐	☐	☐

總計 ☐

　　將次數乘以單項分數，就是你的總分。

　　平均分數是在34到38之間，高分是落在58到63之間，低分則是低於20。

資料來源：改編自 Christie and Geis

視自己的利益，並以人際方式對對手施展權力。具認知複雜性的人，能在情境的干擾與混亂中，找出一個符合情境的模式與關係。這種技巧之所以必要，是因為冀望權力之人，必須對組織內細微且複雜的情況非常敏感，才能掌握何時該使用自己的影響力（House, 1988）。對於組織權力結構的精確體認，也能影響個人的權力聲望（Krackhardt,

435

1990）。在他人眼中權力威望較大的人，對權力結構的覺知較正確。此外，能言善道是另一項重要的技巧，一個能言善道的人能陳述邏輯性的論點，以提高說服力。他們能夠建立聯盟，甚至被其他團體選為代言人。

如何維護以組織為基礎的影響力

想要維繫合法職權及以組織為基礎的權力，有幾種方式：例如維持現有的組織關係結構、建立支持穩定行為模式的組織文化。有權力的組織單位可以策略性地控制突發狀況，保留它的集中性，以保護自身的不可替代程度。組織文化的維繫，也可以確保權力結構與價值觀的不變。圖14.4顯示，握有權力的組織單位，用以加強既有權力的幾個方式：

437

- 影響策略
- 影響行為控制系統
- 影響組織結構的重新設計

影響策略　握有權力的組織單位之經理人，會藉著左右組織在面對環境時採取積極或消極的態度來影響組織的策略。強勢的組織單位，甚至可以影響公司的策略決策，以決定公司在產業環境中的定位。例如幾年前，有一個加州的小電子公司，它們的主要業務是，為國防部門及航太總署設計並製造先進科技的零件。由於其中也使用了一些消費者導向的科技，因此該公司的行銷部門準備了一個出色的提案，希望在公司發展一個消費品生產線。這個計劃的構想很好，同時也預見了新產品將為公司帶來的大幅利潤。但是，這個提案被工程師出身的高階管理團隊否決，他們辯稱新的生產線會「改變公司的本

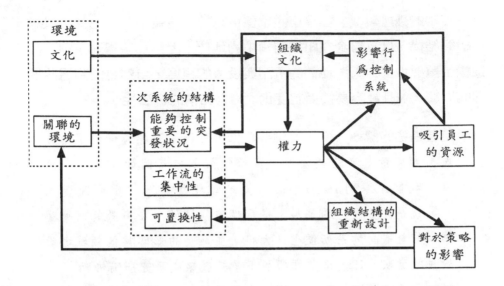

圖14.4　維護以組織為基礎的權力

質，分散公司資源」。以維持相同市場的策略，科技導向的高階管理
團隊，保住了自己的重要地位。直到最近，由於美國國防預算大幅刪
減，這個提案才被重新提出。其中，當然與工程師間的權力角逐有
關。

　　吸引更好的員工　一個有趣的研究報導過，某公司的財務部門，
如何以吸引非常有才能的人，來維繫自家單位的權力（Pfeffer,
1981）。這家公司曾經歷財務控制的問題，而後便聘僱許多有才能者
來財務部門服務。由於對公司而言，這是相當重大之突發事件，再加
上優秀人才不斷湧入，使該單位更有能力去處理危機，並挾員工能力
之優勢，提昇該單位的權力。

　　影響行為控制機制　遴選、升遷、給薪、教育訓練、社會化，是

438

行為控制的幾種類型。如果組織單位可以控制這幾項因素，就可以維持組織結構，以及自身在組織結構中的地位。因為那些雀屏中選、被提拔至重要地位的人，他們的承諾與投入的程度，自然會受到這些過程的影響，並且最容易接受制度化之權力結構的合法性。

- **定義遴選的標準**　有力的組織單位，可以用影響遴選標準的方式，影響新進者的技術層次與價值觀取向。例如，在第一章中，我們注意到 1960 年代以後，管理教育上的重大改變之一，就是計量技巧的發展。從那個時候開始，在多數的商學院中，計量取向的系所便坐擁大權，並成功的影響其他領域之教職員的選取，即使這些技巧並不是其教學或研究所需亦然。

- **影響升遷的標準**　如果遴選時出了錯誤，一個可行的補救方法是，不要再升遷那些無法符合期望的人。我們已經指出，在決定昇遷時，必須兼顧能力與「正確性」。藉由定義所需能力以及「正確性」，位居權勢的人可以強化現有的組織文化，並增強現有的權力結構。這就是艾科卡（Lee Iacocca）被亨利福特二世（Henry Ford II）革職時發生的事（Iacocca and Novak, 1984）。在福特在位的時候，艾科卡被視為是亨利福特二世的 CEO 及董事長接班人，但是，基於能力以外的原因，艾科卡並未獲得升遷，詳細的原因，請參閱原文頁碼第 359-360 頁。

- **影響薪資**　薪資是代表職位高低的重要因素之一，因此，握有影響薪資評判標準並決定薪資的能力，同樣可以保有權力。在某工廠中，其廠長最關心的事就是安全，因此，只要在他管理的工廠，安衛部門就能得到極大的合法職權。一旦這個部門的權力增加，很快就在廠內的規劃設計上，取得極大的影響力。甚至，他們還能夠影響重大的薪資決定。例如，廠長若想推行

一種以生產成績、品質、安全目標為基礎的員工獎金制度，由
於目標包括所有活動的互相依賴，因此這個制度是要在全公司
裡實行的。然而，負責安全的團體認為，如果獎金計算中，安
全目標的達成，是以部門表現來評估，由於新獎金制度對於安
全有更大的影響，因此就應該為每個部門設定安全目標。最
後，獎金計算除了全廠均一的部份外，還附加上一個隨各部門
執行安全工作的項目。

439

- **影響教育訓練**　基於組織地位的策略性質，有權力的單位，往
往也能決定教育訓練的主題。這種影響力極為重要，因為在教
育訓練中，傳遞的正是組織文化的訊息。例如，在公司中，只
要有某位重要經理人希望引進「目標管理」，全公司的教育訓
練就將以這個概念為中心。在正式施行前，他們會謹慎的定義
「目標管理」，並將「長程目標」、「戰略」、「短程目標」、
「行動計劃」發展出專屬定義，以奠定組織方案的基礎。

- **影響組織的社會化**　在組織的社會化中，所傳遞的信念與價值
觀，反映的正是主流的信念與價值觀。我們可以在針對新廠設
立的研究中看到，社會化程序的控制，對組織文化的影響
（**Zahrly, 1985**）。員工的社會化以教育訓練的方式實現，教育訓
練可以強調團隊合作，提出需要團隊合作的團隊計劃，並討論
團隊合作如何變成公司管理理念的基礎。一旦公司開始營運，
團隊便於焉成形，並獲得很大的自治權。只要一年半，團隊的
信念便能穩固的深植於公司中，並且傳遞給其他新進員工。

影響組織結構的再設計　透過組織結構決定，是可能可以控制住
重要的權變狀況、維持工作流的集中性、或保護活動的不可置換性。
商學院的經濟系，就是說明此一現象的最佳實例。因為，經濟系通常

算是商學院中規模較大、也較有權力的科系，他們有權影響資格認
定，因此連外系生都會來選修經濟學。這使得經濟系能集中安排這些
課程，選修人數穩定增加，於是更能以此爲理由，合理化引進新進教
職員的動作，當然，隨之而來的是，系所的權力也增加了。

獲得與維繫以個人爲基礎的影響力

在某些例子中，影響力全然是個人人格特質的函數。專家因爲他
所擁有的技術吸引追隨者，企業家吸引忠誠的屬下，因爲他們相信企
業家所傳遞的訊息。這些專業能力與號召力的例子，都建立在個人的
基礎上，權力的施受雙方，其特質間有其相吸互補之處（Pfeffer,
1992）。以個人爲基礎的影響力，對經理人而言也相當重要。如果，
他們能發展出以個人爲基礎的影響力，就可以支持合法職權，這在那
些「需要任勞任怨、積極進取、堅持不懈的工作中，更能引發員工對
440 工作的承諾」（Yukl, 1989）。然而，要維持繫以個人爲基礎的影響
力，比維繫以組織爲基礎的影響力困難。

獲得並維繫魅力權力

魅力權力起因於個人對某人的認同。它以個人吸引力爲基礎，而
這種個人吸引力又起於情境與相關人事物間的互動。

魅力權力通常發展於具高度不確定性，且組織需要鼓舞和方向的
危急時刻。例如，危機的存在，與美國總統的號召力行爲（House et
al., 1991）有關。只要危機存在，有號召力的領袖，就能繼續坐擁權
力。馬丁路德金（Martin Luther King）在民權運動的混亂年代中，就

具有極大的影響力。另外，組織初成立時，也是可以發展號召性影響力的情境，因爲在組織草創之初，成員通常會尋求指引與支持，以決定個人在新組織中的投入程度。

在危機時刻及組織成立時，情勢的不穩定正是孕育魅力權力的搖籃。環境所提供的線索非常薄弱，身處其中者，對情勢的判讀各有千秋（Mischel, 1977）。當情勢變成無系統狀態時，局內人可能不知道該如何反應。在這種不穩定之下，具魅力權力的人，能爲追隨者提供新的意義與信念，提供心理上的必需界限與方向。

我們曾討論過能取得合法職權者，其部份人格特質，也正是具魅力權力的領袖特質（McClelland and Boyatzis, 1982）。

- 權力需求
- 自信
- 能言善道的技巧

此外，當魅力權力存在的時候，通常也有另外兩個特質（Hickson at al., 1971）。

- **非語言的溝通技巧**　有號召力的人能對其追隨者，以身體語言、手勢、象徵來傳遞意義。象徵的運作非常重要（Kirkpatrick and Locke, 1996），所有的革命都有口號、一致性的象徵…等，以確認成員的奮鬥努力，並在成員中傳遞意義。
- **強烈的信念**　其信念可以用語言或非語言的方式，在追隨者間傳遞。

只要不確定的危機存在，具有號召力的人就能保有權力。而在危機解除後（或問題解決），仍可以透過將號召力制度化的方式，讓號召力永存。這使得領袖自身因爲具有傳遞給群眾的象徵性意義，至少　441

還能擔任頭臉人物（即使名存實亡）。在1950年代晚期，卡斯楚——一位年輕、有號召力的叛亂士兵——出面領導革命，並在後來保有政府首領地位及號召力，期間長達多年。基本上，要維繫長年受擁戴的領袖氣質，有以下幾種方式：

441

- **維持領袖的形象**　當領袖氣質的力量是主要的影響及控制模式時，維持領袖的形象，能使大眾擁戴性的知覺留存下來。在制度化之後，組織看待具領袖氣息的領導者的方式，必須強力控制，使領袖氣質的形象不會遭到破壞。例如，即使已經年邁，卡斯楚仍然維持年輕時領導古巴革命的外型，包括他的鬍子，以及總是以一襲歷盡滄桑的軍裝打扮現身，而古巴境內則隨處可見他的照片。

- **控制和群眾的互動**　具領袖氣質的領導者和大批群眾互動時的情境，通常都在強力的控制下，例如演講、儀式、典禮。以非常正式的方式來呈現領袖氣息，可以強化組織文化。即使有所謂的「小團體」，允許領袖與成員間較頻繁的人際互動，也還是受到控制，例如時間通常極為短暫、成員經過仔細的挑選，而遴選往往以忠誠度為標準，甚至賦予其「廣大群眾代表」的殊榮。

- **將過去賦予特定的負面印象**　具領袖氣質的的領導者，可以使群眾回想起某個特定的危機（或不確定的年代），「過去是如何的不好」（Conger and Kanungo, 1987）。政治革命領袖，則通常再三引述某前政權的獨裁統治與貧窮；商業領袖則令員工憶起他如何帶領公司度過危機的艱苦歲月；工會領導者則再三提醒工會成員，他們需要工會，一起對抗過去的低工資、職業傷害以及不公平的工作條件。

• 對未來以**概括但正面**的措詞來描述　　（Conger and Kanungo, 1987）這正相對於前一點，具領袖氣質的領導者，可以激起追隨者對未來「可能有多好」的想像，概括性的演說用詞，更是能達成此一功能。避免明確用語，可以使追隨者對於領導者的話語，以本身的意義加以投射，並產生群眾與領袖間強化的心理鍵結。

取得與維繫專家權力

專家權力，源自個人擁有他人重視且需要的能力。

當某特定技巧在組織內是必要的，且擁有這項技巧的人才短缺　　442
時，專家權力就隨之而生。這種情況，通常發生在組織環境變動時。公司必須引進所需的新技能，並且有誘因將其制度化。這使得擁有此種技能者，可以取得權力。

要獲得專家權力，個人必須擁有可以幫助他人的必需技巧，包括物質上、心理上或是人際上。然而，我們不可能詳細說明哪些人格特質，可以用來分類擁有專家權力的人，這是因為專家權力有許多可能。但是，組織或其他外部機構，透過頭銜、執照、證書等方式，賦予專家合法性，以促進專家權力。

要保有專家權力，必須符合下列三種條件：

1. 如果你有專家權力，你必須能夠維持技能在一定水準之上。舉例來說，在大型律師事務所中，如果只有一個合夥人是環境法專家，他對公司就非常重要，因為公司的大部分利潤都是由他而來。為了維持他的能力，他必須定期閱讀、學習、參加相關的研討會，也許還到附近的大學開設一門環境法相關課程。

2. 要確保個人和組織的依存關係之變化不會削弱專家的地位。以前例來說，這家律師事務所之所以需要「環境法專業能力」，是因為這方面的業務持續成長，而且構成公司利潤的重要部分。

3. 專家需要能維持對個人專業能力的控制，這可以確保不會被他人取代。以前例來說，若環境法佔公司業務極大比例，事務所可能會希望加入一些這個領域的專才，這會威脅到這位專家的權力。他會小心選擇客戶，最好不需要新聘律師；或是用心去管理新進的專家。

在組織中如何管理與使用權力

曾有研究探討，經理人如何運用以上介紹的影響力策略（Kipnis, 1984, 1987; House, 1988）。美國、英國以及澳洲的經理人，被要求列舉他們企圖影響屬下和上司時，所偏好的方法。以下是經理人面對屬下時，所使用之影響力策略的排名：

1. 講道理
2. 果斷的舉止
3. 締結聯盟
4. 討價還價
5. 向更高的權力上訴
6. 使用制裁

相信你已注意到，講道理是最常用的方式，但果斷的舉止，也排

名相當前面。

　　講道理是對上司最常使用的影響力策略，也適合對下屬使用（Porter et al., 1981; Kipnis, 1984）。藉由提供直接、他人所欲得到的資訊，企圖說服他人。

　　果斷的舉止，直接且強而有力的方式通常能得到成功，尤其對屬下。「**權力的鐵律**」說明了，影響者及目標對象的差異越大，果斷舉止的發生機率也越大（Kipnis et al., 1984）。若要獲得他人的服從，這種作法將造成一種強烈，具侵略性的效果。對於有屬下的經理人來說，這就意味著發號施令。然而，通常經理人並不喜歡一開始就運用果斷的舉止，他們喜歡用簡單的請求開始，並訴以合法職權。如果遭到抵抗，他們才會變得較為果斷。

　　當有兩個或兩個以上的團體，願意結合彼此的利益，就會形成**聯盟**。因為聯盟更能控制策略性的權變事件，以及更多的資源，權力也會隨之而來。經理人可以和屬下形成聯盟，以支持某項計劃，一旦有外人加入，這些新人會受到團體的壓力，請見第九章以及第十一章。

　　形成聯盟的另一種方法，就是以夷制夷，**增選新會員**（cooptation）（Selznick, 1949），這是許多人在權力結構中，因應可能對立的團體的方式之一。通常獲遴選者，會逐漸向權力核心的態度及價值觀靠攏。一項經典研究，說明了這個現象的存在：員工成為經理人之後，他們態度的改變（Liberman, 1956）。這個研究，在有強大工會的大型公營事業中執行。並在一年後，在一項後續研究計劃中，調查員工的態度。在這兩個調查中，受觀察的一些員工被升遷為經理人，而某些獲選為工會代言人。後續的研究顯示，這兩組人的態度都從前一年起開始有了改變。獲升遷為經理人者，現在的態度較偏向管理階層；而被選為工會代言人者，態度則更工會價值觀取向。成為不同團體的成員，改變了他們的價值觀。一年之後，部份曾獲職務調整者，回到他

們原本的工作中，他們的態度復原，跟其他原來的工作夥伴一樣。

在**討價還價**中，個人可以用交換利益或是施恩等方式，尋求影響力（Kipnsi et al., 1984）。討價還價是否管用，必須依賴三個要素：

1. 是否雙方都擁有對方渴望擁有的東西
2. 是否雙方能夠而且願意以犧牲它對對方的價值為代價，扣住自己的東西
3. 是否雙方都願意進入協商

444　　　當部屬不願意依經理人意願行事時，經理人可以做的就是，向更高層上訴。其效果在於展現高層管理階層的支持，並向屬下明示指令的合法性。

經理人也可以用具懲罰性的獎賞分配來威脅部屬（Kipnis, 1987），這個目的甚至可以用自己的合法職權來達成。例如，某些政府部門的官員，會明示或暗示員工從事政治性活動，即使在不允許此種行為的州亦然。這些政治家會讓員工知道，他所期待的是「自願性」競選經費捐獻。政治家之所以能達其目的，是因為員工知道，若自己的名字沒有出現在捐獻者芳名冊上，等著他的可能是負面考績或苦差事的工作分配。

經理人多少都會利用類似策略，去影響他的上司。主要的差異在於，面對上司時，果斷的舉止較少使用。而且，就像你想的，幾乎不會有使用制裁的徵兆。以下是經理人要影響上司時，偏好方式的順序：

1. 講道理
2. 形成聯盟
3. 討價還價

4. 果斷的舉止

5. 向更高層呈報

　　經理人在這些策略的使用上，有著不同的模式（Kipnis, 1984; Kipnis et al., 1984）。*散彈槍型經理人*〔索引14.32〕傾向高於平均地使用所有的策略，這顯然是因為他有很多不同的問題要解決。*策士型經理人*則企圖使用講道理的方式來影響其他人。當然，他們對於其他策略也都平均使用。這類型的經理人通常管理的都是技術複雜的工作團體，員工技術水平高，工作都必須事先加以規劃。旁觀型經理人，對於所有影響策略的使用，都低於平均，這使得他們的影響力看起來微弱許多。一般來說，他們負責的工作較具例行性，面對的員工人數較多，在這項研究中，他們也是各組中，最不滿自身工作績效者。

摘要

　　本章試著解釋的，是組織行為領域中較重要、也較迷人的主題：影響力、權力、政治、服從。這是經理人之所以能與人共事、運籌用人完成任務的核心。服從過程的模型，指出了那些原因，可以引發服從（某人配合他人願望來行事的程度）。其中包括人們因為心理契約而服從；或因為合法職權而服從，也可能因為權力的運用而服從。

　　合法職權與權力的差別在於：合法職權被視為正當的決策權與命令權；而權力是在合法職權之外行使的力量。我們介紹了四種權力：酬償權力、強制權力、專家權力、魅力。

　　情境與個人的特徵，跟不同的影響力之取得與運用有關。最適合取得權力的組織背景，包括單位與變動環境互動的程度、是否執行無

可替代的活動、是否為組織功能之核心。

我們也介紹了，在組織中如何維繫權力。這通常繫於我們能否維持權力誕生時的情境於不滅，例如，合法職權、酬償權力、強制權力的持有者，可以藉由對組織程序的控制（策略的選取、人事遴選、昇遷），繼續保有權力。

445　經理人指南：如何在組織中使用權力

你我必須知道，只要必須管事，合法職權與權力的使用就無法避免。就像我們前面指出的，權力不限於心理契約，但合法職權卻是以心理契約為基礎。這意味著，只要知道心理契約的界線何在，就能順暢的運作合法職權。

但權力則有所不同，因為在運用權力的同時，你我已在心理契約的境外荒域。因為這個原因，在組織中運用權力應該更為善巧，而非借力於粗野的權勢（force）與脅迫。一旦訴諸權勢及脅迫，對方可能也必須借助對立的力量，這將造成權勢的對決，也會造成衝突的開端，而這是組織所極力避免的。由於和諧受到高度珍視，因此，靈巧的使用權力，才能維繫理性與正當的氣氛。

在不施加明顯的壓力與權勢的前提下，你可以選擇使用下列介紹的方法。然而，在施展權力或涉足組織政治時，別忘記兩句古老的諺語。一是「怎麼來怎麼去」（What goes around, comes around.）。第二個，可能比較精確，是「水能載舟，亦能覆舟」（Those who live by the sword, die by the sword.）。它意味著，即使你成功的讓別人順己意行事，只要有所疏漏，你可能會賠上你的成功。然而，在你開始之前，你應該問自己是否有玩這種遊戲的本錢。要知道這件事的方式就

是好好複習本章，檢視能夠取得組織和個人權力者的人格特質。若你
不具這些特質，你可能無法在這場競爭中表現良好，以下是一些你可
以做的事情。

控制環境

446

　　如果你握有合法的職權可以控制環境，你就可以建構環境，好讓
你希望的活動狀態可以發生（Kipnis, 1987）。你的合法職權，可以用
一種政治的方式延伸，例如合法的控制資源配置、獎賞分配、及各種
制裁。身為經理人，你可以小心的控制他人的行為與決策，以施展自
身的影響力。假設你是行銷部門的副總裁，而公司的CEO要求你提出
建議，評估應該發展公司五項新產品中的哪一項。一個不具政治性的
評估過程，可以使每個產品經過嚴格的成本與利潤分析。然而，假設
你對其中某項產品的偏好較大，就可以指定那些對該產品較有利者，
來組織評估委員會。

以你的方式定義問題

　　身為一個經理人，尤其是有部屬的經理人，你通常可以選擇、或
定義要解決的問題，這同時也限定可行方案的範圍。如果大學學院的
副院長要求委員會發展「提昇校譽」方案，委員會著手解決這個問題
的方式，和問題是「如何提昇學校的研究聲譽」時，就會有所不同。
每個人都有機會在如何解決問題上，施展權力，但並不能影響問題的
選擇（上述後一個問題已被限定為對學術性的強調）。

主觀地運用客觀標準

　　運用政治權力的一個有效方法，就是影響決策的評估標準
（Pfeffer, 1981）。例如，正如上述涉及產品選擇決策的行銷副總裁，他

可以自行定義產品評估過程的遴選標準。換句話說,他可以自行「建
構」評估產品的標準,讓原先自已較喜好的產品能脫穎而出。

另一個相關的政治策略,就是對客觀的遴選標準施以主觀的「加
權計分」,經過這樣的處理,就能策略性地突出某些產品、削弱其他
產品。假設,現在董事會手上有兩個CEO人選,一個是內部晉昇,另
一個是空降,可能空降的那一位人選,目前正是一家「小而美」企業
的CEO。這麼一來,偏向內部晉昇的董事們,可能會大力主張,後者
企業的成功,並非因為這位人選的因素,而是因為運氣、缺乏競爭對
手、擁有專利等特殊競爭優勢…等其他原因,如果能因此成功地削弱
空降人選的表現,內昇者就能勝出。雖然細節上略有不同,但這就是
亞倫在本章一開始所述的案例中之行為。

運用外部專家

為了獲得對我方立場的支持,我們可以引用外部專家,來合理化
自己的決策(Pfeffer, 1992)。這種作法,可視為合法職權與專家權力
的結合。最明顯的例子是,藉由支持某方立場的研究報告,引用專業
意見;或是在變革／決策時,請顧問／董事進行推薦(Tosi and
Gomez-Mejia, 1989)。這就是前述AT&T遴選接班人時的情況,亞倫
操弄兩家外部顧問公司,為自己的計畫鋪路,藉著「見習CEO」的名
義,讓兩家顧問公司名單中留下的人選,都是那些比較容易贊同亞倫
計畫的人。

控制資訊流通的質與量

我們的確可能控制釋出的資訊、釋出資訊的量、以及他人對資訊
的接收方式。以上述的董事會為例,他們偏愛的是由內部晉昇的人
選,至少可以用下列幾個方式,減少外部候選人的數目:一,延遲消

息的發佈，提早截止期限；二，限制資訊的提供，例如對探路的潛在　447
候選人，在問及薪資與福利時，只給予浮面的回答，不提供精確的資
訊。

　　控制議程，也是管理資訊流通與種類的一種作法（Pfeffer,
1981），議程的內容與順序，的確都會影響決策，這種作法，在股東
大會中非常常見，議程通常由公司董事會來決定，只留少部份時間讓
股東提問題，一旦有股東挑起敏感話題，董事會還是保有決策的影響
空間。

尋求尚方寶劍

　　這裡所指的「尚方寶劍」，指在組織中，某位階層更高／權勢更
大，代表並促進他人利益的人士。這樣的尚方寶劍，通常以下列兩種
方式發揮影響力：

1. 人事昇遷上的「近親繁殖」，讓口袋人選能在較佳的人事環境
　 中運作。
2. 爲專案護航，如果口袋專案還真的不錯，有了尚方寶劍的加
　 持，更能吸引董事會決策時的注意力。

　　要拿到「尚方寶劍」，你我必須做兩件事：展現能力、打入社交
圈。能做好重要的任務，通常就能得到高層「關愛的眼神」，這時，
尚方寶劍已近在咫尺。若能打入他們的社交圈，「關愛的眼神」就更
順理成章（Liden and Mitchell, 1988），要諂媚、並適度的表現忠誠。
諂媚往往能對對象發揮正向增強的心理效果。舉例來說，你我也許都
曾在組織中，見過那種有強烈權力需求的年輕工程師，藉由打入社交
圈的方式，尋求資深專案工程師的加持，後者呢？正好接了一份頗具
難度的差事（例如提昇工廠生產力專案），廠裡沒人支持這個專案，

因為深怕結果讓自己不昇反降。年輕的這個傢伙，想法子讓資深工程師知道，他認為這個方案還是行的，例如，在寫計畫時，提供很多正面的回饋；說明廠方人事的阻力，是多麼的不足為懼…。唯一的問題在於：「我這麼年輕，才剛進公司，不方便公開表達我對你的支持。」資深工程師，由於缺乏支持者，對年輕的這個傢伙，開始言聽計從，在工作分配和昇遷方面，便會處處設法讓後者上壘。

運用印象管理

另一個發展權力的方式，是透過印象管理，創造出某人擁有權力的假相。印象管理，可以透過控制流通給外人的資訊來達成（Thompson, 1967）。印象管理的專家，會運用與專業相符的意象，例如，醫師的白衣白袍，其實與醫術無關，但卻能讓病人安心不少。高層主管則讓自己看來很忙、宣稱對組織的忠誠，以此塑造權力形象，其他提昇主管權力形象的象徵還包括寬敞的辦公室、豪華地毯、特製傢俱、與低層員工保持距離。

位於低階的員工，也可以試著運用印象管理，讓主管覺得自己忠心耿耿、能力高強、忙進忙出。這種「好」部屬，由於能得主管信賴，也不失為一種獲取權力，延伸合法職權的方式。

448 重要名詞（所附為原文書頁碼，請見內文邊緣處數字）

問題研討

1. 在了解權力時，依賴關係這個觀念的重要性何在？人際間的依賴性與權力高低之間的關係為何？

2. 服從的三個基礎為何？請試著申論這些基礎與我們第二章介紹的組織類型的關聯，以及與第四章介紹的組織導向的關聯。

3. 心理契約與組織的權力運用有何關係？心理契約是否意味著，個人會主動服從命令與指揮。

4. 本章曾介紹過權力與合法職權的差異，請問差異何在？

5. 組織政治為何？

6. 以魅力權力做為組織影響力的基礎，可能遭遇那些困難？

7. 權力的策略性權變理論，其基礎為何？

8. 請列舉並定義以組織為基礎的權力策略。試列舉那個策略曾經影響過你自己？你曾在那些情境下，運用過這些策略？

9. 印象管理為何能維繫權力？請舉例說明你如何運用印象管理。

10. 運用「維繫以組織為基礎的影響力」這一節的觀念，解釋為什麼在組織中推動變革是一項難事。

449 **個案研究**

布魯頓學校

1995年，波依丹頓（Boyd Denton）獲聘成為華盛頓郡教育局局長，他獲聘的主要任務是，提昇學生素質。為達成此一目標，他致力推行自己的「能力分流」理念：第一，為每個學校找到強勢、有能力的校長；第二，賦予每個學校高度的自主權，校長擁有教師人事的僱用權、考核權、薪資調整權，並有權力決定預算的分配與使用。

在1995到1998年間，學生的學業成就的確有顯著改善。然而，布魯頓學校，一直是丹頓心上的一塊石頭。布魯頓的校長是大衛史達（David Starr），是丹頓禮聘的第一批校長之一，但現在丹頓相信，自己當初的決定，是一個錯誤。

布魯頓的老師，似乎並不關心學生，但他們卻非常支持大

衛，原因是，大衛從不對他們的學生成績施加壓力，即使曾講過這些話，也從來沒認真過。

丹頓了解情況後，約了大衛進一步討論，這讓大衛非常光火，還威脅要離職。他認為，布魯頓無法躋身好學校之列，是因為丹頓沒有給他足夠的資源。丹頓則據理反擊道，相對照下，大衛和布魯頓在預算分配上，絕對沒有吃過虧，甚至分得的餅還不小。

1999年，大衛和丹頓的關係非常之糟，他們不斷爭執，其他校長也視大衛為不知合群的黑羊。在一次爭吵中，大衛又提到辭職，丹頓反唇相譏：「好啊，我現在就等著收你的辭呈。」大衛走出辦公室，二十幾分鐘後回來，手執辭呈。丹頓毫不遲疑地就收下了。

丹頓找到了喬梅肯（Joe Melcan），是鄰近學區一個年輕積極的助理校長，丹頓在聘用喬時，這麼說：

> 我希望你能讓布魯頓起死回生，我也會給你一切的資源，那裡的教師待遇不錯，資源都有了，但是事情沒有做好。
>
> 你會面臨的問題之一，是那些教師都蠻支持大衛的。他們不可能主動幫你什麼，但是我會幫你。

喬採取的方法十分直接，他讓每個人清楚知道他的期望，盡可能讓薪水反映教學績效，並聘用優秀的新進教師。這樣下來，他相信只要三、四年，教師人事的流動就足以支持他的努力，讓布魯頓躋身一流學府。

丹頓對喬的計畫相當滿意，喬落實了自己的規畫，聘用了三位新老師，讓優秀認真的教師得到實質回饋，不認真的一點分兒

450

都沒有，這和大衛的管理風格大相逕庭，也惹毛了大衛的死忠派，有些直接向丹頓抱怨，也有些人直接提出申訴。丹頓和教師檢討時發現，沒錯，這些風評其來有自，因為情況的確正在改變，但是，無論如何，這已經不是大衛的學校，應該尊重喬的績效管理風格。

這才是丹頓認為正確的方向，但是，在這期間，大衛的死忠支持者仍不停申訴，他們總是直接上告丹頓，而丹頓也總是支持喬。

1999年底，丹頓轉任助理教育部長，米契爾克勞特（Mitchell Kraut）接下他在華盛頓郡的位子，米契爾是丹頓多年的副手，但是喬對新老闆有兩點擔憂：一、米契爾在大衛還是布魯頓校長時，曾在布魯頓任教，事實上，這兩個人還是好朋友；第二，米契爾曾提過要收回過去下放的一些權力，也就是說，校長再也不能自行分配預算、考核人事績效。喬對此非常的憂心。

- 喬初上任時所獲得的權力之基礎為何？
- 對喬來說，權力遭收回會產生那些影響？
- 你認為大衛的支持者，對情況的改變會有何反應？大衛會起身反擊嗎？他們對喬會有所行動嗎？

參考書目

Bagozzi, R. and Phillips, L. 1982: Representing and testing organizational theories: A holistic view. *Administrative Science Quarterly*, 77, 459–88.

Boeker, W. 1990: The development and institutionalization of subunit power in organizations. *Administrative Science Quarterly*, 34, 388–410.

Byrne, J. 1998: How to reward failure: Reprice stock options. *Business Week*, New York: McGraw Hill, October 12, 50.

Christie, R. and Geis, F. (eds) 1971: *Studies in Machiavellianism*. New York: Academic Press.

Conger, J. A. and Kanungo, R. 1987: Toward a behavioral theory of charismatic leadership in organizational settings. *Academy of Management Review*, 12(4), 637–47.

Crozier, M. 1964: *The Bureaucratic Phenomenon*. Chicago: University of Chicago Press.

Dobrzynski, J. 1997: An ethical role for recruiters. *The New York Times*, July 29, C5.

The Economist 1998: Cendant: Fallen star. *The Economist*, July 18, 56.

Etzioni, A. 1961: *A Comparative Analysis of Complex Organizations*. New York: Free Press.

Etzioni, A. 1963: *Modern Organizations*. New York: Prentice-Hall.

French, J. R. P., Jr. and Raven, B. 1959: The bases of social power. In D. Cartwright (ed.) *Studies in Social Power*, Ann Arbor: University of Michigan Institute for Social Research, 150–67.

Hickson, D. J., Hinings, C. R., Lee, C. A., Schneck, R. and Pennings, J. M. 1971: A strategic contingency theory of intraorganizational power. *Administrative Science Quarterly*, 16, 216–29.

Hofstede, G. 1980: *Culture's Consequences: International Differences in Work-related Values*. Beverly Hills, CA: Sage Publications.

House, R. J. 1984: *Power in Organizations: A Social Psychological Perspective*. Unpublished manuscript. Toronto: University of Toronto.

House, R. J. 1988: Power and personality in complex organizations. In B. J. Staw and L. L. Cummings (eds) *Research in Organizational Behavior*, vol. 10. Greenwich, CT: JAI Press, 305–57.

House, R. J., Spangler, W. D. and Woycke, J. 1991: Personality and charisma in the US presidency: A psychological theory of leader effectiveness. *Administrative Science Quarterly*, September, 36(3), 364–96.

Iacocca, L. and Novak, W. 1984: *Iacocca An Autobiography*. New York: Bantam Books.

Keller, J. J. 1997: AT&T's Walter failed to court the man who counted. *The Wall Street Journal*, July 18, A1.

Kipnis, D. 1984: The use of power in organizations and in interpersonal settings. In S. Oscamp (ed.) *Applied Social Psychology Annual*, vol. 5, 179–210.

Kipnis, D. 1987: Psychology and behavioral technology. *American Psychologist*, 42(1), January 30–6.

Kipnis, D., Schmidt, S. M., Swaffin-Smith, C. and Wilkinson, I. 1984: Patterns of managerial influence: Shotgun managers, tacticians, and bystanders. *Organizational Dynamics*, Winter 12, 58–67.

Kirkpatrick, S. and Locke, E. A. 1996: Direct and indirect effects of three core charismatic leadership components on performance and attitudes. *Journal of Applied Psychology*. 3(1), February, 36–42.

Krackhardt, D. 1990: Assessing the political landscape: Structure, cognition, and power in organizations. *Administrative Science Quarterly*, 35, 342–69.

Landers, M. 1997: After nine months, AT&T president quits under pressure. *New York Times*, 146, July 17, C1.

Liden, R. C. and Mitchell, T. R. 1988: Ingratiatory behaviors in organizational settings. *The Academy of Management Review*, 13(4), 572–614.

Lieberman, S. 1956: The effects of changes in roles on the attitudes of role occupants. *Human Relations*, 9, 385–402.

McClelland, D. A. and Boyatzis, R. E. 1982: Leadership motive pattern and long-term success in management. *Journal of Applied Psychology*, 67, 737–43.

Milgram, S. 1974: *Obedience to Authority*. New York: Harper & Row.

Mischel, W. 1977: The interactions of person and situation. In D. Magnusson and N. S. Enders (eds) *Personality at the Crossroads: Current Issues in Interactional Psychology*. Hillsdale, NJ: Erlbaum.

Mowday, R. 1980: Leader characteristics, self-confidence and methods of upward influence in organization decision situations. *Academy of Management Journal*, 44, 709–24.

Pfeffer, J. 1981: *Power in Organizations*. Boston: Pitman Publishing.

Pfeffer, J. 1992: *Managing with Power*. Boston. MA: Harvard Business School Press.

Pfeffer, J. and Salancik, G. 1974: Organizational decision making as a political process: The case of the university budget. *Administrative Science Quarterly*, 19, 135–51.

Porter, L. W., Allen, R. W. and Angle, H. L. 1981: The politics of upward influence in organizations. In L. L. Cummings and B. S. Staw (eds) *Research in Organizational Behavior*, Greenwich, CT: JAI Press.

Schein, E. A. 1970: *Organizational Psychology*. New York: Prentice-Hall.

Sellers, P. 1997: What exactly is charisma? *Fortune*, 133(1), January 15, 68–75.

Selznick, P. 1949: *TVA and the Grass Roots*. Berkeley: University of California Press.

Thompson, V. 1967: *Modern Organization*. New York: Knopf.

Tosi, H. 1992: *The Environment/Organization/Person Contingency Model: A Meso Approach to the Study of Organizations*. Greenwich, CT: JAI Press, Inc.

Tosi, H. L. and Gomez-Mejia, L. 1989: The decoupling of CEO pay and performance: an agency theory perspective. *Administrative Science Quarterly*, 34, 169–89.

Tushman, M. L. and Romanelli, E. 1985: Organizational evolution: A metamorphosis model of convergence and reorientation. In L. L. Cummings and B. M. Staw (eds) *Research In Organizational Behavior*, Connecticut: JAI Press Inc., vol. 7, 171–222.

Weber, M. 1947: *The Theory of Social and Economic Organization*. Translated by T. Parsons. New York: Free Press.

Yukl, G. 1989: *Leadership in Organizations*. Englewood Cliffs, NJ: Prentice-Hall.

Zahrly, J. 1985: *An Analysis of the Source of an Organization's Culture*. Paper delivered at the Midwest Business Administration Association Meetings, Chicago, IL.

Zaleznick, A. 1971: Power and politics in organizational life. In E. C. Bursk and T. B. Blodgett (eds) *Developing Executive Leaders*, Cambridge, MA: Harvard University Press, 38–57.

組織領導

領導的特質論

領導的行為論

領導的權變理論

領導的程序理論

領導的替代問題

課前導讀

　　提到領導人，最先躍入你思緒的是那一位？試就具備效能與否，各舉一領導者為例，然後思考下列問題：

1. 你是否以其行為做為評斷其領導效能的基準？還是以其人或其功來論斷？

2. 對這兩位領導者，你判斷的基準是否一致？

3. 你能否歸納這兩位領導者的成敗原因？能用行為、特質、或成功程度來量化嗎？

4. 由上述的比較中，你對領導的結論為何？

454 　　無論在企業界、政府、還是體育界，領導都令人目眩神馳，最具
興味的問題應該是─為什麼某人被視為優秀的領袖？以下由媒體對大
眾捷航（People Express Airline）創辦人唐納‧柏爾（Donald Burr）的
看法（Chen and Meindl, 1991），也許能讓我們窺其一二。在八○年代
初期，甫成立的大眾捷航是第一家以低價促銷短程飛行的航空公司。
票價低廉、乘客自行存取行李、空勤地勤輪值，這些作法，在同業中
都是異數。草創時期，雖然仍在虧損階段，帶領大眾捷航以新作風打
破航空業模式的柏爾，就像是企業界的福音傳道人一樣，不僅深具個
人魅力，而且首次出招即令人驚艷。大眾捷航開始獲利後，柏爾則搖
身一變，成為媒體口中的權謀者、願景家、奇巫、強人，這一切都與
創新且成功的經理人形象相符。最後，當大眾捷航又見虧損，這位仍
是導師與願景的代表，又成了一位鬥士，沒有人將大眾捷航的失敗歸
咎於他。這個故事的重點在於，即使企業在同一位CEO的領導下，經
歷了成長、成功、衰退的週期，傳媒對CEO的評價前後並無差異。

　　我們從研究和常識都能了解，領袖對組織會有重大影響。舉例來
說，更換CEO會影響持股人對某企業的評價。許多研究探討這個現
象，其一指出，對小公司來說，空降CEO消息的發布，有助於股價的
短期提升（Reinganum, 1985）。CEO也會影響企業策略（Smith and
White, 1987）。更重要的是，還有研究指出CEO對企業績效有極顯著
的影響（Weiner and Mahoney, 1981; Thomas, 1988）。然而，一個重要
的前提是，光是以一個同樣差勁的經理人，取代另一個差勁的經理
人，無法產生這種效應，新的人選必須強而有力才行（Pfeffer and
Davis-Black, 1987）。另一個針對NBA球隊教練更替效應的研究則指
出，換教練一事對團隊表現影響並不大，重點在於新任教練的能力，
而其能力高下則由新教練在NBA的年資以及帶領其他團隊的績效決
定。

遴選經理人與教練的負責人，都同樣面臨一個難題：對成功的預測。人們投擲在思考、討論、論述這個難題的時間心力，其價值數以數百萬美元計。領導課題的理論建構、思考研究已有長期的歷史，目標就是：試圖有效遴選具潛力的領袖，以及加以有效訓練、發展領導技能。這目標對誰有用？諸如惠普、富士、全錄、奇異、百事可樂、McKinsey and Company都砸下了大筆銀子在經理人的遴選與訓練上（Hadjian, 1995）。

我們在此對領導定義如下：一種以組織爲基礎，試圖藉由影響他人行爲以達成組織目標的問題解決方法（Fleishman et al., 1991）。雖然這樣的定義將領導置於我們在第十四章討論的影響力、權力、職權、政治行爲的廣泛領域內，但仍存在著重大差異。本章所著重的是領導理論，也就是組織地位所賦與個人完成與他人相關之決策的合法職權。我們在本章中，將著重探討何爲有效領導。

關於領導的早期研究，多半在領袖的人格特質上著墨。之後的研究，則強調領導是爲幫助團體達成目標，而經過規劃的一連串行爲。自一九六〇年代中期始，研究重點則轉移至領導的權變理論，這類理論將領導效能視爲領袖與追隨著互動情境的函數。較新的理論則探討領導程序，所檢驗的不只是領袖的特質或行爲，還包括了領袖與追隨者之關係中，指出領袖影響力的重要向度。這些就是本章所介紹之領導理論與研究的重點。

特質論

我們心目中的領袖，通常強而有力、外向、具說服力。這些常識性的觀察，構成了一個信念：有效領袖的人格，與常人不同。**領導的**

特質理論正源於此。許多研究檢驗了諸如年齡、身高、智商、學歷、判斷力、洞察力等被認為能夠解釋有效領導的因子，其對象包括了軍事單位、企業、學生組織、小學、大學。令人失望的是，這些研究的結論是，沒有那一種特質與跨情境的領導效能有關。

對於這個結論，我們可以從各方面來解釋：一、個人的單一特質並不足以使人晉升至領袖位置、管理職，甚或勝任領導工作，當事人必須想要這份工作、並追求效能。同時，特質並非單獨運作。而是與其他因子共同起舞。擁有一組因子，包括領導特質的人，比起缺乏這些因子的人來得有利，也勝過擁有這些因子卻不想擔任領袖或管理職者（Bass and Stogdill, 1990）。

二、這些研究結果各殊的另一原因是：這些研究涉足了太多不同情境，也許某些特質就是能在情境甲中運作，卻不能轉移到情境乙。

三、另一個可能是：特質研究往往鎖定個別特質，而非廣泛的類似特質。在仔細檢視過上百項特質研究後，我們可以運用特質分類，看出成功領導與失敗領導間的差異（Bass and Stogdill, 1990），以下是我們觀察到的五種特質類別：

1. **能力**：指個人解決問題、作判斷、努力的潛力，例如智力、警覺性、口語能力、原創性、判斷力。

2. **成就**：有效的領導者通常也有較好的學業成績，知識豐富，運動方面也較傑出。

3. **責任感**：這項有效領導者的特色，包括可以依賴、主動、堅持、進取、自信，以及追求卓越的渴望。

4. **參與投入**：有效領導者的參與及投入程度都較高，較為主動、活潑圓融，面對不同情境，具有較強的調適能力，比不具效能的領導者，更有合作意願。

全球化焦點：英德中階經理人的差異

　　文化對於經理人的管理風格的影響非常明顯，我們在此借用一項針對英德中階經理人的研究，透過英、德各三十位經理人對工作的自我認知，來闡述這一點。在這項研究中，研究對象主要來自啤酒業、保險業、營建業。

　　英德經理人的主要差異之一，是他們對於如何為管理職作準備的觀念。德國的經理人相信，技術訓練是管理效能的核心，對他們來說，技術能力是升遷的前提，但由於這樣的升遷往往非常緩慢，而且受原先工作的侷限，若想晉身高層，額外的正式教育就非常重要。此外，這些經理人的任務導向非常強烈，他們在意工作本身，遠甚於人的因素。

　　英國經理人則較著重人際管理的技能，中上的職位則著重產業不同面向的經驗。他們喜歡自主性強的工作，此外，他們也不像德國經理人一般，將家庭生活與工作分得涇渭分明。德國人工作非常努力，但下班時間一到就停手；英國人在工作時間內不會那麼緊湊，卻常常把工作帶回家，或在週末加班。英國人在下班後，與同事間的社交往來，也比德國人來得頻繁。

　　就管理面來說，英國經理人喜歡以說服的方式來管理，這也同時意味著，他們必須了解他人對勸說的可能反應，而且激勵取向著重於個人；德國經理人則比較直接，他們依靠事實來引導一切，德國經理人也更強調團隊工作、團隊精神。由於技術方面的紮實訓練，合作對他們來說並非難事。

資料來源：改編自Stewart（1996）

5. 階級（索引 15.4）：階級也是領導者的屬性之一，有效領導者通常具有較高的社經地位。

457　領袖的動機型態

領袖的動機型態（McClelland and Boyatzis, 1982）是另一個與特質理論相近的重要領導理論，研究發現，下列人格向度的組態與管理效能有關（McClelland, 1975; 1985）：

1. 權力需求高於情感需求
2. 高度的權力壓抑

低度的情感需求意指個人不需要人際間的互動或他人的正向接納。權力壓抑意指個人在權力的運用上，具有紀律與自制力。一項針對 AT＆T 高階經理人的研究，刻畫出這些成功者的共通類型（McClelland and Boyatzis, 1982）：

1. 關切自己影響別人的經理人
2. 不那麼在乎被別人喜愛的經理人
3. 擁有適當自制力的經理人

上述這些經理人，比不具這些特質的高階經理人更容易成功。這項研究結果之所以令人印象深刻，是因為這些經理人的人格特質評估，是分別在領導效能評估的八年、十六年前所進行的。其他研究則指出，分公司經理人的領袖動機型態則與分公司的重要性及地位有關（Cornelius and Lane, 1984）。

行為論

　　領導的行為論，檢驗的是領導人之行為與其領導效能間的關係，而特質論著重的是領袖本身。領導人訓誡員工的次數？領導人與員工溝通的頻率？以下兩類行為是與領導相關的文獻中，特別受到注意的：

1. 與決策影響力有關的行為
2. 任務與社交行為

決策影響力的分配

　　許多研究著墨的是上司與屬下的決策影響力分配，以及其與個人及工作團體之工作滿足及績效間的關係。該領域的重要研究之一，是一項五十年前的研究（Lewin et al., 1939），該研究以領導人與追隨者間的決策分享為基礎，將領導行為分成如下三類：

1. 獨裁型
2. 鼓勵參與型
3. 放任型

458

　　在獨裁型領導中，所有的決策都由領袖制定，下屬對決策過程毫無置喙的餘地。上司對下屬的個人需求也毫不關心。舉例來說，獨裁型的經理人，會在毫無討論的情況下，將某項任務或目標逕行指定給下屬，在開會時，直接把一堆上頭交代的目標丟下來。

　　鼓勵參與型的上司，會在適當項目上，徵詢下屬的意見，並讓後者參與決策過程。**鼓勵參與型的領導**不使用懲戒，而且非常尊重下屬。鼓勵參與型的領導人，會在與下屬討論過，並了解其偏好後，再一同設定工作目標。上級交代下來的目標，在會議中先佈達後，下屬會自行設定目標，也可能是由上司制定目標後，再進入會議達成共識後，才開始執行。

　　在**放任型領導**中，上司賦予完全的自主性，很少直接下命令，團隊成員擁有與手頭工作相關的決策權，也可以決定自己想完成的工作項目。成員的工作，不需要管理階層的介入，也不需要命令與指導。

　　這些領導風格，我們可以依照下屬在決策過程的影響力深淺，以連續性的光譜表示，如圖15.1所示。

459　　高效能的團體，可能由獨裁型領導人治軍，也可能由鼓勵參與型

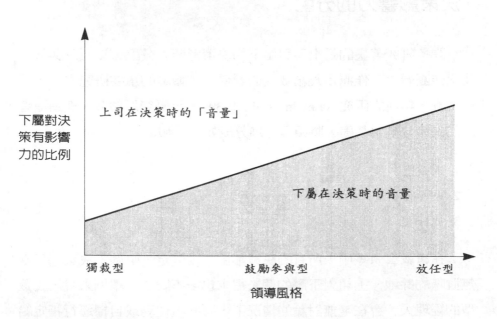

圖15.1　下屬的決策影響力

的領導人帶頭（Bass and Stogdill, 1990）。鼓勵參與型的領導，會帶來較高程度的員工滿足。這些爲鼓勵參與型領導人效力的員工，比起接受獨裁型領導的員工來說，對變革的抗拒較低，對組織的認同也較高。學者對放任型領導的研究，不如對前兩型的領導深入，但結果仍指出，放任型領導下的員工滿足與績效，雖低於鼓勵參與型，卻仍高過獨裁型領導（Bass and Stogdill, 1990）。

歧異性專題：來自中東文化的美國經理人

　　與其他種族的經理人一樣，許多中東背景的經理人，在美國非常成功。雖然他們通常會試圖採用與母國文化不同的管理風格，但他們仍然受到與美國文化迥異之母國文化的強烈影響。舉例來說，美國人較不拘形式、直來直往、競爭本位、並具成就取向，不慣於沈默、喜歡穩定、習於準時。中東文化因受回教的強烈影響，在這方面截然不同。中東人士通常較爲傳統，具家庭取向、重視友誼、保守、依靠直覺、習慣在男性爲主的組織中運作。

　　一項針對中東移民經理人與美式經理人管理風格的研究已經完成，研究對象中指稱的中東人士主要爲阿拉伯人，以及少數幾個伊朗人與土耳其人。

　　該研究的主要發現如下：在大部份的面向，這兩組的管理風格相當類似，主要差異是中東經理人傾向以「照我說的來做」的方式來管理，提供屬下相當明確的指示，較少傾聽屬下的意見，他們期望屬下立即性的服從，喜歡維持緊密的控制，包括要求鉅

細彌遺的報告。他們的回饋較多負面部份，也較個人化，習以紀律或懲處威嚇他人。

中東經理人與美國經理人管理風格的差異，被視為是中東政治社會環境中威權元素的結果。

不管如何，這些結果顯示的是，這些中東移民經理人已經將其管理風格，合理地向新家（美國）的風格靠攏修正（Bakhtari, 1995）。

任務及社交行為

俄亥俄州州立大學及密西根大學，執行過兩個重要的研究計畫，主題是領導者行為。他們將焦點集中在有效的經理人是否強調任務以及指派的工作，或是傾向致力於和團隊成員維持良好的關係與凝聚力，或是兼具兩者。讀者可以回想，在這些團隊中，任務的功能和社交情感的功能是兩組重要的活動；參閱第八章原文第233頁。

俄亥俄州州立大學的研究 從1940年代末期到1950年代，在俄亥俄州的一群研究者執行一個在產業界、軍隊以及教育機構中，探討關於領導及其有效性的廣泛研究（Stogdill, 1974）。他們發展出工具來測量領導以及評估可能決定團隊有效性的因素。兩項能力的行為面向一致地在這些研究中出現：

1. 體恤是指領導者傾向於互相信任、尊重部屬的想法以及體恤其感受的程度。體恤的領導者傾向於與部屬維持良好的關係，並

且與部屬做雙向溝通。

2. **建立結構**是指領導者傾向於在目標成就下，定義並建構自身／屬下之角色的程度。高度建立結構的領導者在指導團隊活動、溝通任務訊息、計畫時間表以及運用新想法等方面，扮演積極的角色。

大多數的研究顯示，一般而言體恤和高度的員工滿意度相關；雖然偶爾也會相關，但它和績效表現較不相關。在一些研究裡發現，建立結構與工作滿意度相關，但和高生產力，低缺席率和低流動率較無相關（Bass and Stogdill, 1990）。

俄亥俄州州立大學的研究，對於領導的思潮及研究上，有意味深長的影響。也許它主要的影響是它廣泛的傳播後，發展出一個領導者行為的問卷（LBDQ），作為測量體恤與建立結構的工具。這些概念，後來演變成領導的傳統智慧，同時也成為許多領導訓練課程的基礎（Blake and Mouton, 1969; Hersey and Blanchard, 1988）。

密西根研究　大約在同一時間，密西根大學的社會研究所，開始在辦公室、鐵路設備公司以及特定產業進行研究。在初期的研究中，研究員的結論是，領導行為可以用兩種風格來描述：生產導向，或是員工導向。

1. 在**生產導向**的領導中，上司基本上關心高度的生產力，通常會施與高度壓力來達成其目的，把員工視為一種達到理想生產水準的工具。

2. 在**員工導向**的領導中，上司關心員工的感受，並且嘗試創造一個互相信任及尊重的氣氛。

密西根最初的團隊認為，員工導向的上司，比起生產導向的上

司，更可能帶出生產力高的工作團隊。這一點，正是俄亥俄州研究與
密西根研究之間的重要差別。密西根研究最初認為，領導者可直接畫

461　分為生產導向與員工導向兩種，然而俄亥俄州研究則認為，人們都是
介於這兩個面向之間（Stogdill, 1974）。不管如何，俄亥俄州與密西根
研究員們使用一些較不同的方法，這使得他們的研究無法直接比較。

　　後來由Bowers and Seashore（1966）重新進行的密西根研究，重
新琢磨領導者行為的概念。在對一家有四十個辦事處的保險公司之研
究中發現，和員工滿足與績效表現相關的四種管理行為，反映在任務
與社交層面上，分別是：

1. **支持**　強化別人對其個人價值與重要性之感受的行為。
2. **促進互動**　鼓勵團隊成員發展親密、彼此均滿意的關係之行
　為。
3. **強調目標**　激勵成員產生熱忱來達成團隊目標的行為。
4. **促進工作**　做一些排程、合作、計畫與提供如工具、材料及特
　殊知識等事，以達成目標。

領導的權變理論

　　對於領導權變理論的興趣，起源於不同研究結果之間的不一致。
例如，建立結構，在一些研究中，可能和績效表現與員工滿足有關，
但在其他研究中則沒有。同樣的情況，也發生在對體恤的研究上。權
變理論學者，就是在這種情況下，開始認為，不同的管理風格，會在
特定的情境下，發揮最高效能。他們發展的**領導權變理論**，可以系統
性地解釋，情境因素如何改變領導行為與效能間的關係。權變理論可

以告訴你，在不同情況下，領導者／經理人的行為與效能的關係。這
一類對領導的研究告訴我們，在不同情境下，經理人應該如何運作。
三個最著名的權變理論如下（Fiedler, 1967; Evans, 1968; House, 1971;
Vroom and Yetton, 1973）：

1. Fiedler 的領導權變理論
2. 途徑──目標理論
3. 在第十一章中討論的 Vroom-Yetton 模式

Fiedler 的權變領導理論

在1967年，Fiedler對領導風格、團隊配置、任務特徵間的交互作
用，如何影響團隊績效，提出一個理論性的解釋，後來被稱為Fiedler
權變領導理論。這個理論衍生出許多相關研究，並獲得許多證據的強
烈支持（Strube and Garcia, 1981; Peters et al., 1985）。

關於這個理論有三件很重要的事情。第一，它是第一個系統化地
去解釋情境因素的理論。Fiedler在領導理論中，融入了情境因素，如
領導者與團隊的關係、任務結構、以及領導者的權力。 462

第二，Fiedler對於領導概念，重視的是領導者的導向，而非領導
者的行為。這種導向是領導者之需求與人格的函數。雖然領導導向會
影響領導者的行為，但是領導者對於共事者的導向，會決定這個團隊
的效能。

第三，由於領導者的導向相當穩定，因此雖然領導者可能在必要
或想要的時候，改變自己的行為，但領導者的導向不太可能隨不同情
況而調整。例如，有一些證據顯示，領導者在不同的情況下，可以將
他的行為從命令式轉向支持式，反之亦然（Fiedler and Chemers, 1974;

練習

領導者描述問卷

這個練習例示了在研究領導中，一些較常見的概念。

參閱以下十五個項目的陳述。每個項目描述一種特定的行為，你可以用以形容某位經理人，但不是用來評斷你個人的好惡。雖然這些項目之間有群組關係，但請你將每項視為獨立敘述。這些問卷的目的，是讓我們練習描述曾經共事過的經理人之行為。如果你從未與任何經理人共事，那就用來描述一位你的教授之領導行為。

- 請仔細閱讀每一個項目。
- 思考一下，這位領導者表現出這些項目所描述之行為的頻率。
- 決定這位領導者是否總是（5），經常（4），偶爾（3），很少（2），從不（1），表現出如項目中所述。
- 在選項中，圈出你選擇的數字。

群組一：領導者……

	總是	經常	偶爾	很少	從不
1. 讓團隊成員知道他對他們的期望。	5	4	3	2	1
2. 鼓勵使用制式化的處理程序。	5	4	3	2	1
3. 決定應該做什麼事，以及應該怎麼做。	5	4	3	2	1
4. 指派給團隊成員特定的工	5	4	3	2	1

作。

5. 安排工作的時間表。　　　　　5　　4　　3　　2　　1

群組一小計（項目1-5的加總）□

群組二：領導者……

6. 友善、平易近人。　　　　　　5　　4　　3　　2　　1
7. 將團隊的建議納入日常運　　　5　　4　　3　　2　　1
　作。
8. 平等的對待每個團隊成員。　　5　　4　　3　　2　　1
9. 對於變動會提前通知。　　　　5　　4　　3　　2　　1
10. 替團隊成員謀求個人福　　　　5　　4　　3　　2　　1
　　利。

群組二小計（項目6-10的加總）□

群組三：領導者……

11. 要求成為競爭團隊中的佼　　　5　　4　　3　　2　　1
　　佼者。
12. 要求工作迅速的進行。　　　　5　　4　　3　　2　　1
13. 推動增加生產。　　　　　　　5　　4　　3　　2　　1
14. 要求成員工作更認真。　　　　5　　4　　3　　2　　1
15. 會促使團隊達到產能。　　　　5　　4　　3　　2　　1

群組三總計（項目11-15的加總）□

現在，查看你的三項小計，並請回答下列的診斷性問題。

1. 群組一描述的是何種領導者行為？
2. 群組二描述的是何種的領導者行為？
3. 群組三描述的是何種的領導者行為？

Fodor, 1976）。一個針對經理人在不同壓力程度下之行爲模式的研究
顯示（Fodor, 1976），工作壓力大時，經理人可能會命令部屬；但在
壓力低時，同一個經理人，卻可能採取較體恤的態度。當壓力低的時
候，經理人對於部屬採較不命令式的態度，而且較會獎勵員工。當情
境威脅增加時，經理人對部屬的態度較爲指揮式，而且較不會獎勵員
工。

情境變數　有三個重要的的情境因素決定領導者在這個理論中的
有效性：

464
1. 領導者與成員的關係
2. 任務結構
3. 職位權力

這些決定了一個領導者擁有的情境控制量（Fielder, 1978）。這些
因素出現的越多，領導者對於整個情況的控制就越多。情境控制的程
度決定一種特定的領導者導向是否有效。

領導者與成員的關係意指團隊心中對於領導者的信任，以及領導
者被喜愛的程度。當領導者—成員的關係良好時，通常會有高度的工
作滿足，個人的價值觀與組織的價值觀一致，而且在領導者與團隊之
間，存在著互相信任。當關係不良時，非但信任不足，而且團隊凝聚
力低落，使得成員很難一起工作。如果團隊凝聚力高，但領導者與成
員的關係不良時，團隊會合作進行蓄意破壞組織與領導者的活動。

一個有高度任務結構的工作，可以高聲讀出它的細節—你知道目
標是什麼，也清楚地知道如何達成目標。在工作中，沒有什麼選擇的
餘地，必須要照表操課。例如，在電腦終端機前面工作的電話行銷，
就有高度的任務結構。一整天下來，他要做的就是，坐在終端機前接

電話，輸入指令，輸入顧客姓名及其他相關資訊，然後完成銷售。

低度的任務結構，存在於任務目標或達成任務的過程中，會有模糊的情境。在低度任務結構的情況下，你每次都必須自行決定如何完成工作。例如，機械工人在工廠的工具房工作，負責維持各種不同設備的運轉，就是一個例子。經理人與很多專業人士的工作，都是低度結構化。

職位權力是一個關鍵性要素。當你有很多正當的職權時，就存在高職位權力，這意味你不用呈報更高職位者，就能夠做一些重要的決定。低職位權力意味你只有有限的職權。

領導者導向—LPC量表 領導者導向只是動機層級裡的一個面向。雖然導向不是行為，卻反映了行為上的偏好（Fiedler and Chemers, 1974）。**領導者導向**決定於你如何看待最不想共事的人，看你是用正面還是負面的態度以對。如果你面對最不想共事的人，仍持正面的態度，你工作時可能會有較多體恤的表現；如果你對這個人的看法較負面，你較可能採用「對任務不對人」的態度。

你的領導者導向可以用最不喜歡一起工作的同事量表（Least Preferred Co-worker, LPC）來衡量。首先想出幾個你最無法好好共事的人，然後指出你對他是否有正面的或負面的看法。「也許你會用非常負面的辭彙來形容這個人…，也可能用比較正面的方式來形容」（Fiedler and Chemers, 1974）。

例如，假設你的工作團隊裡有三個人，對你而言，其中最大的問題就是約翰，他是所有跟你一起共事過的同事中你最不喜歡的。如果你是一個高LPC的領導者，你會對約翰持較善意的看法。高LPC的領導者，以人為導向，對於他工作團隊中的感受與人際關係有較為正面的導向。這些領導者，能看到他們最不喜歡一起共事的同事的優點。

465

高LPC的領導者，希望獲得他人的接納，對職場的人有較強的情感聯
繫，有較高的地位及自尊，並且較可能以體恤的方式採取行動
（Fiedler, 1992）。如果你是一個低LPC的領導者，對於你最不喜歡一
起共事的同事約翰，你會持較負面的看法。低LPC的領導者較爲任務
導向，人際關係對他們來說是次要的。他們傾向於以指揮與控制的方
式，以及主觀而非理性的方式，評價那些跟他們一起工作的人。

　　領導的有效性　　依領導者擁有的情境控制力而定，領導者的LPC
無論高或低，他們的領導都可能是有效的（Fiedler, 1978）。高情境控
制力是：

1. 良好的領導者—成員關係
2. 高度任務結構
3. 高職位權力

　　低情境控制力是：

4. 不良的領導者—成員關係
5. 低度任務結構
6. 低職位權力

　　很明顯的，在這種情況下，領導者面對的情境並不利。折衷的情
境控制，意味著這些情境的特徵是混雜的。某些工作對領導者有利
（例如高職位權力），然而其他工作則否（例如不良的領導者—成員關
係）。

　　這些程度的情境控制需要領導者有不同的LPC取向，如圖15.2所
示。有強烈任務取向的低LPC領導者，當情境控制是非常低或高的時
候，是最有效的。低情境控制對於低LPC的領導者而言是好的。除非

領導者施予大量的指揮，否則工作團隊可能會分裂或無法達到工作要求。另一方面，當情境控制很強且環境有利時，低LPC的領導者也較為有效。這個團隊可能願意接受任務取向的領導者，因為他們自己的表現與領導者的警覺性確保了他們的成功。

　　當情境控制並不極端時，高LPC的領導者最有效，因為可能可以更有效地促使團隊成員表現得更好，更能團結合作以達到目標。低LPC的領導者並沒有做這些事的傾向，因為低LPC的領導者可能會向團隊成員施壓，希望他們努力工作達到更多的產出，然而這種行為卻可能造成良好表現的反效果。

466

　　認知資源理論　一般而言，領導理論中一個嚴重的缺陷就是，沒有考慮到領導者的能力。除了接近於問題解決能力的智能之外，領導者的能力聚焦在特徵、行為以及情境性質。**認知資源理論**是Fieldler權變理論的修正版，將一組稱為認知資源的特質構面，導入Fieldler

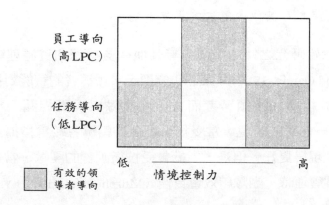

圖15.2　在Fieldler理論中，領導者導向、領導者有效性、與情境控制力的關係

權變理論原先的模型（Fieldler and Garcia, 1987）。認知資源，指的是個人的智能、工作能力，以及可以用於管理任務的技術知識與技巧。

認知資源奠基於兩個假設：

1. 經理人透過指揮行為，跟部屬溝通計畫與策略。
2. 較聰明、較有技巧的領導者，比起較不聰明、較無經驗的領導者，可以做更好的決策。

然而，即使是聰明有經驗的領導者，也不能在所有的情境下表現滿分。例如，只有在壓力的環境下，領導者的經驗能為工作績效加分。在無壓力的情況下，領導者的智能有助於工作績效（Fieldle, 1992）。在無壓力的情況下，領導者可以基於智能，依賴一般性解決問題的方式。然而，根據Fieldle（1992）的說法，在壓力情境下，有經驗的領導者可以：

依靠先前學習到的自然反應...會表現得比缺乏大量技能、較無經驗的領導者更好……當有人拿槍對著你時，按照本能逃跑，會比停下來思考其他的解決方式更為安全。

除了原始研究之外，目前尚無其他能支持認知資源理論的研究（Fieldler and Garcia, 1987）。某個研究顯示，領導者的智能對指揮式的領導者較非指揮式的領導者而言，和團隊表現更相關（Vecchio, 1990）。另一個研究發現，當受技術訓練的領導者較為指揮式時，團隊表現會表現得更好。但是，對於曾受技術訓練的團隊，當領導者採用非指揮式管理時，團隊績效會更佳（Murphy et al., 1992）。

途徑─目標理論

　　途徑─目標理論使用激勵的期望理論，連結領導者的行為與績效（House, 1971;House and Mitchell, 1974）。途徑─目標理論的基本思想，如圖15.3所示：為達期望的組織結果，一定要做某些任務；結果就是目標，任務就是途徑。當適當的任務完成後，目標就會實現。領導者的角色，就是確保部屬能完全了解到達目標的途徑，並確保達到目標的過程中沒有障礙的存在（Filley et al., 1976）。

　　領導者行為　在途徑─目標理論中，四種不同的領導者行為，會影響結果與獎賞（House and Mitchell, 1974）。

1. 指揮式領導風格下，領導者會提供部屬關於工作要求的指示。團隊成員的工作角色與工作標準由領導者決定後，再與之溝通。領導者會運用明確的政策與章程來管理。
2. 支援式領導中，領導者關心的是直屬部屬的需求。支援式的領導者是友善可親的，他會平等對待每一個員工，他的行為與我們曾介紹過的「體恤」非常近似。

圖15.3　途徑─目標理論的基本前提

3. **參與式領導者**以諮詢的方式行動。他們會向部屬求取關於問題的建議，並在決策前認真考慮這些建議。

4. 在**成就導向領導**中，領導者為他們的工作團隊設定有挑戰性的目標。這些領導者期望他們的團隊能表現得很好，並且總是設法讓部屬了解這一點。

468　　**權變的因素**　適當的領導者行為決定於兩個權變因素，而影響到部屬的績效與滿足。這兩個因素與領導者行為的互動，如圖15.4所示：

1. 部屬特質
2. 環境因素

圖示三個部屬的特徵，會影響部屬對領導者行為的看法：

1. 內控／外控傾向
2. 威權主義
3. 能力

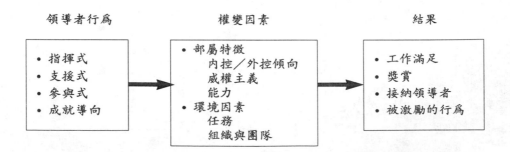

圖15.4　途徑─目標理論中的基本因素

有內控傾向的部屬,對於參與式的領導反應較為友善。有外控傾向的部屬,在指揮式的領導下較滿足。對於較無威權主義色彩的部屬而言,他們較能接受參與式的領導風格,然而較高威權主義色彩的部屬,對於指揮式的領導有較正面的反應。高能力的部屬不希望指揮式的領導,認為不必要,對這種領導的反應也較差。

環境因素有二:

1. 任務
2. 組織與團隊

環境因素可能以某些方式影響績效與滿足。第一,任務的確定性(或任務結構),決定了到達目的之途徑的清晰度。當任務不確定時,偏向指揮式領導風格可能較有效。第二,組織與任務環境中,存在著外部獎賞。第三,阻礙績效的重大環境障礙可能存在。圖15.5顯示,這些環境因素與任務的關聯(如途徑與目標)。它也顯示在途徑—目標理論中,領導者的角色就是去增加任務的結構性和獎賞、移除障礙,並確保適當的任務確定性。

應採取何種領導風格?　在途徑—目標理論中,領導者的角色會 469 視情況而改變。第一,領導者必須將對結果的預期或達成目標的方式(任務不確定性)加以釐清,以降低不確定性。第二,領導者應該移除影響績效的障礙。如果有石頭擋在路中央,領導者必須去設法移除。最後,領導者必須嘗試增加部屬對於任務本身、目標成就的認同,或兩者皆要。

從圖15.5中,我們可以預測哪一種領導風格會最有效。如果部屬知道如何完成工作,或是任務的例行性高,同時具高度任務確定性時,到達目標的途徑相當清楚。在這時,最佳的領導風格是支持式,

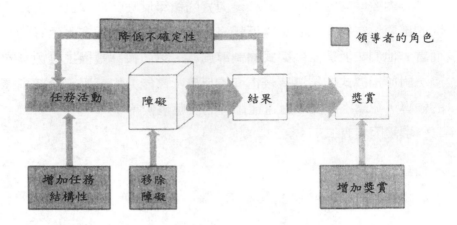

圖15.5　領導者在途徑─目標理論中的角色

而非指揮式。指揮式領導可能因為可以增加生產的壓力而增加產出表現，但也可能因為密不透風的監督，而導致工作滿足的下降。

　　當如何達成任務／目標，有高度的不確定性時，領導者必須試圖去釐清。當部屬不確定完成工作的最佳方式為何時，經理人必須給他們指引。如果目標對部屬而言不清楚，就應該再三去強化。當任務具有高度不確定性時，最有效的領導風格就是指揮式領導。

　　途徑─目標理論的研究　途徑─目標理論是對於領導的一個綜合觀點。在四種不同的領導者行為，三種部屬特徵，以及兩個環境因素的共同運作下，很難去衡量這個理論的優劣。大部分的研究，都只針對途徑─目標理論的某個前提來做測試，也許是因為測試這個理論的困難，因此發表的結果也相當混雜。然而，經過精心設計的研究，能夠反映途徑─目標理論時，研究結果往往令人振奮。有一個在銀行與工廠進行的研究指出，指揮式領導者行為與部屬的工作滿足相關，正

符合理論的預期（Schreisheim and DeNisi, 1981）。工作例行性較高的員工，對指揮式領導較不滿意；然而，工作較不具結構性的部屬，則較喜歡指揮式領導。

對領導的特徵論、行為論、及權變理論的簡要評論

　　從這些研究中，我們可以得到一些強而有力的結論：區別領導者屬於任務導向或員工導向，似乎是描述領導行為的有效方法。這種區別出現在很多研究中，這暗示了這種概念可能是描述領導行為的有效方法。圖15.6顯示，主要的領導研究中，使用這種概念的相似處。

　　另一個出現在這些研究中的重要問題，就是因果關係的方向。到底是領導者的行為促成較高的績效水平？還是追隨者的績效打造出領導者的表現？很多研究領導行為的田野研究，使用無法證實因果關係的研究方法。然而，某些研究的結果，支持領導行為是團隊績效的結果，同時也會影響團隊表現。一個說服力極高的研究，是關於負責管理工讀生的管理員之實驗（Lowin and Graig, 1968）。在雇用前，每個應徵者都介紹給一位工讀生認識，並且要求先試帶這名工讀生一段時間。有些工讀生，在被介紹時，被說得能力高強，而有些工讀生則被稱為較不具能力。負責管理有能力工讀生的應徵者，通常沒有嚴密的監督指導，較為體恤，並且較無建立結構的行為。管理較無能力的工讀生之應徵者，則較偏向指揮式領導。類似的研究，顯示領導者的體恤會增加員工的工作滿足，員工的工作滿足也能增加領導者的體恤（Bass and Stogdill, 1990）。當任務結構性低時，領導者若能致力於建立結構，會提高員工績效，這接著會增強領導者後續的體恤，及減少

途徑—目標理論專題：當指揮式領導對每個人都有用時

470

　　兩年前，Joe Bond擔任Nelson Appliance的新工廠生產經理。這個工廠是根據參與式管理及自主性工作團隊的觀念，再搭配最先進的設備，所設計出來的。Nelson的管理階層相信，新科技及更為人力資源導向的管理團隊之結合，會使工廠更有效率，且具有高度的競爭力。

　　Joe因為擁有同業中最佳創始經理人的聲譽而被雇用。他曾經經歷了五個其他的開創例子，在每個例子中，他的團隊看起來總是發展的最快，比其他團隊更快在品質與數量方面達到生產限定額。

　　Joe是受過訓練的機械技術人員。他以參加社區大學所開設的夜間課程以及自修，在電子工學方面發展出一些基本的技巧。他沒有受過正式的工程訓練，但基於經驗與知識，他有相當優異的生產直覺。

　　從來沒有任何人懷疑Joe的專業技術能力，但在廠長Paul Gerrity的心中，對於Joe是否能夠配合Nelson生產部門對於這個工廠所期望的高度參與式管理風格，還是存有一些保留的態度。Gerrity曾經就此和Joe有過一次長談，並且讓他知道，這個工廠不希望成為同業間常見的「鐵腕管理」工廠。Joe告訴Gerrity，「別擔心。我會以正確的方式管理這個團隊。」但Gerrity還是無法放心。

　　當新工廠開始運轉後，Gerrity留意Joe的行動。Joe的工作方式和其他生產經理非常不同。他系統化地將工作團隊的新員工，輪調至所有的職位。每個人對於每個工作都曾經嘗試過。其他的經理人較不允許這樣的輪調。

　　Joe做的另一件事，就是和他的團隊一起參加所有關於設備的訓

練課程。通常，這類課程都由設備製造商提供，非常有助於提升員工的技術層次。在每個訓練課程結束之後，Joe會和工作團隊開會，討論之前尚未完全解決的問題。

　　Joe的團隊花最多的時間在機器的維修上。當機器故障的時候，Joe會關閉整個機器，並且馬上修理。其他的經理人不會這樣做。他們會想出某些方法使機器在他的輪值時間內繼續運轉，讓下一組值班人員想辦法修復機器。事實上，和Joe的工作團隊在同一層樓工作的另一團隊的經理人Terry Golden，曾經告訴人資經理，如果能讓Joe的團隊跟在他的工作團隊後面值班，那就太棒了。Terry說，「這樣我可以生產的更多，並且隔天當我們到達工廠的時候，所有的設備會恢復到可以正常運作的狀況。」

　　這種狀況維持了六個月，在Paul Gerrity負責監督的期間，Joe的團隊總是生產力最低的團隊，而Gerrity很難理解為什麼Joe的團隊沒有向他抱怨。畢竟，Joe有「鐵腕經理人」的美譽。這個團隊的生產品質總是很高，因為Joe從來不讓設備的運作有和其他經理人一樣的「投機」狀況發生。他會修復機器，所以幾乎不會有品質問題發生。此外，他的工作團隊有最差的生產紀錄。有一次當Gerrity向Joe抱怨他的生產問題。Joe說，「我們不像其他人那樣工作，因為我們一值在修復他們的錯誤。」Gerrity變的有些生氣，並且對Joe施加一些壓力。Joe告訴他，「我以我的方式管理我的團隊，如果那不是你想要的，我可以離開。」

　　在開廠八個月後，Joe的工作團隊之生產力開始增加。這個團隊維持其品質水準，但產出連續六個月上升。在工廠開始運作的十五個月內，Joe的工作團隊在生產力和品質方面，通常都高居第一，從來沒有落於第二名之後。

471

　　Joe Bond的管理方式，可以用途徑—目標理論來理解。他的訓練以及訓練方式，清楚的說明工作如何適當地完成，而他對於品質的堅定立場，使期待的結果沒有任何的不確定性。

俄亥俄州研究	體恤		建立結構
早期密西根研究	以員工為中心		以生產為中心
Bowers and Seashore	• 支持 • 促進互動		強調目標 促進工作
Fiedler's 權變理論	以人為導向 （高LPC）	情境因子	以生產為導向 （低LPC）
		職位權力 任務結構 領導者與成員 的關係	
途徑—目標理論	體恤	澄清途徑與目 標的關係	建立結構
Vroom and Yetton 的 決策風格 （第十一章）	諮詢性（CI, CII） 團體（GII）	• 接納 • 品質 • 資訊 • 衝突 • 目標的一致 　性	獨裁式風格 （AI, AII）

圖 15.6　領導觀念的相似處。

領導者建立結構的行為（Bass and Stogdill, 1990）。

472　領導的程序理論

　　特質理論、行為理論、權變理論的重點都在領導者身上，例如領導者為何、領導者的行為。一些最新的研究，又稱為領導的程序理論，解釋領導者與部屬之間關係發展的過程。其中一個稱為轉換型領導者理論。另一個稱為垂直配對關聯理論（VDL）。

轉變型領導理論

轉變型領導理論解釋，領導者如何發展與增強部屬的承諾。在這種方式中，轉變型領導者，與交易式領導者正是對比。在交易式領導中，領導者和其部屬就像是談判桌上的代表，各自以自身的最大利益為優先（Dowmton, 1973）。部屬服從領導者的動機是自利的，因為領導者提供了對追隨者而言很重要，不論是經濟上或心理上的結果。交易式領導有三點假設（Dowmton, 1973）。

1. 人類的目標是目標導向的，個人會以理性的行為達成這些目標。
2. 行得通的行為會持續下去，那些行不通的行為則不會持續。
3. 互惠主義的準則左右交易的關係。

以下是交易式領導者的風格（Bass and Stogdill, 1990）：

473

1. 使用視情況而定的獎賞──獎賞和優良的績效有關。
2. 例外管理──當領導者預期績效可能偏離或無法達到標準時，領導者會採取行動。
3. 採取放手的方式──領導者採取放任主義，放棄且避免責任。

轉變型領導，奠基於領導者對追隨者在價值觀、自尊、信任、對領導者的信心、力求超越表現的激勵等方面的影響力（House and Singh, 1987）。交易式領導者的影響力，是從交易過程中獲得的，和轉變型領導有很重要的不同。交易式領導在追隨者的自利本質中運作，然而轉變型領導尋求改變本質（Bass and Stogdill, 1990）。

轉變型領導者的影響力，在於領導者以追隨者心中較高的理想與

價值觀，來引發他們自覺的能力。除了領導者的魅力外，還包括某些行為，以下是轉變型領導者的風格（Bass and Stogdill, 1990）：

1. 運用領袖魅力──有領袖魅力的領導者，能創造與追隨者間的特殊契約，他能清楚說明追隨者能夠認同且願意努力達到的願景。
2. 有鼓舞力──領導者能創造高度期望，並且能運用符號與簡單的文字，有效的傳遞重要信念。
3. 個人化領導──領導者個別地訓練、提供建議、及授權給部屬。
4. 有智慧地激發追隨者──領導者激發他們，去發展新的問題解決方法。

表15.1顯示某些轉變型領導者的任務行為、社交行為與影響力技巧，以及相對應的部屬行為與感受。

- 領導者的任務行為，是任務目標、達到目標的途徑、創新策略的最佳典範。能使部屬接受新的可能性，對於自己的能力有信心，願意花更長的時間更努力於工作上，有更高的任務認同與較強烈的成就動機，對於工作有情感上的投入。
- 領導者的社交情感行為，包括顯現熱忱與可信賴感，以增加團體向心力的方式行事，可親近、可接近。部屬的反應會是，認同領導者與任務，試著去和領導者競爭，發現自己越來越想留在團隊裡，及崇拜與信任領導者。
- 領導者的權力傾向以領袖魅力、社會化的權力、非傳統的行為與不同的情感來吸引部屬。部屬以更為投入、信任、服從與承諾來回應。

轉變型的領導者可能產生強烈的效果。我們已經提過一些符合轉

表15.1　轉變型領導者及其部屬的行為與態度

領導者	部屬
任務	
明確的願景與崇高的目標	察覺到新的可能性
注意力集中與對於需要變革的警覺	對新層次的成就產生自覺
抱高度期望及某種風險意識	自信的感覺
懷著切於實際的信心	對某個原因產生認同
加以鼓吹，但不親自爲之	相關任務動機的覺醒
清楚説明途徑，擬出創新的策略	更長的工作時間，更努力工作
社會情感	
熱忱	感覺選對了邊
找得到人，可親近	認同領導者與任務
可接近，討人喜愛	對領導者付出情感、崇拜與信任
訴求深植的價值觀、希望	模仿領導者
不會背叛別人的信任	感覺到個人受到接納、支持與了解
關懷地個別注意	想要取悦團隊，及想要待在團隊裡
增強凝聚力的行爲	
對權力的服從	
專家與任務相關的權力	順從、服從的基礎廣泛（對領導者、
參考權力	任務、價值觀、需求、同儕、未
一些視情況給予的獎勵權力	來）
樂於影響別人：使用社會化權力	對於領導者與任務印象深刻並付出承
各種情感訴求，有鼓舞力的鼓勵	諾信任
需求、價值觀、喚起的動機	以不同的層次投入、參與（智力上、
個人的出現，多樣的技巧	情感上、社會上、物質上）

變型領導者描述的重要經理人（例如西南航空的Herb Kelleher以及玫琳凱化妝品的Mary Kay）。他們能夠戲劇化地營造或改變組織，同時贏得組織內他人的高度承諾。轉變型領導者的影響在一些研究中，也顯現出較優異的績效、員工滿足、以及較高度的承諾（Bass, 1985; Bass et al., 1987; Avolio et al., 1988; Deluga, 1988; Hater and Bass, 1988;

475

Seltzer and Bass, 1990）。例如，經理人與海軍軍官的轉變型領導，和優異的組織績效極相關（Howell and Higgins, 1990; Seltzer and Bass, 1990; Bycio et al., 1995; Kirkpatrick and Locke, 1996）。成功的科技新貴領導者，也都展現了轉變型領導的行為模式（Howell and Higgins, 1990）。

轉變型領導者的概念，引發了幾個有趣的問題。第一，因為追隨者的承諾對象是領導者，而非組織績效，萬一在轉變型領導者與其他重要人物間有不同的利益存在時，會發生什麼樣的情況？一些證據顯示，在股東不具影響力時，經理人會依自己，而非股東的利益行事，不但不會使股東的權利極大化，甚至會以增加股東風險的方式擴大公司規模（Tosi and Gomez-Mejia, 1989）。因此，對股東來說，一個轉變型領導者，可能會以沒有效能的方式管理公司。

另外一個問題是，我們可能發展出轉變型的領導風格嗎？雖然這類研究仍在少數，但結果都認為，的確可以經由訓練發展出領袖魅力的風格（Howell and Frost, 1989;Kirkpatrick and Locke, 1996）。在一個研究中，請女演員研究有領袖魅力的領導者、結構化的領導者、與體恤的領導者等劇本（Howell and Frost, 1989）。領袖魅力角色的情感狀態，肢體語言，臉部表情以及其他象徵的線索都加以描述與學習。奇魅型的領導者，可以從實驗團隊中獲得高產出，接受實驗的人，能產出較多的選擇方案，對於任務與領導者的滿意度也較高。

垂直配對關聯理論

垂直配對關聯理論（Vertical Dyad Linkage Theory; VDL）聚焦於其他理論未曾提到的領導者與部屬之關係（Dansereau et al., 1975）。

特質理論以心理測驗量測領導者，例如，成就動機與權力動機，由對主題知覺測驗的反應來評估（McClelland, 1975）。在行爲理論中，領導者的風格是由部屬對領導者的描述來衡量。例如，建立結構行爲與體恤行爲就是以這種方式衡量。

VDL理論則不同。在VDL理論中，領導者與部屬雙方對關係的反應，都被考慮在內。這個理論的假設是，藉由垂直配對關係，意即經理人與部屬之間的角色關係，我們才能真正了解組織內的領導。因爲管理的成功，仰賴的是部屬的表現，經理人必須確保，上司—部屬的角色得到適當的定義。因此，在他們關係開始發展的初期，經理人與部屬透過各種正式與非正式的方式協議他們的角色關係（Dienesch and Liden, 1986）。

這個協議的結果，會帶來與不同部屬有不同的關係。在VDL理 476
論中，領導者與部屬對於關係的信任、部屬能力、忠誠等類似因素，都會加以評估。領導者—部屬關係，依據彼此同意的程度，可區分出內團體與外團體。

- 在內團體的關係中，領導者與部屬是親密的，領導者花較多的時間與精力在團體內，參與者對於工作有較正面的態度，內團體的關係比外團體的關係有較少的問題（Dienesch and Liden, 1986）。這個連結的品質影響到部屬的一些行爲與認知，但對於部屬的表現沒有關係。
- 外團體的部屬花較少的時間做決策，不會自願做額外的工作，其他部屬對他的評價較低（Liden and Graen, 1980）。

上司—部屬的關係，也會影響組織氣氛（kozlowski and Doherty, 1989）。與上司有良好關係的部屬，對於組織氣氛的感覺較好。他們對於氣氛的感覺和上司相似，與外團體的部屬相較，他們對於組織氣

氣有較多的共識。然而,很少證據支持,上司─部屬關係與部屬績效相關(Dienesch and Liden, 1986)。

　　VDL理論,是研究領導者關係的一個有效方法。雖然部屬位於內團體或外團體,可能跟部屬的實際績效無關,但似乎與組織中其他重要的生活層面有關。例如,關係的性質,可能可以做爲預測部屬進步的一個重要指標。VDL所強調的關係進展,正是其他領導者研究中較未注意之處。

領導的替代品

　　大衆對於領導理論中的領導者之印象,就是可以影響其他人以達到公司目標的人。這個印象受到大衆媒體、電視與電影的強化(Meindl et al., 1985)。然而,我們知道,其他的因素,如能力、內在動機、技術本質、組織結構,也會影響成員的績效與滿足。事實上,在一些情況中,這些因素對於績效的重要性可能高於領導(Kerr and Jermier, 1978;Tosi, 1982)。它們可以作爲領導的替代品〔索引15.34〕,因爲,是這些因素而非領導者的行動,造就了事情的成敗(Kerr and Jermier, 1978)。我們先假設,群體的效能可以用兩件事來看:任務的執行,以及成員之間良好的工作關係。從領導行爲的觀點來看,你可以運用建立結構的行爲,提供成員如何執行任務的知識;另一方面,你也可以運用體恤的行爲,來發展良好的工作關係。

　　然而,任務的專業知識與良好的關係也可能以其他方式存在著,這些方式也是領導行爲的替代品。任務知識之所以存在,可能是因爲那些爲你工作的人知道如何去做這件事,或是他們熟悉做好這件工作的特定步驟,這都可以取代建立結構的行爲。另一方面,也許因爲所

477

倫理專題：當一個特別的「內團體」關係存在時

　　當經理人對部屬產生特別情愫時，無論在道德或組織上，都必然面臨幾個難題。一方面來說，它可能會被視為性騷擾，也許可能會造成敵對的工作環境。另一方面來說，則是一個人是否有權利與另一個人發展感情關係的問題。

　　在過去，這種事情很好解決。如果你是一個有權勢的男性經理人，與你的女性部屬有特殊關係，你是雙重標準下的受益者。通常經理人，特別是有權勢的那一方，被允許去追求他喜歡的人。如果關係成為議論紛紛的話題，即使在兩廂情願下，經理人最多是受到責難，但女方卻被要求離職。

　　今天，很多公司明瞭，上司與部屬之間的感情關係，甚至只停留在感覺階段，都可能會造成績效與道德的問題。一個針對美國經理人的調查顯示，在他們的職業生涯中，至少曾發生過一次辦公室戀情。三分之一的男性與百分之十五的女性表示，他們與部屬發生這種關係，超過百分之二十的人認為他們可以接受這種關係。

　　在很多大公司裡，近年來的觀點是他們認為這種關係總是會發生，較好的方式是試著去管理他們的部屬。萬一這種關係的結果是婚姻，很多大公司，如AT&T，會斟酌作一些內部調動，減少直接的監督關係。

　　然而，也有些公司採取不同的方式。由於對性騷擾問題的憂慮，他們的政策在全力防堵此類事情發生的同時，也不容許後來屬於正常關係的存在（Hymowitz and Pollock, 1998）。

有員工都是朋友或其他因素，使得工作團隊的規範良好，帶來了良好的工作關係，這就是體恤行為的替代品。

　　有三種領導的替代品：部屬吟特質、任務的要素以及組織的構面。特定的替代品顯示在表15.2中，例如，如果工作本身即能提供適當的回饋，讓員工知道自己表現如何，就不需要經理人來提供回饋了。

478　　領導替代品這個觀念的重要性有二。第一。它暗示了背景控制（在第十四章曾討論過），是主動領導的另一選擇。很多已經完成的研究顯示，這些替代品在預測員工態度、角色認知及任務與情境績效方面，很有效果。事實上，某些人主張這些替代品的效果大於領導的效果（Podsakoff et al., 1996）。這意味著對經理人而言，選擇有能力與積極的員工是一個方法，工作豐富化則是另一途徑。事實上，HIO（見第六章）就想要取代領導能力，試著以內在動機的工作、支持性的工作環境，以及一個提供學習新技巧誘因的薪資結構來促進績效。當然，創造領導替代品與便於領導替代品在組織內運作的條件，這件事本身就需要領導與權力的運用。舉例來說，想發展HIO，在成形與推

表15.2　領導的一些替代品

部屬的特質	任務的要素	組織的構面
能力	重複性	正式化
經驗	清晰	特殊員工的可得性
背景與訓練	任務提供的回饋	工作團隊的凝聚力
專業導向		領導者與團隊的時空
對公司獎賞漠不關心		距離

資料來源：改編自 Kerr and Jermier（1978）

展上，就需要額外的領導。

第二，它暗示了領導、領導替代品，以及組織本質的交互作用有其涵義。各種可做為替代品的要素，可能視組織型態而不同（Tosi, 1992）。例如，在機械式的組織中，任務本身就很清楚，正式化會提供指引，以及低階員工對於組織獎賞漠不關心。然而在有機型組織中，工作能力、高度的內在工作動機，以及向心力強的工作團隊會是較有力的替代品。

領導替代品也會隨著組織階層而不同（Tosi, 1992）。在機械式的組織中，對高層員工來說，社會化與經驗對績效的影響更大；對低階員工來說，正式化與科技可能是較強有力的替代品。

摘要

479

因為組織需要遴選／拔擢管理階層的人才，所以相當重視領導。經理人的角色在於確保組織的工作能經由有效的使用人力物力而完成。因此，我們認為有效能的經理人應該是個好的領導者。

領導與管理間有密切的關係，但除了領導者／經理人的角色之外，這當中還有更多的學問。人們為什麼願意合作以達成組織目標？原因很多，其中很多原因只是碰巧和上司—部屬的關係有關。例如，心靈契約的雛形，可能在個人進入組織前的社會化早期，就已經成形了。

不管如何，對經理人來說，了解情境因素、工作環境、部屬特質如何經由與領導者／經理人的人格和行為互動而影響個人和組織績效，是很重要的一件事。本章介紹了幾個領導理論。途徑—目標理論與Fiedler的權變理論，運用早期研究中的情境因素，來解釋領導的

一些現象。VDL理論的貢獻則在於，這個理論聚焦在領導者與部屬的關係上。不管如何，我們也介紹如何藉由領導替代品，來達成對員工的情境控制，正如我們曾在十四章探討過的，領導是權力的一個面向。

經理人的指南：選擇你的領導風格

如果我們能將這些理論運用在日常的管理工作上，可以幫助我們成為較好的領導者。也許，看完這些指南後，你會發現對情境的清晰認識，然後盡力適應環境，才是最重要的。首先，我們先勾勒出不同行為模式的一些特定行動，然後，針對這些行動所屬的背景，我們建議一些思考的方式。

如何表現得像個領導者

本章所介紹的領導理論研究，可以提供一些行為上的有用指引，它們是較廣義的行為模式之要素。此外，你應該再重讀一次第五章，那裡有許多適用於此處的智慧。

你必須知道你自己的行為傾向與人格。這些行為傾向會是你面對任何情況時，最有可能，也許是你最感自在的反應。作為一個有效的經理人，有時你必須有意識地改變你的行為使更能適應情境。你可以做到這一點嗎？研究及常識都告訴你你可以做得到，但是必須合情合理。最明顯的是，你應該避免任何看起來假惺惺或被迫的反應，這會讓你看起來不值得信任，這是每個經理人都會遇到的問題。

以下是經理人的行為模式中的幾個元素：

指揮行為

　　有時候，經理人必須提供部屬必要的方向與指引。經理人進行工作導向的互動，以及在互動中主動提議，通常會讓部屬感受到指揮的行為。然而，提供指引，並不等同於主控與要求，指引是指出、釐清方向與期待的結果。這意味著，經理人必須小心，不要造成固執或想主控一切的印象。以下是指揮的一些方式：

480

- 明白的定義責任。
- 提供工作必要的資訊。
- 強調應該遵循的政策與步驟。
- 對於部屬的進步作經常性的檢查。
- 表現出能強化你與部屬之間的階層差異之行為。
- 經常提供建設性的回饋。

體恤與支持性的行為

　　就像指揮或主導行為一樣，以體恤或支持的方式對待部屬，會有另一種風險：某些人會將其視為軟弱，並因此不重視績效。然而，如果你能在適當的時機運用這種方式，你將會得到更佳的績效。以下是你可以展現體恤與支持的一些方式：

- 顯示對於部屬個人福祉的關心。
- 主動傾聽。讓部屬說大部分的話。
- 對部屬的態度能個人化，並降低組織階層的差異。
- 鼓勵個人主義、創造力與進取心。

轉變型領導者行為

我們已經介紹過，經理人能夠經由訓練，表現出轉變型領導風格。以下是此類行為的幾個例子：

- 能清楚說明可以讓部屬了解與接受的願景。提供樂觀、可達成的未來遠景。
- 展現自信。
- 挑戰部屬，但要先確定他們有達成目標的能力。
- 試著去使用與你的訊息一致的非語言線索與象徵。
- 用與你性格一致的方式，展現戲劇化的張力。為了組織的成功，有時你必須花額外的力氣，讓其他人了解、並且相信。
- 授權給部屬。這意味兩件事情。第一，你必須願意指派重要的責任給部屬，以展示你對他們能力的信心。第二，你必須講出來，讓他們知道你相信他們會成功，而且你會幫助他們成功。

使用特定行為模式的時機

對於領導的研究，有一件事情很清楚：一個風格不能套用在所有情況。以下是一些你必須先考慮的事情：

論事再論人

在採取任何行動之前，你應該避免基本歸因的錯誤；請參見第三章原文頁碼77頁。否則，個人的偏差、假設、對人的好惡，都會影響你的評估。常見的錯誤是，和你關係良好的人，若有績效問題，你會傾向以體恤與支持的方式對待；但對於關係不良者的績效問題，即使對方需要的是體恤或支持，你可能會傾向指揮式的行為。

當低階經理人的績效未達標準時，就應該更換領導者或改變情勢

這是使領導行為與情境一致的方法。例如調整任務的結構性、工作的例行性。經理人的職權,可以藉由授予或剝奪權力與責任來增加或減少。領導者—成員的關係,可以藉由訓練與團體發展方法來改善。

辨認並移除績效的障礙

請記住,經理人的工作並不是讓某人的工作更加困難。經理人的績效,其實就奠基於部屬的成功上。最重要、也是最簡單的一點就 481
是,幫部屬們移開通往績效之路的石頭。其他的方式包括增強部屬的信心、或提供他們必要的訓練。

明白團隊成員的能力所在

關於這一點,我們可以從兩個層面來看:能力與激勵。如果你的部屬能力很強,經理人就要避開指揮式的風格,同時還要多展現體恤／支持的那一面。如果部屬不具備足夠的能力、資訊、資源時,指揮式風格能帶來較高的效能。

從激勵層面來看,試著去了解部屬的內在激勵水平,是非常有用的。對於高能力、高激勵水平的人,經理人可以體恤／支持以對,並讓他們保有較高自由度。對能力強、激勵水平卻低的人,指揮式的風格會有較高效能。

員工面臨的壓力水平,也是選擇領導風格的考量要素之一(Yukl,1998)。無論壓力來自組織內部或外部,壓力本身對員工來說,都是一樣的;對身為經理人的你,這兩種情況會有差異,但可能不是以你希望的方式出現。首先,你要先考慮來自外部的壓力,即使你不希望部屬把外部壓力帶來職場,但還是會,而且,一但在職場,壓力散發的影響力是相同的,也是經理人必須去因應的。在這種情況下,經理

人應先採用體恤／支持的領導風格，讓情況不要更糟。如果這樣還有績效的問題，就應該採取指揮式風格。儘管如此，盡量讓風格間的切換順暢自然一些。

最後，身為經理人的你在略有經驗之後，應該能找出面對／管理你的團隊的一套作法。想達到你的管理效能，最大的敵人是，經理人自身的固執、以及身段的不夠柔軟。

重要名詞（所附為原文書頁碼，請見內文邊緣處數字）

問題研討：

482

1. 試定義領導。它與第十四章介紹的政治活動的概念，有何不同？

2. 領導中的特質理論是什麼？為什麼無法充分解釋領導？

3. 行為理論與特質理論有何不同？

4. 領導的權變理論與特質理論及行為理論有何不同？

5. 在途徑─目標理論中的權變因素是什麼？

   在 Fiedler 的領導理論中，權變因素是什麼？

   試比較並對照 Fiedler 與途徑─目標的領導者理論。

6. 領導的程序理論是什麼？

   他們與特質理論及行為理論，有何不同？

7. 轉變型領導者的主要特徵是什麼？

   他們和十四章介紹過的奇魅型領袖，有何不同？

8. 你相信轉變型領導者與交易型領導者的差別很大嗎？為什麼？

9. 你可以將領導替代品的概念，運用到你曾經工作過的環境中嗎？

10. 試利用至少兩種不同的領導理論，分析美國總統的領導風格。

11. 你如何將領袖魅力（第十四章）的觀念，融合到領導的概念？

12. 領導替代品如何隨著組織型態（見第十三章）與組織層次的不同而改變？

13. VDL 理論與其他理論的重要差異在哪裡？試將這個方法與本書其他的主題相連結，例如，升遷的夠好理論或歸因理論。

483

個案研究

克利夫市立銀行

幾年以前，Charles Boyd 是克利夫市立銀行指派的總經理。在那個時候，克利夫市立銀行由克利夫市當地的 Oliver 家族主控，規模不大，利潤很薄，同時有管理與財務方面的問題，董事會主席 Bill Oliver 認為，Charlie 就是那個可以使銀行重享獲利的人。Charlie Boyd 的確有做這項工作的資格：1960 年畢業於州立大學的 MBA。十年來，他在會計事務所工作，最後成為事務所的合夥人，並且在本州與地方上財務金融界享有盛名。

當 Charlie 開始管理公司時，他做了一些重要的改變。第一，他成功地吸引一些克利夫市最大的幾間企業，使用他們公司的服務。他也完成了一些健全的借貸案，更重要的是，他想出辦法解決過去的問題投資。第二，他細心研究銀行的運作系統，以促進銀行內部的效率。

經過幾年，Charlie Boyd 已經成為克利夫市立銀行的主導力量。這是因為他是傑出的實業家，幾乎能完全控制所有銀行的運作，而且他可以抓住所有現有的客戶。

現在，Boyd 已經快退休了。Oliver 家族勢力主控的董事們，

要求顧問幫他們選擇一個新的CEO。顧問建議先分析銀行的管理結構，這能幫助他們了解什麼樣的人最適合銀行的需求。

以下是顧問所發現的：

- Boyd選擇對他忠誠與付出承諾的經理主管。他們被期望知道銀行運作的所有不同面向。

- 這些要向Boyd報告的銀行經理主管，其工作內容與政策並不明確。Boyd不願意為他們將政策與程序正式化。

- 通常Boyd對這些經理人指派的工作也不明確。通常目標與指派給他們的活動不太清楚。有時他會指派某個計畫給一個人以上。他很少給任何人足夠的權力去完成一件工作。經理人常常需要向Boyd會報，以獲得一個計畫的部分許可。

- 通常，Boyd直接走近低階經理人以發現問題，他常越級找經理人的部屬。

現在，試著回答這些問題：

- 你如何分析Boyd的領導風格？

- 在這個組織中，他的權力基礎為何？

- 如果你是顧問的話，你會建議何種新人選？

- 你會建議克利夫市立銀行如何改變？要使它們運作，必須要做些什麼？

參考書目

Avolio, B. J., Waldman, D. A. and Einstein, W. O. 1988: Transformational leadership in a management game simulation. *Group and Organization Studies*, 13(1), 59–80.

Bakhtari, H. 1995: Cultural effects on management style: A comparative study of American and Middle Eastern Management Styles. (Management and its Environment in the Arab World). *International Studies of Management in Organization*, 25(3), Fall, 97–119.

Bass, B. M. 1985: *Leadership Beyond Expectations.* New York: Free Press.

Bass, B. M. and Stogdill R. M. 1990: *Handbook of Leadership: Theory, Research, and Managerial Applications.* New York: The Free Press.

Bass, B. M., Avolio, B. J. and Goodheim, L. 1987: Biography and assessment of transformational leadership at the world class level. *Journal of Management*, 13(1), 7–19.

Blake, R. R. and Mouton, J. S. 1969: *Building a Dynamic Corporation through Grid Organization Development.* Reading, MA: Addison-Wesley.

Bowers, D. G. and Seashore, S. E. 1966: Predicting organizational effectiveness with a four-factor theory of leadership. *Administrative Science Quarterly*, 11, April, 238–63.

Bycio, P., Hackett, R. D. and Allen, J. S. 1995: Further assessments of Bass's conceptualization of transactional and transformational leadership. *Journal of Applied Psychology.* 80(4), August, 468–99.

Chen, C. C. and Meindl, J. R. 1991: The construction of leadership images in the popular press: The case of Donald Burr and People Express. *Administrative Science Quarterly*, 36, 521–51.

Cornelius, E. T. and Lane, F. B. 1984: The power motive and managerial success in a professionally oriented service industry organization. *Journal of Applied Psychology*, 69(1), 32–9.

Dansereau, F., Graen, G. and Haga, W. J. 1975: A vertical dyad linkage approach to leadership within formal organizations – A longitudinal investigation of the role making process. *Organizational Behavior and Human Performance*, 13, 46–78.

Deluga, R. J. 1988: Relationship of transformational and transactional leadership with employee influencing strategies. *Group and Organization Studies*, 13, 456–67.

Dienesch, R. M. and Liden, R. C. 1986: Leader-member exchange model of leadership: A critique and further development. *Academy of Management Review*, 11(3), 618–34.

Downton, J. V. 1973: *Rebel Leadership: Commitment and Charisma in the Revolutionary Process.* New York: Free Press.

Evans, M. G. 1968: *The Effects of Supervisory Behavior on Worker Perceptions of their Path–Goal Relationships*, PhD dissertation. New Haven: Yale University.

Fiedler, F. E. 1967: *A Theory of Leadership Effectiveness.* New York: McGraw-Hill.

Fiedler, F. E. 1978: The contingency model and the dynamics of the leadership process. In L. Berkowitz (ed.) *Advances in Experimental Social Psychology*, 2nd edn, New York: Academic Press, 59–111.

Fiedler, F. E. 1992: Time based measures of leadership experience and organizational performance: A review of research and a preliminary model. *The Leadership Quarterly*, 3, 5–21.

Fiedler, F. E. and Chemers, M. 1974: *Leadership and Effective Management.* Glenview, IL: Scott, Foresman.

Fiedler, F. E. and Garcia, J. E. 1987: *New Approaches to Effective Leadership: Cognitive Resources and Organization Performance.* New York: John Wiley.

Filley, A. C., House, R. J. and Kerr, S. 1976: *Managerial Process and Organizational Behavior.* Glenview, IL: Scott, Foresman.

Fleishman, E. A., Mumford, M. D., Zaccaro, S. J., Levin, D. Y., Krothin, A. L. and Hein, M. B. 1991: Taxonomic efforts in the description of leadership behavior: A synthesis and functional interpretation. *The Leadership Quarterly*, 2, 245–80.

Fodor, E. M. 1976: Group stress, authoritarian style of control, and the use of power. *Journal of Applied Psychology*, 61, 313–18.

Hadjian, A. 1995: How tomorrow's best leaders are learning their stuff. *Fortune*, 132(11), November 27, 90–7.

Hater, J. J. and Bass, B. M. 1988: Superiors' evaluations and subordinates' perceptions of transformational and transactional leadership. *Journal of Applied Psychology*, 73, 695–702.

Hersey, P. and Blanchard, K. 1988: *Management of Organizational Behavior.* New York: Prentice-Hall.

House, R. J. 1971: A path–goal theory of leader effectiveness. *Administrative Science Quarterly*, 16, 334–8.

House, R. J. and Mitchell, T. R. 1974: Path–goal theory of leadership. *Journal of Contemporary Business*, 4, 81–97.

House, R. J. and Singh, J. V. 1987: Organization behavior: Some new directions for I/O psychology. *Annual Review of Psychology*, 38, 669–718.

Howell, J. M. and Frost, P. J. 1989: A laboratory study of charismatic leadership. *Organizational Behavior and Human Decision Processes*, 43, 243–69.

Howell, J. M. and Higgins, C. A. 1990: Champions of technological innovation. *Administrative Science Quarterly*, 35, 317–41.

Hymowitz, C. and Pollock, E. J. 1998: Office romance isn't the corporate turnoff it once was. *The Wall Street Journal*, February 4, A1(W), A1(E), col 1.

Kerr, S. and Jermier, J. 1978: Substitutes for leadership: Their meaning and measurement. *Organizational Behavior and Human Performance*, 22, 375–403.

Kirkpatrick, S. and Locke, E. A. 1996: Direct and indirect effects of three core leadership components on performance and attitudes. *Journal of Applied Psychology*, 81(1), February, 36–52.

Kozlowski, S. W. J. and Doherty, M. L. 1989: Integration of climate and leadership: Examination of a neglected issue. *Journal of Applied Psychology*, 74, 546–54.

Lewin, K., Lippitt, R. and White, R. K. 1939: Patterns of aggressive behavior in experimentally created social climates. *Journal of Social Psychology*, 10, 271–99.

Liden, R. and Graen, G. 1980: Generalizability of the vertical dyad linkage model. *Academy of Management Journal*, 23, 451–65.

Lowin, A. and Craig, J. 1968: The influence of level of performance on managerial style: An experimental object lesson on the ambiguity of correlational data. *Organizational Behavior and Human Performance*, 3, 440–58.

McClelland, D. A. 1975: *Power: The Inner Experience*. New York: Irvington.

McClelland, D. A. 1985: *Human Motivation*. Glenview, IL: Scott, Foresman.

McClelland, D. A. and Boyatzis, R. E. 1982: Leadership motive pattern and long-term success in management. *Journal of Applied Psychology*, 67, 737–43.

Meindl, J. R., Ehrlich, S. B. and Dukerich, J. M. 1985: The romance of leadership. *Administrative Science Quarterly*, 30, 78–102.

Murphy, S. E., Blyth, D. and Fiedler, F. E. 1992: Cognitive resources theory and the utilization of the leader's and group member's technical competence. *The Leadership Quarterly*, 3, 237–54.

Peters, L. H., Harke, D. D. and Pohlman, J. T. 1985: Fiedler's contingency theory of leadership: An application of the meta-analysis procedures of Schmidt and Hunter. *Psychological Bulletin*, 97(2), 274–85.

Pfeffer, J. and Davis-Blake, A. 1987: Administrative succession and organizational performance: How administrator experience mediates the succession effect. *Academy of Management Journal*, 29, 72–83.

Podsakoff, P., McKenzie, S. and Bommer, W. 1996: Meta-analysis of the relationship between Kerr and Jermier's substitutes for leadership and employee job attitudes, role perceptions, and performance. *Journal of Applied Psychology*, 81(4), August, 380–400.

Reinganum, M. R. 1985: The effect of executive succession on stockholder wealth. *Administrative Science Quarterly*, 30, 46–60.

Schreisheim, C. and DeNisi, A. S. 1981: Task dimensions as moderators of the effects of instrumental leadership: A two-sample replicated test of path–goal leadership theory. *Journal of Applied Psychology*, 66, 589–97.

Seltzer, J. and Bass, B. M. 1990: Transformational leadership: Beyond initiation and consideration. *Journal of Management*, 16, 693–703.

Smith, M. and White, M. C. 1987: Strategy, CEO specialization, and succession. *Administrative Science Quarterly*, 32, 263–80.

Stewart, R. 1996: German management: a challenge to Anglo-American managerial assumptions. *Business Horizons*, 39(3), May, 52–60.

Stogdill, R. M. 1974: *Handbook of Leadership: A Survey of Theory and Research*. New York: Free Press.

Strube, M. J. and Garcia, J. E. 1981: A meta-analytic investigation of Fiedler's contingency model of leadership effectiveness. *Psychological Bulletin*, 90, 307–21.

Thomas, A. B. 1988: Does leadership make a difference to organizational performance? *Administrative Science Quarterly*, 33, 388–400.

Tosi, H. L. 1982: When leadership isn't enough. In H. L. Tosi and W. C. Hamner (eds) *Organizational*

Behavior and Management: A Contingency Approach, New York: John Wiley, 403–11.

Tosi, H. L. 1992: *The Environment/Organization/ Person Contingency Model: A Meso Approach to the Study of Organizations*. Greenwich, CT: JAI Press, Inc.

Tosi, H. L. and Gomez-Mejia, L. 1989: The decoupling of CEO pay and performance: An agency theory perspective. *Administrative Science Quarterly*, 34, 169–89.

Vecchio, R. P. 1990: Theoretical and empirical exam-

ination of cognitive resource theory. *Journal of Applied Psychology*, 75, 141–7.

Vroom, V. H. and Yetton, P. W. 1973: *Leadership and Decision Making*. Pittsburgh: University of Pittsburgh Press.

Weiner, N. and Mahoney, T. A. 1981: A model of corporate performance as a function of environmental, organizational, and leadership influences. *Academy of Management Journal*, 24, 453–70.

Yukl, G. 1988: *Leadership in Organizations*. Upper Saddle River, NJ: Prentice Hall, ch. 15.

組織變革

我們的職涯將如何變化？
對變革的抗拒
成功變革的各個階段
幫助個人面對變革
執行變革

課前導讀

　　為了幫助你稍微思考一下何謂變革，請與家人、朋友、同事或其他同伴一起嘗試下列實驗。改變一兩項你平常在團體中的例行活動，或許是你上班或上學的路線（如果是與他人同行）、你在會議室、教室或飯廳的座位、吃午餐的時間或地點、或任何能讓他人注意到的行為改變。記得觀察身邊的人對你的改變有何種反應，並記下你自己對這些變化的感受。

　　體驗過變化的感覺後，請根據下列問題，思考並記錄你自己的觀察：

1. 請描述他人面對你的改變時，發生的行為反應，他們做了什麼？說了什麼？他們是否勉為其難地配合你的改變？
2. 你的改變是否讓他人覺得不自在？如果是的話，他們表現出哪些行為？
3. 請描述你自己心裡的感受，你是否感到焦慮、不自在？如果是的話，你覺得原因是什麼？
4. 你是否知道你所見的行為有哪些含意？
5. 在我們的課堂討論上，本章介紹的模型是否有助於描述你的感覺？

488　　　艾咪在椅子上坐立不安地盯著窗外，一邊回答探訪者的問題。「當我聽說公司要縮編的時候，會不會覺得受到威脅？」「我必須承認，我的確是這麼覺得。事實上，在我的工作生涯中，我再也想不起比過去這12個月來，更令人喘不過氣的時候，以前我一直以為自己會在這家公司待到退休，現在，我不得不擔心，若是失去工作，房貸怎麼辦？」「這段日子以來，我一直寢食難安，而且花了好多時間想知道接下來會怎麼樣，即使現在公司告訴我情況已經穩定下來，不會再有進一步的變化，我還是非常提心吊膽，我不確定能不能信任他們。現在的我跟過去截然不同，我對公司的看法也完全改觀了。」

　　艾咪所描述的是她面對公司重大變革時的反應，這項變革可以說完全撼動了她心目中的組織生涯，而且也連帶影響了她對組織的態度，影響所及，甚至包括她對自己、未來及組織的看法。她面對變革所產生的反應是正常的，在第七章，我們曾討論過在職場上「備感壓力」的員工，因為組織再造而生的不確定感，是引起職場壓力的主因之一。根據國際調查研究公司（International Survey Research Corp.）的一項年度民意調查，在1988年，經常擔心遭解僱的員工人數已由22%激增至46%（Schellhardt, 1996）。

　　變革對每個人造成的影響都有所不同，然而，因應變革實際上是一個複雜且充滿壓力的過程。本章的重點在於工作的多變性，我們會探討幾種關於變革的模型，並根據這些模型來討論促使組織有效變革的方法。首先我們要從組織生涯變革的變動開始，討論會使我們的職涯產生重大變革的幾個因素。

我們的職涯將如何變化

在現代職場，重大變革已經司空見慣，即使龍頭企業也經歷過不少變革。職場上可能發生的變革種類，包括工作的方式、地點、組織的結構、公司的本質、以及身邊同事的來去。以下是容易造成職場變革的幾項因素。

內部工作程序的變革

對工作績效的不滿意，或許是最普遍的內部變革壓力。益趨激烈的競爭、消費者多變的品味、或是對服務及品質的強調……等等，都是足以造成變革的壓力。對員工流動率及工作表現的不滿，同樣會讓公司希望求新求變。這些變革會影響我們的工作方式，及工作必須具備的技術。資訊科技的增加，以及由「勞力」轉為「勞心」的變化，也改變了工作者的任務。

職場活動的重大變革之一，就是隨資訊時代而愈來愈普遍的虛擬辦公室。這個變革改變了職場的風貌，愈來愈多人的工作地點不再侷限於大樓當中的辦公室，而是在家中、車上或旅館房間裡。預計在不久的將來，在虛擬辦公室工作的人口數會以每年10%的速度持續增加。在諸如美商惠普（Hwelett-Packard）、安德森顧問（Anderson Consulting）、蓮花開發（Lotus Development）及IBM等大公司中，虛擬辦公室的編制將會愈來愈多（O'Connell, 1998）。這不僅改變了人們的工作性質，也迫使人們必須去學習許多新技術，才能應付工作上愈來愈廣泛運用的電腦科技。

489

組織結構是多變的

在組織中，縮編、裁員、合併及挖角是常見之事。光是發生在1998年的幾件合併案，就足以讓人感受到組織結構上的重大變革：康柏電腦（Compaque Computer）併購迪吉多（Digital Equipment）後，儼然成為全球規模最大的電腦製造商。Washington Mutual and H.F Ahmanson & Company，則是美國兩大儲蓄與貸款公司的結合。美國證券交易所（American Stock Exchange）與那司達克（Nasdaq）市場也宣佈合併，以共同對抗紐約證券交易所的競爭。美國線上（AOL）買下網景公司（Netscape）之後，成為最大的網路連線供應商之一。這些合併案影響所及不僅止於相關的產業，更擴及這些組織的從業人員。當 Chase 銀行與化學銀行公司（Chemical Banking Corp）協議於1995年合併時，兩家公司總計約有7萬5千名員工，而正式合併後有1萬2千人被裁員。大公司不斷對小公司進行併購時，公司的規模也會隨之發生變化。當時紐約時報有一篇文章描述這些變革造成的影響：「Chase 銀行的員工早已耳聞裁員的可能，銀行裡上上下下瀰漫著一股不確定感──旦 Chase 正式做出裁員的舉動，這種不確定感更是揮之不去。」到了1998年，這項預言成了事實，因為 Chase 再度裁掉了2,250名員工（O'Brien, 1998）。

經營權的移轉，也會造成組織的變革。一般而言，在這種轉手經營的情況中，承接者必須在短時間內接收原組織的管理方式、經營理念及制度。如果接手經營的是外商公司，可能會在組織當中引起較特殊的變革，畢竟文化衝擊在所難免。在這種情況下，更需要彼此的妥協及調適。

經濟全球化的轉變

　　日益加快的市場全球化腳步，也造成了一些需要人們加以調適的變革，這些變革對組織及個人都造成了諸多影響。首先，公司派駐國外的比例增加了，這些駐外的員工們必須想法適應完全不同的文化。　490第二，全球化的競爭驅使組織不斷尋找提昇競爭力的方法；這些都是相繼使工作過程及程序產生變化的變革。

　　這種轉變對競爭力的影響，由美國汽車市場對國外廠商門戶大開後所引起的競爭可見一斑。自從國外汽車廠商進駐美國市場後，當地公司不得不改變現有的生產線，與國外製造商合作引進車款，再掛上自己的廠牌進行銷售。要採取這種做法，公司的運作就必須大規模地改弦易轍，整個工廠，包括人事、技術程序、行政程序等都要有所變革，才能夠與全球的競爭者對抗。經濟全球化的另一個結果就是大幅降低了美國的勞動力，而政治上對國外汽車公司的進口限制也放寬許　491多，這麼一來也等於鼓勵國外製造商進軍美國以免自限。在全新的文化中經營工廠，自然也會衍生出許多問題。

職場愈來愈具多元性

　　對許多個人與組織而言，日益多元化的職場可說是充滿挑戰性的變革。在現代的公司行號中，職業婦女所佔的比例愈來愈高，她們本身也擁有許多不同的技術與需求。1997年時，非裔美籍與西班牙人士投入美國職場的比例遠大於白人（華爾街日報，1998）。儘管多數人認為，職場多元化有益於提昇美國商業的競爭力，但是它也引起了另一波造成組織變革的議題。

490

駐外人員的生活迷思

組織行為管理上的重大變革之一，正與美國企業派駐在海外各地的員工有關。人們對這些駐外人員的生活往往有一些迷思：（Fizgerald-Turner, 1997）

- 迷思①一西歐並非第三世界的國家
  雖然現代歐洲大部分國家的生活與美國相去不遠，但有些地方還是會讓駐外人員感到困擾。薪資領的是美金而不是當地貨幣、缺乏客戶服務及部分地區的生活花費都是讓人傷腦筋之處。

- 迷思②一有錢能使鬼推磨
  情況的改變並不見得會改善駐外人員的經濟情況，而且匯差也可能帶來損失。

- 迷思③一我們派出最好的高手，他可以處理任何問題
  雖然公司通常會選具語言及海外生活等特殊能力者作為駐外人員，不過還是會發生許多個人能力不及的問題，除了工作之外，他們還得應付短期旅行時感覺不到的文化差異。

- 迷思④一總公司隨時可以伸出援手
  高階主管及督導人員對駐外人員在國外的生活可能會特別注意，不過其他階層的後援人員不見得會有同樣的想法，因此駐外人員常常會碰到薪資及人事方面的問題。

- 迷思⑤一只要員工的語言能力夠好就行了
  在許多時候，駐外人員家屬的語言能力可能更為重要，因為他們在當地上學、工作、購物或生活中，會有更多機會直接接觸到當地的文化。

變革的模型

491

如同以上所討論的，現代組織在環境中遭逢許多不同的變革，因此，若要組織成功，就必須適應這些變革，才能力求生存。在開始探討組織的變革之前，我們先介紹一個基本的變革模型，這是就生物學的角度，根據有機體的適應力擬定出來的模型。這個模型可以幫助我們了解組織達成有效改革之前必須經歷的一些過程，

有機體的適應

許多計劃性變革的理論是根據變革的基本模型而提出，這都是李文（Lewin, 1951）的功勞。如果我們想想有機體是如何適應環境中的變化，就可以了解變革的本質，並得到一個實用的模型。從生物學的角度來看，有機體必須有所演變才得以延續下去。在許多例子當中，我們可以發現有機體往往會遭遇許多外力威脅，因此必須立刻適應於各式各樣的外力。就生物學而言，這種現象會造成使有機體繼續存活的均衡狀態，這就是有機體演進的結果，它所代表的就是現狀。假設有機體已在這些壓力下適應了一段不算短的時間，就會對可能破壞現有均衡的任何改變產生抗拒。要有效達成未來的變革，就必須先大幅改變環境。

組織的適應

我們也可以由同樣的觀點來看待組織的變革。讓我們先將變革的

492　重點放在組織的程序上，也就是人們做事的方法。這些程序通常是組織的衝突、內部政治壓力、及各種要求所造成的結果。在這些壓力下產生的程序往往能夠運作，因為它們是各種壓力的平衡。也許並不是所有成員都能信服於這樣的程序，但它們是在環境壓力下妥協後的做法。若是後來試圖改變這樣的程序，可能會遭遇到更大的反抗。

要成功完成組織的變革，必須經過下列三個過程：

1. 解凍
2. 變革
3. 再凍結

解凍是指在組織變成新的狀態之前，必須先改變現狀。光是想要改變，並不表示能夠成功，由上述的模型我們可以了解一點：除非面臨到強大的壓力，使有機體認為有改變（解凍）的必要，否則它們會抗拒一切的變化。舉例來說，某個組織將一種新技術引進至負責裝配的生產線，希望能使裝配程序更有效率，然而，為了這樣的改變，員工們就必須學習不熟悉的新技巧，於是他們會認為舊程序比較上手因而對新變革產生排斥的心理。只有當公司提出具吸引力的動機時，他們才有學習這項新技術的意願。這就是組織變革的第二步，稱為**變革**。變革指有機體欲有所改變必須採取的行動。最後，組織中發生的變化可藉由**再凍結**的過程而長久維持，這麼一來就產生了新的均衡狀態。再回到我們的例子，一旦裝配線的員工接受了變革的要求與實際上的行動，最後一步就是要使這樣的變革成為固定的工作程序。要做到這一點，就必須加以訓練，直到員工都學會該程序，並確保所有人都能遵循新的工作程序為止。

對變革的抗拒

如同李文模型所提出的，組織對變革總會抱持著抗拒的心態。對變革的抗拒源自於個人、團體或組織的特性，舉例來說，某位顧問對一個組織的績效評估制度做了好幾次修改，儘管組織中人人都知道公司現行的制度並不好，但是大部分的人對改變還是抱持著反對的心態，他們的心中似乎普遍存在著對未知的恐懼與安於現狀的想法。公司裡的上司們或許會覺得新制度的執行只能證明它比現有制度更難運作，他們可能認為在新制度下，下屬的績效會愈來愈糟。此外，他們可能也擔心自己必須面對不曾經歷過的新問題與決策，因此最後可能認為不值得冒險一試。在本節裡，我們將探討導致這些抗拒心理的因素。

組織文化與權力結構　　493

組織文化與權力結構有助於維持穩定的組織行為型態。兩者皆有自我強化的能力，而且皆能對變革構成妨礙，畢竟組織文化與權力結構都有可能因變革而受到影響。因此，除非變革的力量足以壓倒組織文化與權力結構，否則也可能會功虧一簣，這一點正足以說明許多變革失敗的原因。舉例來說，高階管理團隊經常會決定開放決策權，讓階層較低的經理人分擔更多責任，但這麼做需要雙方的信任與意願，因為在一個階層分明、缺乏互信、決策權完全操之於高層主管的組織裡，要做到開放權力是非常困難的。

變革計劃往往是飄忽不定的目標

為了要迎頭趕上市場上的競爭對手，組織需要進行變革，然而這樣的變革計劃有個令人氣餒的特性，就是競爭者往往非常多變。如果公司能在某方面趕上這些競爭者，其他方面就會落後而需要持續進行無止境的變革過程。

美國製造商對日本競爭者的苦苦追趕就是最好的例子。近年來，美國製造商們已有諸多改善，因此日本不再獨占所有鰲頭，有些地方甚至還落後美國甚遠，例如送貨服務方面。儘管美國與日本之間的距離愈拉愈近，近年來有份調查卻發現日本已經發展出其他更具競爭力的優勢。

這份調查指出日本人現在將大部分的競爭力重心放在提昇產品特色、更彈性化的製造廠、擴展顧客服務、及迅速推出新產品等方面，就這一點而言，日本與美國公司之間的差距似乎反映出日本過去十年來積極推動這些變革的事實。電腦科技的運用幫助日本製造商在這幾個層面上做出了正面性的變革。（Stewart, 1992）

改變制度：對互依性的影響

當組織被視為互相依賴的許多部門之複合系統時，各部門之間對彼此的變革會產生抗拒的心態，因此，若要達到有效的變革，就不得不考慮到組織內部的互依性，因為各部門之間的互依性，也可能是變革的絆腳石。

變革計劃的重點通常放在任務、人員、技術或結構上。在任務的 494
變革當中，個人分配到的職責會有所改變；人員的變革是試著調整個
人的知識、想法或技巧；技術的變革著重於機器、程序、工作流程或
原料等方面；結構的重新安排則強調人員分組的方式，或組織用來引
導或管理人員的制度或程序。然而，上述幾個層面的變革往往牽一髮
而動全身，即使只是其中一個部分發生變革，也可能因為其中的相依
性而導致最後的失敗。適用於其中一部份的變革，並不一定能套用在
其他部分。

McKinsey的7S模型呈現出使組織成功的七大因素彼此之間的相
依性（請參閱圖16.1）。無論是有機性或機械性的組織結構，都必須
符合管理方式（專制或民主）、組織成員（對合作與創新）的共同價
觀、以及員工（人們的能力）的風格。若要達到成功的目的，組織的
策略（市場重心）則必須與其技術（獨特的組織能力）一致。組織所
運用的系統（獎勵、控制等等）必須符合受僱者的型態、特徵，還要
能與組織結構聚集人們的方式一致。一旦其中一項要素有所改變，其

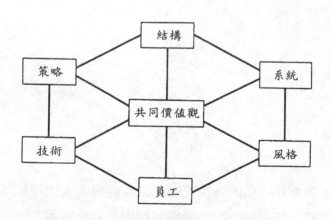

圖16.1　McKinsey 的7-S架構

他要素就會受到影響。我們探討到變革的槓桿作用點時，會更深入的
討論其中幾項要素。

變革的五個槓桿

既然我們已經介紹了一些關於變革與抗拒變革的模型與概念，現
在我們可以將注意力放在執行組織變革的方法。第一步就是要將組織
解凍，並製造一些變動。我們都知道組織的變革必然會面臨一些阻
495 礙，因此在經理人能夠引發必要的變動之前，必須先了解組織的主要
構成要素。如果忽略了其中幾項要素，就有可能對變革的成功與否造
成妨礙。阿基米德（Archimedes）說過，「只要給我一根夠長的槓桿
和一隻手，我就可以移動整個地球。」本節要研究的就是對組織變革
影響最大的五個槓桿（Kilmann, 1984, 1989; Kilman et al.,1988）。

1. 背景
2. 組織
3. 管理與管理技巧
4. 文化
5. 團隊與團隊的建立

背景

背景包括影響成功的外在阻礙，以及能夠刺激組織變革的槓桿，
包含組織的歷史和它與市場的關係等層面。其他層面牽涉到外界的相
關利益者，可能是政府機關、競爭對手或是與組織有利害關係的人。

　　每一年，全美各地上演著無數個因爲背景而使組織變革遭遇挫折的例子。許多社區對其成長率有一定的限制，而且，透過他們的計劃委員會和區域委員會，他們握有建築或開發的控制權。如果每一件建築工事都得大費周章地取得社區委員會的同意，想擴張經營的公司恐怕也要再三斟酌。此外，組織背景也會引起變革，因爲政府法規經常是造成組織變革的原因。環境法、勞工法、稅法等政府法規在組織所運作的環境中，都是相當重要的一環。（Kilman, 1989）

組織

　　對變革而言，組織的策略與結構是重要的槓桿，也是潛在的阻礙。策略包含組織的任務、目標和標的。組織變革的動力往往是要達到「成長」這個目標，然而，組織的結構、資源配置、規章和政策也會對組織的變革構成難以克服的阻礙，獎勵制度就是個例子。員工的正當行爲受到適當的獎勵了嗎？舉例來說，如果一個組織的變革需要借助團隊的力量方能達成，那麼僅以個人表現來論功行賞的獎勵制度就有待商榷了。就另一方面而言，若能了解何種員工行爲足以對變革造成影響，組織就能夠以獎勵制度直接鼓勵這樣的行爲，以加快變革的腳步（Kilmann, 1989）。

管理與管理技巧

496

　　要完成組織變革，就需要管理技巧，同時，經理人對組織各重要層面也必須瞭如指掌。一般而言，經理人掌控了本節討論的大部分槓桿。儘管高階經理人控制著策略與結構的決策，但是他們不見得能夠掌握住達到有效變革所需的技巧。

最重要的管理能力之一，就是對組織要有系統觀。前面介紹的
McKinsey 7-S模型就是系統觀的一種，有了系統觀念，經理人至少可
以瞭解各個槓桿與障礙對於變革的重要性。我們會在本章最後一節
（**P511**）中探討其他與組織變革相關的管理技巧。

組織文化

組織文化當中有許多層面會影響到組織成員對變革的意願。如同
我們在第12章探討過的，組織文化是深入組織各層面的組織特性：也
就是組織成員共有的價值觀與信念。通常，這些價值觀與信念皆與變
革及組織特性有關。組織文化的主要層面包括成員們的信任感，以及
溝通的品質。對於正處在變革當中的組織而言，信任感最重要。我們
在本章的開頭談到過艾咪的例子，當公司發生變革時，艾咪的反應就
是對公司主管們未來的意圖產生懷疑。一項針對美國聯邦政府於1980
至1990年的縮編行動所做的研究發現，當組織發生變革時，成員們對
組織的信任感也會產生極大的變化。直到1980年中為止，聯邦政府的
職員們都認為自己是憑著與政府之間的「心靈契約」而工作，但是當
政府宣佈大幅裁員時，許多員工受到了相當大的震撼，因為對他們而
言，這樣的舉動等於使整個組織文化受到空前的威脅。因此，許多現
在仍在聯邦政府上班的人對工作的看法也與從前有所不同了。

團隊與團隊的建立

要達到有效的變革，成員們往往必須將自己視為團隊的一部份。
正如我們在第8、9章討論的，團隊技巧並不常用在個人身上，而且
通常是需要訓練的重點。參與式管理與變革執行中使用團隊是成功達

496

497

習題

有效變革的阻力

下列有兩件關於組織變革之始的狀況，請在一張紙上列下六個可能阻礙其變革的原因。你會如何運用本章所提到的「槓桿施力點」來克服這些阻力？

狀況一

今年，在你就讀的大學裡，校長決定將所有課程納入線上學習計劃中。校長訂下了一個目標，希望在五年內將所有教材網路化，並且期望能減少到校上課的學生，及增加線上學習的人數。請思考這項決定可能遭受的內部（教職員、學生等等）及外部（當地社區、立法機構、校友或其他相關單位等）反抗。

狀況二

身為一家大型製造公司的CEO，你決定裁撤一條虧損多年的生產線（A），你希望將多出來的資源運用在另外兩個績效較高的生產線（B、C）上。由於你的公司是根據產品線來組織的，停掉生產線之後，你必須將A生產線的所有員工調派至B、C生產線去。你相信這麼做可以保住絕大多數員工的工作，因為大部分原屬A生產線的員工都可以轉調至另兩條生產線去。其他離職員工則是因為提早退休或正常請辭。

成組織變革的關鍵跳板—特別是因爲團隊技巧會影響到個人對變革的意願（**Kilman, 1989**）。

　　我們曾在第8章提到過摩納奇行銷系統公司　（Monarch Marketing Systems）。該公司這個例子使我們瞭解到一件事：對於組織的變革而言，團隊可以載舟也可以覆舟，端視人們如何加以運用。起初，摩納奇公司的的員工們將團體參與視爲「領導人假裝接納員工意見的再一次失敗實驗」；然而，當團隊策略愈來愈上軌道之後，該公司的生產力也有了長足的進步（**Petzinger, 1997**）。

497

成功變革的階段

　　成功的變革有賴於系統化地遵循變革過程當中的幾個主要階段。第一個階段就是人們開始產生進行變革的動機（請參閱圖16.2），這就是變革的解凍階段。變革的動機起於兩個基本問題：

1. 值不值得改變？
2. 能不能成功地改變？

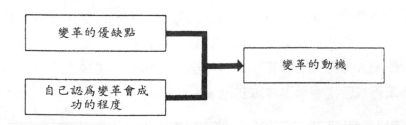

圖16.2　引起變革動機的決定因素

　　要決定是否值得進行變革，就必須針對改變前後的正面及負面結果加以衡量。

　　要產生進行變革的動機，當事人就必須相信變革的可能性，而且要相信變革終究能帶來成功。若要增強變革的動機，就要建立個人對自我的信心，也就是要讓個人相信自己能夠達到特定的表現或行為標準（Bandura, 1982）。自信源自許多個人經驗，其中之一就是個人的實際成就。如果人們能夠成功地完成一件任務，就可以從中獲得優越感，而且會相信自己有再度成功的能力。

498

　　要加強一個人的自信，方法之一就是建構一個讓各人得以有所發揮的工作環境。此外，透過*學習與仿效*等方式，也能夠提高人們的自信程度（請參閱第二章）。在組織變革的規劃中，需要提出一些適當的模範，讓人們瞭解組織希望達成的目標。透過口頭勸說與其他社會影響方式，也可以讓需要變革的人相信他們可以達到期望中的行為，從而提高他們的自信。

　　變革的第二個主要階段就是運用適當的變革方法（請參閱表16.3），組織的轉變就發生在這個階段。變革的方法不見得都能夠奏效，知識技術方面的改變就有別於技巧上的改變。適用於改變個人行為的方法，對團體變革可能徒勞無功。

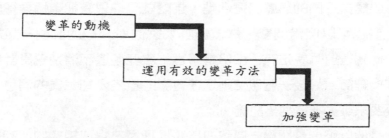

表16.3　有效變革的主要階段

500 　**倫理專題： *你會怎麼做？***

　　曼鈕爾‧赫南狄看著辦公室對面的公園裡，一群人正在享受美麗的秋天，他非常希望自己也是其中一分子。事實上，只要能夠不參加15分鐘後與員工的聚會，要他去哪裡都無所謂。這次聚會是勞工關係會議要求召開的，主旨是要澄清關於公司即將裁員以提昇競爭力的謠言。

　　曼鈕爾對這個謠言早有耳聞，他一直與公司裡的上司保持著密切的聯繫。根據他的瞭解，他相信公司只不過打算暫時停止招募新人，藉著自然淘汰的方式來減少員工的人數。曼鈕爾已經同意出席這個聚會，並且也答應對與會者知無不言，但是，剛剛接了一通電話之後，他真希望自己從來沒有做出任何的允諾。

　　這通電話是來通知曼鈕爾一個消息—公司決定裁掉20%的員工。聽到這樣的消息已經夠糟了，對方還要他守口如瓶，在三天後的星期五之前都不能宣佈裁員，公司擔心一旦風聲走漏會影響到股東、客戶與員工，因此想等大勢抵定之後再正式公開，他們還得再研究一些細節部分。

　　現在曼鈕爾衡量了一下自己的選擇。他大可取消待會的會議，但是員工們的焦慮已達沸點，這麼做恐怕只會把事情弄得更僵。他也可以照常開會，然後告訴大家他對公司的計劃一無所知，他知道這個說法有一部份是事實，畢竟他還不清楚裁員計劃的許多細節。最後一個做法則是在會議上宣佈公司裁員的消息，然後要求員工不得對外討論。

　　長久以來，曼鈕爾一直致力於將倫理行為變成組織內部的重

要價值觀，如今他自己卻面臨了道德上的難題。如果他信守承諾，將自己知道的一切事情告訴員工，就等於違背了老闆對他的信任；如果他見了員工，卻沒有把裁員的消息告訴他們，他就違背了開誠佈公的原則。無論對上或對下，曼鈕爾認為信任是雙方關係中最重要的一環，他希望能夠更輕鬆地解決自己的難題，但是他知道事與願違，他心想，如果沒有容易一點的做法，那麼有沒有比較符合倫理的作法呢？

經理人經常得面對類似的難題。就管理的角度而言，你經常會知道一些必須保密的消息。在這個案例中，曼鈕爾必須考量到一點：無論他選擇違背上司或屬下對他的信任，長期下來都有可能破壞彼此之間的關係。他得步步為營一就像全世界所有組織的經理人每天必須面對的挑戰一般。

- 你會如何處理這個情況？

作者認為曼鈕爾應該照常召開員工會議，並且告知最新得到的消息，但是也將自己的處境告訴他們一讓員工們知道他已經盡全力讓他們知道一切事情了，他應該讓員工們相信，一旦得到完整的消息，他會再召開員工會議，並回答他們所提出來的一切問題。雖然此舉必定會增加員工們的焦慮，但更重要的是曼鈕爾能夠對眼前的情況及員工們保持公開的態度。

第三個主要階段是加強變革，這就是重新凍結的過程。在這個階段中，新的行為、工作關係、程序等必須引起正面的結果，否則個人、團體或組織就會回復到從前的狀態，或重新尋找新的變革。

幫助個人面對變革

接下來要介紹的個人變革模型，有助於使人們瞭解個人面對變革時常有的反應。觸發事件與心態轉變概念爲經理人提供了一個處理這類組織變革的模型。觸發事件是指組織前所未料，致使員工開始衡量自己的處境，並估計公司變化的長短期影響之事件。當經理人努力地應付員工對觸發事件的說法時，若將觸發事件視爲長期的問題來處理，或許較有幫助。人們對變革事件的解讀稱爲心態的轉變，這也是對該事件最完整的看法。

在任何造成重大職場變革的階段中，經理人可以採取許多行動，讓員工對組織變革產生正面的心理影響。下一節我們會討論變革的每一個階段，以及在各階段中，經理人協助員工面對變革時可以採取的行動。

變革事件之前

從組織重大變革的角度來看，觸發事件包含了四個重要的時間點或階段。第一是發生事件之前的階段，此時容易謠言四起，整個變革的架構亦尚無定論。在這個階段中，來自各方的馬路消息容易使員工人心惶惶，人們的心中會不斷拼湊所有的訊息，試圖預測未來可能發生的事情。重要的是，這種解讀資訊的過程是一種社會化過程，當事人會聚在一起商討對策，然後共同營造出對未來的想像，只要有一點消息，彼此之間就會奔相走告，每個人都會有自己的意見與想法。當員工們嗅到變革的意味時，心中的一股不確定感自然會造成這樣的情

況（Isabella, 1990）。

　　組織領導者可以積極地幫助員工們解決這種渾沌不堪的窘境（Isabella, 1990），只要能夠迅速、自由、坦白地公開所有資訊，並且主動幫助員工們瞭解週遭發生的變革，也就是確保組織上下的溝通管道暢通無礙，就能夠達到這個目的。經理人必須確保自己是「溝通循環」當中的一分子，這麼一來他們才能夠聽到所有訊息，並及時澄清不時的謠言。謹慎處理任何資訊來源也是相當重要的步驟，媒體的報導往往是人們茶餘飯後的最佳話題，因此經理人絕對不能忽略媒體散播謠言的力量。一般而言，高級經理人通常可以收到比較正確的資訊，但是速度往往慢了許多，因此，員工們總是認為直接上達天聽還比較有效率。然而，在這種情況下，經理人就必須扮演著知識豐富、值得信賴、隨手可及的資源。即使經理人所蒐集到的資訊對員工有不好的影響，就長期的成效而言，組織中的管理部門仍有必要成為可靠、公開的資訊來源。

501

變革事件確定之後

　　第二個階段是事件確認階段，也就是在組織正式宣佈進行變革的前後這段時間（Isabella, 1990）。在這個階段中，員工們開始探究變革的原因，並且嘗試了解這個行動對個人的影響。當組織正式宣佈或確認公司即將發生變革時，就進入了這個階段，雖然此時仍不斷出現各種流言，但是員工們會馬上開始考慮變革對個人造成的影響。舉例來說，如果所謂的變革是指組織的重整，那麼員工們會擔心自己的工作不保，以及這項變革對工作環境（指同事、上司、工作規定或條件等方面的變化）可能造成的影響。員工們會藉由個人經歷及其他經驗，試圖揣摩出未來可能出現的變化，在這種情況下，互相比較是最常用

的方法（Isabella, 1990），人們開始向有過相同經驗的朋友或親人打聽意見，或者嘗試暸解變革帶來的影響。再強調一次，這個階段的重點是在消除因變革而引起的不確定感。

這個階段的管理行動會因變革的類型與情況而有所不同。最重要的一點是如何宣佈變革的消息，在這個時候，溝通非常重要。大型國際組織的公司所在往往遍布全世界，經理人必須確保在第一時間讓所有組織成員得知一切與變革有關的消息。如果經理人了解員工們會試著以比較的方式來降低不確定感，就可以提供過去的正面經驗，並且讓他們知道過去是如何避免不好的經驗。在某家擁有海外公司的組織中，CEO預先將他親自宣佈組織將由另一家更大組織合併的談話拍攝成錄影帶，並交由各主管使用，此舉使管理部門的經理人們大感鬆了一口氣，他們只需要將錄影帶放映給員工們看，然後適時扮演好回答問題與表達關心的角色就行了，同時，這麼做也讓遍佈海外的所有員工同步得到這個重大的消息。

當實際將變革計劃付諸執行，而員工們被迫因應工作生涯中的變化時， 就來到了變革的第三階段（Isabella, 1990）。隨著變革的重要性大小，員工們面對變革的反應也明顯不同，其中包含了生氣、譏諷、焦慮、怨恨、疏離與希望等各種情緒起伏（O'Neil amd Lenn, 1995）。

502　　除了需要公開的溝通之外，經理人也必須讓員工認為一切關於變革的決定都經過上級的深思熟慮。在組織發生變革之際，員工難免會出現一些譏諷與無助的感覺，他們往往會認為公司決定過於草率，或者不滿公司枉顧員工的權利。多讓員工參與變革過程非常重要，而不只是顧著提高決策的品質，卻影響了員工積極參與變革的意願。

經理人另一個重要角色就在於隨時留意任何因組織變革而出現的機會，最重要的是將組織變革導入正確的方向，例如強調減少無謂的

工作、重新分配職務與工作流程以提高效率，以及創造出更多有意義
的工作機會。

變革之後

最後一個階段發生於變革之後，也就是在組織成員對變革進行評
估，並檢討得失的階段（Isabella, 1990），對組織的長期健全而言，這
個階段顯然是最關鍵的時期，因為人們會對近期發生的事件做出評
價。在這個階段中，重要的是個人對整個事件的認知。在協助個人了
解這些事件的當兒，公開與坦白是不二法則。如果員工相信主管會對
他們公開與坦白，經理人就得以發揮較大的功用。

我們建議經理人建構整個事件來幫助所有組織成員對過去進行評
估，這個階段的重要象徵就是團體共同進行研究並找出結論
（Isabella, 1990）。美國聯邦政府經過縮編與重整之後，動用了許多人
員與工作團體來恢復所有組織成員對未來─變革之後─的期望。當時
身為美國副總統的高爾 （Al Gore）體認到這項「政府重建」行動的
意義與價值，並且「親自拜訪各部會，一同慶賀這項重建的成功，同
時表示這次事件『對那些一直表現良好的人而言，可以說是遲來的正
面支援』」（Shoop, 1994）。

執行變革

對於組織變革有了基本的認識之後，本章最後將討論組織各階層
中用來執行變革的方法。我們將以個人、團體及組織等角度，將變革
分為三個階層，並加以探討。

個人變革的方法

隨著時間的演進，個人變革也有了許多不同的方法，事實上，美
國十分盛行個人健康（心理與生理）、習慣（飲食、飲酒等）與工作
能力的改變計劃。在組織中，常見的個人變革計劃包括輔導與指導、
個人諮商及訓練。訓練也是團體變革的方法之一，因此，本章後續會
有更詳細的探討。

輔導是一種非正式的訓練；另外則有**指導**。後者指的是由年紀較
長、經驗較豐富的組織成員協助較年輕、資淺的成員學習適應工作環
境（Kram, 1985），這裡所謂年紀較長的成員，並不一定是年輕人的
直屬上司。有些組織的指導計劃較周延，公司會爲新進者指派特定的
指導者，但是大部分的指導安排都比較隨意，而且往往是爲了能夠達
到雙方的要求（Beer, 1976, 1980l Carroll et al., 1988）。對於女性和少
數族群這一類經常被拒於組織網路之外的人而言，指導具有非常特殊
的價值，透過指導的方式，他們可以獲得一些珍貴的資訊，平常他們
是無從接觸這些資訊的，除非他們有特殊表現，能夠特別受到上級的
器重。

輔導與指導可以使組織中的年輕成員透過仿效而達到行爲的改
變，這個方法也有助於鞏固組織文化中最重要的層面。舉例來說，如
果希望在組織中引進更具參與性的領導方式，高階經理人面對中階經
理人時就可以以身作則，更有效地藉由行動來改變中階經理人的行爲
模式。

諮商是員工輔助計劃的核心，這些計劃可以以問題討論爲重心的
互動過程；其目標在於學習、成長與行爲改變，以幫助員工處理各方
面的問題，包括壓力在內。所謂的諮商就是一種以問題討論爲重心的

互動過程；其目標在於學習、成長與行爲改變（Hunt, 1974）。在職場之外，諮商通常是用來幫助個人解決情緒方面的問題，而在職場上，其功能多半在於協助員工處理與工作有關的問題，例如員工與上司之間的關係、薪資、缺席次數過高等問題。近年來爲了幫助人們面臨退休之類的生涯轉變、處理員工人數的減少或組織的重建等問題，諮商已經愈來愈重要了。

諮商的範圍較狹隘、較深入，也就是說，諮商的重心可以是達到某些簡單、合理的行爲改變，也可以從根本上改變人的個性，或是緩和個人的情緒問題。在第二種情況下，最好將諮商稱爲心理治療。儘管有些公司可以隨時求助於諮商專家，不過大部分組織的諮商計劃還是屬於較狹隘的定義（Wagner and Hollenbeck）。如果公司希望經理人能兼任諮商者，他們只能解決工作方面的問題，同時他們必須經過訓練，才能瞭解諮商員的角色、他們所能解決的問題、以及他們無法解決的嚴重心理問題。

如果能讓個人產生改變的念頭、讓個人相信他們有改變的能力、諮詢方法使用得當、而且諮商者能夠增強個人進行改變的決心，那麼諮商工作就達到功效了。

針對員工諮商的成效所做的研究顯示，諮商的確可以達到改變與改善的目標。某項實驗指出，在80%接受諮商的員工當中，有74%對於諮商的成果感到滿意（Weissmann, 1975）。在另外一項實驗中，一群經常曠職的員工在接受諮商之後，缺席情況也有明顯的改善（Skidmore et al.,1974）。

504

團體變革的方法

有時候，變革的重心在於團體的改變。這些團體可能是組織裡一

整個單位，例如部門及專案小組，也可能是組織性的團體，例如第一線的督導。第8章及第9章已討論過許多發展團體與提昇團體績效的方法，例如經理人的動機策略。認同他人、和諧一致、服從的壓力、社會化的促進及團體規範的力量，再加上訓練之後就能夠產生行為的改變。本節將討論一般性的團體變革過程。

　　訓練　有許多不同的訓練方法可以用來改變人們的知識、想法或技巧。

505

- 單向溝通的授課方法。
- 個案研究法，例如教科書通常會將個案列於每章的結尾處，學生必須加以分析。
- 討論方法，讓人人都能在訓練過程中參與討論，這是受到廣泛運用的方法之一。
- 商業遊戲與刺激，試圖建立真實的商業情境，讓參與者做出決策，然後看看這些決策的結果。亦為大量運用的方法之一。
- 在經過規劃的指導中，受訓者按照自己的進度，透過接觸許多觀念與資訊而自我訓練。
- 角色扮演，參與者將人際之間的互動以表演的方式呈現出來，通常用於技巧的培養與想法的改變上。

　　進行訓練時必須遵循許多原則（Wexley and Yukl, 1984）。第一就是確保訓練的可行性與動機。第二，擁有最佳的訓練環境非常重要，必須讓參與者能夠練習新的行為與技巧。在訓練的過程中，必須將所有的教材融會貫通，這樣才能順利地在工作上加以實踐。第三，參與者應該瞭解訓練的成果，這樣才能使教材更有意義，使受訓者能夠按照自己的步調及需求來學習。

歧異性專題：變革的行動計劃

　　有效的溝通是達成變革的重要工具。當變革可能對個人造成許多方面的影響時，溝通顯得更為重要。下列這些建議可以改善個人變革當中的溝通問題（Mendleson and Mendoleson, 1996）。

1. 建立密切關係，並養成「老規矩」

   這裡的重點在於表現出對他人習慣的尊重，並參與對方常做的事或常去的地方，例如吃飯、慶祝場合或其他可以打破隔閡的場合。

2. 謹慎討論改變的機會

   如果討論的重點在於為了解決問題而有所改變，必須先確定大家對問題的定義達成共識，並且都同意變革的方法。

3. 要求做出行為上的某種改變

   基於上述幾個步驟的成功，經理人可以考慮運用其他策略，並考量員工提出的其他方式與折衷辦法。

4. 列出改變的優點

   讓人們產生改變的動機是很重要的。這裡的重點在於每個人具有不同的知識與價值觀，在多元化的職場上，以相同的誘因來激勵不同的個人是不智之舉。

5. 建立行動計劃

   計劃中必須標明由誰採取行動，並定出完成變革的時間表。一但發現差異，也應該有應變能力。

505　　　若只是提供執行變革所需的訓練，卻沒有排除工作環境中的障礙，對於組織的變革絕對是有害而無益。不願意讓受訓者應用新技術的主管、缺乏可資利用的設備等因素，都可以算是工作環境中的障礙。

　　　團隊的建立　團隊建立的重點在於任何一種工作團體：由上司與下屬組成的「家族」團體、一家公司內的業務經理形成的「同僚」團體、或是來自不同專業部門的成員組成的專案團體（Beckhard, 1969）。團隊的建立是個既困難又耗時的過程，人們往往得經過一段時間之後才能了解其影響。

　　　人們往往是透過自我反省之後，才開始嘗試建立團隊。某位顧問對每一個團隊成員問了一個問題：怎麼做才能提高這個團隊的運作效能？達到這個目標的障礙有哪些？顧問將成員們的回答做出分析，然後一一回饋給所有的成員。這樣的意見回饋足以激勵該團隊力圖改革的決心，因為他們已經發現阻撓他們成功的問題所在了，後來該團隊就一一找出解決問題的方法，並設立目標以貫徹他們解決問題的決心。在團隊所用的目標設定法中，參與團隊的決定有助於堅定人們解決問題的信念（Beer, 1980）。

506　　　有一種特殊的團隊建立型態，稱為敏感度訓練或T團體，其重點在於增進團體成員的人際關係（Beer, 1980）。在這樣的團體中，成員們必須學習與他人分享自己的感覺、試著不以品頭論足的方式與他人溝通、並且要對他人提供社會支持。這種訓練對於專案團隊或部門之類的家族團體特別有用。一般而言，訓練一個家族團體比訓練一群陌生人還要困難，因為一旦家族團體的訓練出了問題，就有可能對其人際關係造成傷害，因而影響彼此之間的團結合作。

組織變革的方法

針對整個組織所做的變革是屬於大範圍的**組織發展**（**OD**）。在團體的變革中，人們往往試著透過整個組織來推動變革的執行。組織發展牽涉到計劃性的變革，換句話說，人們必須在事前就意識到變革的需要，並且加以規劃與設計，而不是將它視爲發生問題時的處理對策。通常，人們會試著建立不同的組織結構與文化來支持任何新制度或方法，這是因爲在組織的發展中，所有的組織功能都關係到組織的許多組成要素。若要改變系統的任何一部份，就必須要有調節整個系統的敏感度。

組織成員通常會與變革推動者（change agent）共同執行變革計劃。變革推動者的目的在於提高組織成員的能力，並鼓勵他們靠自己的力量學習、成長與改變，他們強調的是隨著人員的成長與進步而達到組織逐漸發展的目的。**OD**實踐者通常受過行爲科學方面的訓練，因此他們較注重診斷，並且能夠運用某些行爲技術來幫助個人、團體或組織更加成功（Porra and Robertson, 1992）。

組織分析 行動研究往往可以指出組織中有哪些系統未妥善運作及其原因，而這就是組織變革的開端。調查回饋（Survey Feedback）是一種廣泛應用於組織發展的研究方法，當組織認爲內部出現問題時，就可以運用調查回饋加以診斷。這個方法提供了變革的動機，然而組織成員還是要相信變革計劃足以促進組織的進步。經理人可以先在組織的一部份進行小規模的實驗計劃，讓人們相信變革計劃確實能夠成功的改變組織系統，並使整個組織獲得改善。

我們通常必須透過訪問或問卷等調查方式，並加以分析，才能找

507

專題：誰是變革大師？

　　經理人往往認自己可以憑直覺來選擇心目中最適合推動變革的人選。近來有一項研究仔細地分析了各種不同典型的變革推動者，同時發現了一些有趣的結論。

1. 我們可以輕易地透過人們的活力與態度來找出適合推動變革的人。這裡所謂的態度包括他們對組織的忠誠度，以及對上級的敬重。

2. 適合推動變革的人通常不會是組織裡的大紅人，而是比較獨立自主、能夠隨機應變的人。他們的創新之舉往往不會得到上司的贊同。

3. 他們會認為自己必須為組織的利益著想，而不只是安分地做好份內的工作。他們的動機通常是基於創新，而不是為了升職。

4. 他們的行動總是非常急進，而且會想盡辦法避開組織裡的官僚制度。

5. 他們對組織非常投入，經常以組織的目標為己任。

6. 他們有強烈的成功慾望。

7. 他們非常重視結果，比較不強調團隊工作，雖然他們是在「體制」內從事變革，而且也能注意到他人的需求，但是他們總是偏好個別行動（Frohman, 1997）。

出組織中需要變革之處。從調查結果當中，我們可以看出組織所面臨
的問題，包括整體績效異常、員工士氣低落或無法達成組織目標等。
經由這種方式也可能找出感覺或情緒方面的問題。一旦發現問題之
後，就可以對症下藥，由行為、感覺、想法或其他差強人意之處開始
著手改變。

506

507

　　組織變革的方法　　我們可以利用本章或第6章所提到的任何一種
變革方法來規劃與執行組織的發展（OD），舉例來說，團隊建立、正
增強計劃、MBO及HIO等策略都有顯著的效能。這些方法最重要的
一點在於：它們可以系統化地使組織成員投入整個變革過程中，而且
這些方法都是根據行動研究而衍生出來的。例如，表16.1所表示的就
是顧問在公司中進行動研究的步驟。顧問會組織了一個由行政主管組
成的團體，以確保變革的可信度與結果。在這個團體當中，有兩名成
員負責協助顧問擬定問題研究方法與整理結果，也就是所謂的內部顧
問（internal advisor）。內部顧問的優點在於他們對組織的瞭解與認
識，他們有助於使變革符合組織的文化、歷史、員工及現有的運作方
式，然後外來的顧問就可以透過訪談及問卷等方式來蒐集資料。經過
評估、整理之後，顧問會將這些資料提供給高階管理專案團體。不
過，當顧問在蒐集資料的同時，該團體已受過許多關於變革的訓練，
瞭解現有的研究、理論及實務中指出會影響變革的各種力量。當顧問
將經過整理的研究資料交給他們時，他們就可以開始藉由顧問的輔助
來找出適當的解決方式。

508

　　組織變革的強化　　在計劃性的變革中，最後步驟就是要追蹤調
查，以確保變革的成功。追蹤變革可達數年之久，直到變革的結果令
人滿意之前，還可以進行任何的修正。在表16.1的調查研究表格中，
該組織在前後六年裡曾經歷過四次評估，每一次評估，都會將系統上

表16.1 組織變革的方法

A. 組織或單位發現現有的系統有問題，並從組織外找來了一名顧問。

B. 顧問組成了一個高階管理階層的特別小組（有影響力及改革動機的人）。

C. 找到一群公司內部的顧問（有聲威及能力的人）。

D. 進行組織審核，找出管理制度方面的問題（例如溝通、績效水準、動機、團體之間的關係及領導力等）。

E. 訓練高階管理團體與內部顧問。

    1. 高階管理團體的訓練著重於大範圍的計劃（例如長程計畫、政策的影響、對高階經理人的支援等）。

    2. 內部顧問的訓練著重於變革的執行（例如訓練、解決問題、設立上司-下屬的目標等）。

F. 將上述D項的審核結果提供給高階管理團體與內部顧問團體。

G. 內部顧問團體協助擬訂一個專屬組織需求而訂的計劃。

H. 內部顧問擬定計劃之後，與高階管理團體商討。

I. 高階管理小組對內部顧問團體提出關於變革的建議。

J. 內部顧問團體在外部顧問的協助下，訂出最後的變革計劃，並獲得高階管理小組的同意。

K. 進行測試、修改、介紹及執行訓練計劃。

L. 開始執行變革計劃。外在顧問負責監控高階管理團體的會議與活動，內部顧問則負責監控中低階管理計劃的會議與活動。

M. 外在顧問在一年內對組織進行審核，並將結果反映給高階管理團體與內部顧問。

N. 內部顧問修正變革計劃之後，獲得高階管理團體的同意。

O. 重複上述步驟。

的修正視為變革的結果。

    年度預算、產品品質及數量的提昇也可以強化改善之後的組織結果。在下一節中，我們將討論用來評估組織變革的方法。一旦組織能夠得到評估後的意見回饋，就必須再修改變革計劃，接下來再重新開

始一次全新的變革過程。

　　組織變革計劃的評估　改變個人、團體或組織必須耗費不少時間與金錢。除了必要的花費之外，還有許多看不見的代價，例如妨礙組織變革與進步的政治問題。有鑑於如此，我們確實有必要對變革計劃的功效做出評鑑。

　　我們可以用非常複雜的方法來評估變革計劃，包括艱澀的計算方式、統計及研究等。如有必要的話，經理人可以求助於專家，不過，也可以從其他因素來判斷計劃的成敗。在評鑑變革計劃的效能時，經理人可以考量許多不同的因素。最重要的一點就是要視組織當時的情況而定，已經瀕臨破產邊緣的組織根本不可能花太多時間來觀察變革計劃究竟能不能奏效。

　　變革的評估通常會面臨以下幾個困難之處。

1. 要將變革的影響獨立出來很困難。舉例來說，假設計劃中是運用建立團隊方法來促進研究團體與生產單位之間的關係，由於這是一種共同訓練，因此組織也指派一名新的經理人至研究團體中，這麼一來，組織的變化到底是受到訓練的影響，還是新經理人的影響？這一點就難以判斷。

2. 發展與評估之間經常會出現時差。無論是外力或組織內部的力量，都有可能影響到發展的結果，讓人們更難將訓練的效能從其他力量的影響結果中獨立出來。時間也會使問題更形複雜，舉例來說，有些具正面意義的改變可能發生得相當快，但是需要較長的時間進行，如果我們是在它發揮作用之前做評估，就會做出不正確的評估。

3. 要找出該評量的對象十分困難。舉例來說，儘管大部分訓練的最終目標是要增進組織的表現，但是訓練本身可能會將重點放

509

在員工的態度與團體關係上，同時也相信這方面的改善對公司
有益。在這種情況下，若以公司獲利力的高低來評估變革的成
果，可能就不甚恰當，因為我們很難證明公司獲利力與訓練之
間有絕對的關係。

4. 在錯綜衝複雜的OD計劃中，某些變革也可能是由許多不同的
方法共同造成的，在這種情況下，要找出到底是哪一個或哪些
方法發揮作用，幾乎不太可能。

510　　　　不管如何，目前有許多關於變革效能與發展方法的研究，大多是
基於小型研究所做的統計分析，舉例來說，與大多數的方法比較下，
訓練計劃與目標設定計劃對生產力的影響較大（Guzzo et al.,1985），
以重新設計工作內容與進行自治工作小組為主的大規模OD計劃次
之。另一項分析則顯示運用自治式的工作團體可以提高38%的生產
力。這些變革計劃的效能可以持續相當長的時間。雖然計劃進行之始
的幾年是效能最顯著的時期，不過通常其效能還是可以發揮作用達數
年之久。這些大規模的OD計劃也能夠有效地改變員工的滿意度與工
作態度。即使在美國以外的地區，這些計劃還是有發揮的餘地。

摘要

　　　組織變革是現代組織生活中非常普遍的現象。組織必須承受來自
內外的許多壓力，才能促使其進行變革。就組織的外在環境而言，新
法規的制定、新的競爭對手、領導力及組織本身的成長都會對組織造
成壓力。一般而言，組織裡沒有恆久不變的人事與制度。促使組織變
革的主要壓力之一來自於對現狀的不滿。其他的壓力則源自人們個性

的轉變、技術或內部系統的轉變，或經理人個人的權力目標。

　　變革可視為對現狀的解凍（打破均衡狀態），以及組織轉型之後再重新凍結，使變革後的狀態持久。藉著這個模型，我們可以看出促使組織打破均衡狀態所需的要素。我們可以透過考量對組織變革構成阻礙的槓桿與障礙、組織的結構與策略、管理階層的策略與技巧、及文化與團體，以著手進行組織的變革。

　　個人變革的方法有許多種，其中諮商與指導是非常重要的兩種方法。我們可以將訓練用在對個人與團體的變革上。隨著時間的過去，我們可以了解如何達到更有效的訓練。諮詢計劃可以視情況的不同而導致許多正面的結果。

　　團體變革的對象是整個團體或組織單位。團體的訓練特別強調個人彼此之間的互相依賴，同時個人也必須體認強化新行為與相互支持的重要性。如此一來，整個團體才能一同接受訓練，而成員們也才能夠相互扶持。

　　許多團體性的變革方法著重於改變組織所奉行的某種制度，例如績效評估制度或存貨制度。調查研究是相當普遍的一種方法，在這種方法中，組織成員必須與外在顧問共同設計出能夠解決組織問題的新計劃。

　　如果組織當中存在著一種接受改變的風氣或文化，要進行變革就容易多了。成功的變革必須透過有效的溝通方能達成。組織裡必須培養出互相信任的風氣，員工與管理階層之間更是如此，這麼一來，組織變革才能進行得更順利。

511 | ### 經理人的指南：以製造不滿來做爲變革的策略

在本章的開端，我們討論到李文的組織變革模型，包括解凍、變革與再凍結。從另一個角度來看，還有另一種方法可以達到這個目的，就是讓組織成員對現狀感到不滿。如果大家都安於現狀，自然就不會有改變的動機，因此，讓成員不滿足於現狀是變革當中非常重要的一環。下列幾點是關於這個方法的建議。

分享競爭方面的訊息

經理人往往會將組織與競爭對手之間的關係當成公司機密，員工們也不會知道市場變化對公司長期的健全會造成多大的影響。因此，當經理人試圖進行組織變革時，員工自然會認爲是多此一舉。

強調個人工作行爲的缺點

組織中往往習慣對不良行爲隱而不彰，舉例來説，當主管得知下屬有所不滿時，經常會對員工的態度視而不見，這也是本書作者之一親自輔導過的問題。作者曾經拜訪過員工滿意度差強人意的組織，員工對公司有許多不滿之處，整體而言，儘管該公司做過許多的嘗試，員工的工作士氣與滿意度還是非常低落。後來，該公司的高級領導人聽從顧問的建議，採取系統化的方式來評估員工的態度，並按照部門一一呈報。他們也將評估結果告知全公司的人，這麼做可以讓該組織找出士氣特別低落的部門，同時也促使這些部門的主管去發掘其中的原因。

提供模型，讓員工瞭解公司的目標與現狀的差距

可將其他成功的組織，甚或是同組織中其他成功的單位納入模型中，目的在於提供一個明確的成功模型，並讓員工瞭解組織現狀與目標之間的差距。

激發不滿

導致變革的方法之一是激發個人的變革，這也是前三點的結果。最不同的地方在於察覺與掌握組織成員對現狀感到不滿。請記住均衡狀態必須經過長期的發展才能達成，因此可能需要藉助外力來促成組織的轉型。Bert Spector 提供了一個非常好的例子：

當 Scranton 鋼鐵公司的新任主席唐辛格先生在行政會議上宣佈他所認為的必要變革時，管理團隊的成員之一當場反對他的意見。「你所說的是參與式管理—與工會合作、分享一切資訊、共同解決問題等，但是要這麼做並不簡單。公司要改革的地方太多了。」聽完這位行政主管的話之後，唐辛格指著這名主管說：「這裡的一切都會改變，這是一種生活的方式。如果事情都沒有變化，我絕不會是第一個這麼做的人。」

重要名詞（所附為原文書頁碼，請見內文邊緣處數字）　512

問題研討

1. 近年來大學環境的改變對其運作有何影響？

　　現代大學應該對這些變化採取哪些的反應？

　　是否每一所大專院校都必須在這股變革的壓力下做出反應？

2. 文章提到組織必須為了成員而有所轉變，而成員也必須有所改變以適應組織。

　　這是什麼意思？

3. 每個人一生中都曾經接受過正式或非正式的訓練。

　　請列出你所受過的訓練。

　　試指出其中哪些訓練對你的影響最大。

　　為什麼這些訓練能有這麼大的功效？

4. 請想想過去你認為自己表現最不好的一段時間。

　　現在情況是否有所改變了？

　　變好或變壞？

　　是什麼事情使情況改變？

5. 為了要使訓練達到一定的功效，就必須加以強化。

　　學校課程中的訓練受到哪些補強？

大專院校該如何強化其訓練的功效？

6. 個人、團體或組織的變革或許可以在短期內奏效，但不見得能
   長久維持下去。

   請舉例說明適用於個人、團體或組織的變革計劃。

   並請舉例說明短期之內可能有用，但不見得能長久維持下去的

   變革計劃。

7. 請舉出美國國會通過的兩項有關社會變革之法案。

   請說明在你的心目中，這些法案的成功或失敗之處。

   有哪些因素會對這些計劃的成功與否造成影響？

8. 目前有哪些社會問題應進行變革？

   有哪些計劃或許可以改善這些問題，而使社會轉型成功？

個案研究

513

抵制變革的案例

　　鮑伯湯普森認為，顧問針對改善管理績效所提出的方法相當
有道理。在這份計劃中，公司會依照每一位經理人的管理能力進
行排名，然後讓部屬及其上司了解這份排名資料。公司會要求排
名中下的經理人自行擬定一份行動計劃，以改善自己的管理能
力。顧問所擬的這份計劃可以讓下屬參與公司的變革，也可以設
計出適用於每一位經理人的變革計劃。

　　顧問和湯普森將這份計劃呈交給更高階的主管，而且也得到
了主管們的同意。接下來，他們就得在整個組織中執行這個計

劃。經理人都認為這個計劃相當有意義。

當經理人的能力評鑑出爐之後,問題也接踵而來。排名在中下程度的經理人對這份結果非常不以為然,他們認為評鑑結果有誤,根本不能反映出他們的實力。因此,他們認為沒有必要浪費時間再去擬定一份改善自我能力的行動計劃。湯普森實在搞不懂這個計劃到底出了什麼差錯。

- 這些經理人為什麼會產生負面的反應?
- 湯普森和顧問所用的這個方法有哪些優點?
- 在這種情況下,你要如何改善變革的目標與方法?

參考書目

Bandura, A. 1982: Self-efficacy mechanism in human agency. *American Psychologist*, 37, 122–47.

Beckhard, R. B. 1969: *Organizational Development: Strategies and Models*. Reading, MA: Addison-Wesley.

Beekun, R. I. 1989: Assessing the effectiveness of sociotechnical interventions: Antidote or fad? *Human Relations*, 42(10), 877–97.

Beer, M. 1976: The technology of organization development. In M. D. Dunnette (ed.) *Handbook of Industrial and Organizational Psychology*, Chicago: Rand McNally, 937–93.

Beer, M. 1980: *Organization Change and Development: A Systems View*. Santa Monica, CA: Goodyear Publishing.

Carroll, S. J., Olian, J. D. and Giannantonio, C. 1988: Mentor reactions to protégés: An experiment with managers. *Best Papers Proceedings of the Academy of Management, annual meetings*, Anaheim, CA, 273–76.

Fitzgerald-Turner, B. 1997: Myths of expatriate life. *HR Magazine*, 42(b), June, 65–71.

Frohman, A. L. 1997: Igniting organizational change from below: The power of personal initiative. *Organizational Dynamics*, 25(3), Winter, 39–54.

Guzzo, R. A., Jenne, R. D. and Katzell, R. A. 1985: The effects of psychologically based intervention programs on worker productivity: A meta-analysis. *Personnel Psychology*, 38, 275–91.

Hunt, R. G. 1974: *Interpersonal Strategies for System Management: Applications of Counseling and Participative Principles*. Monterey, CA: Brooks. Cole.

Isabella, L. A. 1990: Evolving interpretations as a change unfolds: How managers construe key organizational events. *Academy of Management Journal*, 22(1), 7–41.

Isabella, L. A. 1993: Managing the challenges of trigger events: The mindsets governing adaptation to change. In T. D. Jick (ed.) *Managing Change*, Burr Ridge, IL: Irwin, 18–29.

Kilmann, R. H. 1984: *Beyond the Quick Fix*. San Francisco: Jossey-Bass.

Kilmann, R. H. 1989: A completely integrated program for creating and maintaining organizational success. *Organizational Dynamics*, Summer, 5–19.

Kilmann, R. H., Colman, T. J. and Associates 1988: *Corporate Transformation*. San Francisco: Jossey-Bass.

Kram, K. E. 1985: *Mentoring at Work: Developmental Relationships in Organizational Life*. Glenview, IL: Scott, Foresman.

Lewin, K. 1951: *Field Theory in Social Science*. New York: Harper & Row.

Mendleson, J. L. and Mendelson, C. D. 1996: Workplace diversity: An action plan for difficult communication. *HR Magazine*, 41(10), October, 118–24.

O'Brien, T. L. 1998: 2,250 layoffs set at Chase, or 3% of staff. *The New York Times*, March 18.

O'Connell, S. E. 1998: The virtual workplace moves at warp speed. *HR Magazine*, March.

O'Neill, H. M. and Lenn, D. J. 1995: Voices of survivors: Words that downsizing CEOs should hear. *Academy of Management Executive*, 9(4), 23–34.

Pascale, R. T. and Athos, G. 1981: *The Art of Japanese Management*. Boston: Little, Brown.

Peters, T. J. and Waterman, R. H. 1982: *In Search of Excellence*. New York: Harper & Row.

Petzinger, T. 1997: The Front Lines. *The Wall Street Journal*. October 17. New York: Dow Jones & Company.

Porras, J. I. and Robertson, P. J. 1992: Organizational development: Theory, practice, and research. In M. D. Dunnette and L. M. Hough (eds) *Handbook of Industrial and Organizational Psychology*. Palo Alto: Consulting Psychologists Press Inc., 823–95.

Readdy, A. R. and Mero, N. P. 1998: *Dealing with angst in the ranks: Managerial perspectives on downsizing within the federal government*. Unpublished working paper.

Schellhardt, T. D. 1996: Company memo to stressed out employees: "Deal with it". *The Wall Street Journal*, October 2, B1.

Shoop, T. 1994: True believer. *Government Executive*, September, 16–23.

Skidmore, R. A., Balsam, D. and Jones, O. F. 1974: Social work practices in industry. *Social Work*, 3, 280–6.

Spector, B. A. 1989: From bogged down to fired up: Inspiring organizational change. *Sloan Management Review*, Summer.

Stewart, T. A. 1992: Brace for Japan's hot new strategy. *Fortune*, 126(6), 63–74.

Wagner, J. A. III and Hollenbeck, J. R. 1992: *Management of Organizational Behavior*. Englewood Cliffs, NJ: Prentice Hall.

Wall Street Journal 1998: Unemployment remains at low level. *The Wall Street Journal*, January 12.

Weissman, A. 1975: A social service strategy in industry. *Social Work*, 5, 401–403.

Wexley, K. N. and Yukl, G. A. 1984: *Organizational Behavior and Personnel Psychology*. Homewood, IL: Richard D. Irwin.

弘智文化價目表

書名	定價		書名	定價
社會心理學（第三版）	700		生涯規劃：掙脫人生的三大桎梏	250
教學心理學	600		心靈塑身	200
生涯諮商理論與實務	658		享受退休	150
健康心理學	500		婚姻的轉捩點	150
金錢心理學	500		協助過動兒	150
平衡演出	500		經營第二春	120
追求未來與過去	550		積極人生十撇步	120
夢想的殿堂	400		賭徒的救生圈	150
心理學：適應環境心靈	700			
兒童發展	出版中		生產與作業管理（精簡版）	600
如何應用兒童發展的知識	出版中		生產與作業管理（上）	500
認知心理學	出版中		生產與作業管理（下）	600
醫護心理學	出版中		管理概論：全面品質管理取向	650
老化與心理健康	390		組織行為管理學	出版中
身體意象	250		國際財務管理	650
人際關係	250		新金融工具	出版中
照護年老的雙親	200		新白領階級	350
諮商概論	600		如何創造影響力	350
兒童遊戲治療法	出版中		財務管理	出版中
認知治療法	出版中		財務資產評價的數量方法一百問	290
家族治療法	出版中		策略管理	390
伴侶治療法	出版中		策略管理個案集	390
教師的諮商技巧	200		服務管理	400
醫師的諮商技巧	出版中		全球化與企業實務	出版中
社工實務的諮商技巧	200		國際管理	700
安寧照護的諮商技巧	200		策略性人力資源管理	出版中
			人力資源策略	出版中

書名	定價		書名	定價
管理品質與人力資源	290		全球化	300
行動學習法	350		五種身體	250
全球的金融市場	500		認識迪士尼	320
公司治理	出版中		社會的麥當勞化	350
人因工程的應用	出版中		網際網路與社會	320
策略性行銷（行銷策略）	400		立法者與詮釋者	290
行銷管理全球觀	600		國際企業與社會	250
服務業的行銷與管理	650		恐怖主義文化	300
餐旅服務業與觀光行銷	690		文化人類學	650
餐飲服務	590		文化基因論	出版中
旅遊與觀光概論	出版中		社會人類學	出版中
休閒與遊憩概論	出版中		購物經驗	出版中
不確定情況下的決策	390		消費文化與現代性	出版中
資料分析、迴歸、與預測	350		全球化與反全球化	出版中
確定情況下的下決策	390		社會資本	出版中
風險管理	400			
專案管理的心法	出版中		陳宇嘉博士主編 14 本社會工作相關著作	出版中
顧客調查的方法與技術	出版中			
品質的最新思潮	出版中		教育哲學	400
全球化物流管理	出版中		特殊兒童教學法	300
製造策略	出版中		如何拿博士學位	220
國際通用的行銷量表	出版中		如何寫評論文章	250
			實務社群	出版中
許長田著「驚爆行銷超限戰」	出版中			
許長田著「開啟企業新聖戰」	出版中		現實主義與國際關係	300
許長田著「不做總統，就做廣告企劃」	出版中		人權與國際關係	300
			國家與國際關係	出版中
社會學：全球性的觀點	650			
紀登斯的社會學	出版中		統計學	400

書名	定價		書名	定價
類別與受限依變項的迴歸統計模式	400		政策研究方法論	200
機率的樂趣	300		焦點團體	250
			個案研究	300
策略的賽局	550		醫療保健研究法	250
計量經濟學	出版中		解釋性互動論	250
經濟學的伊索寓言	出版中		事件史分析	250
			次級資料研究法	220
電路學（上）	400		企業研究法	出版中
新興的資訊科技	450		抽樣實務	出版中
電路學（下）	350		審核與後設評估之聯結	出版中
電腦網路與網際網路	290			
應用性社會研究的倫理與價值	220		**書僮文化價目表**	
社會研究的後設分析程序	250			
量表的發展	200		台灣五十年來的五十本好書	220
改進調查問題：設計與評估	300		２００２年好書推薦	250
標準化的調查訪問	220		書海拾貝	220
研究文獻之回顧與整合	250		替你讀經典：社會人文篇	250
			替你讀經典：讀書心得與寫作範例篇	230
參與觀察法	200			
調查研究方法	250			
電話調查方法	320		生命魔法書	220
郵寄問卷調查	250		賽加的魔幻世界	250
生產力之衡量	200			
民族誌學	250			

組織行為管理學

作　　　者／Henry L. Tosi, Neal P. Mero, John R. Rizzo

譯　　　者／李茂興・陳夢怡

出　版　者／弘智文化事業有限公司

登　記　證／局版台業字第6263號

地　　　址／台北市中正區丹陽街39號1樓

E - M a i l／ hurngchi@ms39.hinet.net

電　　　話／（02）23959178・0936-252-817

郵 政 劃 撥／19467647　戶名：馮玉蘭

傳　　　眞／（02）23959913

發　行　人／邱一文

書店經銷商／旭昇圖書有限公司

地　　　址／台北縣中和市中山路2段352號2樓

電　　　話／（02）22451480

傳　　　眞／（02）22451479

製　　　版／信利印製有限公司

版　　　次／2004年4月初版一刷

定　　　價／800元

ISBN 957-0453-77-X

本書如有破損、缺頁、裝訂錯誤，請寄回更換！

國家圖書館出版品預行編目資料

組織行為管理學 / Henry L. Tosi, Neal P.
Mero, John R. Rizzo 合著；李茂興, 陳夢怡
合譯. -- 初版. -- 臺北市：弘智文化,
2004〔民93〕
    面；公分
含參考書目
譯自：Managing organizational behaviour
ISBN 957-0453-77-X（平裝）

1. 組織（管理）

494.2   91021925